Buch, Leopold von

Geognostische Beobachtungen auf Reisen durch Deutschland und Italien

1. Band

Buch, Leopold von

Geognostische Beobachtungen auf Reisen durch Deutschland und Italien

1. Band

Inktank publishing, 2018

www.inktank-publishing.com

ISBN/EAN: 9783747773789

Geognoſtiſche Beobachtungen

auf

Reiſen

durch

Deutſchland und Italien

angeſtellt

von

Leopold von Buch

der Geſellſchaft Naturforſchender Freunde in Berlin auswärtigem Mitgliede.

Erſter Band.

Mit Kupfer und Charten.

Berlin
bei Haude und Spener.
1802.

An

Abraham Gottlob Werner

in Freiberg.

In den wenigen Stunden gütiger Belehrung, die Sie mir, kurz vor meiner Abreise nach Italien in Ihrem Hause zuzubringen erlaubten, schienen Sie mein verehrter Lehrer, die Hofnung zu äussern, dass meine Reise vielleicht der Wissenschaft selbst von Nutzen seyn könnte. In wie weit diese Hofnung erfüllt worden seyn mag, müssen Ihnen diese Bogen, welche die Resultate meiner Beobachtungen enthalten, beweisen. Sie werden oft die Worte und die Ideen — wie sehr wünschte ich hinzu fügen zu können — auch den Geist des Lehrers wiedererkennen. Ich darf deswegen Ihre Missbilligung nicht fürchten. Denn wie könnte der Schüler seine Dankbarkeit lebhafter äussern, als durch das Bestreben, der Schöpfung des Lehrers weitere Verbreitung, neue Ausdehnung, neue Festigkeit zu verschaffen. Und wenn es, in diesem Falle auch immer sein Schicksal seyn muss, seine Lehrsätze mit den Irthümern des Schülers durch-

einandergeworfen zu sehen, so leitete ja von jeher der Weg zur Wahrheit über Irthümer hin. — Ihren Schülern wird die Trennung beyder leicht seyn; diejenigen, die es zu seyn nicht das Glück hatten, muss ein längerer Erfahrungsweg dahin führen. — Immer aber, hoffe ich, werden Sie nicht das Verlangen verkennen, das Capital, das Sie mir anvertrauet haben, zu einem höherem Werthe zu heben, — und sollte es mir auch nicht geglückt seyn, so wird Ihnen doch eben dieses Verlangen Beweis jener lebhaften Dankbarkeit seyn, welche zugleich meine Entschuldigung ist, diese Blätter Ihrer Prüfung unterwerfen zu wollen. —

Neuschatel, am 16. November 1800.

Inhalt.

I. Entwurf einer geognostischen Beschreibung von Schlesien.

gegen Breslau. — Quarzlager darinnen, zum Theil mit Bergkristallen, bey Klein-Wandrisch, bey Laasen, bey Schönbrunn. — Der Granit in der Ebene hat stets einen bestimmteren Character, als der, auf hohen Gebirgen. — Sollte wohl die erste und älteste Gebirgsart der Erdoberfläche reiner Quarz seyn? — Vergleichung von Polarländern mit Aequatorgegenden könnten vielleicht hierüber entscheiden. — Der Granit im Fürstenthum Brieg ist der letzte Granit bis in Ungarn hinein. — Neuerer Granit bey Reichenstein. — Von geringer Ausdehnung. —

Gneufs.

Er hebt sich am Riesengebirge zu keiner grofsen Höhe hinauf. Schon allein die Natur des Glimmers wäre hinreichend den Gneufs vom Glimmerschiefer zu unterscheiden. Er erscheint in schuppenartig auf einander liegenden Krystallen im Gneufse; in fortgesetzten Blättern im Glimmerschiefer. — Thal von Tannhausen. — Syenit, Quarz mit Granaten als Lager im Gneufse. — Gneufs des Eulengebirges. — Gneufs ist ohne Kalklager. — Aber nicht ohne Erzlager. —

Glimmerschiefer.

Ist sehr ausgebreitet in Schlesien. — Wechselt mit Granit genau auf der gröfsten Höhe des Riesengebirges, durch die ganze Länge dieser Bergreihe. — Weil der Glimmerschiefer von Süden aus, gegen das Gebürge geführt ward. — Er ist wellenförmig schiefrig an der schwarzen Koppe. — Hornblendschiefer, als eigne Gebirgsart. — Grofse Menge untergeordneter Lager im Glimmerschiefer. — Vorzüglich Kalklager. — Die im Hornblendschiefer kaum; und dann wenig ausgedehnt vorkommen. — Kalklager mit Serpentinstein. — Erzlager von Reichenstein. — Dieser Serpentin im Kalksteine ist die älteste Erscheinung der Talkerde. — Granaten, dem Glimmerschiefer im füdlichen Theil Schlesiens ganz characteristisch. — Seltener am Riesengebirge. Granatenloch im Wolfshau. — Erzlager der Maria Anna zu Querbach. — Zinnsteinkristalle durch die Masse der Gebirgsart zerstreut. — Flusspathlager am Drechslerberg. — Strahlstein- und Granatlager bey Jänowiz. — Strahlstein- und Erzlager von Kupferberg und Rudelstadt. — Gründe welche den lezteren die Natur der Gänge absprechen. — Kleines Porphirlager über dem Erzlager von Altenberg. —

Porphir.

Die Porphirformation steht isolirt in der Reihe der Gebirgsarten. — Rabengebirge. — Parallele Quarztrümer im Porphir bey Albendorff. — Porphir bey Friedland. — Poröser Porphir im Plitzgrund. — Porphyrkegel bey Waldenburg, deren Form wahrscheinlich ursprünglich ist. — Hochwald und Hochberg. — Erze im Porphir bey Gablau. — Dem Porphirschiefer ähnlich an den Wellechenbergen. — Prachtvolle Säulenzerspaltung am Wildenberge. — Agathkugeln und Truemer bey Rosenau. — Porphir von Krzezowice. —

Serpentinstein. Urgrünstein.

Die Serpentinsteinformation scheint mit der, des Thonschiefers gleichzeitig. — Serpentinstein am Fuſse des Zobtenberges. — Geyersberg. — Urgrünstein des Zobtenberges. — Sein starker Zusammenhalt. — Er ist neuer als Serpentinstein. — Ausgedehnt im Fürstenthum Neisse. — Bey Frankenstein. — Die Verwitterung zerstört nur den Bruch, nicht die Zähigkeit der Hornblende. — Schöne Walkererde von Riegersdorff. — Berge von Cosemüz. — Chrysopras, Opal, Chalcedon. — Auf welcher Lagerstäte fanden sich diese Fossilien? — Serpentinstein am Gumberg. — Bey Dorfbach. — Fehlt im Fürstenthum Jauer. — Waren vorliegende ältere Gebirge vielleicht zu seiner Formation nöthig? —

Thonschiefer.

Nur im Fürstenthum Jauer. — Oft ist es zu bestimmen unmöglich ob er uranfänglich, oder zu den Uebergangsgebirgsarten gehöre. — Der Kützelberg trennt Glimmerschiefer vom Thonschiefer. — Uebergangsgrünstein oberhalb Schönau. — Kieselschiefer am Wildenberg und bey Reichwalde. — Muchensteine. Quarzfelsen. — Thonschiefer bey Lähn. — Berge aus Thonschiefer, sind, ausser in tiefen Thälern, ohne grosse hervorstehende Felsen; aber anstehend Gestein kommt überall an den Abhängen hervor. — Falkenstein ein Quarzfels. — Kalklager im Thonschiefer. — Thonschiefer bey Glatz. — Geht völlig in Uebergangsgebirgsarten über. — Im Fürstenthum Jägerndorf. — Grauwacke am Hulberg.

Steinkohlengebirge.

Contrast der Steinkohlen-Niederlagen von Ober- und Niederschlesien; ohnerachtet sie von einer Formation sind. — Unterschied der Urgebirgs- und Flözgebirgsformation. — Gränzen des Niederschlesischen Steinkohlengebirges. — Aeltere Gebirgsmassen hindern es, sich in die Ebenen hinabzusenken. — Woraus eine Richtung der Kraft, welche dieses Gebirge bildete, von Südwest her, folgt. — Die Geschiebe des Conglomerates sind immer in dem nächsten Urgebirge anstehend, und um so grösser, je mehr sie diesen Bergen sich nähern. — Dies erklärt den Unterschied des Steinkohlengebirges von Oberschlesien und Schweidnitz — und beweist eine grosse Reinheit der bildenden Fluth. — Nähere Ursachen. — Eine Anschwemmung von Producten von Indien oder America her, wird deswegen sehr unwahrscheinlich, ohnerachtet solche Producte zwischen diesen Geschieben vorkommen. — Conglomeratlose Steinkohlen von Oberschlesien. — Bey Loslau. — Grosse Menge Steinkohlenflötze zwischen Ornuntoviz und Mittel-Lasisk. — Eisensteinlager. — Mit Pflanzenabdrücken bey Bielschowiz. — Eigenheiten der oberschlesischen Steinkohlen. — Flötze von schwarzem Rahm, oder sogenannten Holzkohlen. — Stehende wenig mächtige, aber vortrefliche Blätterkohlen bey Hultschin. — Sonderbare Schichtung der niederschlesischen Steinkohlenflötze. —

Flözkalkstein.

Es ist der Alpenkalkstein. — Nie kommt ein Steinkohlenflöz über ihn vor. — Körniger Flözkalk bey Trautliebersdorff. — Kupferhaltige Mergelschiefer bey Hasel und Prausniz. — Grosse Ausdehnung des Flözkalks in Oberschlesien. — Bleiglanzflöz bey Tarnoviz. — Die runden getrennten Massen von Bleiglanz sind keine Geschiebe, sondern eigene Bildungen in dem, sie umgebenden Thone. — Flöz von körnigem Kalkstein mit Drusen, auf dem Bleiglanzflöz. — Kurzawka, gehört sie zu den aufgeschwemmten Gebirgsarten? — Thonartiger Eisenstein auf dem Kalksteine. — Und Gallmey. — Trennte in Oberschlesien die specifische Schwere Bleiglanz und Gallmey? — Der Flözkalk verbreitet sich auf der linken Seite der Oder nicht weit. —

Sandstein.

Unterschied des älteren und neueren Sandsteins. — Sandsteinkette zwischen Böhmen und Glaz. — Ihre Einförmigkeit. — Versteinerungen im Sandstein bei Liebau und Löwenberg. — Felsen von Adersbach. — Ihre Entstehung. — Gehören nicht vielleicht die Sandfelder von Oppeln und in den baltischen Ebenen zu diesem Sandstein, dem das Bindemittel fehlte? — Aelterer und neuerer Gyps in Schlesien. —

Trappformation.

Einzelne Basaltberge führen stets auf grosse Niederlagen dieser Formation hin. — Daher scheinen die schlesischen Basaltberge nur verirrte Glieder der Hauptmasse in Böhmen. — Mandelstein am Buchberg. — Der aus feinkörnigem Grünstein besteht — und schön geschichtet ist. — Basalt in der kleinen Schneegrube, 4000 Fuss über das Meer. — Die runden Massen eines Gemenges von Feldspath und Quarz in diesem Basalte sind keine Granitgeschiebe. — Basaltberge des Fürstenthum Jauer. — Basaltlager im Glimmerschiefer bey Krobsdorff. — Die Lagerungsverhältnisse des Basalts stehen gewöhnlich immer den vulcanischen Ideen über seine Entstehung, entgegen. —

Aufgeschwemmtes Gebirge.

Unterschied zwischen dem aufgeschwemmten und Flözgebirge. — Goldführendes Conglomerat bey Goldberg. — Ungewissheit, woher das Go d in dieses Conglomerat gekommen seyn mag. — Conglomerate am Fuse der Neisser Gebirge. — Vitriolisches, bituminöses Holzlager bey Kamnig und Tschefchdorf. — Grosse Geschiebe uranfänglicher Gebirgsarten in der Ebene, bis zu den Ufern des baltischen Meeres. — Haben sie nicht vielmehr einen nordischen Ursprung? —

II. Geognostische Uebersicht des österreichischen Salzkammerguths.

Gebirgslauf.

Die österreichischen Steinsalzwerke liegen in der Flözkalkkette, welche nordwärts die Alpen begleitet. Diese Kette fällt immer sehr steil gegen die Ebene ab. — Ihre Höhe. —

Seen.

Sie sind merkwürdige Erscheinungen im Lauf dieser Kette. — Schönheit des Traunsees. — Seine Tiefe. — Hallstadter See. — Von allen Seiten mit schroffen und nackten Felsen umgeben. — Seine Grösse; die ehemals beträchtlicher war. — Bäche füllen den See mit, von oben herabgewälzten Massen. — Wirkung der Traun, — der Bäche vom Pötschenberge — des Gosabachs, der durch eine Landzunge den See fast zertheilt. — Tiefe des Sees. — Sie übertrifft bey weitem die Tiefe der baltischen See, und fast des ganzen Nordmeeres zwischen Island und Norwegen. — Diese Seen verdanken ihre Entstehung keiner Auswaschung. — Wahrscheinlicher einer Einstürzung. — Quellen, aus dem Grunde des Hallstadter Sees. — See von Altaussee. —

Schichtung.

Unregelmäſsige, oft veränderte, gekrümmte und gewundene Schichtung, findet ſich nur an ſteil und hoch aufſteigenden Bergen, und gewöhnlich nur auf der Höhe. — Die Schichtung des Kalkſteins, in der Tiefe, iſt im Salzkammergute beſtimmt. — Locale Verrückungen des Schwerpunkts können ſonderbare Formen in der Schichtung hervorgebracht haben. —

Kalkſtein.

Der Kalkſtein umfaſst hier alle übrige Gebirgsarten der Flözgebirgsformation, die, gegen ſeine gewaltige Maſſe, nur untergeordnete Lager zu ſeyn ſcheinen. — Groſse Farbenverſchiedenheit im Kalkſtein. — Doch ſcheint jede Farbe ihre eigene Lagerungshöhe zu haben. — Dunkle Farben in der Tiefe; — Weiſse und Feinkörnigkeit des Kalkſteins in der Höhe. — Verſteinerungen auf eigenen Lagern. — Verſteinerungen, vorzüglich Entrochiten und Trochiten trennen häufig den älteren Sandſtein von dieſem Kalkſtein. — Beiſpiel, die Gegend von Wien. — Feuerſtein im Kalkſtein, in groſsen Höhen. — In der Höhe ſcheinen die Materien ſich freyer nach Verwandſchaftsgeſetzen haben abſondern zu können. — Durch Beobachtung ſolcher Abſonderungen würde man vielleicht im Stande ſeyn, die Grundzüge einer geognoſtiſchen Chemie zu entwerfen. —

Salzberge.

Alle Salzberge ſind von Kalkſtein bedeckt. — Sie liegen nicht in Vertiefungen, ſondern auf gewaltigen Höhen. — Die Formation dieſer Salzmaſſen, iſt der, des älteren ſoolführenden Gypſes coordinirt, ohneachtet ſie vom Kalkſtein umfaſst werden. — Salzthon. Seine Charakteriſtik — Charakteriſtik des Steinſalzes. — Merkwürdige Streifung des Steinſalzes. — Die Form dieſer Streifen ſcheint mit dem Reichthum des Salzberges in Verbindung zu ſtehen. — Groſse Steinſalzmaſſen finden ſich nur dort, wo ſie ſich in Ruhe abſetzen konnten. — Aber deswegen iſt ihre abſolute Höhe doch oft äuſserſt beträchtlich.

— Wie auf der hohen Gebirgsebene des mittleren Asiens. — Kryſtallſalz. — Seltenheit des Gypſes in dieſen Salzbergen. — Er bildet zu Iſchel die Gränze des Salzſtocks. — Seine Charakteriſtik. — Rother, ſtrahliger Gyps, ohne Kryſtalliſationswaſſer. (Muriacit). — Es iſt ein Irthum, wenn man den Gyps für überwiegende Gebirgsart in Salzbergen hält. — Auch der Salzthon iſt es nicht immer. — Ausdehnung der Salzſtöcke des Salzkammerguths. —

Nagelfluh.

Progreſſive Vermehrung der Geſchiebengröſse von Linz bis zum Fuſs des Gebirges. — Als Conglomerat am Traunfall. — Nagelfluh bildet ſich nur am Fuſs hoher, ſteil anſteigender, kalkartiger Berge. — Es iſt eine aufgeſchwemmte Gebirgsart. —

Höhenmeſſungen zwiſchen Salzburg und Auſſee.

III. Reiſe durch Berchtolsgaden und Salzburg.

Goſauthal.

Goſauthal, ein alter Seeboden, mit enger Mündung gegen den Hallſtadter See. — Tief eingeſchloſſene *Goſauer* Seen. — Verſuche auf Steinkohlen. — In dieſem Kalkſtein kommen wirklich Steinkohlen vor, reich an Bitumen. — Haben wohl thieriſche Körper der alten See, Antheil an der Bildung dieſer Steinkohlen? — Sonderbares Conglomerat auf den Höhen gegen die Abtenau. —

Abtenau. Radſtadt.

Grauwackenſchiefer am Anfange des Thales der Abtenau. —

Madreporstein*) — Seine Charakteristik. — Zelliger Uebergangskalkstein bey St. Martin. — Thonschiefer bey Altenmarkt. — Groſser Seeboden am Urſprung der Ens. —

Thal in der Friz.

Der Thonschiefer wird um so vollkommener, der Grauwacke dem Grauwackenschiefer unähnlicher, je tiefer man ihn im engen Thale in der Friz aufsucht. — Wezschiefer bey Hüttau. — Nach Werfen hinab, geht dieser Thonschiefer wieder in Uebergangsgebirge über. — Schwarzer, weiſs durchtrümmerter Kalkstein. — Groſse Bestimmtheit in der Schichtung des Thonschiefers. —

Werfen. Hallein.

Groſse Schroffheit und fürchterlicher Anblick der Kalkkette bey Werfen. — Und doch ist diese Kalkkette bey St. Martin zwischen den Hallstadter Schneebergen und der Abbtenau gänzlich unterbrochen. — Unmerklicher Uebergang des Uebergangs in Flözkalkstein. — Erscheinung bey dem Paſs Lueg, die es wahrscheinlich macht, daſs diese Enge ein Durchbruch der Salza selbst ist. — Halleiner Salzstock in einem kleinen Nebenarme der Hauptkette. — Er ist in der Tiefe reicher, als in der Höhe. — Soll mit dem von Berchtolsgaden zuſammenhängen. —

Salzburg.

Lage der Stadt, auf einer waſſergleichen, gewaltigen Ebene, die ehemals ein See war. — Nagelfluh am Mönchsberge. — Die Geschiebe sind, durch mehrere dieser Schichten fort, nach specifischer Schwere geordnet. — Stücke von der entfernteren

*) Herr Klaproth hat in dieser sonderbaren Abänderung des Kalkspaths, reinen Kohlenstoff gefunden. — Ich habe sie in anſehnlich mächtigen Blöcken, aber ohne Auffallendes der äusseren Form, auf dem Uebergangsthonschiefer des Passes du Bonhomme gegen den Paſs des Fours in Savoyen.

Centralkette find ungleich fparfamer und kleiner, als Kalkfteingefchiebe von den näheren Bergreihen. — Gaisberg. — Seine Höhe. — Verfchiedenheit von dem, ihm gegenüberliegenden Untersberge.

Mittlere Barometerhöhe von Salzburg. — Temperatur. — Das Gefetz, nach welchem die Barometervariationen vom Aequator gegen den Pol zunehmen, ift noch bis jetzt unbekant. — Einflufs des Sonnenftandes auf das Barometer. — Die mittlere Quantität der Wärmegrade der Monate, verhält fich umgekehrt, wie die monatlichen Variationen des Barometers. — Die Progreffion der Barometervariationen kann dienen, die Periode zu beftimmen, welche zu ficheren meteorologifchen Durchfchnitten nöthig ift. — Eudiometrifche Phänomene und Refultate daraus. —

Berchtolsgaden.

Von hohen Bergen umgeben. — Wazmann. — Eiskapelle am Wazmann. — Das Eis erhält fich hier, unter dem Schutz der gewaltigen Felfen umher, welche den Sonnenftrahlen den Eingang verwehren, der Winterkälte jedoch den Zugang erlauben. — Königsfee. — Auch diefer See verdankt feine Entftehung einer Einftürzung. — Nagelfluh über dem Salzftock. — Salzberg, der reichfte in Deutfchland. — Vielleicht weil das Salz nicht frey, fondern in einer, gänzlich von Bergen umfchloffenen Gegend fich abfetzte. — Grauwackenfchiefer in der Ramfau. — Quellenleerheit des Kalkfteins. — Nicht, weil auf ihn weniger Waffer herabfällt, fondern weil die Quellen auf den Klüften in das Innere der Berge eindringen, dort fich zu Bächen verbinden, und in diefer Geftalt mit grofser Stärke am Fufse der Berge hervorkommen. — Loferifche Hohlwege.

Leogang.

Erzlager im Schwarzleogang, im Uebergangsthonfchiefer. — Seine grofse Mächtigkeit. — Gyps auf diefem Erzlager in verfchiedenen ſchiedenen Formen. — Wiederholung der Gypsformation durch alle Hauptformationen hindurch. — Arragon auf dem Erzlager in Druſen.

eller See.

Ehemals von ſehr groſser Ausdehnung. — Von Thonſchiefer begränzt. — Roth Menakanerz von Mühlbach. Seine Charakteriſtik. — Es findet ſich im Thonſchiefer und im Glimmerſchiefer. —

'axenbach. Erdfall von Embach.

Enges und ſchroffes Thal im Thonſchiefer bey Taxenbach. — Entſtandener Erdfall durch die leichte Zerſtörbarkeit der Gebirgsart bey dieſem ſteilen Anſteigen. — Solche Erdfälle ſind in ſo ſchnell anſteigenden Gebirgen häufig. — Bey St. Gillien; bey Golling. —

'aſtein.

Alle Bäche von dem hohen Rücken der Tauern ſtürzen ſich durch enge und finſtere Spalten aus dem Gebirge hervor. — Enge in der Klemm nach Gaſtein hinauf. — Feinkörniger, in Stäben zertrennter Uebergangskalk. — Uebergang dieſer Formation in die Urgebirgsformation, in der Thalebene Gaſtein. — Enge am Wildbade hinauf. — Ebene von Böckſtein. — Beyde Ebenen ſind ehemalige Seen nach der Länge des Thals. — Ihre Höhe übereinander. — Dieſe Seen in den Querthälern vom hohen Gebirge herab und in der Richtung dieſer Thäler, iſt ein allgemeines Phänomen, nicht allein in den Tauern ſondern auch in der ganzen Centralkette der Alpen ſelbſt. — Die Entſtehung dieſer Seen iſt ein unerklärbares Räthſel. —

b

XVIII

Wildbad.

Analyſe der Quellen des Wildbades. — Sie kommen aus dickſchiefrigem Gneuſſe hervor. — Unbegreiflich iſt die ſtete Regelmäſsigkeit in Gehalt und Wärme der mineraliſchen Quellen. — Iſt Kochſalz ein Beſtandtheil älterer Gebirgsarten? — Schon vor Formation der Uebergangsgebirgsarten muſs das Meer ſalzhaltig geweſen ſeyn. — Sollten nicht von dieſem, in der Gebirgsart zerſtreueten Kochſalze, die vielen mineraliſchen Quellen aus der Uebergangsformation ihren Kochſalzgehalt entlehnen? — Die Heilſamkeit eines mineraliſchen Waſſers iſt mehr von der Miſchung, als der Menge ſeiner Beſtandtheile abhängig. —

Rathhausberg.

Ein Berg der innern Kette der Tauern. — Geſchichteter Granit an ſeiner Höhe hinauf. — Schichtung am Granit in tieferen Gegenden, wie in Schleſien, am Harze, in Sachſen, iſt nicht zu erweiſen. — Hochliegende Gruben. — Sie bauen auf einem Quarzgange im Granit. — Das Gold iſt ſo ſehr im Quarze verſteckt, daſs man es nur allein durch Waſchen und Sichern entdeckt. —

Lend. Salzachthal nach Werfen.

Schwarzer Uebergangskalkſtein unterhalb Lend, der mit Lagern von Chloritſchiefer, Serpentin und Thonſchiefer abwechſelt. — Rother Grauwackenſchiefer bey Biſchoffshofen. — Das Uebergangs- und Flözgebirge ruht wahrſcheinlich in keiner groſsen Tiefe unter dem Boden, unmittelbar auf Granit. —

IV. Barometrische Reise über den Brenner.

V. Vergleichung des Passes über den Mont-Cenis mit dem über den Brenner.

Inhalt.

Saussure. Uebersicht des Passes über den Mont-Cenis. — Entfernungs- und Höhendifferenz beider Päſſe. — Eine Vergleichung entfernter Gebirgspäſſe erleichtert das richtigere Urtheil über Identität der Bildungsgesetze in einer gleichen Gebirgskette. — Der Mont-Cenis fällt südwärts ungleich schneller ab, als der Brenner, — weil dem Brenner ein Porphyr- und mehrere Flöz-Kalksteingebirge vorliegen, welche dem Mont-Cenis fehlen. — Die Ursache dieser ungleichen Vertheilung ist schwer zu finden.

Der Porphyr unterscheidet sich in mineralogischen Verhältnissen, vom Porphyr in Nord-Deutschland nicht. — Er bildet jedoch eine fortlaufende Kette bey Botzen; und keine isolirt stehende Berge. — Er ist schön und deutlich geschichtet; — und überdem allerorten in Säulen zerspalten. — Die Ursache der Säulenzerspaltung liegt in der Natur des Porphyrs selbst; — denn körnige Gebirgsarten und vorzüglich Granit zerfallen durch Zerspaltung zu Sand, — Schiefrige Gesteine zu Thon; — nur der Porphyr wird, seiner Homogeneität und seines gleichen Zusammenhanges wegen, in eckige Formen zertrennt, — die sich an allen Porphyrbergen offenbaren. — Die Erscheinung dieses Porphyrs am Südabhang des Brenners ist überraschend, — denn am Nordabhang entdeckt man keine Spur dieses Gesteins. — Allgemeinheit des Porphyrmangels an der Nordseite der Alpen. — Auch auf der Südseite setzt die Porphyrkette kaum bis gegen den Gotthardt, in mehreren Unterbrechungen fort. — Man sieht ihn zum letztenmale in ansehnlichen Massen am Lago d'Orta und bey Arona. —

Die Vertheilung des Flözgebirges unterscheidet beide Alpenpässe noch mehr. Am Mont-Cenis bildet es niedrige Berge; am Brenner mehrere gewaltige, fortlaufende Ketten, die auf beiden Seiten durch Längenthäler scharf von der primitiven Centralkette geschieden sind. — Die südlichen dieser Ketten verlieren sich schon in geringer Entfernung vom Gardasee. — Die nördliche Reihe von Kalkbergen, setzt, wenn gleich weniger regelmäſsig, bis in die Schweiz fort. — Der Jura ist jedoch sehr von dieser Kette verschieden; in Form, Lage und Höhe der Berge, — in Natur des Kalksteins der untergeordneten Lagen. — Der Jura scheint dem Gebirge bey Verona ähnlich zu seyn. — Bey Genf erkennt man deutlich drey secundäre Formationen von Kalkstein. —

In Natur der Centralkette sind beide Alpenpässe sich ähnlicher. — Beide steigen nordwärts mit Thonschiefer auf. — Auf der Höhe Glimmerschiefer — Wie auf der Höhe aller Pässe über den Alpen. — Die Kette des Mont-Blanc scheint dem Alpengebirge entrückt. — Natur eines Alpenpasses. — Es ist eine groſse Vertiefung im Gebirge, — welche nicht die Höhe des Gebirges bestimmt, das zuweilen sehr hoch in der Gegend wenig erhabener Alpenstraſsen ist, und umgekehrt. — Daher beweist die geringe Höhe des Brenners keine Erniedrigung der Alpen in Tyrol. — Dichter Feldspath als Gebirgsart am Mont-Cenis, — und Gypslager in der Uebergangsformation. — Granit am Südabhang der Alpen. —

Gleiche Gesetze in Bildung der Alpen auf der ganzen Gebirgserstreckung. — Durch Localitäten bewirkte Modificationen der Gebirgsarten. — Sie erklären jedoch die Anhäufung des *Porphyrs* und Flözkalks am Brenner nicht. — Der Flözkalk ist Resultat einer Anschwemmung, — deren Richtung vielleicht von Osten nach Westen ging. — Sonderbar, daſs die Kalkkette der Apenninen, gerade dort anfängt, wo gegenüber an den Alpen die südliche tyroler Flözkalkkette verschwindet. —

VI. Pergine.

Die Gegend von Pergine, scheint geognostische Systeme umzuwerfen, die man fest gegründet glaubt. — Eine nähere Untersuchung entwickelt den Irthum. —

Trento ist von hohen Flözkalkbergen umgeben. — Merkwürdige Absonderung der Versteinerungsarten an den Bergen ostwärts. — Unten ein gewaltiges Ammonitenheer, — dann Pectiniten, Mytuliten &c. — Ganz oben Felsen von Numismalen. — Alter der Ammoniten. — Kleine Haufen (kaum sind es Hügel) der Trappformation auf diesem Kalkstein. — Porphyr bey Cevizzano mit Jaspis, Chalcedon- und Amethysttrümmern. —Auf der Höhe des Berges wieder Kalkstein mit Schwerspath und Bleyglanz. — Alter Bergbau im Kalkstein auf dem, 2886 über die Meeresfläche liegenden Monte del Cuz. — Am Ufer kleiner Seen wieder Porphyr, der sogar am Monte-Corno mit Kalkstein abwechselt. — Glimmerschiefer bey Pergine. — Bleiglanzgänge darinnen, — und reiner Kalkspath am Abhang des Gebirges, der kleine Felſen bildet. — Vitriolwerk von San Domenica in groſser Höhe. — Schwefelkiesgang. — Das Längenthal von Faleſina ſcheidet Glimmerſchiefer und Porphyr. — Der Porphyr vertritt hier die Stelle der Uebergangsgebirgsarten. — Auch an andern Orten ſcheint er dem Flözgebirge verwandt. — Dieſe Verwandſchaft iſt ein ſeltſames Phänomen. — Hängt die kleine primitive Kette von Pergine mit der Hauptcentralkette des Brenners zuſammen? — Auch im Porphyr ſetzen Erzgänge auf.

Die Brenta bildet, bis jenſeit Borgo di Val Suganna, ein Längenthal zwiſchen Glimmerſchiefer und Kalkſtein. — Sie bricht dann die Flözkalkkette durch. — Ienſeit Cismone öffnen ſich die Berge. — Baſſano am Fuſse der Alpen. — Venedig. —

Druckfehler.

Seite	Zeile		
3.	12	von oben ſtatt	Waſſerort, l. Waſſerreſt.
8.	3	von unten —	ſein Gipfel l. ein Gipfel.
9.	14	von oben —	enthält, l. enthüllt.
13.	1	— — —	Carlsmarnet bey Brieg l. Carlsmarkt bey Brieg.
14.	6	— — —	neben, l. über.
23.	10	— — —	ſchon länger, l. ſchon lange.
26.	5	— — —	von, l. nur.
35.	21	— — —	flüchtig, l. flüſsig.
36.	7	von unten —	und es würde, l. und er würde.
37.	19	von oben —	wird, l. ward.
38.	8	von unten —	den Gebirgsrücken, l. dem Gebirgsrücken.
41.	5	— — —	Hornſchiefers, l. Thonſchiefers.
45.	2	— — —	von Gneuſs, l. von Asbeſt.
63.	11	— — —	Gebirgsſtadt, l. Gebirgsart.
66.	10	von oben —	ſelbſtſtändigere, l. ſelbſtſtändige.
—	18	— — —	verliert, l. verlieren.
85.	1	von unten —	Michesdorff, l. Michelsdorff.
86.	20	von oben —	Lehnwaſſer, l. Lehmwaſſer.
90.	12	— — —	mächtiger, l. mächtiges.
97.	4	— — —	Städtlein, l. Städte.
102.	5	von unten —	bis Hartau, l. bey Hartau.
107.	13	— — —	brennende, l. trennende.
117.	4	— — —	nach, bey Adersbach fehlt und.
118.	3	von oben —	ſtatt bisher, l. bis hierher.
—	5	von unten —	Kalſcher und Dirſcheb, l. Karſcher und Dirſchel.
122.	9	von oben —	Roua Monſina, l. Rocca Monſina.
—	2	von unten —	zieht es, l. zieht er.
125.	9	von oben —	Armrich, l. Armruh.
—	5	von unten —	die Baſalt, l. den Baſalt.
129.	4	von oben —	Magnetſtein, l. Magneteiſenſtein.
136.	1	— — —	anften, l. ſanften.
150.	1	— — —	Keinzing, l. Kinzing.
—	4	— — —	Warniger Linie, l. Warninger Linie.
—	10	— — —	Lambath, l. Lambach.
—	18	— — —	Peitiniten, l. Pectiniten.
—	26	— — —	Salberge, l. Salzberge.
151.	11	— — —	aufgeſetzten, l. aufgeſchwemmten.
165.	6 und 2	von unten —	es, l. er.
—	1	— — —	lotgetrennt, l. losgetrennt.
172.	14	von oben —	Cambach, l. Lambach.
173.	11	von unten —	die Gruppe, l. die Gröſse.
176.	5	— — —	Formation, l. Formationen.
185.	7	— — —	Wegſchiefer, l. Wetzſchiefer.
192.	10	— — —	die Schlichtung, l. die Schichtung.

Seite	Zeile		
194.	18	von oben —	eingemengt, l. eingeengt.
196.	1	von unten —	ftehen laffen, l. fehen laffen.
198.	8	von oben —	faft, l. feft.
204.	3	— — —	Obfervationen, l. Obfervatori
204.	8	von unten —	Progefsfion. l. Progreffion.
219,	10	von oben —	wäffrige Dienfte, l. wäffrige
220.	3	— — —	Knie, l. Knin.
239.	9	von unten —	mineralogifchen, l. mineralif
249.	3	von oben —	kalkartigen, l. talkartigen.
250.	3	— — —	Gundsdorf, l. Hundsdorf.
255.	12	— — —	wachfen, l. wechfeln.
256.	5	von unten —	an den Reytur, l. an den R
258.	8	von oben —	Col Terret, l. Col Ferret.
260.	10	— — —	feine Maffe, l. eine Maffe.
261.	5	— — —	verftärtem, l. verftärktem.
—	21	— — —	St. Marienkirche, l. St. Marcu
266.	I. Colon. 12.	— — —	Cypiere, l. Eypiere.
267.	II. Colon. 9.	— — —	Sure, l. Suze.
268.	4	von unten —	fruchtbaren, l. furchtbaren.
—	20	von oben —	am Norden, l. aus Norden.
275.	9	— — —	es hebt, l. er hebt.
277.	6	von unten —	neben dem Brenner; l. über de ner.
284.	8	— — —	St. Irrier, l. St. Imier.
287.	6	— — —	Zitterthal, l. Zillerthal.
—	1.	— — —	des Tours, l. des Fours.
288.	2	— — —	Mont Cerrein, l. Mont Cervi
290.	10	— — —	aus dicken, l. aus diefen.
291.	3	— — —	nach „Denn" fehlt „oft".
—	1	— — —	mi, l. mit.
292.	9	von oben —	diefen, l. diefer.
—	10	— — —	faft um die ganze, l. faft die g
—	23	— — —	Oerthals, l. Oezthals.
297.	5	— — —	vollkommene, kryftallifirte, kommener kryftallifirte.
—	1	von unten —	wirken, l. wirkten.
314.	6	— — —	mittelmäfsigen, l. weitläuftig
318.	4	von oben —	Riva di Serka, l. Riva di Ser
—	5	— — —	Monte Cafteriero, l. Monte Ca

I.

I.

Entwurf

einer

geognoſtiſchen Beſchreibung von Schleſien.

A

Aeuſsere Form der Gebirge.

Schleſiens Gebirge ſind die ſüdweſtliche Begrenzung, einer ungeheuern Ebene, der gröſsten die Europa enthält. Nur unbedeutende Hügel (Dünen) erheben ſich zwiſchen der Oder und Wolga, zwiſchen der Oſtſee und den Carpathen, zwiſchen dem ſchwarzen Meere und Finnlands Granitbergen, und nur die geringe Erhebung dieſer gewaltigen Fläche, vermag den Waldaiſchen Hügeln am Urſprung der Wolga den Schein eines Gebirges zu geben. Die Ufer dieſes groſsen Meeres (von welchem noch ein ſchwacher Waſſerort in der ſeichten Oſtſee übrig iſt), ſind im Verhältniſs ſeiner Ausdehnung nicht hoch. Die Gebirge die Schleſien umgeben, haben noch wenig vom Character der hohen Alpengebirge, und nur ein kleiner Theil derſelben, das Rieſengebirge, ſcheint ihn haben annehmen zu wollen. — Es iſt ein Irthum, wenn man glaubt, die ganze Gebirgsreihe von der Lauſitz bis zu den Carpathen unter dem Nahmen des Rieſengebirges begreifen zu können *).

*) Ein Irthum, der durch das claſsiſche Werk von Schleſien vor und ſeit 1740, ſich in vielen vortreflichen Schriften verbreitet hat. Der Verfaſſer endigt den Lauf des Rieſengebirges auf den hohen faſt unzugänglichen Kalkſpitzen über der Jablunkaer Schanze im Fürſtenthume Teſchen.

A 2

Die ganze Bergreihe bildet eine Gebirgsebene, auf welcher fich höhere aber fchmälere Gebirge, gleich Dämmen, erheben, und nach einem kurzen Lauf entweder in das flache Land oder wieder in die Gebirgsfläche abfallen. Diefe Dämme zeichnen fich fehr aus, durch ihre äufsere Geftalt und durch die Natur ihrer Gebirgsarten, und man würde einen wenig klaren Begriff vom Ganzen bekommen, wenn man fie nicht von einander durch eigene Benennungen unterfcheiden wollte. Auch hat dies der Sprachgebrauch gröfstentheils fchon in Schlefien gethan. Man nennt dort das Riefengebirge nur die Reihe von Bergen, die fich ohnweit des Zufammenfluffes der fchlefifchen, laufitzer und böhmifchen Grenzen erhebt, dann fich oftwärts in einer faft gleichförmigen Höhe von 4000 Fufs fortzieht, bey Schmiedeberg einen kleinen Halbzirkel bildet, und fteil in das Boberthal bey Kupferberg abfällt. Der Fufs diefes fchnell anfteigenden, fchmalen Gebirges liegt felbft fchon fehr hoch. Schmiedeberg 1380 Fufs, Hirfchberg 1046 Fufs, an der nördlichen Seite. Hohenelbe am füdlichen Fufse 1488 Fufs über das Meer. Meffersdorf, am weftlichen Anfange 1330 Fufs; Kupferberg am öftlichen Ende 1152 Fufs über das Meer. Ein grofser Theil des fächfifchen Erzgebirges ift nicht höher. — Das Gebirge ift zwey oder höchftens drey Meilen breit, fein füdlicher Abfall länger und weniger fteil, als der gegen Hirfchberg, und gegen den Bober, ihr Verhältnifs wie 1 zu 2½. Es erreicht feine gröfste Höhe zwifchen Schmiedeberg und Hohenelbe. Deutlich und ſchön ſieht man ſein treppenförmiges Anſteigen von den Bergen bei Hirſchberg, oder von den maleriſchen Falckenſteinen zwiſchen Hirſchberg und Kupferberg: das Gebirge hat einen zu geringen Abhang, nach dieſer Seite hin, der wenig gegen die Höhe deſſelben auffällt; es ſcheint eine Mauer zu ſeyn, die das jenſeitige Böhmen von Schleſien trennt; eine Mauer bis oben hinauf mit reicher Vegetation bedeckt, mit hoch hinanlaufenden Dörfern; mit überall, bis auf den Gipfel zerſtreueten Hütten (Bauden); die Höhen mit Schnee, bis ſpät im Jahre, bedeckt, deſſen helleuchtende Farbe hier, wie auf allen hohen Gebirgen, dem Ganzen einen eigenen Reiz giebt. Die nackten und ſpitzen Felſen treten ſcharf und ſtolz aus der weiſsen Decke hervor, und die unbeſchneiten ſteilen Abhänge des Thales und Schluchten bringen eine neue Mannichfaltigkeit, in dem ſonſt eben ſcheinenden Abhange des Gebirges. — Die Schneekoppe hebt ſich kühn über den hohen Gebirgskamm herauf; ſie gleicht einem Kegel, der die Wolken mit der Fläche verbindet; ſie ſteht nackt und felſig, über den waldreichen Bergen des Abhanges, und nur ſelten ſieht man ſie frey, von Wolkenbedeckung. Drittehalbtauſend Fuſs tiefe Abgründe, der Rieſengrund gegen Böhmen, die Eule auf ſchleſiſcher Seite trennen ſie von der Ebene, und ſie iſt nur durch einen ſchmalen Damm, vom hohen Gebirgsrücken her, zu beſteigen. Sie ſteht mehr als tauſend Fuſs über dieſe Höhe; 3900 Fuſs über die Fläche bey Hirſchberg, und 4950 Fuſs über die Fläche des Meeres. — In heitern Tagen ſieht man von ihrer

Spitze zu gleicher Zeit die Schlösser von Prag und die Thürme von Breslau; die Liegnitzer und Glogauer Ebenen gegen Norden; die reiche Fläche von Hirschberg, alle schlesische Gebirgsreihen bis tief in Mähren hinein, und die über Böhmen zerstreueten Kegel der Trappformation. — Westwärts erheben sich noch mehrere ähnliche Kuppen, auf der in gleicher Höhe fortgehenden schmalen Ebene des Kammes; aber sie ruhen auf grösseren Grundflächen als der Kegel der Riesenkoppe, und erreichen ihre Höhe nicht. — — Hirschberg wird auch auf der Nordseite von einem kleinen Gebirge eingeschlossen, das mit dem Riesengebirge gleichlaufend, in Höhe aber mit diesem nicht zu vergleichen ist. Es erhebt sich aus dem flachen Lande bey Jauer, geht in südwestlicher Richtung bis Kupferberg fort, ändert diese Richtung dann in eine westliche, und trennt sich in mehreren Armen, die sich theils im flachen Lande verlieren, theils durch den Lauf des Bobers abgeschnitten sind. Jenseit des Flusses, bey Boberröhrsdorf, setzt die Gebirgsreihe fort, oder vielmehr sie verbindet sich hier mit dem kleinen Arm des Riesengebirges, der westlich von Schreiberhau sich vom Hauptstamm absondert. Der Bleyberg bey Kupferberg, steht der ersten beträchtlichen Höhe des Riesengebirges, dem Ochsenkopf, gegenüber; hier scheinen beyde Gebirge in einander laufen zu wollen: allein der Bleyberg fällt steil 1200 Fuss bis in den Bober hinab, und der Ochsenkopf 1600 Fuss hoch, obgleich weniger schnell; eine gewaltige Kluft zwischen beyden Gebirgen, durch welche sich der Bober in das eingeschlossene weite und schöne Hirschberger Thal drängt. Noch enger aber weniger tief ist sein Abfluss aus diesem Kessel unterhalb Hirschberg, im Settler. Senkrechte hohe Felsen scheinen hier über den wüthenden Strom zusammen zu fallen, der schäumend über die herabgefallenen grossen Massen der Felsen wegstürzt. Es ist sonderbar und sehr auffallend einen schwachen Strom, ein Gebirge 1600 Fuss tief durchschneiden zu sehen, dem wir einen viel leichtern Abfluss vom Gebirge herab, würden geglaubt haben anweisen zu können. Aber auch geognostische Gründe, Lagerung der Gebirgsarten, beweisen diesen, nach ihrer Formation geschehenen Durchbruch, den der blosse Anblick mehr, als alle Gründe, einleuchtend macht. — Der höchste Berg dieses Gebirges nordwärts von Hirschberg, ist die grosse Kalksteinmasse des Kützelberges, 2850 Fuss über das Meer, 2200 Fuss über die Fläche bey Goldberg. Flözgebirgsschichten verbinden den Abhang sanft mit der Ebene, und die lezten Gebirgsspuren bey Bunzlau, in der Gegend von Haynau und südwärts von Liegnitz sind wenig ausgezeichnet: aber die Sandsteinfelsen bey Löwenberg, die Thonschiefermassen zwischen Goldberg und Jauer, zwischen Greiffenberg, Lauban und Bunzlau bilden noch beträchtliche Berge. — Nicht weit unter der Schneekoppe, trennt sich von der Mordhöhe über Schmiedeberg, ein Arm vom Gebirge, der die, sich hier südwärts kehrende Gränze von Böhmen und Schlesien fortsetzt; der zuerst von ansehnlicher Höhe ist, nach und nach aber abfällt und nach einem kurzen Lauf von drey Meilen sich zwischen Schazlar und Albendorf im Steinkohlenconglomerate in Böhmen verliert. Dieser Arm und der, noch schlesische südliche Abfall des Riesengebirges von Dittersbach bis Rudelstadt, erheben sich von der schweidnitzer Gebirgsebene, einer hochliegenden, mit flachen Thälern durchschnittenen Fläche, die steil und ausgezeichnet über das flache Land, dann aber nur sanft bis zur böhmischen Grenze ansteigt. Sie liegt höher als das Hirschberger Thal; denn auf ihrer Höhe entspringt der Bober und fliesst dann durch die Kupferberger Enge dieser Fläche zu. Landeshuth am Bober liegt 1371 Fuss über das Meer: Waldenburg 1309 Fuss, und Gottesberg auf einem der höchsten Puncte dieser Fläche etwa 1800 Fuss. Ihr Abfall gegen das flache Land ist so deutlich und so bestimmt, dass man das Ende desselben, ihr erstes Ansteigen fast auf hundert Fuss genau angeben kann. Bey Blumenau, Wederau, Poischwiz, zwischen Jauer und Bolckenhayn verbindet sie sich mit dem Abfall des Gebirges, das sich von Jauer nach Hirschberg zieht; und die Oerter Kauder, Hohenfriedeberg, Möhnersdorf, Freyburg, Cuntzendorf, Bögendorf, Burckersdorf, Leuthmansdorf, Peterswalde bestimmen ihre Begränzung bis zum Eulegebirge hin. Mitten auf dieser Fläche erheben sich steile Kuppen von Porphir; kegelförmig stehen sie hinter und neben einander; sein Gipfel sieht über die Spitze des andern hervor und zwischen ihnen erscheinen neue, die immer höher sich heben zur hohen Eule, dem Anfang des

Eulengebirges, hinauf, die über alle ansteigt, und wieder ein schmales, langgestrecktes Gebirge bildet. Nirgends übersieht man schöner dieses sonderbare Aeussere des gebirgigen Theils vom Fürstenthum Schweidnitz, als in den höheren Puncten des weit ausgedehnten Dorfes Hochwalde unmittelbar unter dem Kamme des Riesengebirges, nicht weit von der hier über das Gebirge weggehenden Poststrasse von Landeshuth nach Hirschberg; und an einigen Stellen des Molckenberges bey Dittersbach, oder auf den Friesensteinen; einem Standorte auf dem Gebirge, der zugleich mit der pittoresquen Ansicht von Schweidnitz, den Reichthum der Hirschberger und Schmiedeberger Gegend enthält; den erhabenen Anblick der nahen Schneekoppe, und in der Ferne die Basaltkegel zwischen Löwenberg, Goldberg und Jauer, und die unabsehlichen, fruchtbaren Flächen von Liegnitz und Glogau. Von diesen Puncten übersieht man den Abfall des Riesengebirges; Landeshuth zu den Füssen im weiten Thale des Bobers; über die Stadt, die von dieser Höhe niedrig scheinende, langgedehnten Basaltberge, die sich fast im Viereck verbinden; gegen Böhmen hin, von Liebau an eine schroffe Kette von Porphirbergen, die fast aneinanderhängend vor Schömberg, bey Ullersdorf, sich mit einem Arm des Riesengebirges von Oppau zu vereinigen scheinen. In der Mitte der Fläche über Landeshuth steigt die gewaltige Porphirmasse des Hochwaldes auf, fast unersteiglich von der Seite des flachen Landes, wo der Berg auf einmal fast 2000 Fuss abfällt; sanfter und wellig abfallend nach Gottesberg hin, das am Abhange des lezten Berges dieser Masse, des Plautzenberges, liegt. Vor ihm ein spitziger Kegel, der Hochberg, mit runder, der Höhe fast gleichen Grundfläche, wie ein Vulcan. Auf der linken Seite erheben sich die schwarzen Kuppen des Sattelberges bey Liebersdorf, und rechts die lange Kette des Wildberges, die sich bis Friedland hin zieht. Zwischen diesen Bergen drängen sich die spitzen Kuppen der entfernteren Porphirkegel zusammen, die jenseits Waldenburg liegen; des steilen Storchberges bey Waltersdorf; des Kohl- Canthers- Butter- Schwarzberges bey Reussendorf, Dittersbach, Neuhaus, und über alle, schliesst den Horizont das Eulengebirge, das von hier aus noch viel höher scheint, als es wirklich ist. — Zwischen den Kegeln ziehen sich in flachen Thälern, die langen Dörfer hin; sie scheinen auf einer gleichförmigen Ebene zu liegen, und um so mehr fällt diese schnelle Erbebung der Porphirmassen auf. — Der Hochwald, der höchste von allen, liegt mehr als 3000 Fuss über die Meeresfläche, und wenigstens 1300 Fuss über die Ebene bey Waldenburg. Das Steinkohlengebirge umgiebt diese Berge, und allenthalben kommen Steinkohlenflöze am steilen Abhange über dem Porphir hervor. Bey Friedland thürmt sich der feine Sandstein über den Steinkohlen, zum hohen Gebirge auf, das scharf abgeschnitten, in wie abgemessener geraden Richtung und gleichförmigen Höhe bis in die Mitte der Graffchaft Glaz hineinläuft, wo es zwischen Altheyde und Reinerz in das Thal der Weistriz abfällt. Wie eine Krone erhebt sich darauf die hohe Felsenmasse der Heuscheune. Sanfter verliert sich dieser sonderbare, die Ebenen der Grafschaft Glaz einschliessende Damm, in Böhmen hinein; südwärts von Schömberg, und von dem, noch schlesischen Dorfe Albendorf. — Das Eulengebirge fängt bey Falckenberg an, in die Höhe zu steigen; bald hinter der hohen Eule, einem Berge von 3326 Fuss Höhe über die Meeresfläche, wendet es sich südlich und trennt die Grafschaft Glaz und Münsterberg. Es ist schmal, und seine Abfälle hier ungleich, es fällt mehr gegen Franckenstein ab; das Verhältniss des glatzer zum schlesischen Absall ist ohngefähr, wie 1 zu 2½. Von der Glatzer Seite erscheint es nur, als eine, mit finsterer Waldung bedeckte Kette; allein von Schlesischer Seite heben sich hoch am Abhange die Dörfer hinauf: Silberberg selbst bis zur grössesten Höhe, und die fünf befestigten Berge über der Stadt vertreiben die Idee des unbewohnten und wilden; denn man sieht sie nur aus der Ferne. Der Ottenstein, westwärts von Reichenbach, scheint der höchste Berg dieses Gebirges zu seyn; wahrscheinlich übersteigt seine Höhe auch noch die von 3500 Fuss über das Meer. Das Gebirge ist durch die Neisse gewaltsam von einer langen Bergreihe getrennt, der grössten in Schlesien, die südöstlich fortläuft bis weit in Mähren hinein, bis zu den Carpathen, die sich in viele Aerme ausbreitet, und an mehreren Orten eine beträchtliche Höhe erreicht. Der höchste Punct, der Neisser Schneeberg auf den Gränzen von Mähren und Schlesien ist wenig bekannt, aber gewiss mehr als 4000 Fuss über die

Meeresfläche erhoben; der Schneeberg in der Grafschaft Glaz, der auf einem rechtwincklich sich vom Hauptgebirge absondernden Arme liegt, ist 4067 Fuss hoch, nach Aloys David; aber er setzt dennoch von dieser Seite nicht weit fort; das Gebirge fällt gänzlich ab, zwischen Langenmohrau und Grulich, zwischen Böhmen und Mähren. Vom Neisser Schneeberge trennt sich ebenfalls ein kleiner Arm, der in drey Meilen Entfernung steil, mit der Bischofskoppe bey Zuckmantel in die Ebene abfällt. Auch das Hauptgebirge erniedriget sich immer mehr, bis zu sehr gerundeten, wenig erhobenen Bergen, jenseit Römerstadt. Es ziehet sich so zwischen Jägerndorf, Troppau und Mähren fort, und besteht nicht mehr aus schnell ansteigenden uranfänglichen Gebirgsarten; nur aus Thonschiefer und andern Fossilien der Uebergangsformation; der hohe Gebirgsrücken ist wenig ausgezeichnet und breit: und nur die lezten Abfälle bey Dorf Teschen gegen Troppau und vor Sternberg gegen Ollmüz zu sind hoch und auffallend. In diesem flachen Gebirge entspringt die Oder, und wahrscheinlich ruhen darauf auch die grossen Kalkmassen der zwischen Mähren und Ungarn in einzelnen Bergrücken ansteigenden Carpathen. Ganz Oberschlesien ist eine wenig erhabene Fläche, theils vom Steinkohlengebirge theils vom Flözkalkstein bedeckt; selbst die höheren Gegenden bey Tarnowiz und Beuthen erheben sich so sanft, dass man ihre hohe Lage fast nur erst durch die hier entspringenden, und nach allen Seiten laufenden Flüsse, bemerkt. Aber bis unterhalb Oppeln, bis Carlsmarnet bey Brieg findet man immer noch wenig tief unter der Dammerde anstehend Gestein; dann läuft die Oder ununterbrochen in unabsehlichen, aufgeschwemmten Flächen fort, bis zu ihrem dreyfachen Ausgange in das Meer.

Granit.

Das Riesengebirge ist gröſstentheils nur eine Kette von Granitbergen. Von Hirschberg an, bis zu der Höhe der Koppe, von Kupferberg bis Schreiberhau sieht man nur Granit anstehen, ohne Abwechslung mit andern Gebirgsarten, fast ohne fremdartige Lager. Wenn er auch in Gneuſs scheint übergehen zu wollen, so ist es immer nur auf einige Fuſs weit, so daſs dieser kleinen Masse ganz der Character einer weit verbreiteten Gebirgsart entgeht. Um so mannichfaltiger ist aber der Granit in Gröſse des Korns, im Verhältniſs seiner Gemengtheile, im äuſseren Ansehen der Felsmassen. Es ist ein angenehmer Contrast, den man zwischen beiden Abfällen bemerkt, wenn man über das Riesengebirge auf der Chaussee von Landeshuth nach Schmiedeberg reist Hat man das Conglomerat, das nur sehr gerundete, wenig felsige Hügel und Berge bildet oberhalb Schreibendorf verlassen, so erscheint unter ihm die, hier sehr einförmige Masse von Hornblendschiefer und Gneuſs: beyde Gebirgsarten bilden nur kleine, niedrige und wenig ausgezeichnete Felsen. Aber mit der Eröffnung der, zugleich lebendigen und erhabenen Aussicht über die Schmiedeberger und Hirschberger

Ebene, über die Kette des Riesengebirges und auf die nahe und um so höher und furchtbarer scheinende Koppe, verändert sich das einförmige Gestein. Der Granit kommt hervor; kleine schroffe Felsen stehen in mannichfaltigen Formen am Wege; Quellen rieseln allenthalben in Menge neben dem klaren Sande von zerfallenen Granitstücken, am steilen Abhang herab; und rundumher werfen die häufigen Krystalldrusen das blendende Sonnenlicht von fernher dem Beobachter zu. Im porphirartigem Granite, in dem in einer Grundmasse von fast feinkörnigem rothem Feldspath, graue Quarzpyramiden, gelblichweifse grofse Feldspathkrystalle und wenig schwarze Glimmerblättchen eingemengt sind, findet man häufig grofse Höhlungen, Drusen am Wege, die mit glatten, glänzenden Quarzpyramiden ausgefüllt sind; oft von mittlerer, ziemlick beträchtlicher Gröfse, oft auch so klein, dafs man zu ihrer Bestimmung sich der Loupe bedienen möchte, deswegen aber doch von nicht weniger lebhaftem Glanze. Oft liegen zwischen den Krystallen kleine Rhomben von Feldspath; und das Ganze häufig in Quarzlagern, die man weit in dem Granite verfolgt. Auf der Schneekoppe selbst ist der Granit völlig kleinkörnig mit rothem und weifsem Feldspath und wenigem Glimmer; aus ähnlichem bestehen die einzelnen Felsen auf dem Kamme, die Friesensteine bey Schmiedeberg über dem porphyrartigen Granite, der an der Strafse hervorkommt; aber dieser ist stets mannichfaltiger in der Abwechslung der Gemengtheile, aus denen er zusammengesetzt ist. Ehemals fand man grofse Bergkrystalle in der Schmiedeberger Gegend nicht selten Stücke von mehreren Pfunden; auf einem kleinen Hügel vorzüglich, ostwärts der Stadt, dem Zeischenhübel waren rauchgraue, sehr durchsichtige Krystalle von beträchtlicher Gröfse, häufig, und sie hatten als Rauchtopase Ruf im Auslande. Itzt ist diese Edelsteinquelle seltener geworden, aber oft werden auf den Aeufsern noch ansehnliche Massen gefunden, die zum Theil Warmbrunner Künstler verarbeiten. Von der Höhe des Riesengebirges holte man ehedem ebenfalls eine grofse Menge Krystalle die wahrscheinlich auf ähnliche Art vorkamen, aus einem engen eingeschlossenen Thale, dem Mummelgrunde, dessen Quellen schon der Elbe und Böhmen zufliefsen. Der Sturz einer grofsen Felsmasse hat vor vielen Jahren diese Grube gänzlich zerstört. — Wie diese Quarzlager kommen im Granit kleine Lager von Feldspath vor; häufig beyde zugleich, auch diese sieht man auf dem Wege von der Höhe nach Schmiedeberg hinab, bey Buchwald, bey Lomnitz, ohnweit Brückenberg unter der Koppe; der Feldspath unterscheidet sich von dem, der im porphyrartigen Granite so häufig ist, vorzüglich durch die Gröfse seiner abgesonderten Stücke; ist er als Lager, so ist seine Bruchfläche nur eine Ebene mit einem sanften blafsfleischrothem Perlmutterglanz; ist er als Hauptmasse in welcher Quarz und Glimmer eingemengt sind, so ist er fast feinkörnig, und wirft einzelne nicht zusammenhängende Lichtmassen zurück. Die grofsen Krystalle von weifsem Feldspath, die noch besonders in dieser Masse eingeschlossen sind, werden häufig fast zwey Zoll lang, einen Zoll breit, platte sechsseitige zugeschärfte, oder vierseitige vollkommene Säulen. Sie zeichnen sich an freystehenden, fast senkrecht abgeschnittenen Felsen, gut aus, aber es ist unmöglich auch bey Tausenden dieser Krystalle, die man an solchen Felsen mit einem Blick übersieht, wie z. B. an der südlichen senkrecht und tief abfallenden Wand des Kynastes, nur eine Spur zu entdecken, von Wirkung der Schwere bey ihrer Krystallisirung, die sie, in eine bestimmte Lage gegeneinander gebracht haben würde. Kleinere Wirkungskreise um einen nahen Punkt scheinen die allgemeinen Kräfte hier überwogen zu haben. Diese Erscheinung äussert sich auch auf eine andere, noch auffallendere Art, wenn man sie nicht schon in der Trennung in Gemengtheilen sehen will, aus welchen die Gebirgsart besteht. Man sieht nicht selten und nicht ohne Ueberraschung in den steilen Felsen, die in unzählicher Menge sich 20, 30 und 40 Fuss hoch in der Ebene zwischen Warmbrunn, Schmiedeberg und Hirschberg erheben, aus der Masse völlig gerundete Kugeln hervorstehen, die wie durch Kunst darinnen befestigt scheinen, sie sind von 2 und 3 Zoll Durchmesser bis zu 12 Zollen und 1½ Fuss; wie Kanonenkugeln in durchschossenen Mauern. Auf der südlichen Seite der Felsen des Kynastes über Warmbrunn, ist dieses Phänomen ebenfalls, wegen Grösse der sichtbaren Fläche ausserordentlich deutlich und schön. Die Kugeln bestehen aus einem sehr kleinkörnigen Granit; der im Mittelpunkte weniger Glimmer zu enthalten scheint, als näher gegen die Oberfläche, und die Oberfläche selbst ist gewöhnlich mit kleinen getrennten

Glim-

Glimmerblättchen bedeckt. — Alles Materielle der Welt, das reinen Anziehungskräften der Materie folgt ballt ſich in Kugeln. Weltkörper und Waſſertropfen folgen hierinnen gleichen Geſetzen; und alle Kryſtalle würden rund ſeyn, wenn ſie nicht mit ſchon beſtimmter Form aus ihrer Auflöſung träten. Oft ſind aber eine Menge dieſer Kryſtalle, vorzüglich wenn ſie aus verſchiedenen Materien beſtehen, die ſich nicht weiter zu beſtimmten Kryſtallformen verbinden, vermöge ihres kleinen Durchmeſſers, im Stande noch Kugeln zu bilden, wenn ſie zu einem Ganzen der Aggregation ſich vereinigen. Alle kleine aus der Auflöſung getretene Maſſen verſammeln ſich um einen Punkt, in dem ſich die Wirkung ihrer gegenſeitigen Anziehungskraft begegnet; ſie beſtreben ſich dieſem Punkte ſo nahe als möglich zu kommen (ſoweit die natürliche Expanſivkraft ſie, ſich zu verbinden, geſtattet); und das Reſultat dieſes Beſtrebens iſt die gleiche Entfernung aller Theile vom gemeinſchaftlichen Anziehungspunkt, oder die Kugelform. Es iſt möglich und wahrſcheinlich, daſs ſelbſt hierbey noch die natürliche Verwandtſchaft der Stoffe wirkt, Feldſpath und Quarz ſich im Mittelpunkte verbinden, der zuſammengeſetztere Glimmer die entfernteren Gegenden der Oberfläche einnimmt. Denn Stoffe von einerley Art ziehen ſich ſtärker an, als ſolche die in chemiſchen Beſtandtheilen ſehr von einander abweichen. Man bemerkt dieſes Beſtreben, eine Kugelform anzunehmen, bey vielen Gebirgsarten; nur hindert die ſchnelle Entſtehung derſelben, ihre völlige und ſichtbare Ausbildung; die körnig abgeſonderte Stücke des

Kalksteins sind Kugeln, die durch Form der sich verbindenden Theile des Kalksteins, und durch die Aggregation modificirt sind. Ganze Berge werden zuweilen aus Basaltkugeln gebildet; eine Erscheinung, die dem ohnerachtet eine der wunderbarsten und merkwürdigsten der Geognosie bleibt. Eben so wenig ist es noch erklärt warum im dichten Kalkstein nur eine Schicht diesem Gesetze folgen und Roggenstein bilden konnte. In Gängen, die viele Fossilien und sehr verschiedenartige enthalten äussert sich dieses Bestreben oft auffallend schön; und häufig hat man Gelegenheit den Kampf der reinen Anziehungskraft der Theile gegeneinander, mit der geheimen Kraft zu bewundern, die Krystalle hervorbringt; Formen bildet, deren Länge oft unendlich groſs gegen die Breite erscheint, wie in den haarförmigen Krystallen des Federerzes, wie in den feinen verwachsenen Nadeln des rothen Menackanerzes vom Gotthardt; durch welche aber keine Kugeln, keine Formen von durchaus gleichem Durchmesser entstehen. — — Auch das Aeuſsere der Granitfelsen des Riesengebirges hat Merkwürdigkeiten, die nicht jedem Granitgebirge eigen sind. Auf dem Kamm des Gebirges, einer mit Alpengewächsen bedeckten, oft moorigen Fläche, stehen hin und wieder, vorzüglich an den Abhängen Felsengruppen hervor; Ueberreste der ehemaligen gröſseren Höhe der Berge. Sie sind aus gerundeten Massen aufeinander gethürmt, deren Scheidungsklüfte einer Schichtung sehr ähnlich sind. Oft liegen Massen in groſser Höhe mit dem gröſsten Theile ihrer Fläche ohne Unterstützung im Freyen, so daſs ein geringes

Uebergewicht ſcheint den Schwerpunkt gänzlich von Unterſtützung der unteren Maſſen entfernen zu müſſen. An anderen Felſen macht die wunderbare Lage der Blöcke Höhlen, tief hineingehende Klüfte, ganze unterirdiſche Gänge, wie z. B. am Kynaſt, und oft ſind ſie Thürmen und Pyramiden ähnlich; oft unten ſchmäler als oben. Herr Freisleben hat ſehr ſchön aus Beobachtungen, die er an Harzer Granitfelſen anſtellte, bewieſen daſs dieſe Maſſen nicht mehr in ihrer natürlichen Lage, oft nicht mehr auf der vorigen Lagerſtäte liegen (vom Harz II. 187 ſeq.) Die, vorher ſchon getrennte Maſſen ſinken zuſammen, wenn das weiche Geſtein, das ſie noch entfernte, weggeſchwemmt wird. Ich habe mich, in einem in den ſchleſiſchen Provinzialblättern eingerücktem kleinem Aufſatze vom Rieſengebirge, zu zeigen bemüht, wie gut ſich dieſe Meinung auf die Granitfelſen und Blöcke anwenden läſst, die in ſo merkwürdigen Formen zwiſchen Warmbrunn, Schmiedeberg, Hirſchberg und Kupferberg zerſtreut ſind. Noch auffallender ſind aber die Felder von Granitblöcken auf dem Kamme; die Zahl dieſer Maſſen iſt zu groſs als daſs ſie noch einzeln ſtehende Felſen zu bilden vermögten; die Felſen ſtoſsen zuſammen und es entſteht eine Ebene, die mit ungeheuren, viele Centner ſchweren; dicht an einanderſtoſsenden Maſſen bedeckt iſt. Zwiſchen dem Urſprung der Elbe und den Schneegruben oberhalb der ſogenannten alten Baude über Schreiberhau ſieht man auf halben Stunden Weite die Fläche in dieſem Zuſtande;

B 2

man ist genöthigt von einem Blocke auf den andern zu springen, über Klüfte oft von 16 und 20 Fuss Tiefe. Die grosse Sturmhaube, nach der Schneekoppe der höchste Berg des Gebirges, ist ganz mit einer ungeheuern Zahl solcher Blöcke umringt, und bis zur Spitze bedeckt und diese macht ihre Besteigung ungleich mühsamer, als die, der Koppe selbst, und zu einer der beschwerlichsten von allen in Schlesien. Diese sonderbaren Felder, ein Bild der Verwüstung, sind eindringende Beweise der schnell erfolgenden Abnahme dieses Gebirges. Wie viel höher mussten die Kuppen und Berge nicht seyn, welche diese Millionen Blöcke noch im cohärirenden, festen Zustande enthielten? Quellen und Bäche reissen die Massen, den steilen Abhang bis auf die Ebene hinab, und neue Felsen entstehen, um auf das neue wieder zerstört zu werden. Bäche durch schnellgeschmolzenen Schnee oder Wolkenbrüche angeschwellt, stürzen ganze Felsen vor sich her, mit mehr als Donnergetöse, und unbeschreiblich sind oft die Verwüstungen, wenn das wüthende Wasser aus dem engen Thale sich in die schöne Hirschberger Fläche ausbreitet, mit Sand und gewaltigen Massen die Wiesen bedeckt, und alles zerstört, was seinem Wege sich entgegenzustellen wagt. Die entblössten Felsen des steilen Abhanges, stürzen oft durch die Kraft des zersprengenden Eises, oder des tief eindringenden und ohne Ausgang sich ausbreitenden Regenwassers, in ansehnlichen Tiefen hinab. So entstanden, die mehr als tausend Fuss hoch eingeschossene fast senkrechte Schneegruben, zwischen Schreiberhau und

Agnetendorf; Vertiefungen hoch am Gebirge, in welchen fich immerwährend der Schnee erhält, weil kaum je ein Sonnenftrahl diefe tiefen Gründe erreicht, und fie zu eingefchloffen find, um mit der äufsern Luft gleiche Abwechslungen der Temperatur zu geniefsen. Hier trennte ein Blitzftrahl (oder die mit dem Gewitter verbundene Regengüffe) vor mehreren Jahren eine fo gewaltige Maffe vom Felfen, dafs es 3000 Fus tiefer im Thale konnte gefehen werden, (Volckmar Beruhigung des Herzens, Hirfchberg 1760) ein Zufall durch den eine neue Merkwürdigkeit des Gebirges entblöfst ward. Man fand ein ganzes Trum eines Erzes anftehen, das man im Anfange für Silbererze ausgab, dann für Bleiglanz, und erft fpät feine wahre Natur als Wafferbley, erkannte, das hier wie an anderen Orten feines feltenen Vorkommens, als eine, der älteften Metallformationen erfcheint.

Der Granit ift nicht blofs den hohen Gipfeln des Riefengebirges eigen; man findet ihn auf der Ebene wieder; in der grofsen Fläche, die von der Oder durchftrömt wird. Wenn man vom Gebirge nach Schweidnitz, Jauer, Striegau oder Liegnitz herabkommt, fo erwartet man, wie in den Vertiefungen auf dem Gebirge, das Flözgebirge, Sandftein oder das Steinkohlengebirge fortfetzen zu fehen; und mit Erftaunen fieht man nur kleinkörnigen Granit, mit blafsfleifchrothem, röthlich oder gelblichweifsem Feldfpath, graulichweifsem mufchlichem Quarz und kleinen, fchwarzen Glimmertafeln. Das Land erhebt fich nicht mehr, auch nicht zu unbeträchtlichen Hügeln; aber an den Vertiefungen der Bäche entblöfsen Steinbrüche, das nicht tief unter Tage verborgene anstehende Geftein; und bis Breslau hin, verrathen die Granitgefchiebe, die man faft nur allein auf der Oberfläche antrifft, die unter ihr verborgene Gebirgsart. Zwifchen Jauer und Striegau ift nur noch eine kleine Hügelkette, zwifchen den Dörfern Grofsrofen und Oberftreit; deren Steinbrüche ein Schaz find, für das flache fruchtbare und von hier aus gefteinlofe Land. Die lezten Steinbrüche gegen die grofse Ebene des Nordens, find wahrfcheinlich diejenigen ohnweit Liebenau, bey Wahlftadt, Klein Wandrifch und Nicolftadt im Fürftenthum Liegnitz. Zwifchen Gros und Klein Wandrifch fetzt ein mächtiges Quarzlager durch den Granit, häufig mit Drufen von fchön und rein kryftallifirten Bergkryftallen. Ein ähnliches aber drufenleeres Quarzlager, mit wenigem Glimmer gemengt, ift in den Steinbrüchen bey Laafan ohnweit Striegau entblöfst. — Diefer Granit der Ebene zieht fich an der Nordfeite des kleinen Zobtengebirges herum; unter den Mauern des kleinen Städtchens Zobten liegt der Serpentinftein darauf, und entfernter die Serpentinfteinhügel der Gegend von Schwentnig. Die füdliche Seite diefer Hügelreihe ruht aber auf Gneufs. Beyde, der Granit und der Gneufs ftofsen in der Fläche ohnweit von Rothfchlofs zufammen, und mehr oder weniger deutlich verfolgt man von hier aus, die Gränze ihrer Abwechslung, zwifchen Pristam und Wilcke, jenfeit Nimptfch bis gegen Dierfchdorf hinauf, dann oftwärts fort über Sacrau, Dürr Brokatt, Ober-Reichau, Cummelwitz, polnisch Neudorf, oberhalb Krummendorf und Schönbrunn. Dann verlieren sich beyde Gebirgsarten unter dem hohen aufgeschwemmten Gebirge gegen die Vertiefung der Oder. In der Gegend südlich von Strehlen ist der Granit häufig in ansehnlichen Steinbrüchen entblöfst; z. B. bey Mehltheuer, bey Steinkirchen bey Schönbrunn. Auch hier sind die Quarzlager häufig darinnen; schon länger sind diejenigen auf dem, für die Gegend beträchtlich hohem Rumsberge bey Crummendorf wegen der vorzüglichen Bergkrystalle berühmt, die in mannichfaltigen Abänderungen der Krystallisation und oft in grofser Reinheit häufig darinnen vorkommen. Und eben so mächtige Lager findet man, bey dem zwey Stunden entlegenem Schönbrunn, aber die Bergkrystalle sind weniger schön und rein, und deswegen auch weniger gesucht. — — Dieser Granit und der am Riesengebirge ist die Grundlage aller übrigen Gebirgsarten, die Schlesien, und die vielleicht ganz Europa enthält; nur selten scheint er in Gneufs überzugehen, oder überhaupt eine schiefrige Textur annehmen zu wollen; eine Erscheinung durch welche er sich wesentlich von dem Granit der hohen Alpen unterscheidet, der im Gegentheil nie auf grofsen Weiten einerley Gröfse des Korns, oder Verhältnifs der Gemengtheile zu behaupten scheint; der fast immer eine Anlage zum schiefrigen zeigt und wirklich nicht selten mit Gneufs abwechselt. Man hat nach dieser Erscheinung schon oft Zweifel erregt, ob auch wirklich Granit, alle jetzt uns bekannte Gebirgsarten an Alter übertreffe; ob nicht von diesen irgend eine andere die äufsere Oberfläche der Erde bilde, auf welcher die grofsen Maffen der Gebirge ruhen. Die ungeheure Höhe und Ausdehnung des dichten Kalckfteins in Alpengebirgen, hat manchen Naturforfcher verleitet, diesen für das Grundgeftein der Erdoberfläche zu halten; eine Meynung die freylich leicht widerlegt war; denn mit einiger Aufmerkfamkeit hatte man bald, das gewaltige Heer der Verfteinerungen entdeckt, das fchichtenweife in diesem Kalckfteine liegt, fich aber leichter in der grofsen, oft unerfteiglichen Maffe verfteckt, als in den föhlichen, wenig mächtigen Flözen der gebirgloseren Gegenden. — Aber in den Ebenen unterfcheiden auch oryctognoftifche Kennzeichen wefentlich den Granit vom Gneufse und anderen Gefteinarten; und diefer Granit ift unläugbar der ältefte, jene, die hohe Gebirge bilden, von fpäterer Entftehung: denn er dient ihnen zur Grundlage. Alle Glimmerfteinarten, die chemifch zufammengefetzteren, bey welchen die Kryftallifationskraft mehr durch äufsere Umftände modificirt ift, find fpäter aus der Mutterlauge der Gebirgsarten gefchieden. Herr Werner findet einen ununterbrochenen Uebergang der Producte diefer gegenwirkenden inneren und äufseren Kräfte, von den Kriftallen des Granits an, bis zu den zufammengefchwemmten Gefchieben des feinen Sandfteins; eine Bemerkung die in feiner Hand eine der wichtigften für die Geognofie geworden ift; und faft auf ähnliche Art verfolgt man, in denjenigen bey welchen Kriftallifazionskraft noch das Uebergewicht hatte, einen Uebergang aus fast reinen Kieselgesteinarten, aus Granit mit vielem Feldspath und Quarz und wenigem Glimmer, durch glimmerreicheren Gneufs, durch Glimmerschiefer selbst, in dem schon der, in Verhältnifs anderer Erden, leicht auflösliche, daher lange in der Auflösung zurückbleibende Kalckstein sich absetzte, bis in völlig thonige Gebirgsarten Thonschiefer, Hornblend-Alaunschiefer. Sollte dies nicht schon beweisen, dafs je höher das Alter einer Gebirgsart steigt, je älter der Granit wird, er um so weniger Glimmer enthalte? dafs auch Feldspath sich endlich verlieren werde, und die erste Gebirgsart, die sich bey der grofsen Revolution bildete, der Oberfläche des Erdbodens ihre jetzige Gestalt gab, eine reine Quarzmasse war? und dafs wir diese antreffen würden, wenn die Erde, wie der Mond, negative Gebirge, grofse Vertiefungen unter ihrer Oberfläche besäfse? — — Vielleicht liefsen sich durch Vergleichung der Polarländer, mit den Gegenden des Aequators hierüber nähere Verhältnisse bestimmen; denn gewifs ist es, dafs alle Gebirgsarten mehr um den Aequator selbst angehäuft sind, als in den kalten Zonen; zeigten es auch höhere Gebirge nicht, aus deren dem Aequator entgegenlaufenden Richtung man vielleicht glauben könnte, dafs ein anderes Gesetz hier gewirkt habe; so würde es doch die sechs Meilen gröfsere Entfernung der heifsen Zone vom Mittelpunkt der Erde beweisen. Die Rotation der Erde mufs nothwendig auf spätere Gebirgsarten gleichmäfsig, wie auf die früher entstandene gewirkt haben. Finden wir nicht auch Spuren davon in der, vorzüglich um die Tropenländer angehäuften Trappformation? beynahe der neuesten von denen uns bekannten; die auf dem Chimborasso zu einer Höhe von 3220 Toisen ansteigt? in Schweden auf der dort beträchtlich auffallenden Kinnekulle von 157 Toisen, und auf dem Heckla doch nur 520 Toisen Höhe erreicht. Steinkohlen sollen am Magdalenenfluss, nordwärts von Quito noch auf einer Höhe von 2000 Toisen sich finden (Journal de Physique Tom. XXXVIII. p. 30.); wo hat man etwas dieser Höhe Aehnliches auch nur in den gemässigten Klimaten? — —

Es ist sehr merkwürdig, dass die Gegend von Nimptsch und des Brieger Gebirglandes in Schlesien die südlichsten sind, in welchen man noch diesen Granit findet. Ausser der geringen Masse des neueren Granites zwischen Reichenstein und Wartha kommt keine Spur eines ähnlichen Gesteins vor, bis weit in Ungarn hinein. Man findet ihn weder in Glatzer Gebirgen, noch in den hochliegenden Neisser Waldungen, weder in Jägerndorf noch in den steilen Gebirgen von Teschen. Jener kleinkörnige sehr glimmerreiche Granit, in welchem die Glimmerblättchen fast immer auf- und nebeneinander gehäuft liegen, und mit Feldspath und Quarz in ganz gleichem Verhältnisse gemengt sind, ruht sehr sichtbar unweit des goldenen Esels bey Reichenstein und vor Moyfridsdorf auf dem granatenreichen Glimmerschiefer der dortigen Gegend. Er gehört daher nicht zu dem alten Gestein das die hohen Gebirge des Schweidnitzer Fürstenthums trägt:

die Flözgebirgsarten in Jauer, die Glimmerschiefer und Gneusmassen des böhmischen Riesengebirges und die grosse Serpentinmasse des Zobtenberges. Näher gegen Reichenstein hin, enthält er viel Hornblende, und oft soviel, dass sie den Glimmer gänzlich verdrängt, und völlig kleinkörnigen Syenit bildet. Und auch wenn Glimmer noch in gleichen quantitativen Verhältnissen mit den anderen Gemengtheilen sich findet, so ist das Gestein doch nie von Hornblende leer, und dieses oryctognostische Verhalten und die Lagerung der Gebirgsmasse characterisiren sie deutlich, als ein, zur Syenitformation gehörendes Gestein. (Meine Beschreibung von Landeck). In der Gegend des Dorfes Hennersdorf, sieht man oft runde Kugeln von kleinkörniger Hornblende, von mehr als Zolldurchmesser, die sich hier im Granite zusammengezogen hat; ausser diesen Stellen ist sonst Hornblende nicht häufiger mit den anderen Gemengtheilen vereinigt, als an anderen Orten; ein neuer Beweis, dass einmal gebildete Fossilien sich lieber mit Theilen, die ihnen gleichartig sind, als mit denen anderer Fossilien verbinden. — Die Ausdehnung dieser Masse ist wenig beträchtlich. Nordwärts verliert sie sich unter den mannigfaltigen, und bis jetzt noch wenig untersuchten und bekannten Gebirgsarten der Uebergangsformation, noch vor dem Dorfe Giehringswalde. Ostwärts verliert sie sich im flachen Lande gegen Wolmersdorf und Dörndorf; an den Ufern der Neisse kommt schon der Glimmerschiefer wieder hervor. Südwärts wechselt sie auf der Höhe des Gebirgsjochs, auf welchem der goldene Esel bey Reichenstein liegt, mit dem Glimmerschiefer und geht oberhalb Vollmersdorf in die Graffchaft Glatz über den hohen Gebirgsrücken hinein. Aber auch hier dehnt sie sich nicht weiter aus; denn schon an den Ufern der Biela bey Reyersdorf, Cuntzendorf sind von ihr alle Spuren verschwunden und nur Glimmerschiefer sichtbar; und eben so wenig trifft man sie noch bey Neudeck oder Hausdorf an. Sie erhebt sich zu keiner beträchtlichen Höhe; der Theil des hohen Gebirgsrückens, (des schlesisch-mährer Gebirgszuges, den sie bedeckt, von den Vollmersdorfer-Höhen bis zu denjenigen, zwischen Neudeck und Heinrichswalde ist gerade der niedrigste in diesem Theile des Gebirges, und erhebt sich wenig über 2000 Fuss über die Meeresfläche, statt das der grosse Jauersberg südlich, und die spitzen, aus feinkörnigen Grünstein bestehenden, Heinrichswalder Berge, wahrscheinlich eine 3000 Fuss übersteigende Höhe erreichen.

Gneuss.

Es giebt am Riesengebirge keine Kuppe von etwas beträchtlicher Höhe, die aus Gneuss zusammengesetzt wäre. Diese Gebirgsart erhebt sich hier nur sehr wenig, und man würde sie vielleicht fast gänzlich vermissen, wenn die Bäche am hohen Gebirge nicht die Thäler ausgehöhlt und dadurch die Glimmerschieferdecke durchbrochen hätten, die den darunter liegenden Gneuss bis dahin versteckte. — Wenn man den

Kegel der Riesenkoppe hinansteigt, so sieht man zwar den Granit hier mehrmalen mit einem feinschiefrigen Gneusse abwechseln; und diese Gebirgsart behält auch wirklich an der Capelle auf dem Gipfel die Oberhand; allein ohne bedeutende Ausdehnung; ostwärts verdrängt sie Glimmerschiefer, westwärts Granit. Sie hat gar nicht den Charakter desjenigen Gneusses, der in den Thälern grosse Räume einnimmt, nicht das dickschiefrige und den Feldspathreichthum derselben. Kommt man aber von dieser Höhe über die schwarze Koppe zum Fichtig (einem böhmischen Dorfe) herab, so erscheint die Gebirgsart in der Tiefe, und setzt durch das ganze Thal fort. Der Glimmer des Gneusses ist hier, durch äussere Einwirkungen verändert, fast immer nur weiss, und eben so, der in grosser Menge zwischen ihm liegende Feldspath. Gegen Schlesien zu, bey Klein Aupe, wo das Thal aufhört, liegt wieder eine dünne Bedeckung von Glimmerschiefer darauf; die man aber, im Dittersbacher Thale am Molkenberge herab, bald wieder verläst, und nun Gneuss in den Thälern anstehend sieht, bis er sich unter dem Steinkohlenconglomerate verliert. Es ist Schade, dass diese Höhe zwischen dem Fichtig und Dittersbach nicht barometrisch bestimmt ist; dann würde man bestimmt anzugeben im Stande seyn, wie weit sich der Gneuss am Riesengebirge erhebe. — Die Gegend von Friedberg am Queis, an der Lausitzer Gränze, von Querbach, von Greiffenberg, Ottendorf, am nördlichem Fusse des Riesengebirges ist ganz von Gneusse bedeckt, allein hier scheint er nicht einmal sich so hoch lagern

man es glaubte in der Tiefe zu sehen. Weiter gegen Weiſtriz hinab, ſcheint ſich das Thal völlig zu ſchlieſsen. Faſt unerſteigbar ſtehen Felſen und Berge in kurzer Entſernung gegen einander und der Bach ſtürtzt in fortſetzenden Fällen zwiſchen ſie durch. Und nur erſt vor Burckersdorf öffnet ſich das Thal völlig, in die prachtvolle und reiche Fläche, deren Zierde Schweidnitz und Reichenbach iſt, die fern am Horizont majeſtätiſch der erhabene Zobtenberg ſchlieſst. Auch über Tannhauſen breitet ſich das Thal in eine kleine Gebirgsfläche aus, die nur erſt in halber Meile Entfernung durch die hohen Berge von Donnerau, Reimsbach und Kaltwaſſer begränzt iſt —. Im ganzen Thale herab, ſetzt der Gneuſs in faſt ununterbrochener Einförmigkeit fort, viel, oft kleinkörniger, gelblichweiſser Feldſpath, und weniger grauer muſchliger Quarz, werden durch den häufigen Glimmer zur ſchiefrigen Gebirgsart verbunden. Häufig bildet Quarz eine Kugel, die vom Glimmer umgeben wird, und dadurch der Gebirgsart ein wellenförmig-ſchiefriges Anſehn giebt; oft ſind auch Glimmertafeln zu kugelförmigen Maſſen verbunden, und gehen dann völlig in Gemeinen Chlorit über. So ſieht man ihn nicht ſelten an den Felsen in Ober-Weiſtriz. Selten ſind Abänderungen des Gneuſses in einzelnen Lagern oder fremdartige Lager ſelbſt. Eins der ſchönſten setzt im engen Thale auf, zwiſchen Dittmansdorf und Weiſtriz; der Feldſpath darinnen iſt faſt hellweiſs und kleinkörnig, und mit Quarz nur wenig gemengt; ihn durchkreuzen aber nach allen Richtungen ſechsſeitige ſehr lange Tafeln

von

von Glimmer; grünlichgrau, oder selbst silberweis und sehr glänzend; die Länge der Krystalle ist fast immer die zwölffache der Breite. Diese Form, die mannichfaltige Lage des Fossils in und auf dem Feldspath; das Abstechende des sanften Perlmutterglanzes gegen den lebhaften Fettglanz des Glimmers, giebt dem Gemenge ein vorzüglich reitzendes Ansehen. — Unterhalb Burkersdorf, ohnweit eines Pavillon auf einem Hügel, umschliesst der Gneuſs ein, über 25 Lachter mächtiges Lager von kleinkörnigem Syenit, mit schwarzer Hornblende und wenigem Quarze; und wenig Schritte im Dorfe hinauf sieht man ein neues Lager zu Tage ausstehen, von fast reinem Quarze, mit wenigem feinkörnigen Feldspath und noch weniger Glimmer, das ganz mit blutrothen, fast mycroscopischen Granaten angefüllt ist. Das Lager ist nur wenig mächtig und es scheint in dieser Gegend das einzige seiner Art.

Der Gneuſs setzt auch in der Ebene, am Fuſs des Gebirges noch fort. Reichenbach steht auf dieser Gebirgsart, und kleine aus ihr bestehende Felsen sieht man häufig an den Ufern der Peyle, selbst noch bey Grödiz und Schwengfeld ohnweit Schweidnitz; aber wenig unter diesen Dörfern hinab, kommt der Granit der Schweidnitzer Ebene unter dem Gneuſse hervor. Die Höhen zwischen Nimptsch und Reichenbach bestehen alle, aus eben dem Gneuſse bis über Langenöls, Panthenau (wo er im Dorfe N. 3. streicht 50 bis 60 Grad südwärts fällt), Pristram und Gaubitz, im Briegischen hin. Auf den Kleitscher Bergen, einem niedrigem, kleinem vom Eulgebirge nach dem Zobtenberge hinlaufendem Gebirgszuge, zwischen Reichenbach und Franckenstein, scheint er mit Glimmerschiefer zu wechseln, bedeckt aber doch noch einen grossen Theil des östlichen Münsterberger Kreises. Aber schnell, hoch, ausgedehnt und ungeheuer mächtig erhebt er sich am wilden, bewaldeten Eulengebirge, zwischen den Fürstenthümern Franckenstein, Schweidniz und Glaz, über Wüstwaltersdorf, Heinrichau, Steinseiffersdorf, Steinkunzendorf, Bielau hinauf. Die hohe Eule, der Glaserberg, (der das grose Hausdorffer Thal schliesst), der Kuhberg, der Ottenstein, die Mäusekuppe, die Haynleite, die fünf Vestungsberge von Silberberg, alle bestehen bis zum höchstem oft 2500 Fuss über die Fläche erhobenem Gipfel, aus Gneuss; aus eben dem Feldspathreichem, grobschiefrigem, oft wellenförmigem Gneusse, den die Weistriz im Tannhauser Thale entblösst. Sonderbar, auffallend und höchst merkwürdig ist es, dass diese Gebirgsart, selbst auch nicht an der südlichen Seite des Riesengebirges, sich zu einer, nur etwas beträchtlichen Höhe emporschwingen kann; dass es auch auf der Ebene des Schweidnitzer Gebirges noch nicht vermag; nun aber plözlich eins der höchsten Gebirge in Schlesien bildet; und dann, in den südlichen Gebirgen der Grafschaft Glaz, und in Mähren, die vorigen Verhältnisse am Riesengebirge wieder annimmt. — Eine Erscheinung, die wahrscheinlich mit denjenigen zusammenhängt, welche die wunderbar bestimmte Richtung der Hauptformazionen von verschiedenen Seiten hervorbringt, und von ihrer Höhe, die ihnen theils verstattete, sich über und jenseits älterern Formationen zu lagern, theils sie nöthigte sich an den Abhängen ihrer Erhöhungen, nur bis zu einem bestimmten Niveau hinauf zu verbreiten. Allein die grosse Mächtigkeit und Unbedecktheit des Gneusses am Eulengebirge bleibt hierbey doch immer noch ein unauflösliches Räthsel. — Am Schlesisch-Mährer Gebirge ist, auf dem Absall im Fürstenthum Neisse, diese Gebirgsart durchgängig von Glimmerschiefer bedeckt, und jenseit Neustadt, in den Fürstenthümern Jägerndorf und Troppau kommt nirgends mehr das Urgebirge hervor — Der Gneuss ist durchaus völlig ohne Kalklager; denn nur zufällig konnte die Kalkerde einen Bestandtheil anderer Fossilien, in der noch zu ruhigen und zu erhöheten Formation dieser Gebirgsart; bilden. So lange der chemisch zusammengesetztere Glimmerschiefer sich nicht bildete, fand die Kalkmasse immer noch Auflösungsmittel genug, die sie schwebend und flüchtig erhalten konnte. Man hat in Peterswalde, Steinckunzendorf, Langenbielau, Hausdorf, grosse Kosten vergebens verwendet, um Kalklager im Gneuse zu finden; um am Eulengebirge Kalkbrüche anlegen zu können. Die wenigen Spuren, die man endlich fand, verdienen den Nahmen der Lager nicht. — Aber der Gneuss enthält in Schlesien Erze an mehreren Orten. Man bauete ehedem auf der Gabe Gottes zu Dittmansdorf, auf mehreren Gruben bey Ober-Weistriz und vorzüg-

C 2

lich im Raſchgrund bey Silberberg auf ſilberhaltigem Bleiglanz, der mit etwas ſchwarzer Blende, Kupfer und Schwefelkies und mit Kalkſpath gemengt war; zu Weiſtriz und Dittmansdorf auch mit Fluſsſpath und Schwerſpath. Es iſt nicht genau beſtimmt ob man auf Gängen oder Erzlagern bauete; aber lezteres iſt wahrſcheinlicher. Die Lagerſtäte waren am Tage ſehr mächtig; keilten ſich aber in kurzen Entfernungen ſehr aus, ſowohl in der Tiefe, als in der Erſtreckung, und verſchwanden bald gänzlich. Noch weniger Ausdauer haben die kleinen Erzanbrüche im Silbergrunde bey Kynau und in Unter-Tannhauſen gehabt.

Glimmerſchiefer.

Glimmerſchiefer iſt eine der ausgebreitetеſten Gebirgsarten in Schleſien; ſie bedeckt ältere Urgebirgsarten bis zu Höhen hinauf, welche ſpätere Formationen nicht mehr zu erreichen vermögen; und bildet auf gleiche Art das Geſtein in einem groſsen Theile des flachen Landes, das durch die Gebirge ſelbſt, für Bedeckung von Flözgebirgsarten geſchüzt war. Faſt der ganze ſüdliche Abhang des Rieſengebirges beſteht aus Glimmerſchiefer, und es würde hier noch ausgedehnter erſcheinen, wenn nicht zerſtörende Bäche, Thäler und Berge gebildet, und ſo ältere Gebirgsarten unter der Glimmerſchieferdecke entblöſst, hätten. — Sehr auffallend iſt es, wenn man über das Rieſengebirge weggeht, den Granit der Nordſeite, mit dem Glimmerſchiefer des ſüdlichen Abfalls genau dort wechseln zu sehen, wo das Gebirge seine gröste Höhe erreicht hat; nicht etwa nur allein auf der Poststrase von Schmiedeberg nach Landeshuth, sondern in der ganzen Länge des Gebirges von den Schreiberhauer Höhen bis Kupferberg hinab. Quellen oben am Rücken, wenn sie nordwarts abfliesen, laufen im Granit; südwärts verstecken sie sich in dem klüftereicherem Glimmerschiefer und kommen vereint in Thälern hervor. Diese Erscheinung, durch welche die Hirschberger Gegend nur Granit, die Gegend von Hohenelbe, Starkenbach fast nur Glimmerschiefer und Gneuss aufweisen kann; führt auf eine der wichtigsten und lehrreichsten Sätze der Geognosie; sie beweist eine Richtung der Formationsfluth von einer bestimmten Weltgegend her, die theils durch Localumstände, theils durch allgemeine, grosse auf den ganzen Erdkörper zur Zeit seiner Umbildung einwirkende Kräfte hervorgebracht wird. Sie belehrt uns wie diese Richtung durch schon gebildete Gebirgsreihen modificirt werden kann, und wie dieses Hindernifs wieder auf Lagerung und Anhäufung der Gebirgsarten zurückzuwirken vermag. — Sichtbar ist der Andrang, die Absetzung der Gebirgsmassen von Süden aus. Die Schneekoppe stand, und der Kern des Riesengebirges, durch Granitkrystallisirung gebildet, und die neue Formation konnte sich so hoch nicht erheben, dass sie, über diese Reihe weg, sich hätte verbreiten können; wie jenseit des Schneeberges über den südlichen Theil der Graffschaft Glaz. Sie bedeckte die ältere Gebirgsart, auf der Seite ihres Andrangs, bis zur

Höhe, welche sie erreichen konnte, und suchte sich auf der jenseitigen Seite auszubreiten, indem sie die hindernde Kette umgieng. Deswegen findet man eine schwache Bedeckung von Glimmerschiefer von der Lausitz aus, bey Querbach und Chemniz, stärker bey Flinsberg, und noch ausgedehnter am leztem westlichen Abfall des Riesengebirges bey Mäffersdorf und Friedland. Ein kleines Gebirge von Schreiberhau bis zum Bober hindert ihn, ganz bis in die Gegend von Warmbrunn und Hirschberg zu dringen. Die Erniedrignng des Riesengebirges erlaubt es, dafs Glimmerschiefer schon die Kuppen an den lezten Abfällen bildet, z. B. die 3545 Fus über die Meeresfläche erhobene Tafelfichte bey Mäffersdorf, oder den 2342 hohen Drechslerberg. Aber bey Giehren und Querbach, wo diese Bedeckung nicht mehr von oben herab, sondern nur seitwärts von Westen aus kommen konnte, ist sie weder so hoch, noch weniger so ausgedehnt, als in der, doch nur zwey Meilen entfernten Gegend von Mäffersdorf. Sie erscheint erst über dem Gneufse in der oberen Hälfte des Dorfes Querbach, und schon am Farbenberge, einer langgedehnten aber noch von den Gebirgsrücken sehr entfernten Höhe, eine halbe Stunde von dort, hat sie sich gänzlich verloren. Es ist hier ein Band, mit welchem der Abhang des Riesengebirges eingefafst ist. In demjenigen Theile des Gebirges, welches in das Fürstenthum Schweidniz abfällt, vom Dorfe Oppau bis Rudelstadt, ist der Glimmerschiefer durch eine, geognostisch ihm sehr nahe Gebirgsart verdrängt, die neuer ist; doch aber noch von neuerem Glimmerschiefer bedeckt ist: dem Hornblendschiefer oder Urtrapp; eine Gebirgsart, die sonst in jener nur einzelne Lager zu bilden pflegt, hier aber mit eigenem geognostischem Character auftritt, und sich über grosse Flächen verbreitet. — Der erste Berg, welcher Schlesien von Böhmen trennt, der Molckenberg ist noch eine grosse Masse von Glimmerschiefer, die mit den hohen Koppen über Schmiedeberg, der Mordhöhe, der schwarzen Koppe zusammenhängt und durch sie, sich allmählich bis zur Schneekoppe erhebt. Der Glimmerschiefer ist hier, wie fast durchaus grünlichgrau glänzend, feinschiefrig, sehr groskörnig oder ganz unabgesondert und wenig gemengt. Auf der Mordhöhe läst er sich durch Natur und Kunst so dünne spalten, dass man dort häufig, gewaltige Platten sieht, von geringer Stärke, mit fast gleichlaufenden Flächen. Ein unzuberechnender Schatz für viele Gegenden, hätte ihn die Natur an weniger unzugänglichen Orten niedergelegt. — Eben so auffallend ist die Form des Glimmerschiefers von der Schwarzen Koppe nach dem Fichtig herab. Die fast silberweisse Gebirgsart ist so wellenförmig schiefrig, dass jede Welle, nach einer, einige Zoll weit fortlaufenden geradlinigten Richtung, mit scharfer Kante sich in eine entgegengesezte wendet, die oft mit der vorigen einen mehr als rechten Winkel bildet. So erhält die Oberfläche des Gesteins ein treppenartiges, höchst sonderbares und auffallendes Ansehen. Die Gebirgsart behält diese Form, auf mehr als einer halben Meile

Länge, bis zum Dorfe hinab, wo unter ihr der Gneufs hervorkommt. Der Molckenberg läuft in einer langen Bergreihe aus, der Scheibe, zwischen Dittersbach und Pätzelsdorf, die auch noch aus Glimmerschiefer besteht und eine beträchtliche Höhe erreicht. Die Gebirgsart versteckt sich erst in Michelsdorf, unter Päzelsdorf und bey der Harte unter dem Steinkohlenconglomerate. In der lezteren Hälfte des Dittersbacher Thales wechselt sie mit dem Hornblendschiefer, der dann die Höhen von Ober- und Niederhaselbach bildet, von Schreibendorf, Röhrdorf, Hohwiese und Neuwaltersdorf über den Kupferberg. Der Ochsenkopf, an dessem Abhange Neuwaltersdorf liegt, ist fast genau in der Mitte zwischen Granit und Hornblendschiefer getheilt, und so die ganze Bergreihe zwischen dem alten, noch auf Granit liegenden Schlosse Polzenstein und Wüsteröhrsdorf, zwischen Neufischbach oder Bärzdorf und Rothzechau. Gewöhnlich bildet doch hier der Granit noch die höchsten Kuppen und hervorstehenden Felsen, dringt auch wohl auf wenig beträchtliche Längen in das Gebiet des Glimmer- und Hornblendschiefers ein, allein lezteres meistens nur in Vertiefungen, aus welchen die neueren Gebirgsarten weggeführt sind. Vielleicht ist es daher, dafs die ungeheure tiefe Kluft unter der Schneekoppe, der Riesengrund, noch bis unter dem Aupafall aus Granit besteht, dann aber der Glimmerschiefer erst anfängt. — Nicht allerorten ist der Hornblendschiefer gleich deutlich: bey Haselbach z. B. ist er wenig schiefrig, von aufsern dentlich feſtem Zuſammenhalt, dunckel ſchwärzlich-grün und die abgeſonderten Stücke der Hornblende ſind ſo mit einander verwachſen, daſs man ſie kaum, auch nicht im Sonnenlichte, erkennt. Bey Hohwieſe und bey Kupferberg ſelbſt iſt die ſchieſrige Textur der Gebirgsart deutlicher, allein die Bruchſtücke, die man nur mit Mühe von den groſsen, umherliegenden Maſſen abſondert, ſind faſt immer keilförmig oder prismatiſch; dünne Stäbchen von ¼ Zoll Durchmeſſer; bey einer Länge von ½ Fuſs ohngefähr. Jenſeit des Boberthals, gegen Ketſchdorf und Kauffungen hin, wechſelt die Gebirgsart wieder mit Glimmerſchiefer, aus welchen auch ſchon die Spitze des ſteil über Jänowitz anſteigenden Bleyberges beſteht. Dieſes Glimmerſchiefer geht allmählich dann hier in Thonſchiefer über; mit dieſen in die Uebergangsformation und durch dieſe endlich in das, aus abgeriſſenen Stücken der Urgebirgsarten, gebildete Flözgebirge. Schon unterhalb Pielſchdorf, an den Ufern der Katzbach ſieht man die Gebirgsart höchſt feinſchieſrig anſtehen, ſo daſs ſie ſich hier faſt nur durch ihren Glanz vom Thonſchiefer unterſcheidet. Zwiſchen Altenberg und Kauffungen ſetzen mehrere Lager von glänzendem Alaunſchiefer auf, und oft iſt es, tiefer im Thale der Katzbach herab, völlig unbeſtimmbar, ob man im Gebiete des Glimmerſchiefers oder Hornſchiefers ſey. — Die allmähliche Veränderung des Confluxus der groſsen Formationsurſachen unſerer Erdoberfläche, haben eben ſo allmählich ihre Producte verändert und neue gebildet; und wer wagt es dann, ſie ſcharf von einander zu ſondern?

Möglicher ist es immer noch in dem schmalen Raum, den die Reihe der Gebirgsarten in Schlesien einnimmt, wo die Formationen nicht immer ihrer unmittelbarem Altersfolge gemäfs auf einander ruhen, wo häufig Conglomerat sich auf dem ungeheuer älteren Gneufs lagert; Basalt auf Granit; feiner Sandstein auf Glimmerschiefer oder Porphir; möglicher als auf breiten Abhängen der Gebirge; die zwar lehrreicher sind zur Bestimmung der Altersfolge der Gebirgsarten, ihrer Verhältnisse gegeneinander, und zur Untersuchung wie bey der Formation wechselsweise Kräfte vom Schauplaz abtraten und neue hinzukamen; aber weniger geschickt die Gebirgsarten durch feste Grenzlinien zu trennen. — Fast noch weniger ist es anzugeben möglich, ob das grofse Tiefhartmansdorfer Kalklager im Glimmerschiefer oder Thonschiefer liege. Jenseit des Bobers, jenseit Lähn oder Mauer oder unterhalb Liebenthal scheint doch jene Gebirgsart nicht mehr anzustehen; aber wohl noch und häufig mit Hornblendschiefer abwechselnd bey Bolkenhayn, bey Steinkunzendorf, Ober- und Niederleype und Lauterbach. Beyde gehen nach Jauer hin in den Thonschiefer von Kolbniz Poischwiz über und dann in die Flözgebirgsformation. Gegen das Gebirge verstecken sie sich aber unter dem Steinkohlenconglomerate in Rudelstadt, unter Steinkunzendorf, oberhalb Würgsdorf, in Baumgarten, fallen dann mit dem Gebirge in die Ebene gegen Striegau hin, ab, und werden hier bald von dem Granit abgeschnitten. — Ueber den Schneeberg weg, verbreitet sich der Glimmerschiefer auf eine grofse Fläche der Graffchaft Glaz, fast bis zur Vestung Glaz hin *), und über das Gebirge bey Landeck in die Neisser Ebenen hinab. Von den gebirgigen Gegenden von Freywalde bis Reichenstein ist der östliche Abhang des Gebirges fast nur allein von dieser Gebirgsart bedeckt. Sie verliert sich unter dem Vogelsberg, bey Vollmersdorf, am goldenen Esel, unter Moyfridsdorf und Hemersdorf unter dem Syenitartigem Granit, oder unter den, an der Neifs und gegen das grofse Glatzer Thor bey Wartha vorkommenden Gebirgsarten der Uebergangsformation; aber in kleinen Felsen erhebt sie sich an den Ufern der Neifs bey Camenz, Plottniz und Patfchkau in der hügellosen, gewaltigen Ebene, die der Strom von hier aus bis zur Oder durchfliefst. Auch die Felsen, auf welchen das Schlofs von Ottmachau ruht, sind Glimmerschiefer. Nordwärts vom Flusse bedeckt ihn eine ausgedehnte und lange Hügelreihe von uranfänglichem Grünstein; südwärts die aufgeschwemmten Thonflöze, und eine hoch zusammengeführte Geschiebenmenge vom Gebirge herab. Und südlicher findet man keinen Glimmerschiefer mehr, so wenig als andere Gebirgsarten der Urgebirgsformation; aufser in denen erhabenen Orten, die Zuckmantel umgeben. —

Keine Gebirgsart enthält eine so grofse, unzählbare Menge fremdartiger Lager als dieser Glimmerschiefer; keine in Schlesien die Menge von Erzen und die Mannichfaltigkeit verschiedenartiger Fossilien,

*) Vergl. meine Beschreibung von Landeck. S. 10.

welche in dieser Gebirgsart alle Arten von Lagerstätten ausfüllen, die sie zu enthalten vermag. In den meisten Gegenden, die von ihr bedeckt werden, geht man kaum eine halbe Stunde weit ohne ein neues Kalklager zu treffen, und an vielen Orten sind sie so gehäuft, daſs man an manchen Bergen unschlüssig ist, wem man den Vorzug der gröſseren Menge einräumen müsse, der Gebirgsart, oder dem Lager. Weniger Kalklager enthält der Hornblendschiefer, der reine Urtrapp, wie er sich bey Kupferberg, Rohnau, Rudelstadt. Starckenbach findet, und selbst bey den wenigen, die man noch antrifft, trägt das umgebende Gestein sichtbare Spuren seines fast vollendeten Uebergangs im Glimmerschiefer. So bey dem kleinen, sehr wenig fortsetzendem Lager zwischen Waltersdorf und Kupferberg, so zu Wüsteröhrdorf und zu Rothzechau. — Am Molckenberge hingegen bey Dittersbach, wechselt ein weiſses Kalklager mit dem andern, vom Gipfel bis zum Fuſse des Berges, und weiter hin, folgen sie fast eben so schnell von der Höhe des Passes und der Mordhöhe bey Schmiedeberg bis fast in die langgedehnten Stadt hinein. — Alle Kalklager im Glimmerschiefer sind hellweiſs und kleinkörnig; sie werden um so feinkörniger je mehr sie sich dem Thonschiefer und der Uebergangsformation nähern. Auffallend und wunderbar ist diese Bestimmtheit des Korns und der Farbe in den unzählbaren Kalklagern, die im südlichen Theile der Grafschaft Glaz allerorten in sechs oder sieben hundert Fuſs Höhe an den Abhängen der Thäler hervorkommen. Am Riesengebirge wechselt die Farbe etwas mehr; häufig sieht man den Marmor hier rothgefleckt, vom Eisen, der nahe liegenden Eisensteinlager. Hat vielleicht die Höhe des Schneebergs der dortigen, unter seinem Schutze sich bildenden Formation mehr Ruhe gewährt, als am Riesengebirge, gegen dessen Höhe äussere Kräfte die ganze Masse zusammendrängten? In Böhmen scheint der Kalkstein sich in grösseren Flächenräumen zu verbreiten; zwischen Hohenelb und Schwarzthal besteht die grössere Masse aus diesem Gestein; da hingegen in Schlesien kaum ein Kalklager zehn Lachter weit fortsetzt, ohne nicht durch eine, wenn gleich auch nur schwache Masse von Glimmerschiefer unterbrochen zu seyn. Das ausgedehnteste, reinste, weissesre auf dieser Seite ist dasjenige, welches sich oberhalb Hermsdorf an der Böhmischen Grenze in den Waldungen versteckt. Es ist vielleicht sechzig und achtzig Lachter mächtig; nur durch schwache, wenig bedeutende Glimmerschieferlager unterbrochen. Der blendend weisse Marmor ist kleinkörnig, öfters mit röthlich und silberweissen Glimmerblättchen gemengt und schön ein bis zwey und drey Fuss hoch geschichtet. Er bricht in grossen Platten und ward ehedem häufig benutzt. — Zu den merkwürdigsten Kalklagern am Riesengebirge gehört aber dasjenige, bey Rothzechau ohnweit der Poststrasse nach Landeshuth und ohnweit der Ruinen eines alten Bergbaues. In dem weissen, kleinkörnigen Steine setzen eine Menge Truemer auf, von Gneuss, und blass lauchgrünem, feinsplittrigem, stark durchscheinendem, fast halbdurchſichtigem Serpentinſtein; in der höchſten Mächtigkeit nicht $1\frac{1}{2}$ Zoll ſtark. An manchen Orten fließt die Maſſe mit dem Kalkſtein zuſammen, er iſt grünlichweiſs durch ſie gefärbt, verliert aber nicht am Glanz und nicht am Anſehn des Korns. Oft aber iſt die grüne Maſſe des Serpentins unmittelbar durch die hellweiſse des Kalkſteins begrenzt, und auffallend ſondern ſich beyde ſchöne Farben dann von einander. Und nicht ſelten läuft paralell durch das Trum, ein anderes von feinſaſrigem Amianth von lebhaftem Seidenglanz, und oft noch durch den Kalkſtein; ein neuer angenehmer Contraſt den die Verſchiedenheit dieſes Glanzes beyder Foſſilien hervorbringt. — Das ſchöne, ſchneeweiſse Kalcklager in Wüſteröhrsdorf iſt dieſem ſehr ähnlich; allein der Serpentin iſt dort mehr in die Maſſe des Kalkſteins zerfloſſen. Man findet ihn dort nicht rein, und kaum Trümer von Asbeſt. Politur giebt dieſem grünen Marmor eine vorzügliche Schönheit. — Aehnlich iſt dieſen Kalkbrüchen auch die groſse Maſſe von Kalkſtein, am nordöſtlichen Abfall des Schleſiſch Mährer Gebirges, mit welchem ſich zugleich ein groſses Erzlager abgeſetzt hat. Im Glimmerſchiefer die mächtigſte Kalkmaſſe in Schleſien. Sie erſtreckt ſich vom letztem Abfall des Gebirges unter Reichenſtein, faſt bis nach Vollmersdorf hin. Im Anfange, dort, wo der Kalkſtein zuerſt am Fuſse des Gebirges hervorkommt iſt er hellweiſs, ſehr feinkörnig, völlig dem carrariſchem gleich; und gewiſs auf gleiche Art zu benutzen, wenn man darauf dächte ihn noch zu anderen Abſichten als zur Düngung der Felder zu brechen. Die jetzigen ansehnlichen Brüche leuchten durch ihre blendende Weiſse, weit in die Ebene hinein. Man ſieht ſie ſchon deutlich bey Ottmachau, bey Franckenſtein und in der Gegend von Münſterberg. — Weiter hinauf wird der Kalkſtein farbenreicher, denn dort ſind ihm ſchon mehr fremdartige färbende Foſſilien beygemengt, und auf dem Reichentroſt ſelbſt, oder dem Fürſtenſtollen (den beyden vornehmſten Erzlagern der Gegend) wechſelt unbeſtimmt rauchgrauer feinkörniger Kalkſtein, mit hellweiſsem, und grüngefärbter mit bläulichgrauem. Eine groſse Maſſe von Arſenickkies iſt hier zugleich mit ihm abgeſetzt worden; mit vielem tombackbraunem, grosmuſchligem Magnetiſchem-Kieſe gemengt; mit wenig Schwefelkies; nur ſelten mit Bleyglanz und ehemals mit wirklich Gediegenen-Goldblättern. Izt halten nur noch die gewaſchenen Schliche des Arſenickkieſes in neun bis zehn Centner ein Loth Gold. — Häufig iſt aber auf dieſem Lager eine eigene Art von grünlichſchwarzem, grosmuſchlichem, ſehr leicht zerſprengbarem Serpentinſtein, den öfters in ſchwachen Trümern die Erze durchſetzen; und eben ſo oft, und von den Erzen faſt unzertrennlich ſieht man gemeinen, lauchgrünen breitſtrahligen Strahlſtein, ſeltener grünlichweiſsen, gleichlaufend ſtrahligen Tremolith. — Auch bey Chemnitz in der Gegend von Hirſchberg und Warmbrunn ſetzt ein weiſses Kalklager auf, das häufig mit Serpentinſtein und kleinen Asbeſttrümern gemengt iſt. Der Glimmerſchiefer enthält hier groſse, oft ſehr ſcharf und reinkryſtalliſirte Granaten. — Sonderbar iſt es, daſs dieſes Lager auf der Nordſeite des Rieſengebirges das einzige, bis izt aufgefundene iſt, von Hirſchberg, bis in die Lauſiz hinein. — Dieſes Vorkommen des Serpentins in einem, dem Glimmerſchiefer untergeordnetem Lager, iſt zugleich die erſte und älteſte Erſcheinung der Talkerde in anſehnlicher Menge *). Sie iſt daher faſt ſpäter noch als alle Glimmerbildung; denn dieſe Lager, liegen in den neueſten Schichten des Glimmerſchiefers; zu Rothzechau und Röhrsdorf ſogar ſchon im neueren Hornblendſchiefer; zu Chemniz am äuſserſten Puncte jener Gebirgsart; zu Reichenſtein ebenfalls nicht fern von ihren Gränzen an einem Orte, dem, von den Schneebergen herab, alle Schichten zufallen. — — Unzählbar iſt die Menge kleiner Granaten, die in den ſüdlichen Gebirgen Schleſiens im Glimmerſchiefer ſtecken; in ſo groſser Kleinheit, daſs ſie oft dem Auge entgehen; Sie erinnern ſogleich, wenn man am Abhang der Thäler hinaufſteigt, daſs man den Gneuſs verlaſſen; den Boden des Glimmerſchiefers betreten habe; denn mit der angeſtrengteſten Aufmerkſamkeit wird man hier nie, auch nur den kleinſten Kriſtall, von Granat im Gneuſs bemerken; auf der Oberfläche des Glimmerſchiefers liegen ſie aber, aus den verwitterten Gebirgsmaſſen her-

*) Denn Hr. GFR. Gerhard verſichert ganz neuerlich noch im Glimmer keine Talkerde gefunden zu haben. Grundriſs des Mineralſyſtems Berlin 1797.

herausgefallen, wie auf anderen Gebirgsarten die Sandkörner. — Eine Antipathie des Granats und des Feldspaths, die unüberwindlich in dieser Gegend zu seyn scheint. Am Riesengebirge hingegen sind Granaten durchaus Seltenheiten; dort ist der Glimmerschiefer ganz rein; höchstens mit wenigem Quarze gemengt, und wenn endlich in ihm Granaten vorkommen, so ist es auf wenig mächtigen Lagern. Dann sind es grosse, deutlich geformte Kristalle, von dunkel blut- und bräunlichrother Farbe. — — Unter der Riesenkoppe, in einem gewaltig tief eingeschlossenen Kessel, aber doch noch hoch am Gebirge hinan, hat sich ein solches Lager, über das Gebirge weg, eingedrängt. Man nennt diesen wilden, fast unersteiglichen Ort, das Granatenloch, die Tiefe selbst, den Wolfshau, und das Thal die Eule. Granaten von mittlerer Grösse, sechsseitige, mit drey Flächen zugespitzte Säulen, sind mit schwärzlichbraunem Glimmer, und dunkelschwarzer gemeiner Hornblende im körnigen Gemenge verbunden; nicht selten gesellt sich zu ihnen schwarze Blende, seltener auch Bleyglanz. Die schwarze Blende, oft täuschend der Hornblende ähnlich, giebt den abgeschlagenen Stücken eine ansehnliche Schwere, die mit Verwunderung auf ihr Daseyn zurückführt. Und wenn der Glimmer an der Luft zur silberweissen Farbe verwittert, so ist man öfters geneigt, ihn für den, früher schon bemerkten Bleyglanz zu halten. Das ganze Lager ist von geringer Erstreckung. — Die Lagerreiche Gegend bey Friedeberg am Queis, von Giehren und Querbach enthält auch ein schönes

Granatenlager, wie im Wolfshau mit Erzen vereinigt; aber mit einer aufserordentlichen Mannichfaltigkeit derselben. Sie werden im oberen Theile von Querbach, auf der Grube Maria Anna bergmännisch benutzt. Auch hier liegen die Granaten, mit der Kristallisation des Rhomboidaldodecaëders, zwischen schwärzlichgrünen Blättern von Glimmer; in einer Ausdehnung die öfters drey Lachter erreicht, genau in gleichem Streichen und fallen mit dem feinschiefrigem Glimmerschiefer, h. 7. 4, mit 52 Grad Fallen nach Norden. Zwischen ihnen Glanzkobalt, meistentheils bis zu so groser Feinheit der Theile, dafs auch das bewaffnete Auge sie nicht zu entdecken vermag; wohl aber geschieht dies durch die reine und schöne blaue Farbe die das Fossil dem Glase mittheilt, nachdem die Granaten, zwischen denen es sich versteckt, gepocht und gewaschen sind. Viel seltener sieht man es wirklich zwischen sie liegen; aber kaum je in beträchtlicher derber Gestalt — Dieses ungünstige Vorkommen eines so kostbaren Metalls, hindert aber doch nicht, dafs sich das Querbacher Blaufarbenwerk nicht zu einem der wichtigsten und einträglichsten dieser Art, in Deutschland erhoben hätte. — Häufiger ist in diesem Erzlager Arsenickkies, und nicht selten in derber Gestalt; häufig auch derbe und krystallisirte schwarze Blende, Kupferkies und Bleyglanz; und Schwefelkies in verschiedenen Gestalten. Seltener sind Kalkspath und violblauer Flufsspath. — Die ganze Gegend, welche der Glimmerschiefer hier einnimmt, ist mit kleinen Erzlagern angefüllt; aber keines von ihnen erreicht die Mächtigkeit und die Ausdehnung desjenigen, der Maria Anna. Bey Giehren enthält die Gebirgsart eine grosse Menge kleiner Zinnsteinkristalle, fast in ähnlicher Kleinheit, als bey Querbach die Kobalterze. Dies Fossil scheint kaum hier in besonderen Lagern angehäuft worden zu seyn; die vielen misslungenen Versuche, es näher versammlet, in grösserer Menge derber und bauwürdiger zu finden; die vielen Spuren von Zinn, die man fast aller Orten aus dem Glimmerschiefer erhält, scheinen zu beweisen, dass dieses Metall sich durchaus gleichzeitig mit der Gebirgsart niederschlug, und so, zum Unglück der bergmännischen Gewinnung, fast unerkennbar in die grosse Massen zerstreut ward. Hätte die Natur den metallischen Reichthum, den sie diesen Gegenden schenckte, in kleinen Räumen vereinigt, wie sehr würde sie dann nicht den Ruf einer der vorzüglichsten Metallgegenden verdienen, den ihr die dreyfach erweckte bergmännische Thätigkeit bald verschaffen würde. — Am Fusse des Drechslerberges bey Mäffersdorf entdeckte Herr von Gersdorf reine Lager von violblauem Flussspath, in diesem Glimmerschiefer, der nur sparsam sich auf den Erzlagern findet. Das Fossil kommt oft Fingerstark vor, ehe es eine Glimmerlage von anderem Flussspathe trennt. Herr von Gersdorf fand, dass dies Fossil, electrisirt zwanzig Minuten lang, sehr lebhaft phosphorescirte. Ist diese Wirkung der Electricität zugleich auch diejenige des Wärmestoffs, den uns van Marums Versuche in jeder electrischen Ladung bewiess? Oder ist die lange Ausdauer dieses sonderbaren Phänomens Wirckung beyder vereinten Stoffe zugleich! — — Am gegenseitigem (östlichem) Ende des Riesengebirges kommt eine gleiche Erzmenge und der Granat in etwas veränderten Umständen vor. Er ist hier nicht mehr kryſtallisirt; in derber Gestalt bildet er im Hornblendschiefer, der herrschenden Gebirgsart des Boberthales zwischen Rudelstädt und Jänowiz, ein sonderbares und in seiner Art ganz eignes Lager. Mit grünem, auseinanderlaufend fasrigem Stahlstein, mit graulichweissem kleinkörnigem Kalkspath, und selten mit etwas Quarz ist er in groskörnigem Gemenge verbunden; dem man oft noch Schwefel- oder Kupferkiespunckte, oder selbst kleine Massen von fasrigem Malachit beygemengt sieht. Der Granat ist kleinkörnig, roth, und zuweilen findet man selbst einige Kryſtalle in der derben Masse; aber nicht Rhomboidaldodecaëder, sondern die seltene doppelt achtseitige mit vier Flächen zugespitzte Pyramide. Man verfolgt dies merkwürdige Lager an den Ufern des Bobers, unter dem Bleyberge auf eine Viertelstunde Entfernung, in der es oft die Mächtigkeit von mehr als einem Lachter erreicht. Selten wird man wie hier Fossilien in so naher und bestimmter Vereinigung finden, die sich in allen äusseren Kennzeichen so wesentlich unterscheiden. Blutrothe, lauchgrüne und weisse Farbe sind scharf von einander getrennt; ein Fossil uneben und körnig; ein anderes sternförmig strahlich; ein drittes blättrig durchscheinend und zwischen sie schimmern die metallischen Puncte des Schwefel- und Kupferkieses. — Es ist der einzige Punkt, an welchem man in dieser Gegend, im Hornblendschiefer bis izt noch den Granat angetroffen hat. Aber Strahlstein ist in der Gebirgsart nicht selten; ausser den vielen lauchgrünen Punckten, die in der schwärzlichgrünen Hauptmasse fast nie zu verkennen sind, hat der gelehrte Pastor Weigel zu Haselbach bey Landeshuth, das Fossil, in kleinen Truemern darinnen gefunden, in welchen der Strahlstein oft gleichlaufend rundförmig gebogen erscheint, als hätte ihn eine äussere Kraft in diese Lage geworfen; ohnerachtet es nur Resultat des veränderten gemeinschaftlichen Anziehungspunctes ist. Um so weniger darf man sich wundern den Strahlstein so häufig in den hiesigen Erzlagern zu sehen, in denen alle Fossilien sich näher zusammenzogen, die eine von der Gebirgsart verschiedene Mischung erhielten. — Die Einigkeit bey Kupferberg baut auf einem sehr mächtigem Lager, das gröstentheils aus asbestartigem auseinanderlaufendem Strahlsteine besteht; völlig glatte, scharf krystallisirte Schwefelkieswürfel liegen in unzählbarer Menge darinnen; seltener derber und in dünnen Tafeln krystallisirter Eisenglanz, und in der Mitte des Lagers derber Schwefelkies, oft grobkörnige schwarze Blende; seltener bunt Kupfererz, Kupferkies, Malachit, sehr selten schwarzer Schörl und gemeiner grüner Granat. Oft färbt der Strahlstein den häufigen Quarz grün, und verändert ihn zu Prasem. Das Lager streicht h. 8. wie die Gebirgsart; es erstreckt sich nicht weit und keilt sich, troz seiner Mächtigkeit, vorzüglich gegen Westen, bald aus. Es ist für diese Gegend eines der merkwürdigsten, weil auf ihm ſich alle Foſſilien vereiniget finden, die man theils auf anderen Lagern antrifft, theils auf Lagerſtäten, bey welchen ihre Beſtimmung als Lager nicht die Gewiſsheit hat, wie zu Querbach, bey Giehren oder auf der Einigkeit. — Denn, wenn gleich die Lagerſtätte zu Rudelſtadt, mit der Gebirgsart beynahe in einerley Streichen liegen, das hier ſich bey h. 10. wendet, ſo iſt ihr Fallen doch ſo beträchtlich, daſs man deswegen lange geglaubt hat, ſie nicht als Erzlager betrachten zu dürfen. Auf der Friederike Juliane (der wichtigſten Grube der Gegend), ſcheint die Lagerſtäte ſogar im Fallen zwiſchen entgegengeſezten Weltgegenden zu ſchwanken. Unglücklicherweiſe iſt, wie gewöhnlich, die Schichtung der Gebirgsart wenig deutlich in der Nähe der Erze. Und etwas entfernter fällt ſie beſtimmt 70 oder auch 80 Grad gegen Norden. Allein vergleicht man die Erze dieſer Grube, oder die, des izt verlaſſenen Neue-Hofnung-Gebäudes oder des Felix, mit denen die auf unbezweifelten Erzlagern der hieſigen Gegenden brechen, ſo findet man ſie in irgend einem von leztern faſt immer in beynahe denſelben Verhältniſſen wieder; wenn gleich alle, die auf dieſen zerſtreut ſind in den Rudelſtädter Lagerſtädten vereinigt zu ſeyn ſcheinen. Denn hier iſt Bunt-Kupfererz und Kupferkies das häufigſte der Foſſilien, oft in der reinen Mächtigkeit von ſechs bis über zwölf Zoll. Seltener ſind andere Kupfererze: faſrige Kupferlaſur, dichter und faſriger Malachit, Ziegelerz und Kupferglas; und vielleicht auch nicht in der Menge Arſenick- und Schefelkies. Die Erze ſind von dünnſchaaligem Schwerspath begleitet, mit Kalkspath, weniger mit Braunspath, und sehr selten mit weingelbem oder violblauem Flussspath. Seit einigen Jahren hat man unvermuthet eine ansehnliche Menge von Silbererzen in beynahe 80 Lachter Tiefe unter der Oberfläche gefunden; die doch bis izt immer noch zu zerstreut lagen, als dass sie der Grube einen einträglichen Silberbergbau hätten verschaffen können. Vorzüglich kam das gediegene Silber selbst zuweilen in Massen vor, die selbst auf reichen Silbergruben von dieser Grösse nicht häufig sind. Glaserz fand man oft in ansehnlichen Krystallen in rechtwincklich gleichseitig vierseitigen Säulen, mit vier auf die Seitenkanten aufgesetzten Flächen zugespitzt; und Rothgültigerz von vorzüglicher Schönheit. — Kupfer und Arsenickerze finden sich auf dem Erzlager zu Querbach, und Flussspath bey Mäffersdorf; der dortige Kobalt auf Felix bey Kupferberg, wenn gleich in sehr geringer Menge; und so sind alle Gestein- und Erzarten von Rudelstadt diesem oder jenem Lager gemein. Drusen sind seltene Erscheinungen auf Rudelstädter Lagerstäten, und man hat kein sicheres Beyspiel einer Lagerstäte, welche die bebaute durchsezt hätte oder von ihr durchschnitten worden wäre. — Die jezt verlassenen Lagerstäte der Hoffnung Gottes und alle von hier bis zum Bober herab noch vorkommenden beobachten alle fast genau einerley Streichen; — alles Gründe, welche hinreichend zu seyn scheinen, bestimmt den Rudelstädter Erzen ein Vorkommen auf Erzlagern zuschreiben zu dürfen. — Das äusserst merkwürdige, aber wenig fortsetzende

Lager der **Dorothea** zu **Jänowiz** am Bleyberge, ſtreicht mit jenen, bey Kupferberg immer noch in einerley Stunde; hier brachen ehedem grüne und weiſse Bleyerze von auſserordentlicher Schönheit. Das Lager ſcheint nicht in die Höhe des Berges fortzuſetzen. — Noch am äuſserſten Ende der Glimmerſchieferregion kommen in dieſer Gebirgsart Erze vor; zu **Altenberg** und zu **Niederleype** bey **Bolckenhayn.** An erſterem Orte iſt das Erzlager im Liegenden durch graulichſchwarzen, glänzenden **Alaunſchiefer** begränzt; im Hangenden durch eine Art von **Porphir;** eine graulichweiſse, thonige Hauptmaſſe die deutlich und ſchön kryſtalliſirte Quarzpyramiden, und eine groſse Menge kleine, geſtreifte Schwefelkieswürfel enthält. Dieſe Maſſe iſt bald wieder von der Gebirgsart verdrängt. Das Erzlager ſelbſt enthält im grobkörnigem Gemenge Bleyglanz von zwey bis drey Loth Silbergehalt, Schwefelkies, ſchwarze Blende und Arſenickkies mit Kalkſpath und Quarz; häufig in kleinen, völlig umſchloſſenen Kryſtallen.

Porphir.

Faſt alle Gebirgsarten ſolgen in allmähligen, wenig ſcharf abgeſchnittenen Uebergängen; Granit geht in Gneuſs über, Gneuſs in Glimmerſchiefer; dieſer in Thonſchiefer, in Grauwackenſchiefer; in grobes Steinkohlenconglomerat. Nur der Porphir ſteht in dieſer Reihe einzeln und iſolirt, wie ſeine Kegelberge, über die Ebene. Welche Aehnlichkeit zwiſchen Glimmerhiefer und Porphir? oder zwischen diesem und honschiefer, oder Serpentinstein, Urgrünstein. Und och scheint der Porphir in der Formationsreihe zwihen diesen Gebirgsarten zu stehen. Er liegt unmitlbar auf dem Glimmerschiefer, und Thonschiefer heint auf ihm wieder zu ruhen. Es ist eine, für esondere Gegenden eingeschränkte Bildung, welche uf die Masse wirckte, unabhängig von der grossen rogressivischen Reihe bildender Kräfte, denen andere ebirgsarten folgten. —

Fast nur allein im Fürstenthume Schweidniz ehen die hohen Porphirkegel aus dem, sie umgeen Flözgebirge hervor, unabhängig von einander, hne sichtbare Verbindung zwischen sie selbst, und usser der, auf wenigen Flächenraum eingeschränkten lasse zwischen Goldberg und Schönau sucht man onst diese Gebirgsart im übrigen Schlesien vergebens; ben so vergeblich in Glaz, im südlichen Theile von öhmen; in Mähren, oder überhaupt in den deutchen Ländern zwischen dem südlichen Abfall schleischer Gebirge, und dem Meere oder der hohen, Europa zertheilenden Alpenkette. — Unfern Lieau und näher gegen Landeshuth hin, erhebt ich ein steiles Gebirge, aus dem flachen und weitem Thale des Bobers, dem hohem Riesengebirge gegeniber; eine Hügelreihe, die man oft das Rabengeirge nennt. Sie zieht sich in abwechselnden Erhöungen und Niederungen fort, zwischen Schömerg und Liebau durch, bis gegen die böhmische Grenze. Die ganze Reihe besteht durchaus, in beharrlicher Einförmigkeit aus einerley Porphir, ohne

Abwechslung mit irgend einem ungeordnetem Lager. Conglomerat bedeckt ihn auf der westlichen Seite, und feiner, noch neuerer Sandstein gegen Schömberg und Friedland hin. Nirgends sieht man ihn auf dem Urgebirge unmittelbar ruhen; und nur die Abwesenheit anderer Gebirgsarten beweist, dass er auf Glimmerschiefer gelagert seyn müsse. Die Berge sind schroff, mit unzähligen eckigen Geschieben bedeckt, oft von tiefen Tobeln getrennt, die bis zur Ebene herabreichen. — Es ist eine röthlichbraune Hauptmasse von Hornstein, in welcher gelblichweisser Feldspath und rauchgraue kleinere Quarzkrystalle eingemengt sind; selten in dieser Gegend noch Hornblende. Aeussere Einwirkungen verändern aber mannichfaltig das Gestein, entfärben die Hauptmasse, entreissen dem Feldspathe den Glanz und verändern den splittrigen Bruch des Hornsteins, durch den Verlust der Durchsichtigkeit in uneben und matt. Die unaufhörlichen Zersprengungen der, die felslose Berge bedeckenden Steine häuft die Schwierigkeiten das Gestein im frischen Bruche zu sehen fast bis zur Unmöglichkeit. — Ohnweit Reichhennersdorf gegen Oberzieder hin, hört diese Kette ganz in der Nähe eines Basalthügels auf, mit welchem sie beinahe zusammenstösst. Aber jenseit des Bobers, gegen das Riesengebirge findet man die Gebirgsart nicht, und selbst die Stadt Liebau scheint nicht mehr auf Porphir zu liegen. Er zieht sich nach Böhmen hinein bis jenseit Pölschdorf fort, läuft paralell mit dem Thale von Albendorf in einer scharf begrenzten Hügelreihe, setzt aber unter Bärtelsdorf durch das Thal durch und verliert ſich jenſeits unter dem hoch aufgethürmten neuerem Sandſteine. Unterhalb im Thale bedeckt ihn der ältere Steinkohlenſandſtein. Ueber Bärtelsdorf weg, ſcheiden ſich Porphir und Sandſtein, faſt in dem Orte Schömberg ſelbſt, und dann ſeitwärts von Kratzbach und oberhalb Klein Hennersdorf, Lindenau und Bethlehem weg. In den ſenckrechten Felſen zwiſchen Bärtelsdorf und Albendorf durchſetzen den Porphir häufige Quarztruemer in gleichlaufenden, kaum Zollweit von einander entfernten Richtungen; die Truemer ſind kaum einige Linien ſtark, aber durchaus mit glänzenden, kleinen Kryſtallen erfüllt. Es iſt der einzige Ort, an welchem die Gebirgsart dieſes Phänomen zeigt, wodurch ſie ein ſonderbar geſtreiſtes Anſehen erhält. — Eine zweyte, vielleicht noch ausgedehntere Porphirmaſſe umgiebt Friedland von der Nord- und Oſtſeite. — Die vom Fuſs bis zum Gipfel mit dichter Waldung bedeckte Bergreihe, ſcheidet hier Böhmen von Schleſien; die Ebene von Braunau, von dem groſsen Wüſtegiersdorfer Thale. Selten werden dieſe Berge beſtiegen und nur ihre Geſtalt und die, von ihren Spitzen herabgeriſſene Geſchiebe, verrathen das Geſtein, aus dem ſie beſtehen. Der Brumberg endigt die Reihe, auf den Grenzen von Glaz, Böhmen und Schleſien; und dann trennt nur eine ſanſte Erhebung bis zum Eulgebirge hin, die Glazer und Schweidnitzer Thäler. Vom Reichmacher, dem höchſten und ausgedehnteſtem Berge in der Nähe von Friedland, ſenckt ſich der Porphir ganz bis ins Thal herab, und in Schmidsdorf ſtehen ſchon Porphirfelſen an den Ufern der Steinau; ohnerachtet wenig herab, bey Friedland ſelbſt, ſchon wieder rother, älterer (Steinkohlen) Sandſtein die Gegend bedeckt. Es iſt lehrreich und merkwürdig dieſen Porphir im Thale hinauf zu verfolgen. Faſt jeder Schritt zeigt neue Abwechslungen in der Form der Gebirgsart, und oft würde man verlegen ſeyn, das Geſtein noch für Porphir zu halten, wenn nicht völliger Uebergang und äuſsere Verhältniſſe unläugbar bewieſen, daſs man ſich noch in dieſer Formation befinde. — Die letzten Felſen des Reichmachers ſind völlig noch dem Liebauer Porphir ähnlich; nur Hornblendekryſtallen finden ſich, wenn gleich ſehr klein, häufiger der Hauptmaſſe eingemengt. — Unweit des tiefen Plözgrundes in Schmiedsdorf wird das Geſtein porös; eckige Blaſen von vielerley meiſtentheils langgezogenen Formen durchziehen es in kurzen Entfernungen nebeneinander, und die Maſſe ſcheint oft einer Schlacke ähnlich zu ſeyn. Die Blaſen ſind mit einer weiſsen Rinde, von ſehr glänzenden, äuſserſt feinen Kryſtallen umgeben, die man unter dem Vergröſserungsglaſe leicht für Quarz-Kryſtalle erkennt. Häufig ſtehen kleine, weniger glänzende Tafeln von Schwerſpath auf dieſen Druſen in die Mitte der Oeffnung hinein, und es iſt nicht ſelten, daſs dieſes hier auf ſo merkwürdige Art vorkommende Foſſil ſelbſt bey dieſer Kleinheit ſchon dünnſchaalig abgeſonderte Stücke zeigt. — Die Hauptmaſſe zwiſchen dieſen Oeſnungen iſt bräunlichroth und mit häufigen kleinen glaſigen Feldſpathkryſtallen gemengt. — Weiter im Thale hinauf, am

Schulz- und anderen hoch erhobenen naheliegenden Bergen, ist das Gestein wieder fest, ohne Spur offener Räume; dagegen aber auch sehr wenig dem vorigen Porphire am Reichmacher ähnlich. Die Masse wird braungrau, grobsplittrig, schwach an den Kanten durchscheinend; endlich graulichschwarz und scheint dann feinkörnig zu seyn. Sie sieht dann dem Basalt ähnlich; man trift aber durchaus nirgends eine Spur fremdartiger eingemengter Fossilien darinnen. Wahrscheinlich ist dieses Gestein ein Uebergang in Hornblendgebirgsarten; der jedoch nicht vollkommen gewesen ist: denn wenig weiter hinauf, in Niederwaltersdorf findet man den Porphir wie an den Kegeln bey Friedland. Im Dorfe selbst wird er vom Sandstein wieder bedeckt; nun zieht er sich nordwärts fort in einer fortlaufenden Bergreihe, dem Schwartzwald und dem Wildberg, steigt, vorzüglich an letzterem, zu einer grossen Höhe hinauf, und fällt erst ganz ab, hinter Laessig bey Gottesberg. — Es ist ungewiss ob das sonderbare blaulichgraue, dickschiefrige, im Kleinem unebene Gestein, das in Laessig selbst hervorkommt, noch zu dieser Formation gehört, oder einer andern beygezählt werden muss. — — Ostwärts von Lang-Waltersdorf und weiter gegen Waldenburg hin, kommt der Porphir dann nicht mehr zusammenhängend vor; er bildet nun einzelne kegelförmige, weit ausgezeichnete Berge. Unter ihnen fällt die Form des Storchberges vorzüglich auf. Von gleicher Höhe mit seiner Grundfläche erhebt er sich über alle Höhen hinweg, und von Gottesberg und Landeshuth aus sieht man, seine Kegelspitze noch über die Reihe des Wildberges weg. Ihm gegenüber, gegen Reimswaldau hin, steht niedriger und weniger spitz auf dem Gipfel, der Buchberg. Nordlicher bey Neuhaus, der Cantersberg, der Schwartzberg, der Kohlberg, und vor Waldenburg der weniger erhöhete Butterberg, der von einer Seite noch ganz von älterem Sandstein bedeckt ist. Diese, hier so gehäuften Berge, zwischen welchen jener Sandstein und nicht selten auch Steinkohlenflötze gelagert sind, scheinen ebenfalls hier eine fortsetzende Reihe haben bilden zu wollen, die durch eine räthselhafte wunderbare Ursache gestört wurde, durch welche der Porphir über das ganze Fürstenthum weg, auf einzelne Punkte, wie in grofsen Kristallen sich zusammenzog. – Offenbar sind selbst die nur wenig getrennten Berge über Reufsendorff, und über den Bärengrund nie mit einander verbunden gewesen. Die Bestimmtheit in der Form dieser Berge, welche diese Gebirgsart so sehr vor anderen charakterisirt, zeigt hinlänglich, dafs sie ihnen durch eine gemeinschaftliche (Anziehungs) Ursache mufste gegeben seyn; und nicht Resultat der allmählig und so zusammengesetzt noch fortwirkenden, Zerstörungsursachen der Berge seyn kann. Noch mehr fällt diese Form, bey denen Porphirbergen auf, die Gottesberg umgeben; am runden, kegelförmigen Hochberge gegen Schwartzwalde hin, und am langgestreckten, erhabenen Hochwald, dem höchstem Berge, des Schweidnitzer Fürstenthums. Jener kommt dem Storchberg an Höhe nicht gleich; allein seine Abhänge erheben sich von allen Seiten unter einer ſcharf abgeſchnittenen ſchiefen Fläche von etwa 60 Grad bis zum Gipfel hinauf, und dieſe Iſolirung giebt ihm den Schein einer beträchtlich gröſseren Höhe. Auch der Hochwald würde dieſe Form zeigen, wenn nicht ſüdwärts eine niedere Reihe ſeinen Gipfel ſanfter mit der Ebene verbände. Der letzte dieſer Hügel, der Plautzenberg, an deſſen Abhang Gottesberg liegt, iſt noch durch Porphir ſichtlich mit dem Hochberg verbunden. Der Porphir ſelbſt am Hochwald, hat häufig eine bläulich-graue, mehr uneben als ſplittrige Hauptmaſſe, in der gröſsere Feldſpatkriſtalle als gewöhnlich eingemengt ſind. — Am Abhange des Gottesberges gegen Hermsdorf hin, iſt die Hauptmaſſe gelblich-grau und auſser dem Feldſpathe mit einer ſehr groſsen Menge kleiner Hornblendkriſtallen gemengt. — Vom Hochwald ſetzt der Porphir bis in die Thäler hinab. Man findet ihn bey Gablau und bey Liebersdorf und faſt bis nach Rothenbach hin. Hier an ſeinem Abhange ward ehemals ein nicht unwichtiger Bergbau auf Erzen betrieben, die in dieſer Gebirgſtadt auſſetzten, Neuere Verſuche anhaltende Erzpuncte zu finden, ſind nicht glücklich geweſen, und leider iſt es deswegen noch gänzlich unbeſtimmt von welcher Art die Lagerſtätte war, welche die Erze enthielt. Man baute bey Gablau auf ſilberreichen Bleiglanz, der mit Kupferkies, Fahlerz und Kupferglas gemengt war, und nicht ſelten in Begleitung von Schwerſpath, Fluſsſpath und kleinen Kalkſpathdruſen vorkam. — Porphir als groſse ausgedehnte Gebirgsmaſſe iſt ſelten; noch ſeltner aber die Erzführung dieſer Gebirgsart. —

Der Sattelberg bey Liebersdorf scheint mit dieser Masse bey Gablau in unmittelbarer Verbindung zu stehen. Er ist der letzte beträchtliche Porphirberg gegen das flache Land hin. — Zwischen Rothenbach und Schwartzwalde erheben sich noch einige niedrige Kuppen, die in Ansehung des Porphirs selbst, aus dem sie bestehen, Aufmerksamkeit verdienen. Die Hauptmasse derselben an den Wellechenbergen ist grünlich-grau und fast nur mit Feldspath gemengt, und ist in diesem Zustande ausserordentlich dem Porphirschiefer ähnlich; am Hirschberge hingegen in Schwarzwalde selbst, ist die Masse von ausserordentlicher Härte, dunkelbläulich-grau, mit wenigem Feldspathe, um so mehr aber mit langen Hornblendkrystallen gemengt. — —

Der merkwürdigste aller schlesischen Porphirberge ist aber unstreitig der Wildenberg ohnweit Schönau im Fürstenthum Jauer. Von dünnschiefrigem Thonschiefer umgeben steigt er aus dem Thale der Katzbach auf, und erhebt sich mit runder Kuppe über alle naheliegende, hier wenig erhöhete Berge. — Bis zur Hälfte ist er in dünne, senkrechte Säulen zerspalten, die von fern völlig einem entblößten, schön zerspaltenem Basaltberg gleichen. Sie stehen mehr als 60 Fuss hoch zu Tage aus, und scheinen vom völlig senkrechtem Stande nach dem Boden zu, gegen Norden und Süden etwas auseinander zu laufen. Ohne Mühe findet man Saulenstücke hier, sechs Fuss lang, mit vier, und sechs Flächen und doch nur von 8 Zoll im Durchmesser. Gewöhnlich sind diese Säulen sechs- vier- fünf- selbst auch neunseitig;

kaum

kaum je aber überfteigen fie einen Durchmeffer von ein oder 1½ Fuſs. Die Seiten find etwas rauh, aber gleichlaufend. — Diefe Säulenwand ift ohne Unterbrechung mehrere hundert Schritt lang fichtbar, und wahrfcheinlich ift die ganze Maffe des Berges auf ganz gleiche Art geformt; wenigftens leitet auch darauf feine äufsere Meilerartige Geftalt. — Der Porphir felbft befteht aus einer ausgezeichnet röthlichbraunen Grundmaffe von Hornftein, mit häufiger als gewöhnlich eingemengten rauchgrauen Quarzpyramiden und kleinen, glafigen Feldfpathkriftallen. *) — Bey Rofenau, einem Foffilienreichen Dorfe weiter an der Katzbach gegen Goldberg hinab, kommt auch Porphir noch mehrmals wieder hervor. Hier enthält er häufig drey und vier Zoll ftarke, äufserlich sehr rauhe Kugeln, die inwendig mit Carniol, Chalcedon, violblauem Amethyft und Quarzkriftallen concentrifch fchaalig auf einander liegend, angefüllt find. Und nicht felten finden fich diefe Foffilien auf gleiche Art in Truemern, die das Geftein nach vielen Richtungen durchfetzen. — Die erften und nächften Porphirberge, die man aufser diefen, in der Nähe von Schlefien findet, kommen ifolirt und gänzlich von anderem Urgebirge abgefchnitten nur erft bey Krzezovice zwifchen Krackau und Plefs vor; denn

*) Hr. G. F. R. Gerhard hat von diefem merkwürdigen Berge eine getreue Zeichnung und lehrreiche Befchreibung geliefert in Schriften der berl. Naturforfcher V. 1785. 421. fqq. Ohnweit Lettin an der Saale bey Halle fieht man einen faft ähnlichen Porphirberg von vierfeitig rhomboidalifchen Säulen.

E

die Lausitz enthält nur neueren Porphirschiefer, und das Daseyn von Porphirbergen in Mähren ist zum wenigsten bis izt noch nicht bekannt gemacht worden.

Serpentinstein. Urgrünstein.

Ausser der älteren Serpentinsteinformation, die vereint mit körnigem Kalksteine dem Glimmerschiefer untergeordnet ist, enrhält Schlesien auf einzelne Gegenden zusammengeführt noch eine ausgedehntere, neuere, und selbstständigere Formation von Serpentinstein, die gleichzeitig mit der des Thonschiefers zu seyn scheint. Man findet sie dort, wo man Thonschiefer erwartete und vermist sie, wo dieser in grosser Ausdehnung vorkommt. Deswegen sieht man sie nicht im Fürstenthum Jauer, wo die Gebirgsarten in fortgesetzter schöner Progression von dem Granit der Schneekoppe herab, sich bis in das goldführende aufgeschwemmte Conglomerat von Goldberg verliert, wohl aber dort, wo weit von einander entfernte Gebirgsarten, Conglomerat auf Gneufs, Sandstein auf Porphir, Kalkstein auf Gneufs (bey Silberberg) ruhen. — Die vorzüglichste Niederlage dieser Gebirgsart ist zwischen den Fürstenthümern Brieg, Schweidnitz und Münsterberg, wo sie gröfstentheils ein kleines Gebirge bildet, das mit den Glimmerschiefer und Gneufshöhen zwischen **Franckenstein**, **Nimptsch** und **Reichenbach** zusammenhängt. Hier bildet sie den hoch über die Ebene erhabenen **Zobtenberg**, eine sichtbare Warte für die gröfsere Hälfte ganz Schleſens. — Ihr erſtes Vorkommen auf den Brieger Ebenen iſt aber nicht mit dieſer ſchnellen Erhebung begleitet. — Unvermerkt, ohne Veränderungen des Aeuſseren tritt man bey Langenöls, bey Rudelsdorf, bey Danckwiz aus Gneuſs in Serpentin über, und nur erſt nach ein oder zwey Stunden Entfernung ſteigen die Berge bey Schwentnig auf, die in ſüdöſtlicher Richtung ſich mit der Hauptkette des Zobtenberges verbinden *). Hier findet man izt noch mehrere Steinbrüche gangbar, welche ehedem, unter dem Nahmen eines grünen Marmors, vortreffliche Stücke zur Bearbeitung lieferten. Zwey der ſchönſten liegen am Fuſse des Weinberges und nahe unter ſeinem Gipfel. Der Serpentinſtein iſt hier feinſplittrig, lauchgrün und faſt durchſcheinend; häufig mit kleinen, nur zollmächtigen Lagern eines ſpangrünen, völlig durchſcheinenden, faſt ebenen Serpentins, der oſt in Asbeſt übergeht. — Am Galgenberge, näher gegen Schwentnig hin, wird das Geſtein heller; grünlichweiſs und lauchgrün in unbeſtimmten Flecken, ſehr grobſplittrig und erhält hierdurch ein weniger angenehmes Aeuſsere. — Bey Oberlangſeiffersdorf, wo von der anderen Seite Gneuſs vom Serpentinſteine bedeckt wird, iſt dieſe Gebirgsart von einer vortrefflich olivengrünen Farbe, ſtark an den Kanten durchſcheinend, feinſplittrig, hier mit vielem gemeinem grünlichweiſsem Talk gemengt, wenig mit Asbeſt, häufig aber mit jenem durchſcheinendem ſpangrünem Serpentin, der doch nie in groſsen

*) Schleſ. Provinz. Blätter Juny 1797.

Stücken vorkommt. — Ueber Tampadel erhebt sich von hier hoch und steil der Geyersberg, die höchste Masse die aus Serpentinstein zusammengesezt ist. Gegen Nordwest hängt er durch die Carlsdorfer und Silsterwitzer Höhen mit den Schwentniger Bergen zusammen, kaum aber südwärts mit der niedrigen Reihe, die sich zwischen Nimptsch und Reichenbach fortzieht. Sein Gipfel besteht aus demselben in Farben gemengten Serpentinstein, als der, welcher den Schwentniger Galgenberg bildet, und nur erst tief am Abhange herab, sieht man die Gebirgsart einfärbig und dunkelgrün, wie sie in Carlsdorf, in Langseiffersdorf in Tampadel hervorkommt. Ein tiefes Thal trennt diesen Berg von dem, ihm gegenüberliegendem höherem Zobtenberge, in dem sich von einer Seite Silsterwiz, von der andern Tampadel in die Ebene herabzieht. Im Thale ändert sich plözlich die ganze Natur der Gebirgsart, und der erste Schritt am Abhange des Zobtenberges herauf, zeigt dem Beobachter völlig verschiedene geognostische Verhältnisse, statt kleiner, eckigen Stücke, die am Geyersberge die Seiten bedeckten, hier gewaltige abgerundete Massen, die zu Felsen aufeinander gehäuft liegen. Statt einer verwitterten, zerklüfteten Gebirgsart hier Stücken, die nur angestrengte Kraft zu zersprengen vermag. Der Serpentinstein hat mit grobkörnigem uranfänglichem Grünstein gewechselt, der bis zur höchsten Spitze den Zobtenberg bildet. — Es ist wunderbar, in welchem gleichförmigem Gemenge sich diese 1700 Fuss hoch über die Ebene zusammengethürmte ungeheure Masse erhält. Vom Fuss bis zum Gipfel, von Zobten bis Tampadel, von Bielau bis Silsterwiz ist es immer dasselbe grobkörnige Gemenge von grünlich und gelblichweissem Feldspath, und lauchgrüner Hornblende, ohne dass je eins dieser Fossilien so sehr die Oberhand über das andere gewönne, dass dieses dagegen verschwände. Nur allein auf dem Gipfel des Berges scheint das Korn des Gemenges kleiner zu werden; die Bruchstücken werden hier scharfkantiger, fast schneidend und zeigen dass beyde Fossilien hier noch fester mit einander müssen verbunden seyn: als unten wo sie mit einander in grösseren Krystallen gemengt sind. Der starke Zusammenhalt der Hornblende widersteht jeder Zersprengung leichter, als der, weniger zähe Serpentinstein; statt zu zerklüften runden sich die grossen Massen des Grünsteins ab, und sind so, noch mehr für zerstörende Wirkungen äusserer Kräfte gesichert. — Unzählich sind deswegen die grossen Stücke, die nach allen Seiten den ganzen Abhang bedecken und kaum dem anstehenden Gestein, hervorzudringen verstatten. Sie sind gewöhnlich 8, 10 und 12 Cubicfuss gross; kleinere sind selten, aber grössere trifft man ohne Mühe noch allerorten. — Der Grünstein ist neuer, als der Serpentinstein, der ihn umgiebt. Vor den Thoren und unter den Stadtmauern von Zobten kommt diese Gebirgsart, wenn gleich nur in kleiner Erstreckung wieder hervor, und fast sieht man jene unmittelbar darauf ruhen. Weiter gegen die Ebene erscheint bald der Granit, der ohnfern der Probstey Gurckau noch höher am Berge sichtbar bleibt. —

aus, so manche Sammlung geziert haben; oder die sonderbar, milchweiſs, leberbraun, grasgrün und bräunlichschwarz bandförmig gestreiften Stücke. Rauchgraue und weiſse Chalcedonmassen, selbst Amethyststücken finden sich häufig, und grün gefärbter Quarz, der Uebergang zum Chrysopras selbst. — Dieses apfelgrüne. vortrefflich gefärbte Fossil ist hier durch häufige Aufsammlungen selten geworden und kaum wird man unter denen, izt herumliegen. Stücken, solche finden die einen Werth für Juweliere haben könnten. — Es ist noch immer sehr unbestimmt auf welche Art diese Fossilien im Serpentinsteine sich finden. Denn alle Stücken, die durch eine Art bergmännischer Bearbeitung hervorgesucht wurden, waren mit Stücken der zerstörten Gebirgsart durcheinander geworfen, und wenn gleich nicht weit von der ersten Lagerstäte entfernt, doch zuverläſsig nicht mehr in der ursprünglichen Lage. Sind es Trümer, die den Serpentinstein durchsetzen, oder ist es ein eignes Lager, in welchem diese kieselhaltigen Fossilien sich zusammenzogen? Einzelne Trümer sind vielleicht nicht mächtig genug um Opalstücken zu enthalten, die oft mehrere Pfund schwer sind. — Fast zuverläſsig ist es, daſs eine leichte bergmännische Arbeit bald die wahre Lagerstäte entdecken, und einen Reichthum des kostbaren Fossils entblöſsen würde, der hinreichend wäre, es weiter als auf Ringe, und so häufig der Bewunderung vor Augen zu bringen als es seine vorzügliche Schönheit verdient. — Auch auf den Feldern bey Grachau und am Abhang des Grachberges, hat man öfters kleine, oft vorzügliche Chrysoprasstücke gefunden, ohne dadurch hier mehr die Natur seiner wahren Lagerstäte zu entdecken; aber die Behauptung, als ob auch die Gegenden des Zobtenberges Chrysoprase enthielten, scheinet ungegründet zu seyn. — Der Cosemüzerberg hängt südwärts mit einem höherem, dem Gumberg zusammen, zwischen den Dörfern Protzan und Caubiz, der schneller in die Ebene von Frankenstein abfällt. Deswegen kömmt auch an seinem Abhange deutlicher der Serpentinstein hervor, und ein grosser Steinbruch an der südwestlichen Seite entblösst ihn noch mehr. Die Gebirgsart hat hier eine vortreffliche bräunlichrothe Farbe; sie ist mit vielen kleinen Asbesttruemern gemengt, und mit kleinen, wenig deutlichen Hornblendekrystallen. Schon vor Hennersdorf am Fusse des Gumberges kommt unter ihr, aber wenig sichtbar, der Glimmerschiefer hervor. — — Auch bey Dorfbach am nördlichem Fusse des Eulengebirges, kommt über dem Gneusse, noch eine wenig ausgedehnte Masse von Serpentinstein hervor; und mit noch geringerer Erstreckung, aber mit vielen kleinen Asbesttruemern gemengt oberhalb Burkersdorf ohnweit Schweidnitz. — Ausser diesen ist es vergebens nach Spuren dieser neueren Serpentinsteinformation im Fürstenthum Jauer zu suchen, oder auf der Höhe des Schweidnitzer Gebirges, oder in der Graffschaft Glaz, obgleich an diesem, jezt gänzlich eingeschlossenem Ländchen, bey Neurode, Ebersdorf, Niedersteinau und Hausdorf kleine Niederlagen von Grünstein vorkommen. Ist vielleicht das ältere Gebirge nöthig gewesen, welches westwärts, den grossen Serpentinsteinniederlagen vorliegt, um durch ihren Schutz ihnen die, zur Absetzung nöthige Ruhe zu geben? und ist vielleicht deshalb die ausgedehnteste Formation von mehr mechanisch abgesetztem Thonschiefer, in den freyliegenden Gegenden des Fürstenthums Jauer? — —

Thonschiefer.

Das Fürstenthum Jauer ist, in Schlesien die einzige Gegend, in der man Thonschiefer findet. Ob man ihn hier für uranfänglich halten solle, oder für Uebergangsgebirgsart ist oft zu bestimmen unmöglich; denn der Glimmerschiefer des hohen Gebirges geht in ihn durch unmerkliche Abstufungen über, und dieser, der Thonschiefer, wechselt in kurzer Entfernung mit Conglomerat, ohne viel fremdartige Lager zu enthalten, die sein Formationsalter näher bestimmten. Die grössere oder geringere Entfernung von den älteren Urgebirgsarten hann in diesen Bestimmungen leiten. — — Die grosse, gewaltige weisse, fast feinkörnige Kalksteinmasse des Kützelsberges westlich von Kauffungen scheint zwischen beyden Gebirgsarten, zwischen Glimmerschiefer und Thonschiefer zu stehen. Es ist ein Berg, der sich fast auf einemmale aus dem Kauffunger Thale 2000 Fuss hoch erhebt, und mehr als die Hälfte besteht aus reinem Kalksteine. Ausser den reinen hellweissen Farben, hat er häufig rothe Zeichnungen, die ihm als Marmor ein characteristisches Ansehn geben. Der

Gipfel des Berges ist rund, hoch über alle seine Nachbarn erhoben; der höchste diesseits von Hirschberg; an die hohen Kuppen des nahen Riesengebirges hinanstrebend. — Gegenüber erhebt sich eine fast gleich beträchtliche Kalksteinmasse, der Mühlberg, dessen weisse Gipfel, wenn gleich beträchtlich weniger hoch, als die Spitze des Kützelberges, durch die leuchtende Farbe der hervorstehenden Felsen weit sichtbar ist. Nirgends in Schlesien ist so hoch Kalkstein aufeinander gehäuft; Höhlen, die gewöhnlichen Begleiter so hoher Massen, fehlen auch in diesen Bergen nicht. Das Kützelloch am Viertheil des Berges vom Gipfel herab, hat eine, noch nie bis zu Ende erforschte Ausdehnung; es verfällt aber izt, durch Erweiterung des Steinbruchs, in welchem sich seine Oeffnung befindet, und schon izt, ist es beschwerlich sie zu erreichen. Der ganze Steinbruch ist auf allen Seiten mit vielen, kleinen Löchern besetzt, nur einige Fuss gross, die wieder mit später entstandenem Kalkspath ausgefüllt sind. Diese ausfüllende Masse breitete sich vom Mittelpunkt, nach den Seiten hin aus, und daher ihre schöne auseinander laufend längliche Gestalt. — — Unterhalb Kauffung gegen Schönau hin, sind die Thalseiten der Katzbach nur von niedrigen Felsen eingeschlossen, die aus einer sonderbaren, grünlichgrauen sehr zerklüfteten Gebirgsart bestehen, wahrscheinlich aus einem feinkörnigem Gemenge von Feldspath und Hornblende, das von vielen kleinen Kalkspathtrümmern durchsetzt wird. Diese Gebirgsart (vielleicht schon Uebergangsgrünstein) setzt nicht ganz bis Alt-

Schönau hin, fort; dann kommt feinschiefrige Thonschiefer hervor; schwärzlich- und bläulichgrau, schimmernd im Bruch. In Alt-Schönau selbst bedeckt ihn, aber nur auf kurzer Entfernung ein grobkörniges Conglomerat, das gröfstentheils aus zerkleinten Thonschieferstücken besteht. Bald kommt die schiefrige, sich stark neigende Gebirgsmasse wieder hervor, und setzt dann fort über das Städtchen Schönau hinaus, umgiebt die Wildenberger Porphirmasse, und nimmt durchaus die Gegenden zwischen Reichwalde, Conradswalde, Hasel, Wolfsdorf, Polnisch Hundorf und Rosenau ein. Hier wird sie oft graulichschwarz, stark abfärbend und daher wahrscheinlich sehr kohlenstoffhaltig, und enthält häufig, vorzüglich bey Reichwalde Lager von Alaunschiefer, die öfters schon für Steinkohlenflöze angesehen worden sind. Oberhalb Reichwalde und an der nördlichen Seite des Wildenberges, setzen zwey sehr belehrende Lager von Kieselschiefer auf; schwarz mit häufigen weissen Quarztruemern. Das schwer zerstörbare Gestein bedeckt weit umher in grofsen Blöcken den Boden, und fast durch die ganze Länge des Dorfs Reichwalde, sind sie fast nur die einzigen Geschiebe des Bachs. Eine Gebirgsart die gänzlich schon dem Uebergangsgebirge eigen ist. — Reine Quarzlager sind zwar in diesem Thonschiefer nicht selten; aber doch nicht so häufig, als sie gewöhnlich mit ihm abzuwechseln pflegen. Stadt dessen giebt es einige Puncte wo dieser Quarz in vorzüglicher Mächtigkeit erscheint. Die Muchensteine ohnweit Schönau, ſind faſt reine Quarzfelſen, oft zellig, und nicht ſelten mit Tafeln von Eiſenglanz in den Höhlungen. — Sonderbar daſs man hier die, ſonſt für dieſen Thonſchieſer ſo characteriſtiſche und häufige Roth-Eiſenſteinlager bis izt noch nicht fand. — Der Thonſchiefer zieht ſich ununterbrochen von Schönau bis Jauer hin, fort, und verliert ſich erſt mit dem Gebirge bey Poiſchwiz, Kolbnitz, Hermsdorf und Seichau in das flache Land. Gegen Goldberg hin, bedeckt ihn älterer Sandſtein und andere neuere Gebirgsarten. Aber weit anſtehend verfolgt man ihn weſtwärts von Schönau, über Schönwalde, Wieſenthal, Kleppelsdorf bis Lähn, und bis zu den ſteilen Ufern des Bobers. Er bildet bey Schönwalde, den aus der Ebene hoch anſteigenden Buchberg, der hier gänzlich ſchon von dem, bey Hohen-Liebenthal ebenfalls mit Thonſchiefer völlig abfallendem Gebirge getrennt iſt. Die maleriſche, hohe ſteile und ſenkrechte Felſen bey Lähn, ſind Zeugen, wie leicht es dem, ſtark abfallendem Strom ward dieſes dünnſchiefrige und lockere Geſtein zu zerſtören. Deswegen ſind Berge, aus dieſer Gebirgsart gebildet, auf welcher die zerſtörende Kraft nicht ſo gewaltſam und thätig wirkt, als an den Ufern des Bobers, abgerundet ohne hervorſtehende Felſen; um ſo häufiger aber mit ſichtbarem, wenn gleich nur einige Fuſs hoch, anſtehendem Geſtein. — Im tiefen Keſſel von Lähn ſcheiden ſich Sandſtein und Thonſchiefer; aber, obgleich dieſer grobkörnige Sandſtein jenen weſtlich über Schiefer noch faſt bis Röhrsdorf begleitet, ſo behält dann doch bald der Thonschiefer die Oberhand, dringt über Schmottseiffen und Görisseiffen bis in die Nähe von Löwenberg vor, und verliert sich erst unter die grofsen, weitausgedehnten Sandsteinmassen in den Gegenden von Ober-Cuntzendorf, Thiemendorf und in der Gegend von Lauban. — Der Talckenstein bey Hagendorf, zwischen Löwenberg und Greiffenberg ist ein neuer, ansehnlicher, mächtiger Quarzfels, der sich aus dieser Gebirgsart erhebt. —

Auf der Ostseite des Bobers enthält der Thonschiefer wahrscheinlich keine Kalklager; aufser den grofsen Niederlagen, dem Kützel- dem Mühlenberge, die aber vielleicht mit gleichem Rechte Anspruch machen könnten, noch zur Formation des Glimmerschiefers gezogen zu werden. Aber die Westseite scheint reicher, an zerstreuten, wirklich im Thonschiefer eingeschlossenen Kalklagern zu seyn. Diejenigen von Mauer am Bober, von Schosdorf und Welckersdorf ohnweit Greifenberg sind noch den älteren Urgebirgsarten so nahe, dafs sie, ohnerachtet ihrer geringen Mächtigkeit, doch von einerley Alter zu seyn scheinen, mit jenen grofsen Massen zwischen Glimmerschiefer und Thonschiefer. Der Kalkstein von Mauer ist hellweifs und kleinkörnig, der von Welckersdorf schon feinkörnig und rauchgrau, und enthält häufig derben Schwefelkies eingemengt. — Tiefer gegen Löwenberg zu findet man aber würklich mehrere Lager die völlig dem Thonschiefer und wahrscheinlich der Uebergangsformation angehören; bey Görisseiffen und Röhrsdorf. Am letzterem Orte fand man vor einigen

Jahren eine so grosse Masse von Bleiglanz im Kalckstein, dass man sogar glaubte einen einträglichen Bergbau darauf anlegen zu können. Aber die Masse war isolirt und machte keine fortgesetzte Lagerstäte aus. —

Von Glaz aus scheint das Urgebirge in ausgedehnterem Uebergange sich dem Flözgebirge anschliessen zu wollen, allein Nebenumstände, Lauf der schon gebildeten Gebirge verhinderte die Flözgebirgsarten sich dorthin zu lagern, wo die lezte der Uebergangsgebirgsarten sich endiget. Glaz selbst ist von Thonschiefer umgeben, den häufige Kalkspathtruemer durchsetzen. Gegen Wartha hin, wechselt er mit wenigen mächtigen Lagern von feinkörniger, glimmerreicher Grauwacke, und weiter mit feinblättrigem Grauwackenschiefer. — Die hohen Felsen, welche die Neisse durchbrach, um sich den Ausweg aus der eingeschlossenen Grafschaft in die Schlesischen Ebenen zu öffnen, sind aus grünlichgrauem Uebergangsgrünstein zusammengesetzt; eine sehr feinkörnige Gebirgsart, die hier nur schwer zu erkennen ist, und noch mehr, je höher sie sich erhebt; endlich verändert sie ihr Gemenge aus Feldspath und Hornblende in ein rauchgraues, fast durchscheinendes grobsplittriges Gestein, oberhalb Neudeck, anf den steilen, schroff erhobenen Heinrichswalder Bergen. — Und weiter hinab bey Giehriugswalde, Hemmersdorf und Johnsbach erscheinen unter ihr mannichfaltige Gesteine der Uebergangsformation, Quarzconglomerate, Abänderungen der Grauwacke, die um so mehr eine nähere Bestimmung verdienten, je weniger sie noch bis izt untersucht sind. Aber dann erreichen sie die Ebene im Münsterberger Fürstenthum und nun kommen nur ältere Gebirgsarten hervor. Das Flözgebirge vermochte nicht mehr den hohen Damm zu übersteigen, durch welchen der Uebergangsgrünstein das Schlesisch-Mähren und Eulengebirge verband.

Der gröſste Theil des Fürstenthums Jägerndorf, scheint mit Grauwacke, Grauwackenschiefer oder Thonschiefer bedeckt zu seyn. Das Gebirge, welches von der Bischofskoppe abfällt, und eine Meile jenseits der Oppa sich weiter gegen die ungrische Grenze fortzieht, besteht aus wahrscheinlich uranfänglichen Thonschiefer, in welchen der Glimmerschiefer übergeht, der noch bey Römerstadt das ganze hohe Gebirge bedeckt. Jenseit des weiten Oppathals, ist die Gebirgsart aber nicht mehr eine einfache Masse; eine grosse Menge feiner Glimmerblättchen liegen schuppenartig neben einander, und nur selten wechselt dieses dünngeschichtete Gestein, mit graulichschwarzem Alaunschiefer. Und oft bildet dann mitten darinnen wahre Grauwacke sanft erhobene, aber über die ganze Gegend hervorstehende Hügel, wie z. B. den Hulberg bey Brätsch; oder die steilen und hohen Thalseiten, auf welchen das malerische Schloſs Maydelberg über dem tiefen, fruchtbaren Thale hängt. Bey Leobschütz ist der dünnschiefrige, grauwackenähnliche glimmerreiche Thonschiefer häufiger; man sieht ihn oft in den flachen Thälern von Dobersdorf, Soppau, Roden und bey Gröbnig und vielleicht auch an vielen anderen

anderen Orten enthält er nicht selten unkenntliche Muschelversteinerungen. Gegen Bauerwiz und dem Thale der Oder hin, verliert sich das anstehende Gestein unter der hoch aufgeschwemten Geschiebenmenge, die hier grosse Hügel zu bilden im Stande ist, und gegen Troppau hinab, geht das Uebergangsgebirge unmerklich aber völlig in das Steinkohlengebirge über.

Steinkohlengebirge.

Es mag kaum interessantere, lehrreichere geognostische Verhältnisse geben, als diejenigen, in welchen die ungeheure Menge von Steinkohlen vorkommt die Schlesien in Westen und Osten, in Süden und Norden bedeckt. Auf einer Seite in grossen Höhen auf dem Gebirge gelagert, drängen sie sich zwischen steilen Porphirkegeln und füllen jede Vertiefung, die sie in ihrem Wege antrafen; aber sie erreichen die Ebene nicht. Auf der anderen Seite hingegen erfüllen sie eine flache gebirglose Gegend, in der Hügel von hundert Fuss, Berge zu seyn scheinen, und kaum berühren sie den Fuss höherer Gebirge. Dort wechseln sie in unzählbarer Menge über einander, hier ist es selten, zwey oder drey sich bedecken zu sehen; dort trennt die Flöze ein Gestein, das an seine gewaltsame Entstehung bey jedem Anblick durch die Zahl und Grösse der abgerissenen Stücke älterer, noch kenntlicher Gebirgsmassen erinnert; hier sind es nur weiche Thonflöze, die zwischen den Steinkohlen liegen, oder höchstens wenig

mächtige Schichten von feinkörnigem Sandstein, de
Theile sich kaum zur festen Masse verbinden.

Diese Verschiedenheit des Oberschlesischen und 1
derschlesischen Steinkohlengebirges, ist in allen
hältnissen so ungeheuer und mächtig, dass es
wegenheit scheint, beyden Niederlagen einerley 1
mationszeit zu bestimmen; zu glauben, dass die,
erst entstanden zu seyn scheinende Flötze von
peln und Plesse, eben der Revolution ihr Dat
verdanken, welche in Schweidniz und Glatz,
Steinkohlen zwischen den Gebirgen einklemmte,
in den Jauerischen Niederungen gleichzeitige
ihnen vorkommende Gebirgsarten, ohne jene kost
Ueberbleibsel verlorner Vegetation absetzte. — A
bey näherer Betrachtung fällt es bald in die Aug
wie Nebenumstände Veränderungen hervorbrin
konnten, von welcher dann eine immer Ursa
einer neuen ward, und so, beyde grosse Niederla
sich so unähnlich machten. — — —

Schon das Uebergangsgebirge, Grauwacke
fein glimmriger Thonschiefer, zeigen dass sie zu i
Bildung nicht mehr, wie Granit, Grünstein oder 1
phir aus eigener Quelle schöpften, sondern von
ren Gebirgsmassen Stücke abrissen die sie mit
ihrigen verbanden. Und selbst ihre eigene Bildun
verschonten sie nicht. Die Grauwacke des Ha
enthält häufig eckige Kieselschieferstücken eingeme
einer Gebirgsart, die oft selbst schon von Grauw
umschlossen ist. Diese Ursache der bildenden Flü
keit ist characteristisch für das Steinkohlengebi
Statt kleiner, eckigen Stücke, einer gleichartigen M

gemengt, besteht die mächtigste der Gebirgsmassen, che die Steinkohlen begleiten und von ihnen unrennlich zu seyn scheint, aus häufig gewaltigen, völlig runden Geschieben, die nur durch ere Geschiebe zusammenhängen, nicht durch eine gebildete Glimmer- oder Thonschiefermasse. — nun an verschwinden in der weiteren Folge der irgsarten, alle, durch innere Kräfte neu hervorchten Stoffe; alles was sich nun absetzt war ehemals bildende Masse eines Theiles der Erdläche, und als solche finden wir noch ihren erest wieder. Keine Gebirgsart weiter, die als Fossil auftreten könnte; nur allein die räthsel-Bildung des Gypses in dieser Zeit ausgenommen. Die Absetzung der Gebirgsarten folgt nicht mehr inneren (Anziehungs) Kräften; die, im Flüssischwimmenden Massen, senken sich nun der diefer Stücke gemäfs, und ihrer Anziehungse gegen die grofse Masse der Erde. — Erst as Conglomerat, die grofsen Geschiebe, die eine aufgebrachte Fluth nicht weit von ihrer täte zu entfernen vermogte; und sie reifsen mit ie ganze organische Schöpfung hinab, die ehein dichten Reihen ihre Oberfläche bedeckte. r stürzen zusammen und werden unter den nern begraben; neue Wuth der Fluthen er: dieses zerstörende Spiel, und in der engen, ebirgen umschlossenen Gegend häuft sich die der, von den Bergen herabstürzenden Massen, h bald, in heftigen Bewegungen durcheinander fen zur runden Geschiebeform bilden. Ist die

Oberfläche nun ganz ihrer Pflanzenbekleidung beraubt, ſo ſinken jetzt ruhiger, die feinen, leichter ſchwimmenden Körner, die Wege fanden ſich für die hinabführende Kraft des ſchweren Conglomerats zu retten. Es bildet ſich der neuere, feinkörnige Sandſtein; in ihm ſind keine Geſchiebe mehr: in ihm erkennt man die ältere Gebirgsart nicht mehr, die ihm das Daſeyn verſchaffte; aber auch die Pflanzenwelt fehlt ihm, die, bis zur lezten Spur das Conglomerat in ſeinem Innern begrub. — Im Kalkſteine, der zwiſchen und über die Sandſteine liegt, verbirgt ſich die Menge der Thiere, welche ſicher in Gegenden des Oceans, die das Conglomerat nicht zu erreichen vermogte, vergebens der weiter fortgeführten, ungewohnten, tödtenden Kalkmaſſe zu widerſtehen ſuchten; und nun ſpäter als jene Wälder, wie ſie, in Felſen begraben, der erſtaunten Nachwelt Documente dieſer groſsen Begebenheiten wurden.

Es liegt eine, ſo wenig ſcharf gezogene Linie zwiſchen Urgebirge und der Flözgebirgsformation; man ſieht ſich in dieſer, ehe man glaubt jene verlaſſen zu haben, unmerkliche Uebergänge führen aus Granit bis zu dem neueſten Sandſtein — und doch iſt ein ſo gewaltiger Unterſchied zwiſchen beyden, ein Unterſchied der kaum zwiſchen ihnen eine Vergleichung erlaubt. — Die Urgebirgsformation zeigt dem Beobachter, der ſie auf dem Wege ihrer ſucceſſiven Bildung verfolgt, eine Ruhe, und deswegen eine Gröſse, in dieſen Bildungen, die ſelbſt erhebt, bey Betrachtung von Veränderungen, welche dem Menſchengeſchlecht ſo entrückt zu ſeyn ſcheinen; — man betritt ie Flözgebirgsformation und sieht sich mit Erstaunen nd Schrecken, unter den Ruinen einer reichen rganischen Schöpfung versetzt, deren Daseyn man orher in jener bildenden Zeit der Erde kaum noch u ahnden wagte. Dort noch auf jedem Schritt neu ntstandene und neu entstehende Stoffe, — hier die Wuth der Zerstörung, welche die ganze Summe der Kräfte die den Stoffen Leben gab, in voriger Unhätigkeit scheint zurückwerfen zu wollen. — In ener Formationszeit scheint eine neue Natur sich zu bilden, — und in dieser retten sich mit Mühe nur Trümer davon, im Schutze der Urgebirge selbst; die Keime unserer jetzigen organischen Welt. — Wie sehr mag sie noch die Spuren der Zerstörungsepoche empfinden! — Unmerklich erschien die Veränderung die aus Urgebirgen Flözgebirgsarten schuf; aber von ihrer Gröfse zeugen die erstaunliche Wirkungen. —

Das, die Steinkohlen einschliefsende Conglomeat auf der Gebirgsebene des Fürstenthums Schweidnitz, begleitet immer den Fufs der höheren Gebirge, und füllt die Vertiefungen aus, welche diese zwischen sich liefsen. Bey Friedland ist es unter der hohen Masse des feinkörnigen Sandsteins verborgen, und kommt unter diesem erst bey Gürtelsdorf und Neuen hervor. Dann wendet es sich um die hohe Porphirkette, die von Liebau sich gegen Landesuth fortzieht, umgeht sie bey Reichhennersdorf, nd sucht über Blasdorf und Buchwald das Riesengebirge zu erreichen. Es hebt sich aber nicht och an diesem Gebirge hinauf. Der Böhmischen renze nahe, sind Michesdorf, Alt- und Neu-

Weisbach seine Grenzen mit dem von oben herab kommenden Glimmerschiefer; dann Nieder-Haselbach, der obere Theil von Schreibendorf und Reussendorf, und die untere Hälfte von Rohnau und Rudelstadt. Dann verbreitet es sich über Steinkunzendorf, Würgsdorf und Baumgarten vom Gebirge bis in die Ebene hinab; aber seine Ausdehnung im flachen Lande ist wenig beträchtlich; schon in den Dörfern vor Strigau ist keine Spur seines Daseyns, und wenn sich in der Fläche zwischen Strigau und Schweidniz Gestein anstehend findet, so ist es Granit. Und zwischen Bögendorf und Cunzendorf hindert der hervorkommende Gneuss, das fernere Hinabsincken des Conglomerats in die Ebene von Schweidniz. Beyde Gebirgsarten scheiden sich höher hinauf bey Seifersdorf; oberhalb Seitendorf und zwischen Reussendorf und Dittmansdorf. Ein schmaler Streifen des Conglomerates verbreitet sich von hier, zwischen Wäldichen und Lehnwasser bis Tannhausen hinab; die grössere Masse drängt sich aber zwischen den Porphirbergen von Neuhaus und Steinau, und hört erst in Niederlangwaltersdorf am weiter verbreiteten Porphire auf. Gleiche Verhätnisse beobachtet das, bey Friedland mit dem Schweidnitzer verbundene Steinkohlengebirge in der Grafschaft Glaz. Es folgt dem Fusse der Porphirkette awischen Braunau und Schweidniz, verbreitet sich wo sich dieses endiget in den weiten Thälern von Wüstegiersdorf und Dörnhau, fast bis nach Ober-Tannhausen hinab, und begleitet das Eulgebirge, und dann die

Bergreihe, die das weite Neisthal bey Habelschwerdt gegen Osten begränzt, ohne sie übersteigen zu können. — — Daher ist es nur allein die Gegend von Freyburg, zwischen Strigau und Schweidniz, ein Raum in dem das Gebirge auffallend niedriger ist; in welche diese neuere Gebirgsart sich bis zu den ausgedehnten Flächen von Schlesien hinabsenkt; aber durch ihre geringe Ausdehnung, wird hier die ganze Erscheinung einem Ueberlaufen, aus einem verschlossenen Kessel ähnlich, dessen Rand zufällig auf einer Seite niedriger war. — Sehr auffallend ist es, dass izt alle Fürstenthümer, die gegen Westen durch uranfängliches Gebirge geschützt sind, keine Spur neuerer Flözgebirgsarten enthalten; weder das flache Land von Schweidniz noch Breslau; weder Brieg, noch Münsterberg oder Neisse. Hört aber der Lauf des Gebirges in Westen auf, so bedeckt sich das Land mit allen Gebirgsarten der Flözgebirgsformation; daher trifft man es im Fürstenthum Jauer an, bis zu dem Gebirge hinauf, das nordwärts Hirschberg einschliesst, daher in Troppau und Jägerndorf und den flachen Gegenden von Oberschlesien. Ist es hier nicht zum Erstaunen deutlich, wie die Bergreihen, für das Flözgebirge Hinderniss waren, sich nach Osten hin zu verbreiten? Folgt hieraus nicht, dass die Kraft, die der Flüssigkeit Macht gab, auf so fürchterliche Art ältere Gebirgsmassen zu zerstören, in einer Richtung von Süd-Westen aus, diese Zerstörungen bewirkte? — Denn die wüthenden Fluthen konnten dann nur, frey gegen Westen, und eingeschlossen nach Osten, gegen die hindernde Gebirgsreihe wüthen, und diese gewaltige Spuren ihrer Verwüstungen zurücklassen. Sie standen ruhig am östlichen Abhange des älteren Gebirges; unter seinem Schutze empfanden sie die grosen ostwärts fortführenden Kräfte nicht; sie konnten auf jene keine gewaltsamen Wirkungen ausüben; und hätte sich auch die grose Bewegung bis zu ihnen fortgepflanzt, so wären sie durch diese selbst fortgeführt worden, und kein Gebirge, keine Bergreihe hätte sich ihnen entgegengestellt, aus deren Zerstörung sie hätten Conglomerate zu bilden vermogt. Dort, wo dem flachen Lande der Schutz dieser Gebirge fehlte, stand der, mit zerstörten Massen älterer Gebirge, angefüllten Fluth nichts mehr im Wege sich über die Fläche zu verbreiten. — — Es sind nie weit hergeführte Geschiebe, aus denen das Conglomerat zusammengesetzt ist; man findet sie alle im nächsten Urgebirge anstehend, und die Massen sind um so gröser, je mehr man den älteren Gebirgen sich nähert. Die Fluth bildete sich an den Felsen die runden Geschiebe selbst, die sie zur neuen Gebirgsart zusammenhäufte; die grosen und schweren Massen konnten sich nicht lange in ihr schwebend erhalten; sie fielen bald nieder und nur die kleineren wurden in weiter entlegenere Gegenden geführt. — Und daher der grose Unterschied zwischen Oberschlesien und Schweidniz; daher dort der Mangel des Conglomerats, das durch die Entfernung sich zum feinkörnigen Sandstein verändert hat. Daher in Schweidniz der Mangel des schwer sich absetzenden und deswegen weit geführten Schieferthons, oder d gemeinen Thonschichten, die wieder so häufig Oberschlesische Steinkohlen begleiten. — Oberschlesien ist weit von der Quelle des Conglomerates und der Steinkohlen entfernt; in Niederschlesien (Schweidniz und Glaz) war sie unmittelbar über der Lagerstäte, auf welcher sich das Steinkohlengebirge absetzte. — Daher scheint es, als wäre die Fluth, die jene Revolutionen bewirkte, durchaus leer von fremden Bestandtheilen in diese Gebirge gedrungen, oder als hätte dies Meer in großer Reinheit (aber doch gewiss schon in einem dem gegenwärtigen salzhaltigen, analogen Zustande) lange Zeit den Fuss der Berge bespühlt; denn solche Gebirgsarten, aus deren Zerstörung zwar auch Conglomerate entstanden, die aber durch eine andere Reihe von Bergen der älteren Formation, von jenseitigen Gegenden getrennt waren, finden sich nie hier im Conglomerate. Vergebens sucht man Granite in den zusammengehäuften Geschieben bey Landeshuth und Waldenburg; vergebens Glimmer und Hornblendschieferstücke in der, zwischen Gneussbergen eingeschlossenen Hälfte von Glaz, bey Neurode und Silberberg, die nur allein Steinkohlen enthält. Dagegen sind die ersten Felsen des Steinkohlengebirges bey Schreibendorf, Haselbach, Reussendorf, welche man begegnet, wenn man vom Riesengebirge in das weite Boberthal herabsteigt, aus ungeheuren Blöcken von Glimmer und Hornblendschiefer und zum Theil von Gneussmassen gebildet; denn eben erst hat man diese Gebirgsarten anstehend verlassen. Kaum hat die Gewalt des bewegten Gewässers diese grosse Massen abzurunden vermogt; ihre lange, schmale und eckige Formen beweisen dass sie hier nicht weit von der ersten Lagerstäte, die neue fanden, die sie izt noch behaupten. —. — Sie verkleinern sich verhältnissmässig, je tiefer man das Conglomerat gegen Landeshuth hin verfolgt. Sie sind nun gänzlich abgerundet, und wechseln oft mit feinkörnigen Schichten ab; enthalten schon Ueberreste ehemaliger Vegetation und Steinkohlen selbst. Noch sieht man hier Stücke kopfgross, und grösser, und nur sehr selten ein wenig mächtiger Lager von Schieferthon. Näher gegen Waldenburg hin, dem Mittelpunkte der Steinkohlenmenge, sind die grössten Geschiebe des Conglomerates nur einige Zoll im Durchmesser; und öfters wechseln sie mit feinkörnigem Sandstein, mit Schieferthonschichten, und mit Steinkohlenflözen. Zwar erkennt man noch Hornblendschiefer, Glimmerschiefer und andere Gebirgsarten der südlichen Seite des Riesengebirges; aber ungleich häufiger, sind doch die schwerer, fast gar nicht zerstörbaren Quarze, von allen Farben, die ihnen eine leichte metallische Beymischung zu geben im Stande ist; vom dunckelsten Schwarz, bis zur blendendsten Weisse, vom Zinnober und Blutrothem, bis ins Bläulichgraue und blaue Farben selbst. Oft scheinen sogar die Hornblendschiefer und Glimmerschieferstücken nur durch ein schmales Quarztrum erhalten zu seyn, welches der Länge nach das Geschiebe durchzieht; und selbst Quarzstücken sind häufig, die durch ein solches Trum, von einer anderen, helleren Farbe durchsetzt werden. Aber nirgends eine Spur von Granit; denn von wo hätte er hergeführt werden sollen? — Das Riesengebirge hat auf dem ganzen südlichem Abhange eine Glimmerschieferbedeckung, unter welcher Granit erst auf der gröfsten Höhe hervorkommt. So hoch erhob sich vielleicht die Steinkohlenfluth nicht; und wäre das auch, so war dann doch die Granitmasse zu klein, als das aus ihrer Zerstörung eine neue, ausgedehnte Gebirgsart hätte zusammengeschwemmt werden können. — Andere Verhältnisse finden bey dem Steinkohlengebirge in der Grafschaft Glaz, statt. Der Neuroder District, fast gänzlich vom Eulgebirge umschlossen, ist mit einem Conglomerate bedeckt, das, ganz verschieden vom Landeshuther, durchaus keine Glimmerschiefer Geschiebe enthält; statt dessen ungemein häufig alle Arten des Gneufses; alle Farben von Feldspath, Glimmer und Quarz, in mannigfaltigen Verhältnissen gemengt, in um so gröfseren Massen, je näher man sie am hohen Gebirge aufsucht. — Die Gneufsgeschiebe finden sich noch im Conglomerate von Wüstegiersdorf und Dörnhau und bey Nieder-Tannhausen im Thale. Aber kaum wird man, mit der angestrengtesten Aufmerksamkeit, bey Waldenburg oder Landeshuth ein Geschiebe finden, das Feldspath enthielte. — Am Riesengebirge erscheint der Gneufs in zu geringer Höhe und Ausdehnung, als dafs er weit hätte fortgeführt werden können. — Und wenn gleich die hohen Felsen, die das enge und wilde Zauberthal bey Fürstenstein einschliessen, fast nur aus eckigen gewaltigen Gneufsstücken zusammengesetzt sind; so konnten diese, von den Felſen bey Bögendorf losgeriſſen, doch nur zufällig die Waldenburger Gegend erreichen; denn die Richtung der Fluth führte ſie in die Ebene hinab. — — Thonſchieferſtücke ſind ſelten, faſt gar nicht im Schweidnitzer Conglomerat, und nirgends ſieht man ihn auch anſtehen, in den Bergen, die hier das Flözgebirge umgeben. Aber in Eckersdorf und in Rothwaltersdorf zwiſchen Neurode und Glaz, beſteht die ganze Gebirgsart faſt nur aus eckigen Thonſchiefergeſchieben; und ſogleich jenſeit Waltersdorf ſteht der Thonſchiefer als ausgedehnte Gebirgsart an, und ſetzt bis Moriſchau gegen Wartha hin, fort. — Auch bey Schönau im Fürſtenthum Jauer, bey Polniſch-Hundorf und Haſel, Orte die vom Thonſchiefer umgeben ſind, findet man dieſe Gebirgsart als Geſchiebe häufig in dem, hier wenig ausgedehnten Conglomerate, und faſt eben ſo häufig groſse Kieſelſchiefergeſchiebe; ein Geſtein, das hier als Lager im Thonſchiefer bey Reichwalde und Wildenberg auf ſeiner urſprünglichen Lagerſtäte vorkommt *). — Noch merkwür-

*) Wenn man nun mitten unter dieſen Geſchieben, die ſo leicht auf ihre nahe urſprüngliche Lagerſtäte zurückführen, Pflanzenabdrücke findet, die uns entweder ganz unbekannt ſind, wie die gewaltigen mannigfaltig gegliederten und ausgezeichneten Schilfſtämme in den Steinbrüchen bey Landeshuth, oder die ſo ſonderbar gebildeten Rinden in den Steinkohlengruben bey Hausdorf unweit Silberberg; oder die wir izt noch in americaniſchen und indiſchen Climaten finden; wie ſehr müſſen wir uns nicht ſträuben, ſie wirklich aus dieſen Weltgegenden ſo iſolirt bis in dieſe eingeſchloſſene Winkel verirrt zu glauben? wie viel einleuchtender, befriedigender iſt dann nicht die originelle, meiſterhaft ausgeführte Humboldtſche Idee (daſs

diger ist der Sandstein dieser Formation, der von Grunau bey Hirschberg aus, über Lähn, bis fast nach Löwenberg hin gröfstentheils dem Laufe des Bobers folgt. Es ist kein groskörniges Conglomerat, wie bey Landeshuth und Schönau; denn hier fehlten höhere Gebirge, die zerstört werden konnten, und die Fluth, die unmittelbar den Fufs des Riesengebirges berührte, war in diesem Kessel für Mittheilung heftiger Bewegungen geschützt, durch die es hätte, gegen den Granit des hohen Gebirges zerstörende Wirkungen in dem Maafse ausüben können, als das Gewässer am jenseitigen Abhange. Es ist daher nur ein grobkörniger Sandstein, der die Gegend von Flachenseiffen, Langenau, Waltersdorf einnimmt. Man sieht in ihm weder Gneufsstücke, noch Thonschiefer, Glimmerschiefer oder Hornblende; fast nur abgerundete weifse taubeneygrofse Quarzkugeln, die zerstreut zwischen kleineren liegen. Aber unter ihnen erscheint doch oft ein gleich grofses Granitgeschiebe, von den Bergen des Riesengebirges her, mit deutlichen Gemengtheilen. Sie waren von der Lagerstäte schon zu entfernt, als dafs sie gröfser hätten abgesetzt werden können, aber noch in einer Richtung, die ihre Absetzung möglich machte. — Die Kraft, die im Fürstenthum Jauer Conglomerat und Sandstein bildete, äufserte sich hier wahrschein-

---

die Absetzung der Gebirgsmassen selbst ein Clima hervorbrachte, das im Stande war, in dieser Gegend selbst, jenen Pflanzen dauerndes Leben zu geben). S. Abhandl. von Entbindung des Wärmestoffs, als geognost. Phänomen betrachtet. v. Moll Jahrbücher I. St.

lich auf die Gebirgsmaſſen in ſehr ſchiefer Richtung und kam ſie ebenfalls hier unmittelbar aus Weſten oder gar, wie es ſehr wahrſcheinlich iſt, aus Südweſten, ſo konnte ſie auch deswegen auf die hohen Berge kaum wirken. — Daher das Uebergewicht des feinkörnigen, von fern her angeſchwemmten neueren Sandſteins über den ältern, in der Fläche zwiſchen Bunzlau, Goldberg und Hirſchberg; daher die wenige Ausdehnung und die Kleinheit der Geſchiebe, die das ältere Conglomerat bilden, und daher wahrſcheinlich der Mangel der Steinkohlen darinnen. Der allmählige Uebergang der Gebirgsarten von der Schneekoppe bis zum Fuſse der Hügel bey Goldberg ſetzt eine Formationsruhe voraus die der Steinkohlenbildung nicht günſtig iſt.

In Oberſchleſien erkennt man nirgends mehr, welchen Gebirgsarten die Quarzſtücke einſt angehörten, die man zu Sandſtein zuſammengekittet, mit den Steinkohlen abwechſeln findet. Sey auch die Fluth hier von Mähren oder von der Seite, der hier neueren Carpathen gekommen, ſo war in beyden Fällen das Urgebirge zu weit, als daſs groſse Stücke bis hierher hätten fortgeführt, oder andere als Quarz-Stücke in urſprünglicher Form ſich hätten erhalten können. Frey, ohne von Bergen eingeſchloſſen zu ſeyn, hat ſich dann die Maſſe hier mit weniger Abwechslung zu Boden geſetzt, als zwiſchen den Porphirbergen, deren Widerſtand keine Ruhe zulieſs. Die Steinkohlenmaſſe iſt ungeheuer die ſich in dem Fürſtenthum Ratibor, in Pleſse und dem angränzendem Theile von Beuthen und Oppeln abgesetzt hat. Das leichte Product war hier weniger in Gefahr weiter fortgeführt zu werden, und vielleicht ist die Ruhe, oder die nur einfache Bewegung der Fluth in diesen berglosen Gegenden selbst Ursach, dass sich der grössere Theil der vegetabilischen Ueberreste auch von anderen Orten hierherzog. Es ist nicht unwahrscheinlich dass die Gegend um Ratibor oder auch Loslau noch Steinkohlenflötze enthalte; aber die in der Niederung des Oderthals oder über die Ebene verbreitete aufgeschwemmte Gebirgsschichten verstecken tief hinab, jede Spur von anstehendem Gestein. Eine Meile von Loslau findet man aber schon bey Rideltau, Birdeltau und Radoschau mächtige Steinkohlenflötze aussetzen, und bey Popillau, Radziow den feinen Sandstein, der noch andere Flötze versteckt. Jene Flötze erreichen schon die grosse Mächtigkeit von 3 und 4 Lachtern, welche dem hiesigen Steinkohlengebirge eigen ist. Die Steinkohlen sind mit einem dünnen Flötz von braunem und thonartigem Eisensteine bedeckt. Von hier aus setzt die Reihe der, vielleicht zusammenhängenden Steinkohlenflöze ununterbrochen fort, bis sie sich in den ehemaligen polnischen Gegenden unweit der Weichsel unter dem Kalkstein verbergen. Aber zwischen Radoschau bis jenseit Ribnick sind die Steinkohlen nicht entblösst; die erste Grube in dieser Richtung, liegt zwey Meilen von Ribnick, bey Gross Dubinsko im Walde am Abhange einer, für die bisherige Gegend beträchtlichen Hügelreihe von gelben, feinkörnigem Sandstein, die sich über Nicolau fortzieht, bis zu den Ufern der Brzemsa. Nicht weit von diesen Flözen, baut der Leopold zu Ornuntowiz auf anderen, die durch eine ununterbrochene Reihe von Versuchschächten mit jenen zusammenhängen. Und weiter ostwärts sind sie wieder entblöst, bey Bujakow bey Chutow, bey Grofs-Paniow. Wenn man von Ornuntowiz über die Sandsteinhügel, den etwas steilen Abhang nach Ober- und Mittel-Lasisk herabgeht, so durchschneidet man bis unten hinab fortdauernd ein ausgehendes Flöz nach dem andern, eine unzählbare Menge bis in die ungeheure plessischen Waldungen hinein. Die schwarze Farbe in der Richtung des Streichens unterscheidet diese schwachfallende und gewöhnlich immer, mehr als lachtermächtigen Kohlen, schon von fernher vom Sandstein. Zwischen Wierow und Tichow und fast bis nach Berun hinab, findet man immer noch gleichen Reichthum dieses brennbaren, hier nicht zu benutzenden Fossils, und vielleicht ist es unmöglich, sich ungesehen diese ungeheure Masse vorstellen zu können. Die Steinkohlen, liegen, selbst in den flachen Gegenden, wie zwischen Bobreck oder Oczegow und Bielczowiz in Beuthen, so nahe unter der Oberfläche, dass man sie gewöhnlich schon in 6 oder 8 Lachter Tiefe auffinden kann. — Und in noch geringerer Tiefe liegen sie durch den ganzen mächtigen Wald, von Nicolau und Berun bis Myslowitz hin; der Emanuels Seegen zu Wessolo in diesem Walde ist eine, von den wenigen Gruben, die mit Vortheil, dieses, in anderen Gegenden unschätzbare Product zu bebauen, vermag; mit ihren

ihren Kohlen wird eine der vorzüglichsten Glashütten betrieben. — Man findet das Steinkohlengebirge und immer mit Steinkohlenreichthum nordwärts bis Bendzin und Czelacz, zwey Städtlein jenseits der Brzemsa, die selbst noch auf dichtem Kalksteine liegen. Dann nicht ganz bis Siemanowiz, aber etwas über Chorzow hinaus; dann bis südlich von Lagiewnick, bis Chropatschow und Bobreck, und vielleicht bis fast gegen Peiskretscham hin; gewiss aber noch über Gleywiz hinaus. — Auch das alte, verfallene Schloss von Tost weit im Gebiet des dichten Kalksteins hinein, liegt noch auf einem ohngefähr 150 Fuss über die Ebene erhöhetem Felsen von Schieferthon, der mit vielen glänzenden Glimmerblättchen durchaus gemengt ist. Aber schon bey Lubiow, eine halbe Stunde von hier, kommt der Kalkstein wieder hervor. — Deswegen ist dies wahrscheinlich nur eine einzelne hervorstehende Kuppe des Steinkohlengebirges, die, auf der Oberfläche mit der Masse die sich bey Gleywiz und in Plesse ausbreitet, nicht zusammenhängt. — Sehr characteristisch für diese Steinkohlenniederlage sind die Eisensteinlager, die fast über jedem Flötz liegen; gewöhnlich thonartiger, seltener brauner Eisenstein, in verschiedener Mächtigkeit. — Das mächtigste und merkwürdigste ist bey Bielschowitz entblösst; 3 Lachter unter Tage mit einem 20 bis 30 Zoll starkem Kohlflötze bedeckt, und ¾ Lachter über einem, fast einen Lachter mächtigen, anderen Steinkohlenflötze. Der Eisenstein ist gelblichbraun, uneben von feinem Korne, schwer, und enthält eine grosse

G

Menge von vortreflich erhaltenen vegetabilischen Abdrücken; Farrenkräuter und gegliederte unbestimmbare Schilfstücke, zuweilen von einigen Fuss Länge und vollkommener Rundung, aber nie, von dem ansehnlichem Durchmesser, als die räthselhaften Stücke bey Landeshuth und Waldenburg. — Die Lage ist ½ Lachter mächtig, aber nicht immer anhaltend. — Ein ähnliches Eisensteinflötz bedeckt die Kohlen zu Mittellasisk, und Spuren davon sind sehr häufig in den mannigfaltigen Lagen von Schieferthon und mehr noch von Gemeinem Thone, die man so ungemein oft zwischen Sabrze, Zaborze und Ruda, durchsunken hat. —

Die oberschlesischen Kohlen unterscheiden sich in ihrer Natur selbst noch sehr wesentlich von denen, in Niederschlesien bearbeiteten. Jene brennen schwerer und geben bey gleicher Menge weniger Hitze; es sind immer nur Schieferkohlen von grobschiefrigem Bruch und kaum wird man eine Blätterkohle unter ihnen antreffen. — Ein Unterschied der gewiss ebenfalls von der verschiedenen Lagerung der Kohlen in Schweidnitz und in Oberschlesien herrührt; dessen Ursache aber nicht deutlich seyn wird, so lange man mit allen wahren Gründen des Brennens oder Nichtbrennens der Steinkohlen noch so wenig bekannt ist. Denn Mangel an Kohlenstoff hindert die Entzündung nicht; manche Gebirgsarten die unverbrennlich sind, mögen ihn in grösserer Menge enthalten, als eine leicht brennende Steinkohle. Kohlenblende enthält 80 p. Cent Kohlenstoff; Steinkohle gewiss nie über 60 p. Cent, und jene brennt nicht. — Mehr als andere Steinkohlenniederlagen, und mehr als die Flötze in Schweidnitz, enthält diese ausgedehnte Formation, jene räthselhafte Bildung, die man für Holzkohlen hielt, und sie auch so nannte. Gewöhnlich sind es kleine, viereckige, dunkelschwarze, absärbende, sasrige Stücke, die in der festen Steinkohle liegen und in diesem Zustande der Holzkohle sehr ähnlich sind. Aber in Oberschlesien ruhen die Kohlflötze oft auf ganzen Schichten dieser sogenannten Holzkohlen, von 3, bis 4 und mehr Zoll Mächtigkeit, wie z. B. in der Königl. Kohlenförderung zu Lagiewnick, einer Grube, welche die Tarnowitzer Schmelzöfen mit den erforderlichen verkohlten Steinkohlen versorgt. Hier ist das Fossil auf der Oberfläche noch untereinanderlaufend sasrig, wie in den kleinen Stücken; aber im Grossen von sehr deutlich schiefrigem Bruche, und von so grosser Zerreiblichkeit, dass man ohnerachtet der Ausdehnung der Masse kaum Stücke von einiger Beträchtlichkeit gewinnen kann. — Die Bergleute nennen sie schwarzen Rahm. — Eine chemische Analyse dieses sonderbaren Fossils wird in jeder Hinsicht lehrreich seyn.

Sonderbar abstechend von diesen Flötzen, sind die schmalen, aber vortrefflichen Flötze, die an den Ufern der Oppa und nahe an der mährischen Grenze im südlichen Theile des Fürstenthums Troppau aufsetzen. Das Aeussere des Gebirges verändert sich wenig; es erhebt sich nicht, und die Gegend wird nur uneben durch die Aushöhlung der, hier nahe bey einander zusammenfliessenden Ströme, der Oder,

der Oppa, der Morawka und der Tefchinka vom Carpathifchen Gebirge herab. Aber die Flötze liegen nicht mehr föhlig oder nur bis 8 und 10 Grad geneigt, oder bis zur Mächtigkeit von mehreren Lachtern. Sie fallen durch den fteilen Thal-Abhang, der, fie durchfchneidenden Oppa, mit 80 Graden gegen Often, und in diefer Neigung fieht man unten vom Fluffe, zwifchen Ludgerzowiz und Kobelau 10 oder 12 Flötze regelmäfsig auf einander folgen. Sie find nie mehr als ¾ Lachter mächtig, aber von aufserordentlicher Güte. Es find vollkommene ftarkglänzende, leicht und würfelförmig zerfpringende Blätterkohlen; faft ohne Schieferkohlen und gar nicht mit jenen fogenannten Holzkohlenftücken. Sie liegen im Schieferthon, der eine unzählige Menge kleiner, zerbrochener Schilfftücke und Blätter enthält, und aus kaum erkennbaren kleinen Schüpchen zufammengefetzt ift. Seltener ift es eine Schicht von gelben, fehr feinkörnigen Sandftein, der mit Schieferthon abwechfelt, wie auf David Schacht in der Juliane.

Das Flöz der Grube in Kobelau, näher gegen die Oder hin, hat ein weniger ftarkes Fallen; aber gleiche Güte der Kohlen; aber höchft auffallend ift es, dafs gegenüber in geringer Entfernung bey Oftrau in Mähren ein mehr als Lachtermächtiges Flöz bebaut wird, das im Fallen, in Lagerung, in geringer Güte der Kohlen, vollkommen wieder mit den Flözen in Pleffe und Beuthen übereinkommt. — — Die Gegend von Hultfchin und von Troppau befteht aus Hügeln von Schieferthon, der durch ftarken Zufammenhalt, und durch viele, ihm eingemengte Quarzkörner, der Grauwacke fehr ähnlich wird, aber immer noch deutliche Abdrücke von Vegetabilien enthält, und deswegen auch bis nahe gegen Leobfchütz hin die Hoffnung nicht entfernt, auch in diefen Gegenden noch einft Steinkohlen zu finden. — Die fich fo anfehnlich ftürzende Schichtung des Schieferthons macht ihre Auffuchung fchwer, und fcheint felbft fchon darauf hinzuführen dafs man fie auf keinen Fall in grofser Mächtigkeit aufzufinden, erwarten dürfe.

So anfehnlich diefe Schieferthonmaffe auch feyn mag, zu welcher das Uebergangsgebirge fich allmählich von Hof aus verändert, fo felten ift diefe Gebirgsart doch, in dem, an einzelnen Steinkohlenflözen fo reichem Fürftenthum Schweidniz. Häufig, ja faft immer find hier die Flöze unmittelbar von groskörnigem Conglomerate bedeckt, und nie mehr als höchftens in Lachterhöhe von jener Gebirgsart. Die Formationen folgten zu fchnell in diefer Nähe der Quelle felbft, aus welcher Conglomerat und Steinkohlen entftanden, als dafs auch hier fchon die leichten Blättchen fich hätten abfetzen können. Um fo häufiger wurden aber Steinkohlen und Conglomeratfchichten vermengt, und wenn gleich Oberfchlefien an Maffe der Steinkohlen diefe Niederlage in Schweidniz übertreffen mag, fo ift die Menge der Flöze hier doch ohne Vergleich gröfser als dort. Man würde gewifs eher zu wenig als eine zu grofse Zahl von Flözen angeben, wenn man fie, in gerader Richtung von Fürftenftein bis Albendorf, jenfeit Schömberg (eine Linie, die das Hauptfallen fast rechtwinklich durchschneidet), auf 500 und vielleicht mehr noch, berechnet, ohne die unzähliche Menge, die, mit geringer Erstreckung sich auskeilen, und sich unter die anderen verlieren. Jede Vertiefung zwischen den uranfänglichen Bergen enthält eine Reihe von Flözen, die sich an ihrem Fusse fortziehen, und sich mit anderen verbinden; und wo sie mehr Raum fanden sich auszubreiten, wird ihre Anzahl unzählbar. Sie werden mächtiger, und ihr Fallen vermindert sich ansehnlich; aber doch nie bis zu dem kleinen Winkel der Flöze in Beuthen und Plesse. — Die merkwürdigste und reicheste Gegend in dieser Rücksicht, ist die, welche der Hochwald, der Wildberg, die Höhen von Alt- und Neuhayn, von Neuhaus, der Butterberg und die Gneusberge über Seitendorf und Altwasser einschliesen. Es ist ein, fast ebener Raum von zwey Meilen Länge und Breite. Den Porphirbergen bey Reussendorf und bey Altwasser nahe, fallen die Flöze noch 70 und 80 Grad, in den Gruben Glückauf und Gnade Gottes. Etwas vom Urgebirge entfernter, auf dem Seegen Gottes und Tempel ist ihr Fallen bis 50 Grad vermindert und näher gegen Waldenburg, auf dem Johannes' am Gleisberge, auf der Fuchsgrube, auf dem Morgen- und Abendstern bis Hartau, auf der Aemilie etc. sinken sie hinab bis 20 und 15 Grad; einem Winkel, den sie dann auf groser Weite beybehalten, und der sich in keiner Gegend des ganzen Steinkohlengebirges weiter vermindert. Alle Flöze in dieser Fläche folgen im

Streichen, dem Laufe des Urgebirges, das sie umgiebt. Daher scheinen sie sich in einem Kessel zu versammlen, dessen Mittelpunkt bey Waldenburg und Dittersbach liegt. Die Flöze von Gnade Gottes und Glückauf in Reussendorf streichen h. 11. 5. und fallen gegen Südwest; die, der Beste- und Christoph-Grube im Schönhuth, nicht weit vom Wildberge h. 4. 4. mit Fallen nach Südosten. Beyde Gruben begränzen Nordost- und Südwestwärts das Steinkohlengebirge, beyde fallen gegen Waldenburg hin. Aber andere Flöze verbinden sie unmerklich, ohnerachtet sie vorher sich ganz entgegengesetzt waren. Auf Glückhilf und Neue Heinrich zu Hermsdorf streichen sie h. 1. 6. auf Grafhochbergsgrube h. 7. 2, auf der Fuchsgrube zu Weisstein h. 8. 4. Keines der Flöze neigt sich nach Norden. Wahrscheinlich Folge einer praeexistirenden südlichen Neigung des Urgebirges, auf welchem es ruht, und ein Beweis mehr, wie wahrscheinlich es sey, dass dieses Gebirge durch eine Kraft von der offenen Seite, das ist von Westen oder Südwesten aus, gebildet worden ist. — — Die, mehr noch zwischen den Porphirbergen eingeschlossene Flöze, näher gegen Landeshuth hin, nehmen gewöhnlich das Streichen, der Hauptrichtung der Bergreihe an, deren Fuss sie bedecken. So z. B. streichen diejenigen von Neue Richter und gute Hoffnung an der Westseite des Hochwaldes, h. 1. 7. und fallen unter beträchtlichen Winkeln, westwärts. Am Abhange im Thale des Bobers nach Landeshuth hinab h. 3. 4. 40 Grad Südost. Oft sind selbst ein zelne, aber vom Conglomerat bedeckte Porphirerhebungen Urſache einer veränderten Neigung der Schichten. Auf der Grube Wilhelmine und Traugott am Hochberge bey Gottesberg ſenken ſich die Schichten erſt Nordweſtwärts, bald darauf aber mit der gröſseren Maſſe des Porphirs ſüdoſtwärts. Jene Neigung entſteht durch einen kleinen, kaum am Tage ſichtbaren Rücken, der zwiſchen Gottesberg und Kohlau den Plautzenberg und Hochberg, verbindet.

Flözkalkſtein.

Von den vielen Formationen des Flözkalkſteins enthält Schleſien wahrſcheinlich nur eine; eben dieſelbe, die an den hohen Alpengebirgen in ſo unglaublicher Höhe vorkommt, dieſelbe, die gewöhnlich, wenn ihre Mächtigkeit, mit derjenigen, anderer Flözgebirgsarten in gehörigem Gleichgewichte ſteht, den älteren ſoolführenden Gyps und das Steinkohlengebirge trennt; dieſelbe, die in Thüringen unter dem Namen des Zechſteins bekannt iſt. — Eben die Urſache die eine gröſsere Anhäufung des Conglomerats in Schweidniz bewirkte, iſt wahrſcheinlich Urſache, daſs dieſer Kalkſtein hier, wiewohl an vielen Orten, doch nie in beträchtlicher Mächtigkeit vorkommt; daſs er hingegen faſt die Hälfte von Oberſchleſien bedeckt und dort näher zuſammengedrängt faſt alle Verhältniſſe zeigt, die dem Alpenkalkſtein eigen ſind. — Die Lager auf der Schweidnitzer Gebirgsebene, die oft noch im Conglomerate ſelbſt liegen, ſind nie-

's über $1\frac{1}{2}$ oder höchstens zwey Lachter mächtig, l ihre Erstreckung ist eben so wenig bedeutend; sind durchaus neuer, als die Steinkohlenflöze; er den vielen Orten ihres Vorkommens, findet keiner, bey welchem das Daseyn von Steinkoh- über dem Kalkstein gezeigt werden könnte, und 'öhnlich leitet auch schon die Schichtung der Ge- ıd auf seine Neuheit. — Nur das grosse Kalk- ɪ bey Freyburg weicht durchaus von allen en Verhältnissen ab; es liegt offenbar unter allen inkohlen, selbst noch unter dem eckigen, groskör- en Conglomerate von Fürstenstein; es ist von er, noch unübersehbaren Mächtigkeit, durch die ıe Benutzung für die ganze Provinz seit vielen ırhunderten her, möglich gemacht wird; der Kalk- n ist von sehr dunkler, fast schwarzer Farbe; hin- en in den kleinern Lagern höher im Gebirge auf, fast immer nur blass rauchgrau. Jener ist ıt merklich, dieser fast immer sehr dünn und .tlich geschichtet. — Ist vielleicht der Freyburger kstein ein isolirter Theil der Uebergangsforma- ı? — — Viele der wenig mächtigen Lager über ı Kohlen, sind mit den Theilen des Sandsteins chaus so gemengt, dass man sie kaum mehr er- ınt, wie z. B. das Lager zwischen dem Storch- rge und Buchberge bey Langwaltersdorf. rsteinerungen enthalten sie gar nicht oder sehr sel- . — Das ausgedehnteste dieser Lager kommt bey ısenau ohnweit Friedland hervor, und setzt Abhange des gleichlaufenden Thales in welchem ː Dörfer Trautliebersdorf und Conradswald liegen h. 10. faſt mehrere Meilen weit fort; es iſt vielleicht auch das merkwürdigſte der Gegend; denn dieſer Kalkſtein, iſt nicht dicht und feinſplittrig, wie die kleinen ½ bis ein Lachter mächtige Lager bey Fröhligsdorf, Quolsdorf, Möhnersdorf, Petersdorf, Helmsdorf, Läſſig, zwiſchen Bolkenhayn und Waldenburg; ſondern deutlich kleinkörnig, gelblichgrau, und mit ungemein vielen kleinen Druſen von vortrefflich kryſtalliſirten Rhomben von Kalkſpath. Es iſt überhaupt ſelten den Flözkalkſtein körnig zu ſehen; mehr aber noch an einem Orte, deſſen Gebirgsarten hinlänglich die Unruhe verkünden, die bey ihrer Bildung ſtatt fand. — Weniger in der Bildung geſtört, iſt dieſer Kalkſtein auch mächtiger im Fürſtenthum Jauer. Wie in Schweidniz trennt er hier Steinkohlengebirge und neueren Sandſtein: denn in Niederſchleſien fehlt gänzlich der Gyps, der in Deutſchland, ſonſt noch zwiſchen ihm und dem neueren Sandſteine liegt. Man findet ihn ſogar mit einigen untergeordneten, ſehr merkwürdigen Lagern, die man vergebens in den ſchwachen Flözen von Schweidniz erwarten würde. Bey Conradswalde, Prausniz, Wolfsdorf und Hafel in der Gegend von Goldberg liegen übereinander, durch Kalkſtein getrennt, mehrere Schichten eines feinglimmrigen, dickſchiefrigen mergelartigen Schieferthons, der gänzlich mit Kupfererzen durchzogen und durch ſie grünlichgrau und dunkelgrün gefärbt iſt. Nicht ſelten liegt dichter Malachit oder erdige Kupferlaſur in bemerkbarer Stärke zwiſchen den Blättern, als breite Stücke, welche ſich vom Ganzen leicht abheben lassen, aber doch das Gestein nicht zu einer Reichhaltigkeit erheben, die einen einträglichen Bergbau verspräche. Diese Schiefer sind bey Hasel von 3 Zoll bis 1 Fuss mächtig, und wechseln dort fünf oder sechsmal; durch einige Zoll mächtige Kalksteinschichten getrennt. Man sieht leicht, dass dieses, eine den Mansfelder Kupferschiefern analoge Formation ist, die aber hier etwas neuer, weniger ausgedehnt, ärmer an Kupfergehalt und Versteinerungsleer ist. — In den flachen Gegenden zwischen Löwenberg und Goldberg, in denen älterer und neuerer Sandstein sich sehr ähnlich werden, dienen diese Kalklager vortrefflich die Grenzen beyder Sandsteine zu bestimmen; denn derjenige, welcher dann noch über diesem Kalksteine liegt, verliert durchaus alle Kennzeichen, die das Steinkohlengebirge characterisiren. Da die Fläche nicht mehr ein Nebeneinanderliegen, sondern mehr, als näher dem Riesengebirge ein Aufeinanderliegen erlaubt, so ist auch der brennende Flözkalk nicht in bestimmter Direction, am Abhange des Gebirges gelagert, sondern ist über die ganze Gegend verbreitet. Seine geringe Mächtigkeit macht es nicht wahrscheinlich, dass er ein, durchaus fortsetzendes Flöz zwischen beyden Sandsteinen bilde. Man hat ihn izt zu Neukirch entblösst, zu Grädiz, zu Warthau, Hartmansdorf bey Bunzlau, zu Spicker, Giesmansdorf, Wilhelmsdorf, Seiffersdorf, Cuntzendorf unter dem Walde u. s. w. — —

Aber unter dem wahren Character und der Ausdehnung einer eigenen Flözgebirgsart erscheint dieser

Kalkstein erst in den Oberschlesischen Ebenen. Hier bedeckt er ununterbrochen den gröfsten Theil des Fürstenthums Oppeln, der Herrschaft Beuthen und der jenseits der Oder liegenden Hälfte von Brieg; und wenn er gleich nur an wenig Orten auffallende Hügel bildet, so findet man ihn doch bald auf der grofsen Fläche unter dem laufenden Sande anstehen. Alle, ihn characterisirenden Verhältnisse scheinen aber in der merkwürdigen Gegend, zwischen Beuthen und Tarnoviz, zusammengedrängt zu seyn. Hier, nicht weit vom Steinkohlengebirge entfernt erreicht er die gröfste Höhe, aber unmerklich und mit kaum sichtbaren Ansteigen; der Kalkstein in der Tiefe ist bläulichgrau, splittrig im Bruch und enthält häufig mannichfaltige, aber meistens unbestimmbare zweyschaalige Muschelversteinerungen. Ueber ihn liegt das Bleiglanzflöz, das seit den ältesten Zeiten her, den Ruf seines Reichthums erhalten, und der Stadt Tarnoviz einen ehrenvollen Plaz unter den Bergstädten errungen hat. Das Flöz ist sehr ausgedehnt, wenn gleich nicht immer zusammenhängend; auser Bobrownick, Rudy Pieckary, Repten, Sowitz, Dörfer die Tarnoviz umgeben, zeigt es sich noch bey Miechowiz ohnweit Beuthen, bey Teutsch Pieckary und Koslowa Gora; und der ausgedehnte Bergbau von Olkuss, Boleslaw, Slawkow im ehemaligen Pohlen ward auf derselben Lagerstäte geführt. Das Flöz ist $\frac{1}{8}$ bis $\frac{1}{4}$ Lachter mächtig, es besteht, vorzüglich bey Bobrownick aus kugelförmigen und länglich runden, mehrere Zoll grofsen Massen von groskörnigem Blei glanz, die zerstreut in einem weichen braunen Thon eingemengt sind; aber oft finden sich diese Stücke auch zusammenhängend und bilden kleine Flözschichten, die zwischen jener Mächtigkeit von ¼ Lachter eingeengt sind. Häufig sind die Massen inwendig hohl, und dann mit einer, etwas unvollkommnen krystallisirten Druse von Bleiglanz besezt, und oft über diese noch mit feinen Nadeln von weissem Bleierz. Wahrscheinlich sind diese runde Massen krystallinische Zusammenziehungen, des im Thone zerstreueten, stark gegen einander gravitirenden Erzes; nicht aber Geschiebe, wofür sie oft sind angesehen worden. Ihre Rundung, scheint im Verhältniss mit der Weiche, der sie umgebenden Masse zu stehen; in mehr widerstehendem Kalksteine in dem zerstreut der Bleiglanz z. B. in dem Flöz am Trockenberge liegt, hat sich auch mehr die ursprüngliche eckige Form des Bleiglanzwürfels erhalten, den eine weiche, fast fliessende Thonmasse immer bey der Bildung sogleich wieder zerstörte, bis die runde Form ihrem Drucke hinlänglichen Widerstand zu leisten vermogte. — Nicht selten fand man sonst auch weiss Bleierz, in zusammengehäuften Nadeln, in ansehnlichen Stücken und gelbe Bleierde; diese Erze hielten gewöhnlich 60 bis 70 Pfund Blei im Centner von 132 Pfund ohne Spur eines Silbergehalts; der Bleiglanz hingegen 88 Pfund Blei und 3 Loth Silber im Centner. Seine Mischung ist aber so veränderlich, dass man ihn auch schon fand von 112 Pfund Bley und 23 Loth Silbergehalt. — Der Schwefel scheint durchaus sich hier immer mit dem

Blei verbunden zu haben: Schwefelkies ist auf dieser Lagerstäte sehr selten. Sonderbare Veränderung der Verwandschaftsgesetze; denn das Erzflöz ist wenig entfernt, von ansehnlich mächtigen Schichten von oxydirten Eisensteinen bedeckt. — Es ist möglich daſs an manchen Orten mehr als ein Flöz sich abgesetzt hat: das Erzflöz am Trockenberge bey Tarnoviz scheint nicht ganz gleichzeitig mit dem, bey Bobrownick zu seyn. — Ueber der Bleiglanzschicht, die bey Tarnoviz fast nie tiefer als 20 Lachter unter Tage liegt, ruht ein eignes Flöz von Kalkstein, das Dachgestein, das sich wesentlich von dem Kalksteine unterscheidet, der unter dem Erzflöze liegt. Er kommt nordwärts von Tarnowiz zu Tage heraus, und der gröſste Theil des kühnen Friedrichsstollen scheint in ihm getrieben zu seyn. Der Kalkstein ist gelblichgrau, kleinkörnig und fast gänzlich versteinerungsleer; und enthält, vorzüglich zwischen Tarnoviz und den Schmelzhütten eine groſse Menge Drusen, die mit den seltensten und mannichfaltigsten Krystallisazionen von Kalkspath ausgefüllt sind. Sechsseitige Pyramiden, vollkommen und mit drey Flächen zugespitzt; dreyseitige an den Grundflächen, flach zugespitzte Pyramiden; sechsseitige Säulen mit mannigfaltigen Veränderungen der Seitenflächen und der Grundgestalt selbst u. a. m. alle in den sonderbarsten Zusammenhäufungen. Oft sind die Drusen noch mit einer dünnen Lage von erdigem, schwefelgelbem Gallmey bedeckt. Sonderbar sind die im Kalksteine liegende runden und länglichen Kugeln von brauner Eisenocker, und von braunem ìifenftein felbft, von mehreren Zollen bis zu drey nd vier Fufs im Durchmeffer, die wenn man fie ertheilt, inwendig hohl find. Eine höchft auffal-ende Bildung, bey einem Foffile, das fo wenige ipuren einer, auf ihn gewirkten Kryftallifazionskraft :eigt. — Diefer fonderbare Kalkftein fcheint faft nur ler Tarnowitzer Gegend und dem Bleiglanzflöz eigen zu feyn. — Ueber ihn liegt mittelbar bey Tarnoviz felbft ein blauer Thon (Kurzawka) der von jeher dem hiefigen Bergbau faft unerfteigliche Hinderniffe in den Weg gelegt hat. Wie ein Schwamm fog er alle Feuchtigkeiten des Bodens in fich, und fammlete in feinem Innern ungeheure Quantitäten von Waffer, die in diefer thallofen Fläche nirgends wieder ablau-en konnten. Sobald man es wagte unter diefen eindlichen Thon zu dringen, fo füllte fogleich mit ewalt das Gewäffer jede gemachte Vertiefung, und ır erft durch Kunft englifcher Feuermafchinen hat an es dahin gebracht, diefen Wafferbehälter zu ockner und ungeftört das unter ihm liegende Blei-anzflöz zu enthlöfsen. —— Es ift in der That fchwer ı beftimmen, ob diefer fonderbare Thon, noch irklich zum dichtem Kalkfteine, als untergeordnetes ager, oder zu aufgefchwemmten Gebirgsfchichten ehöre; die vielen fremdartigen Gefchiebe, meiftens on uranfänglichen Gebirgsarten, die man öfters bey urchfinkung, der ungeheuern Menge, hier nöthiger chächte gefunden hat, machen die letztere Meinung ahrfcheinlich, aber die Lagerung diefer Maffen ift ıer Annahme nicht günftig. — — Unmittelbar ber dem körnigen Kalkftein, dem Dachgeftein liegt gewöhnlich ein sehr mächtiger eisenschüssiger Thon mit Eisenstein selbst; eine Schicht, die sich fast durchaus, in der ganzen Ausdehnung des Flözkalksteins findet, und für ihn characteristisch ist. Es ist nelken- und gelblichbrauner dichter Eisenstein mit vieler gelblichbrauner Eisenocker, und nicht selten mit prächtig metallisch schimmerndem Ueberzuge von braunem Eisenram, wie z. B. erst 1797 in großer Schönheit auf Churfürst Schacht, in welchem das reine Eisensteinflöz $1\frac{1}{2}$ Lachter mächtig war. Aber die größere Mächtigkeit und Ausdehnung dieses Eisensteins ist nicht in der Nähe des Bleiglanzflözes; man behaut es vorzüglich bey Nacklo ostwärts von Tarnoviz, und mit solchem Erfolge, daß die unzählbaren Oberschlesischen Eisenwerke größtentheils alle aus diesen Gruben versorgt werden können. — Theils unter, oft aber auch über diesem Eisenflöz liegt der Gallmey, auf welchen vorzüglich ebenfalls in der Gegend von Tarnoviz gebaut wird. Dies dünne wenig mächtige, und wenig aushaltende Lager findet sich gewöhnlich in einer Teufe von 8 bis 16 Lachter, in einer Schicht $\frac{1}{4}$ Lachter hoch, aber in dieser nur als Streifen, die 1 bis 2 Zoll stark und kaum je über sechs Lachter lang sind. Es liegt über dem Bleiglanz, aber auch im großen weit mehr zerstreut, als dieses Flöz, das zum wenigsten bey Bobrownick eine wunderbare Ausdauer zeigt. Die Gegenden vom Trockenberge, von Danieletz bey Radzionkau, von Teutsch Piekary und Schorley, von Dembrowka oder von Stilarzowiz, an welchen man ehemals oder izt noch auf Gallmey bauete, liegen

liegen mehrere Meilen entfernt, und der Gallmeyreiche Punkt jeder Gegend ist doch nur von geringer Ausdehnung. Der Gallmey selbst ist gewöhnlich strohgelb, fast nur bey Piekary zugleich roth, aber fast immer unförmlich drusig, mit ganz kleinen, völlig unbestimmbaren Kristallen besetzt. — In Schlesien sind daher beyde Erzarten, Gallmey und Bleyglanz völlig von einander getrennt, die in derselben Formation von Kalkstein, an so vielen anderen Orten sich vereint finden, wie bey Reibel an den Gränzen ven Cärnthen, Venedig und Crain, wie am Rauschenberge in Bayern, wie zu St. Peter im Filzmos in Salzburg, bey dem Pillersee oder zu Feigenstein in Tyrol. Aber an diesen Orten ist der Kalckstein mächtiger, zum Theil von ungeheurer Höhe, und gewiss war seine Formation nicht von der Ruhe begleitet, als wie in den ausgedehnten Ebenen von Oberschlesien. Trennte vielleicht hier die specifische Schwere schon beyde Erzarten, Bleyglanz und Gallmey? — Eine kleine Wiederholung dieser Tarnowitzer Bleyformation findet man in weniger Ausgedehntheit zu Sacrau wieder, an der Oder unterhalb Oppeln, und das Eisensteinflöz, fast durch das ganze Fürstenthum Oppeln verbreitet, ohnerachtet nie mehr von der Güte und Mächtigkeit als bey Tarnoviz selbst. — Die äussersten Punkte, an welchen sichtbar und deutlich, diese ausgedehnte Kalksteinformation auf der rechten Seite der Oder noch vorkommt scheinen Carlsmarckt zu seyn, der Pitschensche Kreis des Fürstenthumss Brieg und der Rosenbergische Kreis des Fürstenthums Oppeln.

H

Aber jenseit der Oder verbreitet er sich nicht weit; jenseit der grossen Brüche von Krappitz findet man ihn kaum mehr anstehen, obgleich wahrscheinlich die Basaltberge der Gegend von Falckenberg noch auf dichtem Kalksteine ruhen. — — —

Sandstein.

Wenn man das Conglomerat des Steinkohlengebirges, das nur wenige und dünne Schichten von feinkörnigem Sandstein enthält, mit einer grossen Masse bedeckt sieht, die nur aus feinen, oft kaum sichtbaren Sandkörnern zusammengeschwemmt ist, die in diesem Zustande ganze Bergreihen bildet, so ist hierinnen wohl die Wirkung der Gravitation nicht zu verkennen, die, auf kleinere Massen sich weniger äussernd, erst die grossen Stücke des Conglomerats zusammenführte; und dann erst die feineren Theile, die sich leichter schwebend und in Bewegung erhielten. Und eben diese Leichtigkeit in der Bewegbarkeit ist wahrscheinlich Ursache, dass dieser Sandstein keine fortlaufende, gleichmächtige Schicht über einen grossen Flächenraum bildet, sondern, in schmalen, aber hohen Reihen aufgehäuft ist. Glücklich für diejenigen, denen der jetzige Steinkohlenbergbau im Schweidnitzer Fürstenthume so wohlthätig ist; in jenem Zustande, als weitverbreitetes Flöz, würden die Steinkohlen unter dem Sandsteine verborgen geblieben, oder doch nur mit Mühe aufgedeckt worden seyn. — Eine steile, schmale Bergreihe steigt bey

Albendorf, ohnweit Schazlar auf, scheidet Friedland und Trautenau, begränzt Böhmen und Glaz in den sonderbarsten spitzigen und auffallenden Formen, und erst tief in dem lezteren Ländchen hinein, verliert sie sich schnell in die Ebene von Habelswerth. In diesen Bergen hat sich der feine Sandstein zurückgezogen, den die Gewalt der Wässer durch Zerstörung der grösseren Stücke bildete. Es ist eine Einförmigkeit in dieser Reihe, die in Erstaunen setzen muss, ohnerachtet sie an den meisten Orten doch eine relative Höhe von 1200 Fuss erreicht, und sogar beynahe drittehalbtausend Fuss auf dem Gipfel der Heuscheune. Kaum findet man ein Sandkorn, das ein anderes an Grösse oder Umfang überträfe; alle sind gleich, alle weiss, alle aus Quarzstücken gebildet. Und noch vergeblicher würde man ein fremdartiges Lager zwischen ihnen suchen. Beyde Formationen des Sandsteins unterscheiden sich leicht durch diese Verhältnisse; der ältere ist immer durch fremdartige, meistens thonige Beymengungen gefärbt, und es sind nur dünne Schichten wenn man ihn farbenlos sieht. Wenn gleich die feinen Körner des neuern Sandsteins auch durch eine thonige Masse verbunden zu seyn scheinen, so ist diese doch zu ausgedehnt und zu gering, als dass sie mehr als farbige Streifen in der Gebirgsart zu bewirken vermogte. Dort, wo beyde Gebirgsarten nahe einander berühren, nähern sie sich auch in ihren Kennzeichen; das Conglomerat wird feinkörniger, weniger Glimmerreich; der Sandstein thoniger, und dann enthält er Versteinerungen. Deswegen findet

H 2

man diese häufig am Fusse des Sandsteingebirges bey Gürtelsdorf und Kindelsdorf, zwischen Libau und Friedland; aber sie sind schwer zu bestimmen, denn ihre Form erhielt sich weniger zwischen Sandkörnern, als in kalkartigen Niederschlägen, die mehr im Stande waren die Gestalt des fremden Körpers anzunehmen, der sich ihrem Wege entgegensezte. Auch die Gegend von Löwenberg ist reich an Versteinerungen, in dem, hier ausgedehnten, aber wenig erhobenen Sandsteine, der ohne scharf das Conglomerat zu begränzen mit ihm zwischen Goldberg und Löwenberg wechselt, zwischen hier und dem nächsten Ufer des Queis und selbst noch in der Gegend von Bunzlau. Hier ist überall das thonige Bindemittel des Sandsteins noch in hinlänglicher Menge, um die Masse als feste Gebirgsart und in hohen freystehenden Felsen zu halten. Das ist aber nicht immer der Fall. Jenseit Friedland ist die Gebirgsart so wenig zusammenhängend, dass sie unter den Fingern zerfällt; Kräfte die vergebens andere Gebirgsarten zu zerstören streben, finden hier wenigen Widerstand. Jeder Regenguss führt Ströme von Sand mit sich fort, und schneidet tiefe Furchen, in seinem Falle zum eng fliessenden Bache, der oben so leicht sich sein tiefes Bette ausgraben konnte. Wunderbare Formen von Felsen, durch zufällige Umstände von festerem (quarzigem) Bindemittel gehalten, bleiben aufrecht zwischen den fortgeschwemmten Trümmern; und nach Jahren sehen sie, Riesen gleich, sich einzeln auf der Ebene stehen. — Die erstaunenswürdige Felsen von Adersbach, die nur dieser Ursache ihr Dasein verdanken, sind lange schon der Gegenstand der Verwunderung aller, die sich ihnen nähern. Oft traut man kaum seinen Augen, dass der Schwerpunkt einer ungeheuern auf schmaler Grundfläche ruhenden, überhängenden Masse, noch könne unterstützt seyn. Und doch trennt die fortdauernde Zerstörung, noch immer Massen, die in die Tiefe hinabstürzen, ohne das Ganze nur zu erschüttern. Aber dieser wenige Zusammenhang des Sandsteins scheint noch ein anderes merkwürdiges und ausgedehnteres Phänomen erklären zu können. Von der Quelle, den Urgebirgen, entfernter, als die Friedländer Reihen, musste nicht dem Sandstein endlich völlig ein Bindemittel entgehen, durch welches er hätte in Felsen und Bergreihen aufgehäuft werden können? Musste nicht der Sand fast gleichförmig über die Fläche, über ältere Gebirgsarten weg, sich verbreiten? Und können wir daher nicht diese unglaubliche, ungeheure Sandmasse, die am rechten Ufer der Oder die grössere Hälfte des Fürstenthums Oppeln bedeckt, die ganze Hügelreihen östwärts von Tarnowiz, bey Lassowiz bildet, die, wie eine von Natur gezogene Gränze Cracau von Schlesien scheidet; können wir sie nicht als das neuere Sandsteinflöz selbst ansehen, dem hier selbst der Zusammenhang fehlt den man nur so schwach noch bey Adersbach auf der Heuscheune bemerkt? Ist es nicht möglich, dass die Sandwüsten in den baltischen Ebenen, die der Fleiss der Einwohner zu fruchtbaren Kornfeldern umschuf, nicht späteren Ueberschwemmungen, oder gar zertrümmerten Sandſteinen ihren Urſprung verdanken, ſondern auch dieſer Formation, die bisher nur kleine, leicht bewegliche und ſchwache Körner zu führen vermogte, aus denen Winde und Meereswellen Dünen bildeten? In allen groſsen Sandebenen hat man Spuren der Flözgebirgsformation, die theils aus dem Sande hervorkommen, theils offenbar darauf liegen. Die flache, gebirgsloſe, ſandreiche Gegend von **Berlin** enthält in ihrer Nachbarſchaft einen Gypsbruch (wahrſcheinlich das ältere Gypsflöz) und ausgedehnte Brüche von Kalkſtein (Zechſtein?) An den ſteileren Uſern der Oder ſetzen, bis zum Meere hinein, oft mergelartige Kalklager auf, und auf der nördlichen Hälfte der Inſel **Ueſedom** an den Hügeln von **Ahlbeck** ſieht man wirklich das Kalkflöz in groſsen Maſſen wieder hervorkommen, das weiter hin, von der neueſten Gebirgsart der Flözgebirgsformation, der Kreide, bedeckt wird.

Von den beyden Gypsformationen, von denen eine die mächtigere, unter dieſem Sandſteine liegt, die andere, ihn bedeckt, enthält Schleſien nur ſchwache Spuren. Zu erſterer ſcheinen die Maſſen zu gehören, die am rechten Ufer der Oder bey **Pogrzbin**, **Czerniz**, und **Pſchow** hervorkommen, und an der linken Seite des Fluſſes, bey **Neukirch**, **Kalſcher** und **Dirſcheb**. Zu lezterer, der neueren Formation gehört derjenige Gyps, den man bey **Neuland** in der Nähe von **Löwenberg**, aber nur auf einen ſehr kleinen Raum eingeſchränkt findet.

Trappformation.

Es gehört zu den Sonderbarkeiten, dieser räthselhaften Formation, dass sie fast immer auf einzelne Punkte versammlet ist, die oft weit von einander entfernt liegen; dass aber von diesen Vereinigungspunkten weg, sich immer nach allen Richtungen hin, einzelne Spuren ausbreiten, die sich, noch weiter entfernt, endlich gänzlich verlieren und dann eben so wieder anfangen, bis zu einem neuen Mittelpunkte der Basaltkegel. In Teutschland ist nirgends der Basalt so zusammengehäuft, als in den nördlichen Provinzen von Böhmen. Einzelne Berge, die von ihnen herzukommen scheinen breiten sich in Sachsen aus, in der Lausitz, und in Schlesien. Dann aber ist die Gegend Basaltleer von einer Seite bis zum Meer; von der anderen bis zu den Alpen. Neue Basaltberge in den südlichen Gegenden von Niedersachsen, führen zur grossen Masse des Westerwaldes. Fränkische Berge zum Rhöngebirge. Die mit Kalkstein abwechselnden Hügel von Vicenza, Brendola, Valdagno, Arzignano, zu den Euganeen hin, und die über Languedoc und Provence zerstreueten Berge, zur grossen Niederlage von Auvergne vielleicht der grösseſten, und höchsten in Europa. Die Schlesischen Basaltberge scheinen daher nur verirrte Glieder der Hauptmasse in Böhmen zu seyn. Ihnen fehlen geognostische Verbindungen untereinander, und mit älteren Gebirgsarten; und diese Isolirung ist der Auseinandersetzung ihrer geognostichen Characteristik nicht günstig. — Sie folgen dem

Fuſse des Rieſengebirges und ruhen faſt auf alle Gebirgsarten, die Schleſien bedecken, (man ſehe Anmerk. XII. meiner Beſchreib. von Landeck), ſie erreichen aber nie die Höhe der Porphirberge des Schweidnitzer Fürſtenthums, ebenfalls ein Zeichen, daſs ſie hier vom Hauptpunkte ihrer Formation entfernt ſind. Aber, wie in anderen Gegenden, welche Baſaltberge enthalten, ſo iſt auch hier faſt jeder einzelne Berg, eines beſondern Studiums werth; denn jeder enthält Eigenheiten, die ihn faſt weſentlich von allen andern auszeichnen, theils in der Geſtalt des Berges, theils in der Art des Baſalts, aus dem er beſteht, theils in Mannigfaltigkeit und Verſchiedenheit der Foſſilien, die dem Baſalt eingemengt ſind.

Der Buchberg und ſeine Fortſetzungen bey Landeshuth *) liegen etwa 600 Fuſs über die Stadt, von ihr gegen Südoſt. Man ſieht die ganze Maſſe dieſer ſchmalen Bergreihe, wenn man der, nach Waldenburg führenden Chauſſee folgt, deutlich auf dem Steinkohlenconglomerate aufliegen. Zuerſt eine ziemlich mächtige Schicht von rothem und grünem Thone in abwechſelnden, wellenförmigen Streifen; dann ein ſonderbarer Mandelſtein, der einen groſsen Reichthum mannigfaltiger Foſſilien einſchlieſst. Seine Grundmaſſe iſt eine Wacke von grünlichgrauer, aſchgrauer oft ſogar auch röthlichbrauner Farbe; ohne einzelne Kriſtalle. Aber Trümerweiſe, in Nieren, in Mandeln und ſelbſt in kleinen, wenig

*) Beſchreibung des Buchbergs. Schleſiſche Provinz. Blätter März 1797.

fortſetzenden Lagern liegen in buntem Gemenge darinnen, Chalcedon, Carniol, Quarz, Amethyſt und Kalkſpath. Grünerde ſehr häufig in platten, länglichen Mandeln. Dieſes Mandelſteinlager iſt ſichtbarer gegen Zieder hin, wo man es auf dem Streichen verfolgen kann. Dann bis zur Spitze des langgedehnten Berges, auf welchem ¼ Meile weit die Chauſſee fortläuft, liegt der feinkörnige Grünſtein, von dem es oft zweifelhaft wird ob man ihn nicht Baſalt nennen ſolle, dunkelgraulichſchwarz, uneben von feinem Korne, durchaus ſchimmernd, und faſt durchaus feinkörnig. Selten wird er ſo dicht, daſs man den Schimmer des Ganzen durch nicht ſchimmernde Stellen unterbrochen ſieht. — Dieſe Maſſe iſt durchaus und gar ſchön geſchichtet hora 9. 4. mit 40 bis 50 Grad fallen gegen Südweſt. Es ſind nicht etwa Tafeln, die nie eine ſo wunderbare Regelmäſsigkeit in Streichen und Fallen auf eine ſo anſehnliche Länge behaupten. Auch ſieht man die Schichtungsfläche oft über acht Fuſs entblöſst. Die Schichten ſind zwey bis drey Fuſs mächtig. — Es iſt wohl ſelten, einen Berg der Trappformation mit dieſer ſchönen und regelmäſsigen Schichtung zu ſehen, und gewiſs iſt dieſes Phänomen eine ſtarke Gegenwehr, gegen ſolche, welche hier, wie an ſo vielen Orten, Feuer und Flammen erblicken. — Gegenüber des Thals zwiſchen Zieder und Reichhennersdorf ſcheint dieſer ſonderbare Berg fortgeſetzt zu ſeyn; der Langeberg, der Ziegenrück unterſcheiden ſich in Hinſicht der, ſie conſtituirenden Maſſe, wenig von ihm. Auch dieſe beyden Berge ziehen ſich, beynahe in einerley Direction in der Länge gegen Liebau hin, fort; ihre Breite dagegen ist äusserst geringe. Ich wage es nicht von dieser auffallenden Bildung, wie Dämme, dem Gebirge gegenüber gestellt, eine Erklärung zu geben; allein unbemerkt darf ich es nicht lassen, dass sie, in der äusseren Form, mehr mit dem zusammengeschwemmten Sandsteingebirge der Heuscheune, als mit den isolirten vulcanischen Bergen, einem Vesuv, Roua Monfina, Aetna oder Monte Albano übereinkommen.

Das Fürstenthum Jauer enthält die Trappformation in grosser Mannichfaltigkeit der äusseren Formen. Bald ist es ein hoher isolirter Kegel, den man von fernher auf der Ebene sieht, bald Gänge und Lager die sich in älteren und neueren Gebirgsarten verbergen. An anderen Orten wird man überrascht den Basalt plözlich fast auf der grössten Höhe der Gebirge zu finden — in einer Höhe, die selbst, viele der ältesten Gebirgsarten nicht mehr zu erreichen vermögen. Die kleine Schneegrube, ein tiefes eingeschlossenes Thal über Schreiberhau wenig unter dem höchsten Rücken des hohen Gebirges, ist mit Basalt erfüllt; fast 4000 Fuss über das Meer. In Teutschland kennt man den Basalt nirgends in grösserer Höhe; denn selbst der keulichte Buchberg in Böhmen erreicht kaum 3000 Fuss über die Fläche des Meeres. Eben so sonderbar ist die Lagerung dieses Basalts in der Schneegrube. Es ist kein Gang im Granit, keine Kuppe, kein Lager darinnen. Wie angeklebt, zieht es sich von der Mitte bis auf den Grund der einen Seite herab. Er scheint in der

Tiefe nicht mächtiger, als oben wo man ihn zuerst anstehend sieht; und an der gegenüberstehenden Seite sucht man ihn vergebens. Dieser Basalt enthält häufig Speckstein in kleinen Truemern, und viele rundliche Stücke eines Gemenges von weissem Feldspath und Quarz, welche man oft für Granitgeschiebe erklärt hat. Ob es gleich nicht widersprechend seyn würde, so beweist uns doch das Beyspiel der Basaltberge bey Landeck, dass solche Fossilien im Basalt selbst ursprünglich erzeugt werden können; und ich gestehe aufrichtig, dass alle Stücke dieser Art, die ich bisher aus der Schneegrube sahe, mir weniger Aehnlichkeit mit wahren Geschieben, als eben mit Stücken aus den Landecker Bergen zu haben scheinen. — Dies Phänomen in der Schneegrube erklärt genugthuend weder der Volcanismus noch Neptunismus, wenn beyde dabey ihre Consequenz behaupten wollen.

Der Wickenstein, und der Kahleberg zwischen den Dörfern Kunzendorf und Querbach, auf der Höhe eines kleinen Gebirgsarmes zwischen Friedeberg und Hirschberg ruhen beyde auf Granit. Es sind in der Ausdehnung ziemlich beträchtliche Berge. Ihr Basalt ist dicht mit vielem Olivin gemengt, den man in den Landeshuther Bergen nie findet. — Weiter hinab gegen die Lausitz erscheinen eine Menge kleiner Basalthügel, die gröfstentheils alle, durch ihr schnelles Aufsteigen sonderbar auffallen. So der Greifenstein, den die Ruinen eines alten, berühmten Schlosses bedecken. So auch der kleine Merzberg bey Friedeberg, dessen schöne

zu folgen, als vielmehr die Urfache in der Localität der Lagerung der Gebirgsmaffen zu liegen, nach welcher es den Flözgebirgsarten verfagt war in die weftlichen Ebenen Schlefiens zu dringen. — Sehr merkwürdig ift es, dafs alle diefe Bafaltberge, die Schlefifchen Gebirge von allen Seiten umgeben, dafs unter ihnen kaum jedoch einer auf der Gebirgshöhe felbft gelagert ift. Der Wickenftein, der Kahleberg und die Berge bey Landeck machen diefe Ausnahme; denn in den Landeshuther Bergen findet fich kein reiner Bafalt. Man kann in diefem Vorkommen eine gewiffe Beziehung auf die fchon vorhandenen Gebirgsreihen nicht verkennen; und die gröfsere Freqüenz diefer Gebirgsart gegen die Laufitzer Gränzen, ihr weiteres Auseinanderliegen gegen die polnifche Fläche, fcheint einer Verirrung von der grofsen Maffe, die fich in Böhmen abfezte fehr ähnlich zu feyn. — Solche Lagerungsverhältniffe, die jedes Land, jede Gegend welche Bafalt enthält, aufweifen kann, ftehen unmittelbar allen Ideen entgegen, die fich diefe wunderbare Gebirgsart als einen flüffigen Stoff aus dem Boden emporgehoben vorftellen; oder noch mehr, folchen welche in jedem Berg einen Volcan finden. Der Stoff, aus welchem Feuer den Bafalt im Innern der Erde hervorbrachte, müfste fehr tief, unter dem Granit liegen, und alle Gebirgsarten über dem Granit haben durchbrechen können; erfteres würde aus feiner Lagerung auf Granit, lezteres aus feinem Vorkommen auf Sandftein und Flözkalkftein folgen. Welche Gewalt, um eine fo erftaunliche Maffe zu durchbrechen? Eine Kraft, die gar keine ergleichung aushält, mit der, welche die grosen 'scheinungen unserer jetzigen Volcane hervorbringt! nd doch welcher kleiner Erfolg! Denn was ist ein ızelner Basaltberg gegen solche Anstrengung! Wie verhältnismäsig wäre nicht hier Ursache und irkung? —

Die lezten Spuren dieser Formation in Schlesien ıd die beyden kleinen Basaltberge bey Schönıese ohnweit Jägerndorf und bey Liptin ısern Katscher. Beyde ruhen auf einem feinınigem, in Thonschiefer übergehendem Conglomete, der sich der Formation der Uebergangsgebirgsten sehr nähert. — —

Aufgeschwemmtes Gebirge.

Ein wesentlicher Unterschied zwischen den aufschwemmten und den Flözgebirgsarten, liegt, auser n so sehr verschiedenen Alterverhältnissen, noch rinnen, dass diese einer allgemeinen über die ganze :dfläche sich erstreckenden Revolution ihr Daseyn rdanken; jene hingegen nur Umständen, die auf wisse Gegenden eingeschränkt waren. Es sind parılle Formationen, die verschieden sind, nach der erschiedenheit der Gegenden in welchen sie vorımmen; und gröstentheils Abschwemmungen von iheren Orten. Auf solche Art, entstehen sie noch enn gleich in weniger Ausgedehntheit als ehemals; ı noch das allgemeine Gewässer den Fuss höherer ebirge bespülte, und in ihm, dem allgemeinen Beälter, die Ströme die von oben herabgeführten

Maſſen abſetzten. Die aufgeſchwemmte Gebirgsarten ſind deshalb mannichfaltiger in der Nähe hoher Gebirge, als weiter in die Fläche hinein. Dort ſind ſie den Flözgebirgsarten noch ähnlicher, denn dort findet man unter ihnen, wie in dieſen Conglomerate, welche mit Thon, ſelbſt oft mit bituminöſen Holzſchichten abwechſeln. Aber die Conglomerate enthalten nicht bloſs Stücke von Urgebirgsarten, ſondern auch alle Flözgebirgsarten die in dem zunächſt liegenden Theile des Gebirges vorkommen; und ſind hiedurch auf der Stelle ſchon leicht vom ältern Sandſteine des Flözgebirges zu unterſcheiden.

Die, in der Nähe von Goldberg vorkommenden, zu dieſer Art von Gebirgen gehörenden Maſſen reihen ſich ſchön der Folge von Gebirgsarten an, die man von der Schneekoppe herab, bis in die Fläche hinein, wie in einem geognoſtiſchen Syſteme hintereinander gelagert ſieht. Vom Granit des Rieſengebirges, bis zum goldführenden Conglomerate bey Goldberg, — Welcher Unterſchied! Und faſt möchte man doch die Uebergänge unmerklich nennen, welche beyde mit einander verbinden. — Es ſind in ältern Zeiten ſehr weitläuftige Baue auf dieſem goldhaltigen, aufgeſchwemmtem Conglomerate geführt worden, und man behauptet daſs nur die groſse Niederlage durch die Tataren bey Wahlſtadt dieſem einträglichen und wichtigen Bergbau ein Ende gemacht habe. Neuere Verſuche ſind nicht glücklich geweſen; allein die Menge der alten, noch ſichbaren Schächte auf den Hohfeldern und dem Niclasberge bey Goldberg bekräftigen die Wahrheit der alten Nachrichten. —

Unter

:er feinem, unregelmäfsig über die Gegend ver-ltem Sande liegt vier Lachter hoch ein gelblich-ıer Thon; dann eine Sandſchicht 12 Zoll mäch-mit vielen Magnetſtein- und wahrſcheinlich auch rinkörnern, durch welche die ganze Schicht varz gefärbt iſt. Man nennt ſie Eiſenmann. auf folgt ein locker auſeinanderliegendes grobes glomerat von Quarz, Kieſelſchiefer, Thonſchiefer, ıuſsſtücken ¼ Lachter hoch. Kleine Stellen, wie ig mächtige Schichten, in welchen das Conglo-at feinkörniger iſt, enthalten die geſuchten klei-, gediegenen Goldblättchen, die locker zwiſchen en liegen. Aber doch nur in ſo geringer Menge, ı man oft viele Centner auswaſchen kann, ehe ı darinnen ein Blättchen entdeckt. Auf das Neue ;t ½ Lachter Thon, dann Eiſenmann, eine neue icht Goldſand ½ Lachter hoch; wieder gelblich-ıer Thon, und die lezte Goldſchicht von 1½ Lach-Höhe. — Auf welcher Lagerſtäte ward dies Gold ıünglich erzeugt? Von welchen Orten her, kam n dieſe Gegenden herab? Es iſt ſonderbar, daſs ɜ Fragen ſo äuſserſt ſchwierig zu beantworten . Ein gleiches Vorkommen von Goldblättchen der Iſerwieſe ohnweit des höchſten Rückens Rieſengebirges ſollte es vermuthen laſſen, daſs urſprünglich, dem Auge unbemerklich, im Granit ;eſprengt ſind. Aber woher dann der faſt gänz-e Mangel an Granitſtücken unter den Goldberger :hieben? Die jetzige Form des Aeuſseren dieſer irge wird uns der Urſprung der Katzbach ober-ı Kauffungen als den Geburtsort des Goldes

I

anweisen; und das ist um so eher möglich, da die Beyspiele der Kobalt und Zinnerze bey Giehren und Querbach uns zeigen, wie metallische Substanzen in die Masse der Gebirgsart durchaus können so sehr zerstreut seyn, dass ein menschliches Auge sie gar nicht, und nur der Zufall durch chemische Mittel entdeckt. — Es ist noch höchst merkwürdig, dass, ohnerachtet der vielen Basaltberge, die Goldberg umgeben, doch unter diesen aufgeschwemmten Geschieben sich durchaus kein Basaltstück findet. War denn dieses aufgeschwemmte Gebirge schon vor der Formation des Basalts gebildet? —

Ein ähnliches, jedoch nicht goldführendes aufgeschwemmtes Gebirge verbindet sanft den lezten Abfall der Schlesisch-Mährer Gebirge mit der grossen Fläche des Fürstenthums Neisse. Eine grosse Menge Geschiebe sind bey Oppersdorf, Schweinsdorf und anderen Orten gegen Neustadt locker zu Hügeln aufeinandergehäuft. Man sieht hier noch die Einförmigkeit der Grottkauer und Coseler Ebenen nicht, und eine reichere und schönere Vegetation, als das veränderte Clima auf dem Gebirge selbst zulässt, zieret die, mit sanften Thälern durchschnittene Gegend. — Fast bis Leobschütz hin, wo man wieder das Flözgebirge betritt, sieht man dieses aufgeschwemmte Conglomerat nur aus Stücken uranfänglicher Gebirgsarten gebildet; ein untrüglicher Beweiss, dass das ganze so wenig bekannte Gebirge im Oesterreichischen Antheil des Fürstenthums Neisse keine Flözgebirgsarten enthält. — Allein weiter hinauf verlieren sich die Geschiebe der Urgebirgsarten und die Hügel von **Bauerwiz**, **Polnisch Krawarn**, und anderer Gegenden in der Nähe von **Rattibor** bestehen fast nur allein aus Kalksteinen, Conglomerat, Jaspis und Feuersteinstücken, die dort in unendlicher Menge sich finden. Und weder die **Teschinka**, noch die **Ostrawitze** oder **Oder** führen in ihrem Bette, da wo sie zuerst die Schlesische Gränze betreten, andere Stücke, als Kalksteine, Conglomerate, Feuerstein und Kieselschiefergeschiebe. — Weiter in die flachen Ebenen, wo den Gewässern eine grösere Ruhe vergönnt war, als so nahe am Fuss der Gebirge, werden **Mergel** und **gemeine Thonschichten** und **bituminöse Holzlager** häufiger. Aber eins der sonderbarsten und der ausgedehntesten des leztern ist wahrscheinlich das, welches mit grossem Vortheil auf Vitriol bey den Dörfern **Kamnig** und **Tscheschdorf** zwischen **Münsterberg** und **Neisse** bebaut wird. Die vitriolische Beymischung ist so stark in diesem, auf zerstörten Pflanzentheilen so mächtig aufgehäuften Lager, dass ohne Kunst schon der Vitriol in den offenen Räumen der Masse anschiesst. —

Ob die grossen Geschiebe uranfänglicher Gebirgsarten, welche die Niederschlesischen Sandebenen bedecken, und mehr noch die Churmärkischen Flächen bis gegen die Ostsee, ebenfalls vom schlesischen Gebirge herabkamen, bleibt vielleicht lange noch eine nicht zu beantwortende Frage. Es herrscht in diesen Geschieben, die man oft von erstaunenswürdiger Grösse, wie Häuser, auf der Ebene sieht, eine so ungemeine, so unerwartete Mannichfaltigkeit, in der

Natur der Fossilien, und der Gemenge, die sie vereint, bilden, dass man sie schwer, in den schlesischen Gebirgsreihen durchaus wieder antreffen würde. —

Und diese Geschiebe scheinen, je näher zum Meere, je weiter in die Fläche hinein, um so mehr sich zu vergrössern; ganz den Gesetzen entgegen, die man doch oft näher gegen die schlesischen Gebirge zu bemerken, Gelegenheit hat. Sie häufen sich zum Erstaunen in der Entfernung; und Pommern, Mecklenburg, Hollstein, in denen fast alle Geschiebe, uranfängliche Gebirgsarten sind, werden von so ungeheuern Mengen bedeckt, dass man oft Lust hat, in der Nähe die Felsen zu suchen, deren Trümmer sie sind. — Wie sehr wird man dann nicht geneigt der Meynung zu folgen, die ihnen einen Nordischen Ursprung zuschreibt, wenn gleich der Weg ein Räthsel bleibt, und die Art, auf welche sie ihre jetzige Lagerstäte einnahmen. — —

II.

Geognostische Uebersicht

des

Oesterreichischen Salzkammerguths.

Gebirgslauf.

Die drey bebauten österreichischen Steinsalzwerke zu Ischel, Hallstadt und Aussee liegen auf dem nordlichem Abhange desjenigen Gebirges, das Oesterreich von Steiermark scheidet, und sich oberhalb Oedenburg gegen die Ufer der Raab in Ungarn verliert. Eine der Kalkketten, denen die mittleren Alpen der Schweiz, die Pyrenäen, und ein groser Theil der Carpathen soviel auffallendes ihres Aeusseren verdanken. — Im Salzkammergute, demjenigen Landesstrich, den die Traun von ihrem Ursprunge bis zum Austritt aus dem Traunsee durchfliesst, trennt sich diese Kette in mehrere Aerme; Der Hauptarm läuft mit aufsteigender Höhe zwischen Radstadt und Hallstadt fort, und weiter in das Salzburgische hinein, wo er die Thäler der Friz und der Abtenau scheidet, und ein beträchtlicher Nebenzweig geht oberhalb Aussee weg, paralell mit den Seen, und dem Laufe der Traun bis zum hohen Traunstein fort, der es gegen das flache Land hin schnell endigt. Es ist eine Eigenheit dieser Flözgebirge (denn es ist der in Nordteutschland auf dem Steinkohlenconglomerate dem rothem Todten ruhende dort wenig mächtige Kalkstein, der Zechstein) sich nicht in die Ebene in anften Abstufungen zu verlieren, sondern sich unter grofsen Winkeln, oft senkrecht hinabzustürzen, und ist es auch vom Gipfel nicht, doch von der lezten Erhebung über die Ebene. Der Traunstein, die erste Gebirgserhebung fällt mit einer Höhe von mehr als 3000 Fufs, fast senkrecht in den Traunsee hinab, und wenn gleich die nachfolgenden Berge sich nicht mit dieser Schnelle erheben, so ist ihre Grundfläche doch immer gegen ihre Höhe sehr klein. Die Hallstädter Schneeberge, die höchsten Erhebungen dieses Gebirges in diesen Gegenden liegen ungefähr 5000 Fufs hoch über den Spiegel des Hallstädter Sees, und etwas über 6000 Fufs über das Meer: ihre horizontale Entfernung vom See, ist bey weitem noch keine Meile. Einige andere Berge dieser Kette hat Herr Controleur Glückh zu Hallstadt geometrisch gemessen. Er fand, wenn nach Barometermessungen die Höhe von Hallstadt über die Meeresfläche zu 1558. 5 Par. Fufs angenommen wird, die Höhe

des Kriechensteins südlich vom See	5721. 5 Par. Fufs.
des Blaffenberges über dem Salzberge dem See gegen Westen	5511. 5 — —
des Sarsteins gegen Ausfee, gegen Osten des Sees	5463. 5 — —

Die Grundlinie zu diesen Bestimmungen war auf dem Eise gemessen. — Andere barometrisch bestimmte Höhen dieser Gegenden enthält die angehängte Tabelle.

Seen.

Eine auffallende Merkwürdigkeit der Gegend sind iese tief eingeschlossene Wassersammlungen, deren eile Umgebungen gewöhnlich wunderbar schön und ıalerisch sind. — Wenn man von Linz dem Geirge zugeht, so zieht lange vorher schon der majeätisch aufsteigende, und sich über seine Nachbarn mporhebende Traunstein, die Aufmerksamkeit an ch. Kömmt man näher zu den Ufern des klaren 'raunsees, aus welchem die Traun fast mitten in ˇmundten selbst nur überzufliesen scheint, so ertaunt man jene Masse, deren Höhe von weitem chon so bedeutend ist, schnell und fast senkrecht, bis n das Gewässer abfallen zu sehen. Ein Fischerdorf, inzelne zerstreuete Häuser ziehen sich am Abhang ler Berge noch bis zu seinem Fuse, an der Ostseite des ees herum; allein dann finden diese Hütten keinen laum mehr, und Felsmassen, die von der erschreckichen Höhe bis in das Wasser herabrollen, würden hnen fast täglich den Untergang drohen. Es ist die rste Kalksteinmasse, die mit nackten und schroffen eiten gegen das flache Land steht. — Gegen Süden st der See offen, nur von niedrigen Bergen umgeben, die aus sehr spät gebildeten Gebirgsarten, der Nagelfluh (Kalksteinconglomerat) bestehen, und so auch ein groser Theil der westlichen Ufer. Jenseit Traunkirchen aber senken sich steile Kalksteinmassen 700 bis 1000 Fuss hoch in den See hinab, steigen dann aber mit weniger Steilheit zu mehrern tausend Fuss in die Höhe. Die gröste und senkrechteste

breite Thal der Traun, und Obertraun in sich bis dort, wo der Flufs im rechten Winkel von Auffee herabkommt, fein Thal fich beträchtlich verengert, und nur noch einer grofsen Kluft im Gebirge ähnlich ift. Auch Goyfern und St. Agatha an der Nordfeite, am Ausflufs der Traun gehörten einst zum Boden des Sees, damals war er um die Hälfte gröfser als izt. Diefe Verminderung der Gröfse ist eine Wirkung der grofsen in die Seen fich ftürzenden Bäche; fie reifsen im Gebirge grofse Maffen los, führen fie in das ruhige Waffer, das fie felbft zur Ruhe bringt, und zur Abfetzung des mitgeführten Raubes nöthigt. Wie am Meere bei grofsen hineinfallenden Flüffen, entfernt fich von den fenkrechten Felfen, das hier fo feltene flache Land, dort, wo mit dem See, ein Bach vom Gebirge hinab fich vereinigt, der dies neue Land in der Mitte zertheilt. Die mächtige Traun konnte wohl bey ihrem hohen Fall von Auffee herab den Winkel ausfüllen, in welchem auf moraftiger, noch jetzt wenig erhobener Fläche das Dorf Obertraun liegt. Um St. Agatha und Goyfern aufs Trockene zu bringen, (eine fehr romantifche Fläche), haben fich mehrere Bäche vereinigt, die vom Pötfchenberge herab, fich in den See herabftürzten. Der wichtigfte unter ihnen ift der Zlanbach. Häufig findet man jetzt auf der Ebene Hügel von losgeriffenen Maffen, die nur auf der Höhe anftehend find, graulich und hellweifse Kalkfteine mit eingemengten Feuerfteinnieren. — Auf der Nordweftfeite ftürzt fich von den Schneebergen herab, durch das weite Gofauthal, der osaubach in den See; und gerade hier droht eine hmale Erdzunge den ganzen See in zwey Hälften theilen. Auf diese Art sind vielleicht häufig die zten Reste der grossen Wassersammlungen verhwunden, die ununterbrochen von Schwaben is zum Meere an einander gekettet sind, und durch ie Einschneidung der Donau ihr Daseyn verloren. - Die grösste Tiefe des Hallstädter Sees wird zwihen dem Gestade Wöhr und Hundsort vermuet; sie ist 105 Klafter oder 630 Fuss; das ist sehr ahrscheinlich, denn der Genfer-See, bekanntlich ner der tiefsten der Schweiz, hat bey Melleraye ine Tiefe von 950 Fuss. Diese Tiefe ist gewiss icht zu geringe, um Aufmerksamkeit zu erregen; ie wirft ebenfalls ein Licht auf die Entstehung des ees. Seen in flachen Ländern sind nie über 20, o, höchstens 50 Klafter tief. Das baltische Meer bersteigt zwischen Schweden, Teutschland und Dänemark, nie eine Tiefe von 20 Klaftern, und nahe m Lande oder zwischen den Inseln findet sich oft er Grund schon mit 4, 6, oder 8 Klafter, (Pennant arctic Zoology, Introd.) in der Mitte zwihen Norwegen, und den shetländischen Inseln ist ie Tiefe des Meeres 65, 70, höchstens 75 Klafter; Ostwärts von Island in ansehnlicher Entfernung vom Lande ruht das Senkbley bey 105 Klafter (Kerguelen Tremarec Voyage du Nord. Paris 1772). Ist das Meer selbst in weiter Entfernung vom Lande nicht tiefer, um wie viel mehr müssen wir nicht erstaunen, einen kleinen Landsee noch tiefer zu sehen? — Die gewaltigen senk-

hier empfundenen Erdbeben, leiten auf unterirdische Kanäle, die vielleicht in grosser Ferne sich fortziehen. Am 12 März 1789 empfand man z. B. eins dergleichen um 12½ Uhr, das mit einem Knalle, und darauf folgendem sehr starkem Gebrumme begleitet war. Es folgte einer Richtung aus Süden nach Norden und dauerte vier bis fünf Sekunden. — Der kleine See bey Altaussee, der seiner vorzüglichen Fische wegen bekannt ist, hat izt zwar nur einen geringen Umfang, allein ehemals war er ohne Vergleich grösser; der Sarstein und Hochkogel dienten ihn einst zu südlichen Gränzen, und der kleine ostwärts liegende Grundtsee war mit ihm verbunden. Jetzt ist diese Gegend eine flache, hoch eingeschlossene Ebene, in deren Mitte die Stadt Aussee liegt. Der Tressenberg und der Loser beyde von der Höhe des Traunsteins, eben so steil und schroff stehen mit senkrechten Wänden an der Nordseite dieser Ebene in das Gewässer des Aussees hinein und gegen Westen schliesst der Sandling diesen Kegel mit weniger Nacktheit und Steilheit, weil an seinem Abhange der Salzstock gelagert ist.

Schichtung.

In der schnellen Erhebung dieses Gebirges, scheint auch die Ursache zu liegen der so wunderbar abwechselnden Schichtung des Kalksteins, wenn gleich jene Einsenkungen unmittelbar nicht darauf gewirkt haben mögen. Diese grosse Unregelmässigkeiten, die fast abschrecken, in ihnen ein allgemeines

Gesetz

Gesetz entdecken zu wollen, finden sich nur in schroffen Bergen, die schnell, mit mehr als 60 Grad in die Höhe gehn; und dann, zum wenigsten im Salzkammergute fast niemals am Fusse, nur auf den höheren Gipfeln. Zwischen Ebensee und Traunkirchen zum Beyspiel streicht der Kalkstein h. 10. 2. fällt 50 bis 60 Grad gegen Südwesten und Ebensee gegenüber am unteren Theile des Traunsteins. Aber höher hinauf gehen die Schichten mit stets abwechselnder Neigung in oft verändertem Streichen über, und alle Spur von Regelmäſsigkeit ist verschwunden. Im engen Thale zwischen Obertraun und Aussee, fällt das Gestein an der Spitze der Berge gegen Nordwest, am Fusse gegen Südost; eine ähnliche Erscheinung sieht man an den Felsen unten am Steg unweit des Hallstadter Sees, und fast aller Orten, wo die Felsen hoch genug sind, um die Schichtung des Gipfels mit der Schichtung des Flusses vergleichen zu können. Auch die untere Hälfte des Saarsteins hat ein ziemlich regelmäſsiges Fallen gegen Südwest: die obere nicht. — Wie oft mag nicht bey dieser mächtigen Anhäufung einer gewaltigen Masse ihr Schwerpunkt verrückt worden seyn? Wie viele lokale Veränderungen der allgemeinen Schichtung kann nicht das Einsinken einer, gegen das übrige, sich zu hoch erhobenen Masse hervorgebracht haben? ein Fall, der vielleicht die über hundert Fuss hoch doppelt gebogene Schichten an der Ecke des Wildbaches, und des Hallstädter Sees bildete. Und noch mehr kann der sich so oft veränderte Boden, auf welchem nachfolgende Schichten

K

ſich abſetzen, dieſe zu Annahme eines neuen Streichens und Fallens nöthigen, vielleicht dem gänzlich entgegen, welches eine für dieſe Gegend allgemein würkende Urſache ihnen würde gegeben haben. Kommen von auſsen wirkende mechaniſche Kräfte dazu, ſo können dieſe wohl hieroglyphiſch wunderbare Formen hervorbringen, wie an ſo vielen Orten der Schweiz. — — Die Hauptſchichtung in dieſem Theile Oeſterreichs ſcheint zwiſchen h. 9. und 11 zu ſeyn, und die Schichten gegen Südweſten 50, oder 60 Grad ſtark zu fallen.

Kalkſtein.

Die groſse Maſſe des Kalkſteins verdrängt alle anderen Gebirgsarten. Die Ausdehnung der letzten ſcheint unverhältniſsmäſsig klein, gegen die ſeinige; und in der That vermiſst man hier auch Gebirgsarten, die ſonſt nie fehlen, wo eine der, zu dieſer Hauptformation, gehörigen vorkommt; vorzüglich den Sandſtein, der ſonſt immer unter dieſem Kalkſteine liegt; das Conglomerat, in welchem oft und gewöhnlich Steinkohlen vorkommen. Alle in weniger gebirgigen Gegenden ſo ausgezeichnet und deutlich aufeinander folgende Schichten ſcheinen hier in dieſer einzigen vereinigt zu ſeyn; und wenn gleich von anderen noch immer Spuren vorkommen, ſo iſt es dieſe doch nur allein, die den Charakter einer Gebirgsart behauptet, der zu groſs iſt, als daſs nicht dagegen alles übrige als Lager erſcheinen ſollte, welche ihr untergeordnet ſind. — Am häufigſten t der Kalkstein von blafs rauchgrauer oder gräulich weifser Farbe, splittrig im Bruch und mit häufigem Kalkspathe in Trümern und Nieren gemengt. Diese Kennzeichen sind der gröfseren Masse dieser Gebirgsart eigen, sie ist aber in ihren oryctognostischen Verhältnissen so mannigfaltig, dafs man sie alle auf der Lagerstätte vielleicht nicht so bald würde sammeln können. Das wird aber sehr leicht durch das Kalksteinconglomerat (die Nagelfluhe) das unterhalb Gmündten in so grofser Mächtigkeit das Land gegen Linz zu bedeckt. Kaum sind sich hier zwey nahe liegende Geschiebe ähnlich; fast alle von anderen Farben, anderem Bruch, und gewifs würde man diese Abwechslnng nie in diesem so einförmig scheinendem Kalksteine vermuthet haben. Bräunlich- ziegel- blutrothe Stücke liegen zwischen jenen rauchgrauen, zwischen graulichschwarzen, hellweifsen, feinkörnigen, dunkelblaulich- und aschgrauen. An andern Orten vortrefflich gefärbte, cochenille- rosen- und fleisch-rothe Geschiebe, häufig mit röthlichweifsen Flecken und Streifen, oft mit einem durchsetzenden hellweifsem Trume von kleinkörnigem Kalkspath, Stücke von einigen Linien bis zu mehreren Fufs Durchmesser von grob und feinsplittrigem, von ebenem, und grofs- und flachmuschlichem Bruche; dicht, fein, und kleinkörnig; denn häufig sieht man kleinkörnige, hellweifse, oft beträchtliche Massen, wie man sie von einem Kalklager im Glimmerschiefer vermuthen würde. Aber im hohen Gebirge, bey anstehenden Felsen findet man diese Abwechslung nicht; jede Farbe scheint ihre eigene Lagerungshöhe zu haben, ihre Extreme die röthlichbraune und hellweifse Farbe, grofsmufchlicher Bruch, und kleinkörnig abgefonderte Stücke zu feyn: Fluthen, die die Nagelfluh bildeten, haben diefe Maffen vereinigt, Stücke vom Gipfel mit denen aus den Tiefen der Thäler verbunden, und folche nebeneinander abgefetzt, die gewaltige Höhen ehedem trennten. — Die rothe Farbe des Kalkfteins fcheint häufiger in tiefen Thälern zu feyn; fie verfchwindet, je höher man im Gebirge hinauffteigt, und auf dem Gipfel der Berge, und den Spitzen der Felfen ift der Kalkftein nur weifs, fehr feinfplittrig, oder feinkörnig; in der Mitte am Abhange ift die Gebirgsart blafsrauchgrau, fo wie man fie am häufigften findet. Der Metallgehalt, der die untere Maffe färbte, war nicht grofs genug, oder zu fchwer, der Maffe des Kalkfteins, bey Formation ihrer neueften Schichten, in der Höhe zu folgen. Die Abwefenheit diefes färbenden Mittels fcheint eine gröfsere Auflöfung der fich formirenden Maffe verurfacht zu haben, denn je mehr es verfchwindet, um fo feinfplittriger wird der Kalkftein, und in der Höhe ift er oft täufchend, dem reinen, kleinkörnigen, uranfänglichen Kalkfteine ähnlich; und daher die blendend hellweifsen Stücke, die man fo häufig zwifchen den rothen und in der Nagelfluh findet. — Diefer Kalkftein enthält eine grofse Menge Verfteinerungen, aber man bemerkt fie weniger, und fie fcheinen felten zu feyn, weil fie nie einzeln und zerftreut fondern auf eignen Lagern vorkommen, und dann fich in der grofsen Mächtigkeit der Gebirgsart verlieren. Man findet fie in der Tiefe häufiger, wie auf den Höhen; denn es scheint ein allgemeines geognostisches Gesez zu seyn, dass der ältere (Steinkohlen) Sandstein, und dieser Kalkstein, der auf ihn ruht, fast immer durch eine Versteinerungsschicht von einander getrennt werden, und gewöhnlich durch eine Menge Entrochiten und Trochiten von mannigfaltiger Gestalt und verwirrt durcheinander geworfener Lage. Im nördlichen Teutschlande sind solche Beyspiele häufig, denn dort, wo beyde Formationen sich leichter und bestimmter von einander trennen, ist diese Erscheinung auch leichter bemerkbar, und auffallender. Von einem solchen sehr merkwürdigen Vorkommen in der Grafschaft Glaz, habe ich eine kleine Nachricht gegeben (Beschreibung von Landeck S. 23). Aehnliche Erscheinungen in Baiern beschreibt Herr Flurl öfters, z. B. bey Amberg (S. 555.) unter gleichen Umständen kommen Millionen Trochiten zu Beuggen im Hildesheimischen, vor. In der Gegend von Wien ist es ein Heer anderer Versteinerungsarten, das zwischen beyden Gebirgsarten liegt. Das feine sehr glimmrige Conglomerat zum Theil mit bituminösem Schieferthon kommt unter dem Callenberge an den Ufern der Donau und nicht weit von Nusdorf hervor; dann folgt ein mergelartiger Kalkstein, der eine ungeheure Menge Buccinіten, Volutiten, und vorzüglich Turbiniten enthält, alle sehr klein, die lezteren aber oft nur von mikroscopischer Grösse; Ammoniten, Nautiliten, und andere sonst sehr gewöhnliche Versteinerungen sucht man vergebens. Auf dem Wege von Josephi oder

Leopoldiberge nach Keinzing und Tobling hinab sind Hohlwege und Felder mit diesen kleinen Muscheln bedeckt, und so die Türkenschanze vor der Warniger Linie. Der Kalkstein, der höher hinauf am Callenberge liegt, ist von Versteinerungen leer. — Im Traunthale sind deswegen Trochiten und Entrochiten nicht selten; aber höher hinauf kommen sie nicht vor. Bohadsch, der mühsam Versteinerungen aufsuchte, fand sie am Traunsee, bey Lambath, in der Gosau, bey Goysern, am Stambach ohnweit des Hallstadter Sees; (Privatges. in Böhmen V.) daher findet man sie auch fast nur im rothen, nicht im weissen Kalksteine. Einige Versteinerungen finden sich auch noch immer in sehr beträchtlichen Höhen, wenn gleich selten und andere Arten als unten im Thale. Am Leopoldi-Berge zu Hallstadt kömmt ein Lager von dicht auf einander gedrängten Peitiniten vor, die mit feinkörnigem Kalksteine ausgefüllt sind; auf etwa 3400 Fuss Höhe über der Meeresfläche, sie sind schlecht erhalten, undeutlich, und selten trifft man ein ganzes Exemplar unter ihnen. Hr. Controlleur Gluck besitzt Orthoceratiten, Strombiten, Bucciniten, Asterien aus dieser Gegend, und der vortreffliche Zeichner Franz Steinkogel, Unterbergmeister auf dem Hallstädter Salberge, Ammoniten, Nautiliten und einige andere Versteinerungen der Höhe. Alle diese scheinen aber nicht häufig zu seyn. Sehr häufig enthält der Kalkstein Feuerstein in höheren Puncten; in Nieren von Zollgrösse bis zum Fussdurchmesser; rauchgrau und muschlich.

Dies Fossil ist von einer spätern Bildung in der Gebirgsart; selten findet man es in den Thälern, im anstehenden Gestein, aber sehr häufig, wenn man es in Höhen von 2500 Fuss über die Meeresfläche aufsucht. Aber in dieser Gegend war diese kieselartige Masse doch nie so versammelt, dass sie nur etwas beträchtliche Lager wäre zu bilden im Stande gewesen. In den grossen Kalkalpen jenseit der grossen Tauernkette ist ihre Anhäufung beträchtlicher. — Man findet um St. Agatha und Goysern fast in jedem, der dort so häufig aufgesetzten Geschiebe, eine solche Kugel, oder Niere von Feuerstein, die oft in röthlichbraunen, kleinmuschlichen Jaspis übergeht. Diese Stücke sind alle von dem 3070 Fuss über die Meeresfläche erhobenem Pötschenberge zwischen Aussee und Goysern herabgerollt, wo man sie izt noch in grosser Menge antrifft. — Dies Bestreben zweyer Erdarten, die sonst oft gemischt sind, sich von einander zu trennen, ist gewiss merkwürdig, und bestätigt es, dass bey der neuesten Bildung dieser Kalkmasse den Verwandschaftsgesetzen ein freyerer Spielraum gegeben war, als unten, in der ersten Zeit der Entstehung des Kalksteins, wo diese Gesetze vielleicht zu sehr durch äussere Kräfte in ihrer Wirkung verändert und gestört waren. — Würden die Bestandtheile der Fossilien näher untersucht, und mit einander verglichen, die alte Gebirgsarten bilden, oder solche, deren Formation nicht zu beschleuniget war, wie gemeiniglich in Flözgebirgen, um dem Zuge der Verwandschaften zu folgen, so wäre es vielleicht möglich die Grundzüge einer geognostischen Chemie zu entwerfen; Gesetze, nach welchen Erde und Metallarten sich miteinander vorzugsweise vor andern verbanden, die uns vielleicht erklären könnte, warum sich im Grünsteine Feldspath und Hornblende bildeten, warum nicht Hornblende allein, die doch alle Bestandtheile des Feldspaths enthält. Warum den Granit drey Gemengtheile bilden, und nicht einer allein *). Warum im Basalte, Hornblende, Olivin so häufig ist, warum der Kalkstein so selten, und dann doch so wenig als gemengte Gebirgsart vorkömmt! Liegt im Grünsteine die Ursache nicht vielleicht darinnen, dass Erden sich lieber mit Erden als mit Metallen vereinigen, unter den Erden selbst aber Kiesel und Thonerde die nächste Verwandschaft zu einander besitzen? Feldspath ist dann das Resultat einer höhern Verwandtschaft als Hornblende, dieser besteht aus jenen zwey Erden fast nur allein: Hornblende enthält noch mehrere Erden und ein Viertheil von fast metallischem Eisen. Noch grössere Verwandtschaft scheinen Stoffe zu denen ihnen gleichartigen Theilen zu haben; wahrscheinlich würden sich endlich Kiesel- und Thonerde im Feldspath gänzlich von einander getrennt, und verschiedene Fossilien gebildet haben; wenn die Ursache, die sie aus ihrer Auflösung zu treten nöthigte, ihnen Zeit gelassen hätte den Verwandtschaften bis zu ihrem höchsten Grade zu folgen.

*) Vergl. meinen Aufsaz von der Uebergangsformation in Baron Moll Jahrbücher II. Band etc.

Ueber diese Verhältnisse kann uns die Laboratorienchemie wenig belehren, denn ihr fehlen die Mittel diese Stoffe auseinander wirken zu lassen.

Salzberge.

Die merkwürdigsten Lager dieses ungeheuern Kalkflözes sind diese mächtigen Bänke von Steinsalz. Im Hallstadter Salzberge sind die Wasserberge (Stollen, die süssen Wasser über dem Salzstock zu fangen) über dem Salze in diesem Kalkstein getrieben; und auf dem Törringer Berge ohnweit der rothen Capelle sieht man ein mächtiges Lager von Kalkstein auf dem Gyps liegen, der hier das rothe Steinsalz bedeckt. In Aussee erhebt sich in steilen Felsen der Sandling über dem Salzstock, dessen Berge (Stollen) im Salzthone bis in seine Mitte vordringen. Die Felsen sind Kalkstein, in dem einst, auf kleinen Kupferlagern Versuche gemacht worden sind. Auch über dem Ischeler Salzstock erheben sich hohe Berge von Kalkstein. Bey allen ist es also sichtbar, wie sie in dieser hier alles einschliessenden Gebirgsart liegen, zu einer Formation mit ihr gehören, neuer sind als die grossen, weitverbreiteten Steinkohlenmassen der flachen Länder, und älter, als der mächtige ältere (soolführende) Gyps, der zwischen dem Zechsteine und dem neuerem feinkörnigen Sandsteine liegt. — Es sind hier keine Vertiefungen, in denen die Salzmassen abgesetzt wurden; sie steigen an den Bergen bis fast zu ihrem Gipfel hinauf, und Vertiefungen, die man izt etwa bey ihnen bemerkt, sind Folgen ihrer leichten Zerstörung; der Auswaschung durch auflösende Quellen. An der steilen Felswand, die über Hallstadt hängt, ersteigt man mit Mühe auf 2500 Stufen, ohne die aller Zugang unmöglich wäre, den Rudolphsthurm nahe über dem Abgrunde; hier öffnet sich zwischen den kahlen Klippen des Blassen- und Kreuzberges ein stark ansteigendes, aber nicht felsiges Thal, das sich in 1½ Stunde Entfernung zwischen diesen zwey Bergen doch noch 1400 Fuss unter jenem, dem höheren endiget. (Siehe die Ansicht in Fig. I.) Die Salzmasse füllt das Thal aus, und daher das sanfte, das felsenlose desselben, und die von Wässern ausgewaschene Tiefe zwischen den Bergen. Der unterste, der hier im Salze getriebenen Berge liegt 2730 Fuss über das Meer, die oberen, oder Wasserberge über diesen 330 Stabel oder 1320 Salzburger Fuss, der Gipfel des Salzberges daher etwas über 4000 Fuss über das Meer. In der nämlichen unerwarteten Höhe liegen die Salzberge zu Ischel und Aussee. In einem steilen vom Gebirgsarm herabkommenden von Osten gen Westen gehenden Thale steigt man zum Ischeler Berge hinauf, und bey den oberen Bergen im Salzstock hat man auch einen grossen Theil der ganzen Höhe des Gebirges in dieser Gegend erstiegen. Der Leplesgraben, der höchste der hiesigen Stollen liegt 2975 Fuss über das Meer. — Noch höher ist der Salzberg von Aussee. Schon Altaussee liegt 250 Fuss über der Stadt, von hier aus steigt man nordwärts eine Stunde und mehr den sich beträchtlich benden Abhang hinauf, bis zum Mosberghause ngefähr in der Mitte des Salzberges 2382 Fuss über s Meer. Es liegt auf einer sumpfigen ebenen läche (daher auch sein Name) die wahrscheinlich benfalls Folge ist der leichteren Zerstörbarkeit der alzmasse. Ueber dem Salzberge steigen die nackten Felsen des Sandling fast noch 2000 Fuss in die Höhe. So liegen diese Salzlager an der Nordseite der Tauern in ungleicher Höhe, je mehr sie sich von diesem Gebirge, und von Süden entfernen. Der höchste Punct des Salzberges von Hall in Tyrol liegt nach geometrischen Messungen 3302 Wiener Fuss über die Stadt: Innsbruck aber nach Walcher 1645 Wiener Fuss über das Meer, der Berg daher ungefähr 4950 Fuss über die Meeresfläche. Der untere Berg in Hallein hat eine Höhe von ohngefähr 1600 Fuss, der tiefste Stollen zu Berchtolsgaden von 1902 Fuss über die Fläche des Meeres. Noch tiefer liegen die vielen mächtigen dem Steinsalzgebirge oft sehr ähnlichen Gypslager, wie diejenigen von Offensee bey Ebensee, von Reichenhall, von Fuessen am Lech, von Obernau bey Ettal. Die Ordnung dieser Berge in Hinsicht auf ihre Höhe ist daher folgende:

Oberberge zu Hall in Tyrol	4803. 2 Par. Fuss nach Walcher,
Kaiser Ferdinandberg -	4163. 7. u. geometr. Mess.
Höhe des Salzberges	639. 5 Par. Fuss, oder 600 Fuss Wiener.

Wafferberge zu Hallftadt	4000 Fufs.
Untere Berge - - - - -	2730.
Höhe des Salzberges	1270 F. oder 1320 Salzb. F.
Leplesgraben zu Ifchel -	2975 Fufs.
Leopoldberg - - - - -	1772.
Höhe des Salzberges	1203.
Salzberg von Hallein -	3232 Fufs ohngefähr.
Untere Berge - - - -	1600.
Höhe des Salzberges	1632 Fufs.
Salzberg von Auffee -	2700 Fufs ungefähr.
Mosberger Berghaus -	2382.
Höhe des Salzberges	516 Fufs.
Ferdinandi Stollen zu Berchtoldsgaden - -	1902 Fufs.

Die bey weitem gröfsere Maffe des Kalkfteins liegt unter diefen Salzbergen, wodurch diefe doch wieder einige Aehnlichkeit mit dem alten foolführenden Gyps in den flachen Gegenden Teutfchlands erhalten, fie liegen entweder am Fufse des nördlichen Abfalls der Kalkkette, wie die von Berchtoldsgaden, Hallein, oder in grofsen Höhen diefes Abfalls, wenn er nicht nach eben diefer Weltgegend hin gefchichtet ift, wie im Salzkammergute. Eine Gebirgsart, wenn fie in grofser Mächtigkeit an einigen Orten abgefetzt wird, pflegt oft neuere, weniger mächtige Gebirgsarten in fich zu fchliefsen, die fonft nur auf jener nicht zwifchen

.r abgesetzt sind, deren Formation man daher nicht ir gleichzeitig hielt, oder die mächtige Gebirgsart mfaßt die hier weniger starken, und setzt sie, zu ihr ıbordinirte hinab, wenn gleich in anderen Ge- ;enden diese leztern die umfassenden seyn kön- ıen. Diese ungeheure Masse von Kalkstein hat zwey von ihm sonst sehr unterschiedene Formationen in sich vereinigt; die Steinkohlenformation, und die des alten Gypses. Auf ähnliche Art schliest der in Schlesien mächtige Steinkohlensandstein, diesen dort wenig mächtigen Kalkstein in sich; der neuere Sandstein an mehreren Orten in Teutschland den neueren Gyps.

Jede dieser Salzmassen wird vorzüglich durch den kohlenstoffhaltigen bituminösen Thon charactesirt, der mit denen darin gemengten Salzstücken auf der Grube: das Haselgebirge, von Herrn v. Humboldt aber sehr schicklich Salzthon, genannt wird.

In Hallstadt, (und fast eben so in Ischel und Aussee) ist seine Farbe rauchgrau, er kommt auch graulichschwarz, und graulichweiss vor, seltener röthlich braun (Leberstein der Bergleute) und ziegelroth.

Er ist völlig matt, aber immer mit ganz kleinen, schimmernden Salztheilchen gemengt.

Im Bruche feinerdig, im grossen unvollkommen flachmuschlig.

Seine Bruchstücke sind umbestimmteckig; nicht sehr stumpfkantig.

Er ist völlig undurchsichtig.

Färbt nicht ab.

Er ist weich, in das sehr weiche übergehend. Man findet ihn vom schmierigen bis zu einem Grade der Festigkeit, der eine Bearbeitung mit Bohren und Schiessen zuläst; diess aber wohl mehr der Zähigkeit wegen.

Er ist etwas geschmeidig.

Giebt lichte aschgrauen Strich.

Ist nicht sonderlich schwer.

Man behauptet, dass dieser Thon an der Luft seine Farbe verdunkle; was um so sonderbarer wäre, da er nach Humboldtischen Versuchen den Sauerstoff der Atmosphäre stark absorbirt. —

Er ist durchaus mit Kochsalz gemengt. (Fast darf man es nicht Steinsalz nennen). Kleine Stücke oft nur vier Cubikzoll gross, sind mit einer dünnen Salzrinde umgeben, von klein nierförmiger Oberfläche, blaulichgrau und milchweiss, wie kleine Krusten, die sich aus einzelnen Sooltropfen bilden. Diese, so umgebene Thonstücke haben meistens eine viereckige, oder polygonische, selten eine runde Gestalt. In ihrem Innern enthalten sie ausser dieser Rinde noch eine grosse Menge ganz kleiner viereckiger Salztafeln, die im Sonnenlicht stark schimmern; kleine Massen, die zu sehr vom Thon umwickelt waren, als dass sie ihrer gegenseitigen Anziehung folgen und sich zu einem Ganzen hätten verbinden können; Aber runde Massen von Salz, der Anfang solcher Verbindung von Nussgrösse, bis zu der von mehreren Fuss Durchmesser sind im Haselgebirge nicht selten, und eben so wenig mehr oder weniger ausgedehnte Lager von Steinsalz. Dieses Steinsalz ist gewöhnlich von dunkelrauch und perlgrauer Farbe; fast immer kleinkörnig in das feinkörnige übergehend, und vollkommen halbdurchsichtig, auch noch in dicken Stücken. Es würde vollkommen durchsichtig seyn, wenn nicht die Lichtstrahlen von einem körnig abgesonderten Stücke so vielfach auf ein anderes geworfen würden, dass das durch sie gesehene Bild dadurch nothwendig undeutlich werden muss. Es ist in hohem Grade weich. Das rothe Salz ist theils von fleisch- theils zinnoberrother Farbe. Es scheint noch etwas härter, als das graue zu seyn, und den von Herrn v. Born angeführten Erfahrungen zu Folge auch schwerer. Ein Hallstadter Cubikschuh (10278 hs = 9148 Pariser) von grauem Steinsalze wiegt 94 Pfund Wiener, ein solcher Cubikschuh von rothem Salze wiegt 105 Pfunde (Mineralgeschichte des oberösterreichischen Salzkammerguths in Abhandl. einer Privatges. III. 483) Der Pariser Cubikfuss graues Salz wiegt daher 156. 56 Cöllner Pfund (9728 W. Pfund 11690 Cöllner), der Cubikfuss rothes Salz aber 175. 4. Cöllner Pfund. Wenn man die Schmidtische Wiegung des Wassers zum Grunde legt (1 Par. C. Fuss = 72. 675. Cöllner Pfund, so ist hiernach die specifische Schwere des grauen Salzes 2154, des rothen 2412. Lezteres ist durch Eisen gefärbt, und daher entsteht auch wahrscheinlich der Ueberschuss der specifischen Schwere. Born löste es auf, es blieb ein Bodensatz, der mit Kohlen geröstet von dem Magnet anziehbar war. Das Himmelblaue Salz ist durch Kupfer gefärbt, aber in welcher chemischen Vereinigung? In Hallstadt, wo nur allein das blaue Salz vorkommt, ist Kupferkies, und Schwefelkies öfters im Haselgebirge eingesprengt.

Born's Analyse des reinen, weissen Steinsalzes giebt diesem in 100 Theilen

50 Theile Alcali
30 Theile Wasser
19 Theile Säure

0. 56. Kalkerde und etwas flüchtiges Alcali; vielleicht ein Product der Analyse selbst. Offenbar ist das Verhältniss der Säure in dieser Analyse zu klein angegeben, wenn es gleich noch nicht ausgemacht scheint, ob im Kochsalze Säure, oder Alcali in grösserer Menge vorhanden sey;

Nach Bergmann bestehet reines Kochsalz aus:	Nach Kirwan aus:
52 Theile Säure	33 Theile Säure
42 Theile Alcali	50 Theile Alcali
6 Wasser.	17 Theile Wasser.

Die Menge des Wassers ist im Steinsalze gewiss grösser als im künstlichen Salze; allein auch für die Menge im leztern scheint Bergmanns Angabe zu geringe zu seyn. — — Wenn das Steinsalz hier in mächtigen Lagern vorkommt, so hat es eine sehr sonderbare und merkwürdige Streifung. An einigen Orten, wie fast durchaus in Ischel, ist sie ausserordentlich regelmässig im Streichen und Fallen aber fast immer dem wahrscheinlichen Fallen der ganzen Masse entgegen; die Streifen nähern sich immer mehr einer senkrechten Lage. In Hallstadt sind die Erscheinungen dieser Streifung mannichfaltiger; sie biegen

gen und werfen fich in kleinen Entfernungen, chen Rücken und Mulden, gehen von horizonta- in vertikale Lagen fchnell über, und zeigen nig Spur von Regelmäfsigkeit in Richtung der eifen (Siehe die II. Fig.). Auffallend deutlich ift fe merkwürdige Bildung in der weifsen und rothen pelle zu Hallftadt, wo das Geftein mehr aufge- lagen, und die Lage der Weitung winkelrecht ift f die Richtung der Streifen. In Auffee find zwar fe Streifen auch häufig, allein in ihrer Neigung eben fie fich kaum über 30 Grade hinaus, und find fie faft ganz horizontal, ftatt dafs fie in Ifchel im je auf 30 Grade hinabkommen. Diefe Erfchei- ng hat eine auffallende Aehnlichkeit, mit der, nn gleich weniger deutlichen Streifung des Sand- ins, die man auch in Schlefien an vielen Orten det. Wahrfcheinlich liegt die Urfache in einer fsen Bewegung der fich bildenden Maffe, theils allgemeinen Urfachen, theils weil fie in engen umen eingefchloffen war, wodurch ihr mehrere wegung zugleich mitgetheilt werden konnte; ch welche fie ungleichförmig abgefetzt und genö- get wurde, Mulden und Hügel zu bilden; und fo fe fonderbaren Zeichnungen hervorzubringen. — Ifchel wo die Streifen faft immer fenkrecht find, d die gröfste Bewegung während ihrer Bildung ftatt den mochte, find grofse Maffen von Steinfalz fel- ı, und das Salz ift fo fehr im Hafelgebirge vertheilt, fs in den Wöhren das Waffer acht Wochen bis ey Monate Zeit braucht, fich völlig zu fättigen; agegen in Auffee nur 40 Tage oder fechs Wochen,

nicht vielmehr in Hallstadt, wo auch schon Salz und Haselgebirge mehr von einander getrennt sind. In Aussee kommt das Steinsalz von einer Höhe vor, die durch mehrere Berge geht (ein Berg = 20stabel) mit söhlichen Streifen. Zeigt nicht diese Trennung des Thones und Salzes die grössere Ruhe in diesem Salzberge? Dass die Streifung in Verbindung steht mit der grösseren, oder geringern Masse des abgesetzten Salzes? Nur grosse Bewegung vermag die mechanische Auflösung des Thones mit der chemischen des Salzes zu verbinden; in der Ruhe setzt sich die Masse des Thones zu Boden, während das Salz noch aufgelöst ist. Setzt sich dieses auch ab, so ist kein Thon mehr da, der es verunreinigen könnte, und nur von erneuerten Thonformationen kann es bedeckt werden. Daher die mächtige und grosse Massen von Steinsalz in Niederungen zwischen Gebirgen, oder an ihrem Fusse, wie die ausgedehnte ungeheure Niederlage im Innern von Siebenbürgen (einem von uranfänglichen Carpathen umschlossenen Kessellande, das ein Recensent in Oberd. A. L. Zeitung St. XC. 1794. sinnreich mit dem Mondsflecken Copernicus verglich, wie Baiern und Schwaben mit dem mare Chrisium, Oestreich mit Newton, Böhmen mit Plato, Ungarn mit dem mare Imbrium (wie die grosse Masse von Wieliczka am Fuss der Carpathen, wie die gewaltige Masse am Flusse Behat in der Hindostanischen Provinz Lahor, die noch izt für die Beherrscher des Landes ein so grosser Schatz ist, als sie es u Plinius Zeiten war *). In grofsen relativen Höhen fcheint dies fehr mächtig reine Salz nie vorzukommen: denn da der Niederfchlag der Gebirgsarten wahrfcheinlich gröfstentheils Folge der Verminderung des Auflöfungsmittels ift, Salz aber, als der leicht auflöslichfte Theil fich auch deswegen aus diefem am fpäteften wieder abfondert, fo mufste es mit ihm beträchtlich bis zu Flächen hinabfinken, auf welchen höhere Gebirge es für die beunruhigende äufseren Kräfte fchützten, die diefe Gebirge felbft hervorgebracht hatten **). Deswegen find doch die abfoluten Höhen oft nicht unbeträchtlich, auf welchen man diefes Salz findet. Das Innere Afiens enthält zwey Tagereifen füdwärts von Balckh (Bailac) am Fufse der gröfseren Gebirgsreihe, nordwärts von Tibet, die das glückliche Cafchemire umgiebt (den höchften Bergen der Welt, la pépinière de la création organique: Pallas) eine fo grofse Menge von Steinfalz, dafs es hinreichen würde, die ganze Welt zu verforgen (Marco Polo, Bergeron Voyages en Afie. Tom. II. 27.) Diefe erhabene Gegend, aus welcher einft und jezt noch fich alles wunderbare in der Welt über die Erde verbreitete, die fich unferer Kenntnifs immer noch

---

*) Am Fufse des grofsen Gebirges von Cafchemire. Tiefenthaler Befchreibung von Hindoftan I. 72. funt et montes nativi falis, ut in indis, ormenus, in quo lapidicinarum modo caeditur renafcens, maiusque regum vectigal ex eo eft, quam ex auro et margaritis. Plinius Lib. XXX. Cap. VII.

**) Eine Meinung, die Werner in feinen Vorlefungen fchon längft vorgetragen, und weiter ausgeführet hat.

L 2

um so standhafter entzieht, als alle Sagen, Nachforschungen, und Denkmale von Völkern, Thieren, Pflanzen, und alle Spuren von Verbreitung der todten Materie über den Erdboden uns zu diesem Mittelpunkt der Welt leiten, könnte unsere Kenntniss eben so den unbekannten Zustand der Tiefe des Meeres eröffnen, den wir jezt nur höchstens aus kleinlichen Senkbley-Versuchen geahndet haben. Gewiss, lange musste das Meer den Fuss dieser Gebirge bespühlt haben, um diese hohe und ausgedehnte Ebenen zu gleichen, die wir auch hier unter dem abschreckenden Namen der Wüsten kennen; ohnerachtet sie nur von Menschenwohnungen, nicht von anderen belebten Geschöpfen, leer sind. Diese Ebene liegt eben so hoch, als ein grosser Theil der europäischen Alpen, und übertrifft an Höhe fast alle Gebirge des Nordens *). — Ist nicht diese hohe Lage der Länder in der heissen Zone und die grosse Erhebung von Gebirgsarten, die in temperirten Climaten nur in minderen Höhen vorkommen, eine Folge von Rotation der Erde während der Formation der Gebirgsarten? — Ich kehre zum Salzkammergute zurück. — In reinem Steinsalze findet man oft kleine Massen von *Salz*, die sich durch ihre Durchsichtigkeit von der grossen

*) Schon die Wüste Coby zwischen Sibirien und China liegt mehr als 3000 Fuss über das Meer. Du Halde Descript. de la Chine Tom. IV. 101. — Lange Tagebuch zweyer Reisen von Kiachta und Zuruchaitu nach Pecking. Petersb. 1781. p. 21. — Dr. John Bell Travels to China Glasgow 1763.

Masse leicht unterscheiden. Sie sind theils viereckig, theils rund, vielleicht lezteres noch öfter. Jene Form ist die, des Salzkristalls selbst; (man nennt auch die Massen Kristallsalz) diese die Form des Wassertropfens, aus welchem sich das Salz bildete; kleinere Massen in Haselgebirgen sind oft auch oval mit fast senkrecht stehender grossen Axe; eine Wirkung der Schwere; welche auf diese Art die Kugelform ändert, welche die Wassermasse vermöge ihrer eigenen Anziehung annimmt. Dieses Salz hat nie besonders abgesonderte Stücke, daher seine Durchsichtigkeit. — Auch vom Salzthone selbst findet man viele kleine eckige Stücke im Steinsalze; wahrscheinlich von der Unterlage abgerissene Massen, die bey feiner Zertheilung auch wohl kleine, wenig fortsetzende Lager im Salze bilden, und gröstentheils auch die Streifen desselben.

Zwischen den Salzmassen selbst ist der Gips als Lager selten; fast nur in Hallstadt macht er 2—4 und 6 Lachter mächtige Lager darinnen; im Salzthone ist er häufiger in mehr oder weniger kleinen Massen; die aber doch zuweilen über ein Lachter im Durchmesser erreichen. Man erkennt sie in den ausgelaugten Wöhren (Sinkwerken) sehr leicht; das Wasser erweicht den Salzthon, löst das mit ihm gemengte Salz auf; es fällt nur nach getrennter Verbindung mit dem Ganzen vom Himmel auf die Sohle herab, und der unaufgelöste und nicht erweichte Gips bleibt aus dem Himmel hervorstehend, in der Form, die es im Salzthone hatte, und fällt dann erst, wenn er gänzlich losgetrennt ist. Die obere Decke der Wöhren ist deswegen immer sehr uneben. — In Ischel sieht man grosse Lager von Gips immer als die Gränze des Salzstocks an; und auf Maria Theresia Berg wird ein Ort wirklich darinnen getrieben, ohne dass man sich selbst grosse Erwartungen machte, hinter ihm noch Salzgebirge zu finden. Dieser Gips ist dem Salze auffallend ähnlich; er ist dunkelrauchgrau, feinkörnig, ins kleinkörnige übergehend, etwas weicher aber sehr viel spröder und von grösserem Zusammenhalt als das Steinsalz, so dass er bey der Arbeit mit Bohren und Schiessen Funken zu sprühen im Stande ist. Er ist nur durchscheinend, ein Kennzeichen, das ihn vorzüglich vom Salze unterscheidet, wenn man die Entscheidung nicht dem Geschmack überlassen will. In Aussee findet man im Salzthone, wie man behauptet, nicht selten eine eigene Art von Gips; die sich in einigen Kennzeichen wesentlich von allen anderen Arten des Gipses unterscheidet.

Er ist von einer Mittelfarbe zwischen Ziegel- und Hyacinthroth.

Er ist im Bruch wenig glänzend vom Fettglanz.

Dünn, gleichlaufend und etwas gekrümmt, strahlig.

Er ist stark an den Kanten durchscheinend.

Weich ins sehr Weiche übergehend.

Von stärkerem Zusammenhalt als gewöhnlicher faseriger Gyps.

Seine specifische Schwere ist beträchtlich: Auf Nicholsons Waage 2660.

Auch neue Bildungen von Gypskrystallen sind in verlassenen Wöhren und offenen Klüften nicht selten. — Gewöhnlich glaubt man, dass die Menge des Gypses in den Steinsalzgebirgen, bey weitem diejenige des Salzes selbst übertrifft; eine Vorstellung, die durch die längst beobachtete geognostische Verwandtschaft beyder Substanzen entstanden ist. Beyde sind von fast gleicher Formationszeit, daher finden sie sich oft neben einander, aber das Uebergewicht der Menge des Gypses hat schon Herr von Fichtel mit Erfahrungsgründen bestritten; auch im Kammergute sieht man diese Meinung wenig bestätigt. Man würde eben so irren, wenn man den die Salzgebirge so charakterisirenden Salzthon durchaus für Hauptgebirgsart derselben ansehen wollte. Er ist es in Oesterreich, in Berchtolsgaden, in Salzburg, zu Cosenza, Giojosa, Castelvetere, St. Catharina in Calabrien (Swinburne, Fortis) wahrscheinlich auch zu Caporoso in Navarra, zu Mingranilla in Valencia (Dillon, Bowles); ausgezeichnet zu Northwich, Droitwich und Middelwich an den westlichen englischen Küsten *).

---

*) Eversmann chem. Annal. 1796. 8tes St. Da, wo das dortige Steinsalzgebirge aufhört, hebt sich unter ihm das Steinkohlengebirge bey Liverpool, Newcastle Underline etc. hervor, zwischen beyden liegt der Flözkalkstein von Darby und von Cumberland an lezterem Orte mit Lagern von Bleyglanz und Gallmey, und Gängen von Kupfererzen; an ersteren mit Gängen von Bleyglanz. — Sehr belehrend für die Geschichte der Formation des Salzes ist es, dass die mächtigen Thonflöze des englischen in der Ebene, daher sehr ruhig abgesetzten Salzgebirges, gar nicht, wie in

Hingegen liegt er nur 3, höchstens 10 Fuſs über dem reinen zu Viſackna 386 Fuſs Thorda 396 Fuſs ohne Sohle durchſunkenen ſalze (Fichtel Geſ. des Steinſalzes in benb. 1780. 26.) und eben ſo wenig kann trächtlich ſeyn über den mächtigen Niederlager Steinſalz am Ileck, oder am Fluſſe Halys Sinope, und am Fuſse des Ararat (To fort Voyage du Levant 1717. III. 55. oder über den ungeheuren Salzmaſſen, die in nern unſerer groſsen Continente angehäuft ſind

---

den hochliegenden Flözen des Salzkammergutes durch Kochſalz gemengt, ſondern faſt rein ſind; und nur da Salz enthalten, wenn ſie unter einem mächtigen Salzflöze Herr Eversmann giebt für Northwicher Grube Schichtenfolge an:

Dammerde - - - - - - - -	10 Fuſs.
Schwarzer Mergel - - - - -	6 —
Sand - - - - - - - - -	9 —
Mergel - - - - - - - - -	6 —
brauner Thon mit Gypstrümmern -	30 —
Thon - - - - - - - - -	74 —
erſter Salzſtock - - - - - -	36 —
feſtes Thongeſtein mit Salztrümmern	30 —
zweyter Salzſtock durchſunken bis zu	60 —

**) Denn aller Salzvorrath des alten Meeres ſcheint ſich mit Gebirgen umſchloſſenen Mitte der Länder abge haben, ehe es ſich in ſeine jetzigen Gränzen zurückz kennt die groſsen Salzmaſſen in Perſien, bey Ti Tauris (Chardin 1711. II. 322) in der mit religi natürlicher Myſtik umgebenen Gegend von Schamac Baku, und an anderen Orten in Schirvan (S. G. ruſſiſche Reiſe III. 43. ſeq.) In dem wüſten Car der Provinz Kerman, zwiſchen Abuſchähr, und dern der Seiks iſt Steinſalz ſo häufig, und die An dieſer flachen, und jezt noch gröſstentheils im geogra Dunkel liegenden Gegend, ſo trocken, daſs die Ei

In Auſſee ſieht man ein auffallendes Beyſpiel er Zerlegung des Gypſes durch Kochſalz, indem die lenge bewirkt, was die gegenſeitige Verwandtſchaft

---

das Salz als Bauſtein bearbeiten, und ihre Häuſer damit aufführen (Chardin IV. 65.) Auch Niebuhr hörte von dieſem Steinſalze (Reiſebeſchreibung 1778. II. 112.) — Faſt gleichen Reichthum von Salz ſcheint das Innere Afrika's zu enthalten. Mit dem Salz der Seen von Dombu im Reiche Bornu in der Mitte der groſsen Wüſte Bilma werden groſse und weitläuftige Reiche verſorgt, (Mag. der Reiſebeſch V. 292.) und in der Landſchaft Tegaza, zwanzig Tagereiſen von menſchlichen Wohnungen entfernt, wurden ehedem, und wahrſcheinlich jezt noch, ungeheure Steinſalzwerke ſo thätig betrieben, daſs das gewonnene Salz ſogar bis an die afrikaniſche Weſtküſte verſandt werden konnte. Leo Afrikan. P. II. p. 633. (Vierthaler Beyträge zur Geographie Salzburg 1798. 156.) — Ein neuerer Reiſebeſchreiber belehrt uns über die groſse Menge von Steinſalz in den hochliegenden Wüſten von Südamerika, die in Paraguay Saladillos von den Spaniern genannt werden (Saggio della Storia della provincia del Gran Chaco del Abbate Giuſeppe Jolis Faenza 1789.) und das Innere von Nordamerika iſt nicht weniger reich an dieſem Foſſile. Man hat Steinſalzmaſſen bey dem Einfluſs des Arathapescowſtroms in den groſsen Arathapescowſee entdeckt, und am Urſprung des Miſſiſſippi, und im neu entſtehenden Reiche Kentucky ſind reiche Salzquellen häufig. (Shöpf nordamerikaniſche Reiſe I. 391.) — Die ſo ungemein häufige Verbindung von Bergöl, und Salzquellen erklärt ſich durch die Nachbarſchaft der Formation des Steinſalzes, und der Steinkohlen-Quellen, die aus beyden hervorkommen, verbinden ſich in den Ebenen. Aber unbegreiflich iſt dieſe ungeheure Menge von Bergöl, die z. B. in den babyloniſchen Ebenen, zwiſchen Bagdad und Moſul, zwiſchen den hohen Kjurdiſtaniſchen Gebirgen, und der arabiſchen Wüſte am Tigris hervorkommt, welche in kurzer Zeit den ganzen Ozean zu bedecken vermögte. (Otter Voyage en Perſe I. 1748. 140. 152. 158. Niebuhr Reiſebeſchreibung II. 336. 339.) Welcher Proceſs ſcheidet dies Oel in dieſer Menge aus den Steinkohlen ab?

der Stoffe bey der Temperatur in den Sinkwerken (fast durchaus 11 Gr. R.) nicht hervorzubringen vermochte. Man verlangt eine Soollöthigkeit von 28 pro Cent. Der Sättigungspunkt des Kochsalzes liegt aber schon bey 24 pro Cent, und nur Temperaturerhöhung, und künstliches, sorgfältiges Auflösen vermag ihn auf 26 p. Cent zu bringen. So lange das Wasser noch Kochsalz auflösen kann, wirkt die Solution nicht auf den Gyps; ist aber das Wasser gesättigt, so überwiegt die vereinte Wirkung einer grossen Masse dieser Auflösung auf eine sehr kleine von Gyps, die natürlichen Verwandschaftsgesetze; es erfolgt eine Zerlegung, und Glaubersalz mischt sich mit der Auflösung des Kochsalzes. Auf eben die Art werden einige Kristalle von Salpeter in einer Salzsoole zerlegt, und bey dem Abdampfen schiesst cubischer Salpeter an. — In den Reservoirs der Sohle, in den Pfannhäusern zu Aussee setzt sich dieses Glaubersalz wieder in sehr grosser Menge ab, in Kristallformen, die merkwürdig und auffallend sind. (Vergl. meinen Auffaz von der Ueberg. Formation Bar. Moll Jahrbücher II. B.) Die Mächtigkeit dieser drey Salzstöcke läst sich mit Bestimmtheit nicht angeben, weil das Auffinden des wahren Streichen und Fallens bey diesen Massen sehr schwer ist. In Ischel scheint es h. 10 zu seyn, mit 60 Grad Südfallen. Die horizontale Mächtigkeit ist hier 50 Stabel, oder 200 Salzburger Fuss. Man hat den Salzstock 500 Stabel, — 2500 Fuss weit verfolgt, wo er sich dann gegen Norden auszukeilen scheint, gegen Süden aber durch das Thal abgeschnitten wird. —

Der Hallstadter Salzberg scheint h. 7. zu streichen, und gegen Mittag zu fallen, aber mit gänzlich unbestimmbaren Winkel. Man ist mit den unteren Bergen über 1700 Stabel aufgefahren, doch nur 600 Stabel im eigentlichen Salzstock. Gegen Süden zu kennt man das Ende nicht, und daher ist es möglich, dass der Salzstock sich am Blassenberge herum in das Gosauthal zieht, in welchem man an mehreren Orten schwache Salzquellen findet. Die aufgefahrene Breite der Salzmassen in einer Richtung winkelrecht auf ihrer Länge ist 400 Stabel, oder 1600 Fuss. — In Aussee ist das Fallen der Salzmasse wahrscheinlich wenig beträchtlich, gegen Mittag, ihr Streichen h. 2 — 3. Sie geht vielleicht unter dem Sandling ganz durch, und kann gegen Norden hin sehr weit erstreckt seyn. Bis jetzt ist sie von Mittag gegen Mitternacht 5460 Fuss untersucht, von Osten nach Westen 2960 Fuss. Der Salzstock von Aussee scheint hiernach der mächtigste von allen zu seyn, so wie er der salzreichste ist, und derjenige, der sich am ruhigsten bildete. Der Ischeler hingegen ist der ärmste, der schwächste, der unruhigste, und vom stärksten Fallen gegen Mittag.

Nagelfluh.

Wenn man von Linz aus gegen das Gebirge den Weg nach Wels hin verfolgt, so betritt man am Fusse des Schlossberges eine gewaltige Fläche, die wassergleich scheint geebnet zu seyn. Den Boden bedeckt kaum ein Zoll Dammerde. Wo sie abgedeckt ist, kommen Millionen kleine, locker aufeinander gehäufte Kalksteingeschiebe hervor, kaum ein, oder zwey Zoll groſs, blaſsrauchgrau, grobsplitterig, oder hellweiſs, und feinkörnig, mit durchsetzenden Trümmern von Kalkspath, und oft mit kleinen Nieren von Feuerstein. Steinarten, die vorzüglich den hohen Spitzen der Kalkberge eigen sind. Ein feiner Kalksand liegt zwischen den Stücken, der aber nicht fein genug war, sie zu einer festen Masse zu binden. Diese Ebene, die Welser-Heyde ist nur durch Mühe und Fleiſs fruchtbar geworden *). Der lockere Boden und die schwache Decke von tragbarer Erde widersteht aller Cultur. Näher gegen das Gebirge werden die Stücke allmählig gröſser: vor Cambach sieht man sie häufig zu einem Conglomerate verbunden, sie sind kopfgroſs, und mannigfaltige Farben des Kalksteins untereinander geworfen. Auch wechseln hier mit den Geschieben häufige Thonlagen ab. Am Traunfall, 1½ Meile unter Gmünden bestehen die über 200 Fuſs hohen Thalseiten aus Stücken von einem bis 1½ Fuſs im Durchmesser: sie sind nicht mehr so rund, als die kleinen Geschiebe bey Linz, und liegen in sohligen Schichten 5 und 6 Fuſs hoch. Kleine Stücke füllen die Hölungen zwischen den gröſsern aus, und ein kalkartiger Kitt, oft dem Kalkspathe ähnlich, hält sie zusammen. Man sieht am Abhange des Thals deutlich mehrere Absätze, Spuren der Einschneidung, des Gewässers in dieser lockeren Gebirgsart, und allenthalben sind groſse Hölun-

*) Schrank und Moll naturhistorische Briefe, I. 24.

gen, überhangende Felsen, Räume, in denen sonst grosse Geschiebe lagen, Zeichen vom Stosse des Wassers, der diese Massen hinwegriss. Noch jetzt sieht man diese Wirkung am donnernden Traunfall, an den Felsen am Flusse, über welche der mächtige Strom sich 40 Fuss herabstürzt. — Hier findet man alle Arten des Kalksteins vereinigt, die das Gebirge enthält; eine Mannigfaltigkeit von Farben, von denen man vielleicht nicht die Hälfte in den weniger mächtigen Kalkflözen des nordlichen Deutschlandes antrifft; alle Abänderungen des Bruchs, die man je am Kalksteine bemerkte. Bräunlich schwarze und hellweisse Geschiebe neben einander, cochenille, bräunlich, selbst rosenrothe Stücke neben blaulich und rauchgrauen, vielfach mit weissen Kalkspathtrümern durchzogen. Chalcedon ähnliche Feuersteine in Nieren und Trümern häufig in grossen Geschieben von weissem Kalksteine; selten kleinere, grauwackenähnliche sehr glimmrige Sandsteine, die auf den Höhen im Gosauthal anstehend sind. Näher gegen Gmündten zu vermehrt sich die Gruppe der Geschiebe immer verhältnissmässig gegen die Annäherung zum hohen Gebirge, ihrem Geburtsorte, und immer mehr verlieren sie ihre runde Geschiebengestalt. Bei dem Ausflusse der Traun aus dem See, sind diese Maasse fast 2 bis 3 Fuss stark, und kaum sieht man noch kleine Stücke, wie diejenigen, welche die Welser-Heyde bedecken. So sieht man eine ununterbrochene Progression in der Grösse dieser Geschiebe, vom Fusse der hohen Felsen, von welchen sie auch einst einen Theil ausmachten bis in die flache Ebene hinab. — Eine Bildung, die Strömungen ihren Ursprung verdanken, welche sich vom Gebirge in die grossen Seen hineinwarfen, die man an einander gekettet bis zu dem Meere verfolgen kann. Sie wirkten auf die grossen Massen, die von den Felsen herabstürzten, wie das Gewässer auf unseren Stossheerden; grosse Stücke blieben eher zurück, kleinere sahen sich weiter fortgeführt, und in der Mitte der Ebene bildeten sie mächtige Lagen, die spätere Bäche als freystehende Felsen entblössen. Nur dort kann diese, den flachen Gegenden ganz fehlende Formation entstehen, wo Felsen ununterbrochen tausend und mehr Fuss fast senkrecht, oder mit mehr als einem Winkel von 60 Graden aufsteigen: Die losgerissene Massen finden an den Felsen keinen Ruhepunct eher, als in der Tiefe des Thals, und von hier führt sie der dort fliessende Strom in die Ebene hinab. Wenn auch der kohlensaure Kalk sich schwer, oder fast gar nicht im Wasser auflöst *), so ist er doch einer ungemein feinen Zertheilung fähig,

*) Quellen und Bäche im Kalkstein sind oft zum Erstaunen rein, und frey von chemisch verbundenen Bestandtheilen. Dr. Ferro untersuchte das Wasser einer Quelle unweit des Königsees bey St. Bartholomäus in Berchtesgaden. Fast alle Reagentien waren darinnen ohne Wirkung, und nur eine grosse Menge Sauerklee-Salzsäure konnte einen schwachen Niederschlag von Kalkerde bewirken. (Moll oberdeut. Beyträge 1785. 149.) Viele Wässer, die weit von Kalkstein entfernt sind, ja alle Brunnen in grossen Städten, enthalten vielleicht einen grössern Antheil. Und enthält doch auch sogar nach Bergmanns Behauptung das Regenwasser eine geringe Beimischung von salzsaurer Kalkerde. (de analysi aquarum §. 9.)

ſchwebt auf dieſe Art lange im Waſſer, und vermag die gröſseren Stücke zum Conglomerate zu binden, ſelbſt in Geſtalt des Kalkſpaths, in welchen häufig die Geſchiebe eingemengt ſcheinen. (Dolomieu Journal des mines N. XXII. S.) Dieſe Formation iſt daher keine allgemeine, über groſse Theile des Erdkörpers verbreitete; ſie findet ſich nur in der Nähe hoher und ſteiler Kalkgebirge; ſie entſteht nur aus Anſchwemmungen von Strömen, nicht als Wirkung groſser Waſſerbedeckungen: denn auf jene Art entſteht ſie noch jetzt. Wenn die von den ſteilen Felſen herabfallende Stücke ſchon am Abhange aufgehalten ſind, ehe ſie die Tiefe des Thales erreichen, ſo kann dies Conglomerat auch in dieſen hohen Schluchten ſich bilden. Auf groſser Höhe am Gaisberge in Salzburg findet man es auf dieſe Art, und an mehreren Orten im Salzkammergut z. B. über den tief eingeſchloſſenen Goſauer Seen. Man ſieht dieſes Geſtein kaum aus anderen Gebirgsarten als Kalkſtein ſich bilden; denn faſt keine ſteigt ſo ſchrof und ſteil in die Höhe, und anderen fehlt auch das Bindemittel, daſs hier die Kalkſteinſtücke vereinigt. — Dieſe Gebirgsart iſt es, die man in der Schweiz durchgängig Nagelfluh nennt, die dort ausgedehnte Flächen, oft in anſehnlichen Höhen bedeckt; wie der Rigiberg iſt, ein groſser Theil von Freyburg, vom Pays de Vaud, von Thurgau, von Schaffhauſen und anderen niederen Gegenden dieſes gebirgigen Landes. In den Ländern an der Nordſeite der Alpen, die nördlich das Tauerngebirge begleiten, hat dieſe Steinart keinen gemeinschaftlichen bestimmten Namen; man nennt ihn theils Nagelstein, Buchstein, Tuffstein, theils auf andere willkührliche und wenig angenommene Art. Die Schweizer Nagelfluh aber ist ein bekanntes Gestein, dessen Benennung wenige Verwechslungen zu verursachen, im Stande ist. Es ist eine aufgeschwemmte Gebirgsart, neuer, als alle Gebirgsarten von einiger Ausdehnung; neuer als Sandsteine von allen Formationen; aber sie kann selbst in ihrer Formationszeit verschieden seyn. Denn es ist möglich und wahrscheinlich, dass sie bald nach Formation der hohen Kalkspitzen sich schon zu bilden anfing; andere Formation folgte noch auf diejenige dieses Kalksteins, und es kann daher seyn, dass diese eine schon gebildete ältere Nagelfluh wieder zerstörte. Wirklich soll man in der Schweiz Beyspiele von Nagelfluhe finden, die Stücke einer ältern eingeschlossen enthält.

Aus-

Höhenmeſſungen

zwiſchen Salzburg und Auſſee.

Tag 1797. Nov.	verbeſſerter Barometerſt. zu Reichenhall.	Freyes Thermometer.	Orte der Beobachtung.	Barom.	Thermometer.	Höhe über Reichenhall Par. Fuſs.	Höhe über die Fläche des Meeres.
7.	26. 989	53.	Feilhaus am Gnigl vor dem Linzerthore zu Salzburg -	26. 68.	45.	360.12.	1681.
—	27. 013.	53.	am Riedl -	26. 22.	52.	695. 7.	2076.6.
—	27. 017.	52.	zu Reut -	26. 12.	51.	1027.	2408.
—	27. 055.	51.	zu Hoff -	26. 08.	64.	1028.62.	2409.5.
—	27. 032.	51.	Fuſchler-See	26. 28.	54.	709.24.	2090.
—	27. 044.	50.	Berg vor St. Gilgen	26. 00.	52.	1025. 8.	2406.7.
—	27. 070.	49.	St. Gilgen am Oberſee	26. 75.	54.	309.66.	1690.5.
—	27. 123.	47.	Iſchel 2te Etage	27. 07.	64.	50.922.	1431.8.
8.	27. 233.	47.	Iſchel -	27. 18.	62.	51.120.	1432.
—	27. 212.	53.	Leplesgraben höchſter des Salzberges -	25. 5.	58.	1672. 7.	3053.6.
—	27. 256	53.	Leopoldiberg tiefſter des Salzberges -	26. 77.	74.	469.58.	1850.5.
—	27. 253.	52.	Iſchl - -	27. 16.	73.	89 112.	1470.
—	27. 263.	49.	Iſchl - -	27. 24	71.	22.032.	1403.
—	27. 251.	47.	Iſchl - -	27. 20.	70.	48. 85.	1429.7.
9.	27. 251	47.	Iſchl - -	27. 79.	74.	58.408.	1439.3.
			Mittel aus 6 Beobachtungen			52. 4.	1433.3.
9.	27. 318.	42.	Hallſtadt 40 Fuſs über dem See	27. 04.	66.	284 5.	1665.4.
10.	27. 378.	39.	Hallſtadt -	27. 05.	69.	359.36.	1737.2.
—	27. 3085.	38.	Hallſtadt -	26. 97.	59.	324.06.	1715.
				Mittel		322.64.	1703.5.
—	27. 378.	39.	Zweite Raſtſtube	26. 37.	49.	1227.	2608.
—	27. 378.	39.	Rudolphsthurm	25. 92.	49.	1427.84.	2908.7.
—	27. 3085.	47.	Neue Berghaus	25. 42.	56.	1866. 4	3247.3.
11.	27. 3085.	37.	Auſſee, 2te Etage	26. 54.	48.	775. 3.	2156.2.
—	27. 2285.	43.	Auſſee -	26. 55.	70.	657. 2.	2048.1.
12.	27. 1585.	35.	Auſſee -	26. 46.	64.	678. 9.	2059.8.
				Mittel		703. 8.	2084.5.
11.	27. 2685	42.	Alt-Auſſee	26. 28.	53.	962. 2.	2343.1.
—	27. 2385.	48.	Mosberger Berghaus	25. 44	64.	1779. 9.	3160.8.
12.	27. 1435.	39.	Pötſchenberg bei der Capelle	25. 36.	48	1770. 8.	3151.7.

Tag 1797. Nov.	verbesserter Barometerst. zu Reichenhall.	Thermometer	Orte der Beobachtung.	Barom.	Thermometer	Höhe über Reichenhall.
12.	27. 1285.	44.	Goysern, Hallstadter Seespiegel	26. 89.	52.	249. 3.
—	27. 1585.	42.	St. Gilgen 30 Fuss über dem See	26. 78.	66.	365. 8.
13.	27. 1285.	40.	St. Gilgen	26. 73.	60.	386.52.
—	27. 1085.	48.	Fuschler See	26. 57.	47.	719.76.
—	27. 0885.	57.	Hoff - -	26. 14.	71.	1018.17.
—	27. 1085.	50.	im Gnigl	26. 73.	60.	386. 4.
			Salzburg 60 Fuss über die Salza	unt. Rei	che	nh. 79 F.
			Reichenhall			

Der mittlere Barometerstand von Reichenhall ist 26 Zoll 8. 20
Die mittlere Temperatur 4 Grad Reaum.

Der grösste Theil dieser Beobachtungen is
Hrn. v. Humboldt angestellt worden, dah
ihrer Genauigkeit nicht zu zweifeln ist. Ich
sie nach dem einfachen Unterschiede der Lo
men, oder der sogenannten Methode simpl
rechnet, ohne auf Wärmekorrection Rücksic
nehmen. Denn theils haben wirklich neuere I
rungen gezeigt, dass Correction wegen Thermo
scher Beschaffenheit der Luft, wenn die Beo
tungsorte weit entlegen sind, oder wenn gar, w
hier der Fall ist, eine Gebirgsreihe sie trennt
grössere Fehler in die Rechnung bringt, als
ohne sie würde gefunden haben; (Vergl. Saus
Voyages §. 1122.) theils entfernen sich die M
der Thermometerstände in den Beobachtungen
sehr von demjenigen Grade, bey welchem
Trembley's Erfahrungen Wärmekorrection u
thig wird (11. 5. Gr. R. beynahe gleich mit
voisier's Temperature philosophique.)

rszeit ist diesen Beobachtungen, vorzüglich, wenn in Gebirgen angestellt werden, nicht günstig; das ometer hört nicht auf sich zu bewegen, und oscil- oft in einem Tage um mehrere Linien. Diese ränderung des Druckes der Atmosphäre ist selten ichzeitig in zwey etwas entlegenen Orten; und erfolgt sie an einem Ort gar nicht. Eine trau- : Erfahrung, die jetzt häufig genug ist bestätigt rden. Selbst in diesen Beobachtungen findet man ispiele davon: am 8. November war zu Rei- enhall das Barometer gefallen, während es zu hel noch stieg. In Sommermonaten sind über- pt Variationen nicht grofs; daher die korrespon- nden Beobachtungen, die zu dieser Zeit ange- t werden, um so zuverläffiger. Für die Richtig- der hier unter ungünstigen Umständen angegebe- Höhen spricht aber die unerwartete Uebereinmung in den Angaben von Ischel, von Hof, von chlersee, von St. Gilgen, und vielleicht hätten e, selbst Sommermonate nicht genauer anzugeben nogt. — Ihre Höhe über die Meeresfläche ist 1 Schukburg's Angabe des mittleren Barome- andes am Meere (28 Zoll 2. 91. Linien) berech-

Bouguer hat schon bewiesen, dafs der mittlere ıck der Luft in der Südsee, und auf den Pe- anischen Küsten bis 28 Zoll 1 Linie steige, und :h berechnet man immer noch Orte, die sich so wenig er die Meeresfläche erheben, als die im nordlichen eutchland nach einem Barometerstande von 336 Li- ien am Meere, da doch die mittlere Barometerhöhe on Rochelle, Bourdeaux und anderer Orte am

M 2

atlantischen Meere eine Höhe von 338 Linien erreicht; die mittlere Höhe von Vicenza 28 Zoll 0 $\frac{4}{16}$ Linien ist, und man in Petersburg das Barometer schon häufig über 350. 5. Linien (29. 21 Zoll) hoch stehen sah. Auch hat Fleurieu de Bellevue unmittelbar bewiesen, daſs der mittlere Barometerstand des atlantischen Meeres 28 Zoll 2 $\frac{10}{12}$ Linien ist. (Journal de Physique, Thermidor An. VI. 158.)

III.

R e i ſ e

durch

rchtolsgaden und Salzburg.

Gosauthal.

Das Gosauthal endigt sich im Kessel des Hall-
dter-Sees, mit enger Mündung, wie so viele Thä-
, die dem höhern Gebirge nahe sind. Die Kalk-
infelsen stehen steil und fast senkrecht, und die
hichten sind deutlich; oft mannigfaltig gekrümmt;
e am Kolbenberge, wo sie eine spitze Mulde bil-
n, immer aber gegen Süden hin fallen. In der
efe ist die Farbe des Kalksteins blass fleischroth;
n Bruch feinsplittrig, und häufiger Kalkspath dar-
ien. Nach einer nicht völligen halben Meile
ichen die Felsen zurück, sie sind nicht mehr senk-
ht, und nackt, sondern mit Waldung bedeckt, und
der Tiefe verbreitet sich auf einer Ebene das
orf Gosau. Es ist ein Seeboden, der mit eini-
m Ansteigen eine Stunde weit fortsezt. Das Thal
ändert seine westliche Richtung in eine südliche,
id geht hinter dem Blassenberge bis zu den Schnee-
rgen hinauf. Dort wo es sich wieder verengert,
hen jetzt noch zwey Seen; zwischen entsetzlichen
elsen von gewaltiger Höhe; denn hier hört ihre
legetationsbedeckung wieder auf, und ohne Absatz
rheben sie sich 3000 Fuss hoch. Die Seen sind
inster, schmal, und etwas in die Länge gezogen;

vom hinterem steigt das Gebirge sogleich bis zu den Schneebergen hinauf, die gegen Steyermark hin fast nur eine halbe Meile Grundfläche haben, um beynahe 5000 Fuss abzufallen. Man hält diese Felsen beynahe für unersteiglich. — Gewiss sind auch diese kleine Wassersammlungen Einstürzungen des Kalksteins. Bohadsch fand an den steilen Abhängen der Felsen Nagelfluh, die sonst im alten Seeboden, in dem das Dorf Gosau liegt, nicht häufig ist: aber dies ist mit ihrer Bildung übereinstimmend: nur von steilen, schroffen Felsen herab, bildet sich dieses Conglomerat, und fein zertheilte Kalkerde bindet die Stücke zusammen; von sanften bewachsenen Bergen können keine Massen herabstürzen, und die Ursachen zu ihrer Losreissung sind entfernter. Der Kalkstein der Seen soll Madreporen enthalten Die Entrochiten sind in den Tiefen dieses Thale nicht selten, daher auch oft im rothen Kalksteine Bohadsch will Stücke von Steinkohlen gefunden haben (Privatabh. V. 218); auch jetzt noch wir im Frauenhofer-Thale, ohngefähr in der Mitt des Dorfes ein Versuchstollen auf Steinkohlen betrieben; allein mit wenigem Glück; man hat hier bisher nur auf einem sehr mächtigem graulich-schwarzen Thonlager gebaut, das oft glänzende Ablosungen hat, aber wenig, oder nicht brennt. Die Steinkohlen aber, die in dieser Kalkkette vorkommen, liegen alle in ganz ähnlichen geognostischen Verhältnissen; in der Tiefe nämlich Pechkohlen, oft, oder fast immer mit kleinen Versteinerungen bedeckt, am Weissenbach bei Ischel, so soll es bei Auffe seyn, so zu Hering bei Kuffstein. Merkwürdig dass diese Spuren organischer Körper von gleicher Formation mit der grösseren Versteinerungsmenge, im Kalkstein zu seyn scheinen, dass sie immer so wenig mächtig sind, und an Bitumen so reich, an Erden arm. Wie viel Antheil mögen wohl thierische Körper an der Bildung dieser Steinkohlen haben?! — Das Gebirge zertheilt sich in dieser Gegend nach der Salzburger Gränze, in zwey verschiedene Aerme. Von den Schneebergen her läuft einer derselben nördlich fort, immer abfallend, zwischen dem Aber- und hinteren See durch, und verliert sich im Oestreicher Innviertel. Ein anderer verbindet die Hauptkette mit dem ehemaligen Berchtesgadner Plateau. Man steigt durch Waldung jenen Gebirgzug hinauf, und nahe am Wege stehen auf der grössten Höhe die Spitzen und rauhen Felsen die in so grosser Entfernung die Gosauer Seen umgeben. Hier, zwischen der Abtenau und der Gosau ist der Kalkstein von einem ansehnlich mächtigem Conglomerate bedeckt, ein Conglomerat, das hier neuer ist, als der Steinkohlensandstein, aber älter, als der feinkörnige Sandstein der Ebene. Viele schwärzlichgraue, und schwarze Thonschiefer Stücke, milchweisse muschlige Quarz-, einige Wegschiefer- und Zeichenschieferstücke in grobkörnigem Gemenge. Kleine Trümmer von Kalkspath laufen durch dies Conglomerat, schneiden sich darinnen aber bald ab, und oft auf beiden Seiten, so dass ihre Entstehung offenbar gleichzeitig ist mit derjenigen des Sandsteins. Die Berge, welche aus ihm zusammengesetzt sind, haben gerundete Formen, an welchen kleine freye Felſen hervorſtehen. In gleicher Höhe liegt er auch auf der anderen Seite des Goſauthals, zwiſchen dem Dorfe, und dem Hallſtadterſee, aber er iſt hier kleinkörniger, und beſteht aus kleinen blaulichgrauen Thon- und ſchwarzen Zeichenſchieferſtücken mit rothen und weiſsen Quarzſtücken durch eine gelblichbraune Thonmaſſe verbunden. Aus dieſem werden Mühlſteine verfertigt, und Schleifſteine, die zu groſser Entblöſsung des Geſteins Anlaſs gegeben haben. Die Höhe, in welcher dieſe Gebirgsart über der Goſau liegt, beträgt über 1200 Fuſs. Sie liegt alſo hier zwiſchen dem Kalkſtein, beinahe in der Mitte ſeiner groſsen Mächtigkeit. Von dieſer Höhe ſteigt man in groſser Steilheit die Kette hinab in das Thal der Abtenau. Feuerſtein findet man hier nicht ſelten im Kalkſteine in runden Maſſen und kleinen Lagern, und zuweilen wirklichen Jaſpis von einer Mittelfarbe zwiſchen bräunlich- und bluthroth; ſchwach wenig glänzend, kleinmuſchlich, mit eingemengtem kleinkörnigten Kalkſpath. Dergleichen Stücke ſieht man von der Höhe losgeriſſen im Frauenhoferthal liegen. Dieſe Foſsilien des Kieſelgeſchlechts ſind hier aller Orten nur in groſsen Höhen dem Kalkſteine eigen, in den Tiefen ſieht man ſie nicht, auſser in losgeriſſenen Maſſen.

Abtenau. Radſtadt.

Madreporſtein, Urſprung der Ens.

Der Abfall gegen den Seeboden der Abtenau iſt höher, als 1200 Fuſs bei geringer Grundfläche.

na unten an dem Ufer des Bachs kommt der :auwackenschiefer zum Vorschein, auf welem alter Kalkstein im Salzburgischen liegt. Er steht aus einer Menge kleiner, glänzender, blassmlichgrauer Blättchen, streicht h. 7. und fällt ı Grad südwärts. Im Twechenberge am Sil-'aben südwärts vom Thale bebaut man ein Eisteinlager, das in dieser Gebirgsart aufsetzt. ı dieser Gegend im Rusbachthale, ist es, wo an die sonderbare Abänderung von Kalkspath fand, e im I. Theile der Jahrb. der Berg- und Hütenk. des Baron Moll beschrieben ist. Ob sie n Kalksteine oder im Uebergangsgebirge vorgekomneu sey, ist nicht bestimmt. Man hat sie nur in ehr grossen Geschieben gefunden. Dieses Fossil ist von graulich-schwarzer Farbe.

Die Geschiebe, in denen es vorgekommen ist, sind gewöhnlich länglich-rund, äusserlich glatt, und wenig glänzend, und übersteigen kaum die Grösse von einem halben Fuss Durchmesser.

Inwendig ist es glänzend von einem Mittel zwischen Glas- und Fettglanz.

Der Bruch ist fast nur in der Quere sichtbar, er ist dünnblättrig von dreyfachem, schiefwinklichem Durchgange.

Die Bruchstücke sind im kleinen rhomboidalisch, im grossen splittrig.

Es ist von dickstänglichen, theils gleich und oft krummlaufenden, theils büschelförmig auseinanderlaufend abgesonderten Stücken, die in die Quere kleinkörnig erscheinen.

Die Absonderungsflächen sind rauh, tr
und rauchgrau, oft sind die Absonderungsrä
mit einem rauchgrauen staubartigen, mageren M
gel ausgefüllt.

Das Fossil ist völlig undurchsichtig.

Weich.

Nicht sonderlich schwer. 2643 auf Nicl
son's Waage.

Es ist vom Bergrath Haim chemisch ze
worden. Es war für sich völlig unschmelzbar, br
etwas mit Säuren, veränderte sich im heftigen F
zu caustischem Kalk, zugleich auch die schw
Farbe in eine graue, und diese im Wasser völli
weiss, und enthielt:

39. 53.	Theile	Kalkerde.
37. 5.	—	Kohlensäure und Wasser.
7. 81.	—	Kieselerde.
6. 82.	—	Eisen.
6. 33.	—	Thonerde.

Das Fossil verdiente wohl dem Kalkspathe
System als eine eigene Gattung zu folgen, w
gleich der ihm gegebene Nahme des Madreporst
unstatthaft scheinen möchte.

Im Thale, das von St. Anna in der Abter
nach St. Martin hinauf führt, wechselt mit
Grauwackenschiefer, und nicht auf kleiner Erstreck
eine eigene Abänderung von Uebergangska
stein. Die Grundmasse des Kalksteins selbst,
blaulichgrau, und sehr feinkörnig, aber durchau
er mit mehr, oder weniger grossen Zellen du
drungen, die fast nie eine runde, sondern eine ecl

pentagonische Gestalt haben; sie sind gewöhnlich eine Linie groſs, und sehr nahe auf einander gehäuft, so daſs die Kalksteinmasse, durch welche sie begränzt werden, gleich dem dünnzelligen Quarze, nur dünne Blätter zwischen ihnen bildet, daher fast gar nicht erkennbar ist. Die gröſseren Zellen erreichen wohl den Durchmesser von $\frac{1}{4}$ bis $\frac{1}{2}$ Zoll, gehen aber auch herab bis zur kleinsten noch bemerkbaren Oeffnung. Wenn sie leer sind, so ist es ein gelblichgrauer und strohgelber matter Ueberzug, der ihre innere Oberfläche bedeckt, aber dies ist der seltenere Fall. Meistens sind sie mit einer aschgrauen staubartigen starkabfärbenden Mergelerde angefüllt, völlig der ähnlich, die den Raum einnimmt, zwischen den Absonderungsflächen des oben beschriebenen Fossils. Dies Gestein wechselt einigemal mit dem in Thonschiefer übergehenden Grauwackenschiefer ab. Auf der gröſseſten Höhe aber vor St. Martin sieht man nur graulichweiſsen, fast kleinkörnigen Kalkstein anstehen. Hier erhebt sich westwärts die Kette wieder, die so ausgezeichnet dann Salzburg zertheilt, und ostwärts sieht man die steil abfallende Felsen der Hallstädter Schneeberge. Dieser Kalkstein macht daher auch völlig die Grenze zwischen dem Flötz und Uebergangsgebirge, und bezeichnet damit zugleich, wie hoch letzteres in hiesiger Gegend sich erheben könne. St. Martin ist eines der höchsten Dörfer im Erzstift: man erhebt sich von hier aus gegen Radstadt zu, nur sehr wenig, und steigt dann in das Thal der Fritz beträchtlich hinab. Der Grauwackenschiefer wird feiner, und immer mehr, je tiefer man hinabkommt, und sich vom Flözgebirge entfernt. Unten im Thale steht daher blaulichgrauer, sehr fein und etwas wellenförmig schiefriger Thonschiefer an, bei welchem aber die Entstehung aus ganz kleinen Blättchen noch unverkennbar ist. Häufig sind Quarzlager darinnen; oft mehrere Fuss mächtig. Altenmarkt gegenüber, dort, wo man das Joch zwischen der Ens und der Friz, das nicht hoch ist, schon überstiegen hat, ist auch der Thonschiefer noch deutlicher, und häufiger, zum Theil auch noch mächtiger die Quarzlager darinnen, und in den letzten fast immer kleine Nieren, oder schmale Trümer von gelblichgrauem und isabellgelben spathigem Eisenstein: Die Trümer setzen nicht fort, zuweilen nur zollweit.

Beide sehr nahe liegende Thäler, dasjenige der Friz und der Ens sind doch im Aeussern gar sehr verschieden. Jenes ist tief, enge und schmal; dieses ein ausgedehnter und weiter Seeboden. Die Berge fallen sanfter hinab, und Höfe heben sich terassenmässig an ihnen hinauf. Ihre Höhe scheint beträchtlich zu seyn; aber bis zur Spitze bestehen sie noch aus Thonschiefer, und erreichen die Höhe von St. Martin noch nicht, denn das Ensthal liegt tiefer als jenes in der Friz. Der Boden, über den sich die Berge erheben, ist moorig, und so flach, dass nur Dämme, und viele durchschnittene Gräben ihn jetzt noch für der Wasserbedeckung sichern können. Dieser See geht bis Flachau, das ist über eine Meile hinauf, und wird südlich von der Erhebung des Radtstadter Tauern begränzt. Er

t ſich hinter Radtſtadt ſelbſt; gegen Schlad-
; zu, bei dem Salzburger Paſſe Mandling.

Thal in der Friz.

Uebergangsgebirge.

Der wellenförmige Thonſchiefer, Altenmarkt über ſtreicht h. 5½, und fällt 70 Grad nord- und ſchon von den Höhen über St. Martin der Friz hinab, ſtreicht er h. 7. und fällt 60 nordwärts. Je tiefer man in dieſem Thale kommt, um ſo vollkommener wird der Thon- er; er wird höchſt feinſchieferig, und geht aus ſchimmernden ins wenig glänzende, ja bis ins ende über, mit continuirter Maſſe, in der von etrennten Blättchen keine Spur mehr zu ſehen Die höchſte Stuffe dieſer Kennzeichen erreicht den engen Päſſen unterhalb Hüttau. In egend dieſes langgeſtreckten Dorfes liegen re anſehnliche mächtige Lager von grünlich- n, unvollkommnen ſchieferigem, vielmehr grob- igem Wetzſchiefer darinnen, der aber dünn htet iſt; und wahrſcheinlich auch Lager von em Rothem-Eiſenſtein. Der Bach und m das Thal hat ein ſchnelles Gefälle, vorzüg- ort, wo es in das Salzachthal ausläuſt, hier das Waſſer cascadenmäſsig bis in die Werfe- eite Thalebene hinab. Bey Hüttau kom- n Thonſchiefer noch einige, wie es ſcheint enig mächtige Kalklager vor, von ſchwärzlich- Farbe, ſehr feinſplitterig im Bruch, und mit weiſsen Kalkſpathtrümmern durchzogen. Nach Werſen hinab werden ſie häufiger: denn hier, wo das Thal ſich mit dem, der Salza verbindet, kommt ausgezeichnet der Grauwackenſchiefer wieder heran; ganz kleine Blättchen von modorerother und blutrother Farbe; und einige kleine Quarzlager dazwiſchen. Der continuirte Thonſchiefer verſchwindet faſt gänzlich; ſtatt deſſen erſcheint ſchwarzer Kalkſtein mit vielen, nach allen Richtungen durchlaufenden Trümmern von Kalkſpath, wodurch das Geſtein eine täuſchende Aehnlichkeit mit dem Kieſelſchiefer bekömmt. Im Anfang der Erſcheinung dieſes Kalkſteins wechſelt er mit Grauwackenſchiefer noch mehrmalen bis zur Pfarr Werfen hinab: behält aber dann völlig die Oberhand. Am Abhange, nach dieſer Kirche hinab, ſetzt ein 6 Fuſs mächtiges Lager von Conglomerat auf, von Geſchieben eygroſs; das einzige vielleicht von dieſer Geſtalt. Es iſt nicht ſelten, im Quarze, der im Thon und Grauwackenſchiefer ſo häufig Lager ausmacht, Blättchen von Eiſenglimmer zu ſehen, und öfter noch kleine Nieren von iſabellgelgelben Späthigen-Eiſenſtein. Die Schlichtung dieſer mit einander abwechſelnden Gebirgsarten, hat ſehr viel Beſtimmtes. Oberhalb Hüttau iſt das Streichen des Thonſchiefers durchaus h. 6. 6. mit 60 Grad fallen gegen Norden. Unterhalb der Kirche wendet ſich dies Streichen bis h. 8. 70 Grad Nordfallen, aber eine halbe Stunde weiter herab iſt es wieder h. 6. und oberhalb der Pfarr Werfen h. 6¾ Grad Nord: Auf 3 Meilen Länge eine wunderbare Beſtimmtheit im Streichen, und auch im Winkel des

Fallens

fallens. Noch auf der Höhe im Thale der Friz sieht man in einem Steinbruch am Wege mehrere kleine Gänge im Grauwackenschiefer aussetzen, die fast senkrecht nur sehr wenig sich gegen Osten hin, neigen. Sie sind mit weissen Quarzstücken, Thonschieferbrocken, bis zu sehr kleinen Massen und sehr vieler röthlichbraunen Eisenocker ausgefüllt, die jene abgerissene Stücke zu einer Art Sandstein verbindet. Diese Ausfüllung ist eine Art Nagelfluh im Thonschiefergebirge, die man im Thale selbst hin und wieder findet, aber in keinen ausgedehnten Massen, und nur dort, wo das Thal weit, und die Berge steil und schrof genug sind.

Werfen. Hallein.

Durchbruch der Salza. Salzberg.

Bei Werfen selbst kömmt, mit gewaltiger Steilheit die grosse Kalkkette wieder heran, zwischen diesem Orte, und dem Thale der Abtenau. Ihr Anblick ist fürchterlich, mehr als die Hälfte ist von aller Vegetation entblöfst, und sichtbar von solcher Schroffheit, dafs sie ewig unersteigbar seyn müssen; ihre Höhe über die Fläche soll mehr als 4000 beinahe 5000 Fufs betragen. Nicht diese Höhe ist es, welche Pflanzen verhindert sich auf ihren Gipfeln und Abhängen zu verbreiten, sondern die Schwierigkeit irgendwo festen Fufs fassen zu können, wo der erste Wasserstrom sie nicht wieder in die Tiefe hinabführte. — Welcher Ursach mag man es zuschreiben, dafs diese Nacktheit der Felsen von den Hallstädter Schneebergen herab bei den Gosauer Seen aufhört, nur einen so grofsen Zwischenraum läfst, in welchem der Kalkstein dieser Formation fast gänzlich verschwindet? und dann mit etwas geringerer Höhe, aber mit voriger Steilheit und Schroffheit seinen Lauf fortsetzt, von der Gegend der Abtenau an ununterbrochen bis zu den Ufern des Bodensees? — — Hinter Werfen geht der Uebergangskalkstein durch unmerkliche Uebergänge völlig in den Flötzkalkstein über, und kein anderes Flötz trennt sie von einander. Im Anfange ist jener immer noch schwärzlich grau, dem Kieselschiefer ähnlich; nach und nach geht die Farbe in die dunkel-rauchgraue über, die weifsen Trümmer von Kalkspath vermindern sich, und endlich wird er blafs-rauchgrau, feinsplittrig, dort wo das Thal der Salza in die Felsenspitzen eingemengt wird; dann ist es völlig Flözkalkstein. — Farbe und Trümmer von Kalkspath sind Kennzeichen des älteren Kalksteins; jene ist dunkeler; diese ungleich häufiger, als im hellen Kalkstein des steilen Gebirges. Immer ist die Schichtung dieselbe h. 6. 4. 60 Grad fallen nach Norden; die Schichten 3 und 4 bis 6 Fufs hoch; die ganze 2 Meilen lange Enge hindurch. Nur gegen den Ausgang ändert sich die Richtung der Schichten bis h. 9. aber mit einerley Winkel des Fallens, und auch nicht plözlich, sondern durch allmähligen Uebergang. Die Felsen im engen Wege der Salza sind oft von der Höhe herab völlig senkrecht abgeschnitten, 5, 6 und 800 Fufs hoch; eine Gestalt, die sie nur kön-

durch vorherige Klüfte bekommen haben, die solche Masse, von der ihr nahe seyenden schon ıte; aber auch andere Felsen, deren Abhänge : so eben sind, weichen doch von ihrer Höhe b, wenig von einer senkrechten Richtung ab; Of- ır ist diese Enge von Werfen bis zum Dorf Georg beynahe 2 Meilen, ein Werk der Salza; dem Paſs Lueg hat ihr Stoſs groſse Löcher im ſtein gewaſchen von 3 und 4 Fuſs Durchmesser, Löcher kann man weit hinauf an den Felsen ılgen, und mit ihnen wird ihre Ursache, das nbette erhoben. Aber was gab diesem Wasser Kraft, eine so breite Kette auf 5000 Fuſs tief zu hbrechen? Sobald man diesen Durchbruch durch , der Ewigkeit zu trotzen scheinende Masse ver- ; öffnet sich ein neuer Seeboden, der von aus unmittelbar mit dem bayrischen Meere unden ist. Kleine Hügel von Nagelfluh erhe- sich an den Seiten, aber ohne Fortsetzung, denn ınd noch der Hauptkette zu nah; kleinere Ge- ibe hatten hier noch keine Ruhe gefunden, und groſse thürmen sich zu Bergen nicht auf. Hier : die Kette auf der linken Seite der Salza einen ins Land hineingehenden Vorſprung, der nicht Hälfte ihrer Höhe erreicht Sie selbst geht in ihmäſsiger Höhe, aber mit etwas minderer Schrof- zu den Ufern des Königsees, fort. In diesem ſprunge liegt der Halleiner Salzstock, und am ıe desselben die Stadt. Der Kalkstein ist hier h; bräunlich - cochenille und blutroth; eine be, die er nur in der Tiefe zu haben pflegt. Am

Dürrenberge unter der Kirche streicht er
fällt aber nur 30 Grad gegen Norden. Aber bey
Salzstocke selbst, der dem von Auffee sehr äh
ist, kann man kein regelmäfsiges Fallen bestim
Der hiesige enthält keine so grosse Massen von S
salz, als der von Auffee; aber die Streifen in e
nigen, die auf mehreren Lachter Erstreckung
nicht ganz selten vorkommen, sind so regelm
wie dort, aber mit etwas mehr Neigung n. 11 –
30 Grad. West. Man hat auf dem Werke
Berge, von welchen die unteren 2 Klafter vor
ander liegen (jede Klafter zu 8 Schuh 3 Zoll.)
bekannte Höhe des Salzstocks ist ohngefähr 1633
seine aufgeschlossene Länge von Nordost gegen
west 8982 Fufs, seine Breite von Südost gegen I
west 4083 Salzb. Fufs. Die letzten Berge I
nicht viel über die Stadt selbst erhoben. Das
ist diesem Depot doch reichlicher zugetheilt als
jenigen in Ischel: denn die Wässer brauch
den 33 gangbaren Sinkwerken nur 3 Wochen
um sich zu sättigen, und 20 Zoll vom Himmel
zu lösen; und die unteren Salzberge solle
oberen am Reichthum bey weitem noch übertr
wirklich stehen jetzt die Sinkwerke Auer, Hu
und Colloredo auf den beiden unteren Ru
und Wolfdietrichberge, in reinem Stein
Dieser Salzberg soll, und es ist wahrscheinlich
demjenigen zu Berchtolsgaden in unmittel
Verbindung stehen; beyde sind nur durch ein
nes Thal von einander getrennt, dessen Abh
wo sie Gestein stehen lassen, aus Gyps und Ha

birge beſtehen. Hier iſt alſo die gröſste Niederlage von Steinſalz von allen, die an der Nordſeite des Tauerngebirges vorkommen. Einen ausführlichen und lehrreichen Aufſatz über alle, vorzüglich technifchen Verhältniſſe dieſes Salzwerkes enthalten Bar. Moll Jahrbücher der Bergkunde I. 199. ſqq.

Salzburg.

Nagelfluh. Gaisberg. Meteorologie.

Salzburg liegt auf einer föhligen Ebene, dort, wo der See anfängt ſich zu erweitern, und die Form eines Buſens zu verlaſſen, den er von Golling bis hierher hat. Denn auch an der rechten Seite der Salza ziehen ſich niedrige Bergreihen fort; und entfernen ſich von den Ufern beträchtlich erſt hinter dem Gaisberge ohnfern Salzburg. Dann ſcheint dies niedrige Gebirge gänzlich mit dem vereinigt zu ſeyn, das zwiſchen Oeſterreich und Salzburg in das Innviertel abfällt. Auf der anderen Seite begränzt dieſe Ebene in ¼ Meilen Entfernung der majeſtätiſche Untersberg und die Berchtesgadenſchen Höhen. In der Mitte derſelben erheben ſich zwey Hügel von Kalkſtein, an denen die Stadt ſich unmittelbar lehnt, und zwiſchen welchen die Salza durchſtrömt. Sie ſind einige hundert Fuſs hoch, und ſtehen iſolirt, ohne auch auf eine ehemahlige Verbindung mit einer der Hauptketten zu deuten. Der Mönchs- und der Schloſsberg (beide zuſammenhängend) haben eine mit der Salza gleichlaufende Richtung. Der Kapuzinerberg, der ſie bey weitem an Maſſe übertrifft, eine Richtung von Südweſten nach Nordoſten. Hinter ihm läuft noch ein weites Thal fort, ehe der hohe Gaisberg anſteigt. Am Mönchsberge hat ſich, wahrſcheinlich durch Schutz des Kalkſteins, ſeiner Unterlage, eine groſse Maſſe von grobem Kalkſtein-Conglomerat, der Nagelfluh erhalten; die Geſchiebe ſind faſt durch ein gleichfalls kalkartiges Bindemittel verbunden, von ſehr ungleicher Gröſse; die ganze Maſſe, die an der Riethenburg in mehreren Steinbrüchen weit entblöſst iſt, hat eine ſehr regelmäſsige Schichtung, h. 11, mit 30 Grad Weſtfallen, völlig wie der Kalkſtein der Gegend; ihre Schichten ſind gewöhnlich 4 Fuſs hoch, einige auch ſechs Fuſs und mehr. In jeder einzelnen Schicht liegen Maſſen kopfgroſs auf der untern Fläche, wenn gleich mit kleineren Geſchieben vermengt; die folgende Schicht hat kleinere, eine noch neuere, auch wieder Geſchiebe von geringerem Durchmeſſer, dann fängt die Reihe wieder mit groſsen Stücken an, und kleinere folgen. In letzteren liegen groſse zwar auch ſparſam zerſtreut, ſo wie feine in der unteren Schicht, aber ſie ſind hier gleichſam nur Fremdlinge. Faſt alle Geſchiebe ſind Kalkſteine dichter und körniger, von rothen, grauen, ſchwarzen und weiſsen Farben; jene von den niederen Punkten, dieſe von den Spitzen der Berge; auſserdem aber findet man zwiſchen ihnen, wiewohl ſelten, Grauwackenſchiefer, Thonſchiefer, ſelbſt Gneuſs und Grünſtein aber nur taubeneygroſs, höchſtens von 1½ Zoll Durchmeſſer weil ihr Geburtsort entfernter ist, von der jetzigen Lagerstätte. Das neue Thor ist 400 Schritt lang senkrecht auf das Streichen der Schichten durch den Mönchberg gebrochen, deswegen sind diese Wirkungen der Schwere bey der Anschwemmung der Massen auch deutlich in diesem erhabenen Gewölbe; aber viel deutlicher noch in den Steinbrüchen der Riethenburg. — Die ganze Ebene von Salzburg ist wie die Gegend von Linz mit solchen lockeren Geschieben, und über diesen mit einem mächtigen Torf- und Moorgrunde bedeckt, dem unmittelbaren Ueberrest des ehemaligen Sees. Ihre östliche Begrenzung, der hoch aufsteigende Gaisberg, erscheint von unten auf in Halbkugelform; nur gegen die Spitze sieht man an ihm anstehend Gestein; und hierin unterscheidet er sich wesentlich von dem ihm auch an Höhe sehr überlegenen Untersberge, der fast nur aus nackten Felsen besteht, und auch nicht mehr zu den Vorgebirge der Kalkalpen gehört, sondern schon zur Hauptkette selbst. Das Barometer steht auf 24 Zoll $4\frac{1}{2}$ Linien auf dem Gaisberge, wenn es 60 Fuss über dem Bette der Salza einen Stand hat von 27 Zoll $\frac{11}{12}$ Linien. Seine Höhe über diesen Punkt beträgt daher ohngefähr 2648 Fuss, oder über die Meeresfläche 4012 Fuss. Eine Höhe, die im nordlichem Deutschlande dem Brocken, Schneekopf und Inselsberg ihren ganzen Zauberruf zu nehmen im Stande wäre; hier aber durch ungünstige Nachbarschaft, vorzüglich des majestätvollen Untersberges zu einer unbeträchtlichen Grösse herabgesetzt wird. Auch das Gestein unterscheidet ihn von diesem Coloſs. Hier iſt der Kalkſtein von cochenille und blutrother Farbe; am Gaisberge blaſsrauchgrau und feinſplitterig, und gegen die Spitze mit eingemengten Nieren, und kleinen Lagern von Feuerſtein; ebenfalls ein Zeichen ſeiner Höhe; denn in Tiefen findet man dieſes Foſſil im Kalkſteine nicht. — Auch einige Maſſen von Nagelfluh haben auf dieſer Höhe kleine Vertiefungen angefüllt. Der Berg ſteigt, wenn gleich ſehr ſteil, doch nicht in einer ununterbrochenen flachen Ebene zur Spitze hinauf; in den Vertiefungen am Abhange ſammeln ſich die losgeriſſene und herabgeſtürzte Maſſen, und fein zertheilter Kalkſchlamm bindet ſie zur neuen Gebirgsart. Alle Höhen hinter dem Berge haben eine ſpitze, kegelförmige Geſtalt; zwiſchen ihnen laufen kurze, hochliegende Thäler; eine Folge der ſtarken Zerklüftung, und dünnen Schichtung des Kalkſteins. Gröſsere relative Höhen der Berge würden mehr freyſtehende Felſen entblöſst haben. —

Die mitlere Barometerhöhe von Salzburg iſt nach den Beobachtungen des Hrn. Prof. Schiegg 26 Zoll 9. 2. Linien. Prof. Beck beſtimmte dieſe Höhe ungefähr eine Linie geringer, und berechnete daraus die Höhe von Salzburg auf 1050 Par. Fuſs. Aber wahrſcheinlich nahm er die mittlere Barometerhöhe am Meere zu klein an. Nach 132 von Shukburg angeſtellten Beobachtungen iſt ſie nicht 336 Linien, wie man gemeiniglich glaubt, ſondern 28 Zol 2. 91. Linien, oder 338. 91. Linien. (Roſentha Beyträge zur Verfertigung meterologiſche Werkzeuge II. 304.) Nach Bouguerſcher Re gel würde Salzburg hiernach 1302 Par. Fuſs über die Meeresfläche liegen. Prof. Beck hat bey ſeinen Meſſungen im Innern des Landes allemal jene 1050 Fuſs zum Grunde gelegt. Ich habe daher alle von mir angeführten Höhen, deren Erhebung er beſtimmt hat, um 252 Fuſs (der Differenz von 2. 91. Linien) erhöht. — Die ganze Variation des Barometers war 1796, 13 Linien, von 27 Zoll 3 Linien, eine Höhe, die es im Januar erreichte, bis 26 Zoll 2 Lin. im April. Die gröſste Abendkälte war in dieſem Jahre im December — 10 Grad; die gröſste Wärme 19¾ Grad im Julius; und überhaupt war der gröſste beobachtete Grad der Kälte dieſes Jahres — 14 Grad, ebenfalls im December. Herr von Humboldt hat, während unſers Aufenthalts in Salzburg in den Wintermonaten 1797 bis 1798 eine fortlaufende Reihe Beobachtungen mit den vorzüglichſten meterologiſchen Werkzeugen angeſtellt, hauptſächlich für gröſsere Aufklärung des noch dunkeln Feldes der Eudiometrie und die Bekanntmachung dieſer und vieler an anderen Orten angeſtellten Verſuche *) zeigt, daſs die Erwartung merkwürdige Reſultate zu finden, keinesweges getäuſcht worden iſt. Ich führe um ſo lieber hier einige dieſer Beobachtungen an, weil nicht ſo leicht gute Lage des Beobachtungsorts (am Walle mit der freyen Ausſicht gegen den Untersberg, Gaisberg, und das Gollinger Gebirge) ſich hier wieder mit der Genauigkeit des Beobachters, und Mannigfaltigkeit der Verſuche vereinigen werden. —

*) In la Metherie Journal de Physique. Floreal VII. etc.

Diese Beobachtungen bestätigen das milde Clima der hiesigen Gegend. Die mittlere Temperatur der Abende (von 8 bis 11 Uhr) war am Ende des Novembers noch $3\frac{1}{4}$ Grad; im December + 4. 48. Im Januar (dem durchaus kältesten Monat der nordlichen Hemisphäre) doch nur — 1. 63 Grad. Die grösseste Kälte war — 10 Grad. Am 27. Januar am Morgen, bey 27 Zoll $\frac{3}{4}$ Linie Barometerstand, 82 Gr. Hygrom. Saufs. bey einem Eudiometerstand von 97 Theilen (rückbleibende Luftsäule) bey $1\frac{1}{2}$ Linie Divergenz der Kügelchen im Saufsurischen Elektrometer, und heiterem Sonnenschein. Am folgenden Tage stand der Thermometer schon wieder am Abend und in der Nacht auf — 6, am dritten Tage auf — 2 Grad, am vierten auf + $2\frac{1}{2}$ Gr. bey immer fallendem Barometer; die Temperatur des Mittags erhob sich aber in diesen Tagen doch auf — 2 Gr. — $1\frac{1}{2}$ — $\frac{1}{2}$ Grad. Die gröfste im Januar beobachtete Wärme war hingegen auch nur $5\frac{1}{2}$ Grad: den 18. am Morgen, bey 26 Zoll $9\frac{3}{16}$ Barom. $106\frac{1}{2}$ Eudiom. 72 Saufs. Hygrom. + 2 Linien Saufs electrom. bey blauem klarem Himmel und starkem Thau. — Der höchste Barometerstand war in diesen Monaten am Morgen des 21. Januar, 27 Zoll $5\frac{1}{16}$ Linie; Therm. + $1\frac{1}{2}$. Eudiom. 107. Hygrom. 76 im Nebel; $2\frac{1}{16}$ Lin. höher als 1796. Der niedrigste Stand des Barometers am 30 December 26 Zoll $3\frac{1}{4}$ Linien. Therm. — $4\frac{1}{2}$ Eudiom. $106\frac{1}{2}$. Hygrom. 97. Electrom. + $\frac{1}{4}$; bey gewaltigem Sturm, den in diesen Tagen das ganze südliche Deutschland empfand. Die Variation des Barometers war also $13\frac{1}{4}$ Linien, ber dies ist wahrscheinlich nicht das höchste Maas dieser Variation; denn wenn gleich die höchsten Barometerstände, und die grösten Variationen, in der temperirten Zone fast allemal dem Januar eigen sind; so findet sich die geringste Schwere der Atmosphäre doch fast eben so bestimmt immer im Frühjahre, im März, oder April. Prof. Schiegg fand diese kleinste Höhe 1796 (damals 26 Zoll 2 Lin.) ebenfalls im April, und auch Prof. Beck in seinen 1770 — 1778 angestellten Beobachtungen fast jedesmal in diesem Monat. Es ist bekannt, dass diese Variationen um so gröser werden, je mehr sich die Beobachtungsorte vom Aequator entfernen, und dem Polarkreise nähern, aber bis jetzt sind noch wenig Schritte gemacht worden, das Gesetz zu bestimmen, nach welchen sich diese Abnahme richtet, ob es gleich ein groses Licht auf die ganze Meteorologie werfen könnte. Die Untersuchung ist schwierig, denn die Beobachtungen müssen alle auf den Spiegel des Meeres reduciret werden; in hohen Gegenden werden die Variationen kleiner, als sie das unbekannte Gesetz geben würde; und dann ist es nicht genug einige Jahre als Anhaltungspunkte zu nehmen; weil die Variationen leicht um ein Viertheil des Ganzen in verschiedenen Jahren verschieden seyn können. Deswegen erfordern diese Bestimmungen, Beobachtungsreihen, wie man sie etwa nur von Paris, London, Petersburg, Wien, Padua, Berlin, Upsala, Franeker hat. Phänomene, die von Ursachen abhängen, die auf den ganzen Erdkörper wirken, solten auch auf dem ganzen

Erdboden beobachtet werden, und es wäre vielleicht nicht weniger nützlich, wie die astronomischen, auch die meteorologischen Observationen zu vermehren. Offenbar richtet sich die Schwere der Atmosphäre nach dem Stand der Erde gegen die Sonne. Der Einfluss des Mondes ist durch die mühsamen Toaldischen Untersuchungen ausser Zweifel gesetzt, aber dieser letzterer ist ungleich mehr untersucht worden, als jener, der vielleicht zu nahe lag, als dass man lange dabey verweilt hätte; wenn er gleich die Hauptursache aller meteorologischen Erscheinungen ist. Denn in den monatlichen Variationen (wenn die Durchschnitte derselben nur aus hinreichender Anzahl der Jahre gezogen sind) findet eine solche Regelmässigkeit statt, dass sie bey mehrerer Vergleichung mit anderen Orten und Phänomenen unmittelbar auf ein ziemlich konstantes meteorologisches Gesetz führen müsste. Die grössten Variationen sind durchaus (wie der höchste Barometerstand) im December, oder Januar; die kleinsten im Juli, selten im Juni, oder August, wenn die Extreme bey ersterem am Ende, bey letzterem am Anfange des Monats eintreten, und beyde Extreme verbinden sich durch eine fortgesetzte regelmässige Progession. Ich führe die, 18 Jahre lang, zu Petersburg durch Mayer und Kraft angestellten, und von Lambert zusammengezogenen Beobachtungen als Beyspiel an (acta helvetica basil. 1758. III. 321. seq.)

Im Januar ist die Variation dort	15.	6.	Par. Lin.
— Februar	14.	88.	- -
— März	13.	416.	- -

Im April ist die Variation dort	12.	003.	Par. Lin.
— Mai	9.	9.	- -
— Juni	8.	64.	- -
— Juli	7.	536.	- -
— August	9.		- -
— September	12.	36.	- -
— October	13.	954.	- -
— November	15.	96.	- -
— December	16.	68.	- -

Man sieht hieraus, daſs die Variationen weniger ınell im Frühjahre zunehmen, als in den Monaten s Herbstes, im Winter aber fast still stehen, oder ıch nur wenig sich vermindern, oder vergröſsern. ·y Orten, bey welchen ein weniger schneller Uebergang der kalten Jahrszeit zum Sommer statt finıt, bemerkt man diesen Stillstand der Variationen ıch in den Sommermonaten. — Gerade auf gleiche ıt verhalten sich die mittleren Wärmegrade der onate; ihre gröſste Differenz ist in den Monaten s Herbstes weniger im Frühjahre und im Winter ıd Sommer ist sie am geringsten; die mittlere uantität der Wärmegrade verhält sich ernach stets umgekehrt, wie die monatchen Variationen des Barometers; so weit h ein ganz festes Gesetz aus zwey Phänomenen einem aus so viel verwickelten Erscheinungen zumengesetzten Felde, als das der Meteorologie ist, timmen läſst. Die 28jährigen Durchschnitte der genauen Strnadtischen Beobachtungen zu rg, einem Orte, an welchem der Winter nicht sehr über dem Sommer das Uebergewicht hat,

Beobachtungen zum Grunde liegt, und nur 1
ficirt ist. In Salzburg waren die Variationen
folgende:

Januar	- - -	10.	8. Linien.
Februar	- - -	8.	7. -
März	- -	11.	2. -
April	- -	10.	— -
Mai	- -	8.	5. -
Juni	- -	7.	5. -
Juli	- -	6.	— -
August	- -	3.	25. -
September	- -	5.	5. -
October	- -	7.	5. -
November	- -	6.	5. -
December	- -	7.	-

im December 1797 variirte das Barometer 13½ L
im Januar 1798, 11⅞ Linien. Man sieht in di
einjährigen Durchschnitt doch schon zwey Hau
scheinungen der Variationen; die kleinste im
oder August, die gröfste im Januar; aber 3 u
wöhnliche Monate stören die Progreſsion; die au
ordentlich kleine Höhe im August, die grofse V
tion im März, und die zu geringe des Decemb
einige dieser Unregelmäfsigkeiten verbessern sich
schon durch die Beobachtungen im December
Januar 1798, und Durchschnitte aus wenigen Ja
würden völlig die Progreſsion darstellen. Gew
lich ist die Variation des Juli, oder August,
Hälfte der Variation des Januars; hier verhalten
beyde, wie 1: 3. 32; ein sicheres Zeichen dafs
zu grofs, oder jene im Sommer zu klein war. L
b

bert behauptete, dafs das Mittel der Beobachtungen jedes Monathes, von demjenigen des ganzen Jahres kaum über eine Linie abweichen würde; die Wintermonate scheinen fast hierinnen noch vor den Monaten des Sommers, und Herbstes den Vorzug zu verdienen. Das Mittel im Januar 1798 war in Salzburg 26 Zoll $10\frac{1}{16}$ Linien; im December 26. $11\frac{1}{16}$ aus allen Beobachtungen im November, December und Januar 26. $10\frac{10}{16}$; das Mittel aus dem höchsten und niedrigsten Stande 26. $10\frac{5}{32}$; wenig von dem, des Januars unterschieden, und kaum $\frac{3}{4}$ Linien vom mittleren Barometerstande überhaupt. — Der mittlere Stand des Fontanaschen Eudiometers war nach 95 Beobachtungen in diesen Wintermonaten 106. 41. Der mittlere Stand im Januar nach 43 Beobachtungen 104. 96, im December nach 38 Beobachtungen 107. 16. Die Atmosphäre variirte in Menge des Sauerstoffgas um 19 Theile, von 116; einem Grad, den das Instrument am 7. December angab, bey 26 Z. $10\frac{7}{8}$ L. Barometer, + 3 Gr. Thermometer, 88 Hygrom.; trüben und schlackigen Wetter; bis 97 Grad, bey Barom. 27 Z. 0 $\frac{3}{4}$ L. Therm. — 10. 1 Hygrom. 82. Electrom. + $1\frac{1}{2}$ Lin. bey hellem Sonnenschein, und klaren Himmel; am kältestem Tage des Winters. Folgende allgemeine Resultate glaubt Hr. v. Humboldt unter andern aus der Reihe eudiometrischer Versuche folgern zu können, von welchen jeder Versuch stets dreymal wiederholt worden war. Regen vermindert die Luftgüte, wahrscheinlich, weil bey seiner Bildung Sauerstoffgas gebunden wird. Auch Schnee vermindert sie;

O

durch Aufthauen des Schnees hingegen wird die Luft zuweilen beträchtlich gebessert, weil das im Schnee gebundene Sauerstoffgas entwickelt wird. Es schneit nur, wenn das Thermometer auf 0 höchstens + 1 steht; eine Wirkung des fallenden Schnees. Durch Bildung der Schneeflocken, wird nehmlich, wie bey dem Gefrieren des Wassers die, vielleicht sonst kältere Temperatur der Luft auf den natürlichen Frostpunkt zurückgeführt. Starke Wolkenbildung verringert die Luftgüte. Hingegen anhaltender, starker und dicker Nebel verbessert sie beträchtlich. Die letzte Hälfte des Decembers gab auffallende Beyspiele dieser letzteren Erscheinung. Im Anfange des Monats, an welchem es fast täglich regnete, zeigte das Eudiometer 110, 11[illegible], 114, selbst den geringsten Grad von Sauerstoffgehalt, den er erreichte 116. Am 14. December bedeckte ein starker Nebel den ganzen Tag über die Salzburger Ebene, das Eudiometer kam auf 108; vom 19 bis 22. Decbr. waren die Nebel fortdauernd, und ihr Sauerstoffgehalt stieg mit ihnen auf 107 ½ 106 105, 104 ½, endlich auf 99, von welchem Punct ihn aber fallender Schnee bald wieder auf 104 herabbrachte. — Bey hohem Barometerstande scheint dieser Gehalt verhältnissmässig grösser zu seyn, als bey niedrigen Ständen. In der letzten Hälfte des Novembers erhob sich das Barometer nie höher als 26 11 Linien, und stand gewöhnlich auf 26. 5. und 6 Linien. Die mittlere Luftgüte war 108, 85, statt dass die mittlere des Januars bis 104, 96 stieg. —

Berchtolsgaden.

Königsfee. Eiskapelle. Salzberg. Quellenlehrheit des Kalksteins. Durchbruch der Saale.

Unter dem füdlichen Fuſse des fteilen Untersberges flieſst die Albe; ein kleiner Bach, der alles Gewäſſer des Berchtesgadner Ländchens der Salza zuführt. Das Thal iſt im Anfange enger, erweitert ſich aber beträchtlich in der Gegend des Städtchens Berchtesgaden, wo mehrere Bäche dieſer mit Bergen umgebenen Landſchaſt zuſammenflieſsen, und mit dieſer ganz anſehnlichen Breite geht es hinauf bis zum Anfange des maleriſchen tief eingeſchloſſenen Konigsfees. Oſtwärts beengt ihn die hohe Kalkkette unmittelbar, die im Bogen bis zum obern See hin füdwärts, dann aber nordweſtwärts fortgeht, durch die Saale und durch die Loferiſchen Hohlwege hindurch. Der Abfall des Gebirges im See iſt faſt ſenkrecht, und die lezte Hälfte von 200 Fuſs wenigſtens, unerſteigbar. Weſtwärts fällt faſt eben ſo ſteil der Watzmann hinab, der höchſte Berg des ganzen Gebirges von Oeſterreich bis Schwaben. Nach Prof. Beck Meſſung erhebt er ſich 9058 Fuſs über die Meeresfläche; zweytauſend Fuſs höher, als die höchſten Berge der erhabenen Centralkette. Dieſer Coloſs liegt aber nicht in der Gebirgsreihe ſelbſt; faſt iſolirt ſteht er beynahe in der Mitte des Landes, und hängt mit den Bergen am obern See nur durch einen ſchmalen Rücken zuſammen. Daher iſt nur die untere Seeſpitze von hohen Bergen befreyt, die

O 2

Aussicht nach dieser Seite hinaus scheint in eine flache Gegend zu fallen, ohnerachtet auch diese nur eine Reihe von kleineren, durch Auswaschungen gebildeten Bergen ist, die sich mit der grossen Masse des Untersberges verbinden. Der See soll 700 Fuss tief seyn, und sey auch diese Angabe zu gross, so wird sie doch noch immer gross genug bleiben uns in Erstaunen zu setzen, und unsere Aufmerksamkeit rege zu machen. Er ist eine volle Meile lang, und kaum den achten Theil breit an den entferntesten Orten. Gegen Südosten hängt er durch einen tiefen Canal mit dem kleinern obern See zusammen, von welchem er den grössten Theil seiner Zuflüsse bekommt, und ausserdem noch wie bey Hallstadt durch unterirdische, auf dem Boden des Sees hervorkommende Quellen. Er liegt 1986 Fuss über die Meeresfläche (nach Beck). Die Seitenthäler, die kleinere Bäche zu ihm hineinführen, sind unbeträchtlich, und das Merkwürdigste vielleicht dasjenige, das von Bartholomäus aus, bis zum Fusse des kleinen Watzmann hinaufgeht. — Hier in einem Winkel zwischen den abgeschnittenen zwey- und dreytausend Fuss hohen Felsen rinnt der Bach dieses Thals aus einem prächtigem Eisgewölbe hervor, dass der Witterung trotzend sich immerwährend erhält. Den 28. November 1797, da wir Hr. v. Humboldt und ich diese einzige Halle betraten, hatte man noch kein Frostwetter gehabt; noch war der Schnee nur für Minutendauer gefallen; wir sahen die Eiskapelle daher im Zustande, wie die nagenden Wirkungen des Sommers, und des gelinden Herbstes sie gelaſſen hatten. Die Oeffnung war 60 Fuſs hoch, und 80 Fuſs breit, ein dämmerndes Licht erhellte das Innere; tropfen und ſtromweis kamen Bäche von der hohen Decke herab, aus kleinen Oeffnungen im milchweiſsen, groſsmuſchlichen, durchſcheinendem opalähnlichem Eiſe. Groſse Stücke, durch die Wärme von oben abgelöſt, bedeckten den Boden, und eine erſt vor kurzem abgefallene Menge war in der Mitte noch als ein kleiner Hügel aufgethürmt. Der klare Bach floſs ruhig zwiſchen den Steinen. Wir gingen 600 Fuſs hinein; das Licht verſchwand faſt; in der Ferne erſchien ein helleres neues, und im Hintergrunde, der ſteilen Wand des Felſens gegenüber, hob ſich das Eis zur hohen gewölbten Kuppel herauf, in der, durch eine Oeffnung das Licht hineinfiel, und der Bach als prächtiger Waſſerfall von oben herab gegen 200 Fuſs hoch. Mannigfaltig war dieſer, wie aus einer neuen Welt erſcheinender Lichtſtrahl, an den glänzenden Eisflächen gebrochen; denn dieſes Eis hat von Natur eine groſsmuſchliche Form, durch die im Sommer ſtets herabfallende Stücke; ſeine Muſcheln ſind inwendig völlig glatt, und faſt einen Fuſs weit; häufig ſahen wir runde Stücke von ſpangrüner Farbe, zwiſchen der milchweiſsen Maſſe, und auch als kleine bald abſetzende Lager, wahrſcheinlich von ſchmelzendem und bald wieder gefrorenem Schnee und ſöhlige Streifen von ſchwärzlichgrauer Farbe, laufen, als kleine Lager durch die Länge des ganzen Gewölbes. Im Frühjahr ſoll es durch die Wirkung des Winters ſeine Erſtreckung faſt mehr als verdoppeln, und nur gelinde Sommer bringen es auf die Länge zurück von 600 Fuſs, wie wir ſie ſahen vom Eingange bis zur hohen Kuppel im Hintergrunde. — Dieſe Eishöle liegt zwar an der Südſeite des Berges, aber zwiſchen den hohen Mauern ſo eingeengt, daſs bis dahin nur wenige zerſtörende Sonnenſtrahlen auf kurze Zeit eindringen können. — Auf den Spitzen des Watzmann ſelbſt iſt im Mai aller Schnee ſchon verſchwunden; noch weniger iſt er alſo im Sommer auf niedrigen Bergen der Kette, wenn er gleich noch öfter im Juli auf dem Untersberge fällt; um ſo merkwürdiger daher die Erhaltung jenes Eiſes auf nicht mehr, als 2000 Fuſs Meereshöhe. —

Woher die Entſtehung dieſes verſchloſſenen Sees, deſſen Oeffnung erſt von geſtern zu ſeyn ſcheint? Der Zuſammenſtoſs mehrerer Thäler, und der Bäche darinnen bildet ihn nicht, wie vielleicht manche andere in minder ſteilen Gebirgen; denn hier iſt durchaus kein Thal, das ſich mit dem tieſen Thale des Sees verbände; die kleineren Schluchten ſind unbeträchtlich gegen das Ganze, und die Verbindung vom obern See gehört mit dieſem noch zum Seethale ſelbſt. Und durch ſolche Verbindung von Thälern entſtehen nicht enge, ſenkrecht viele tauſend Fuſs hoch umgebene Waſſerſammlungen: ſondern ſehr weite und flache Becken, mit geringer Tieſe; und ſanften, wenn gleich hoch anſteigenden Umgebungen, wie in der Goſau, wie am Urſprunge der Ens. Iſt es dem Gewäſſer, daſs ihren Ueberfluſs abführt, einmal geglückt, ſich ein tieferes Bette zu hölen, ſo ſind ſie auch ſelbſt bald verſchwunden, und nur ihr flacher Boden, und die sich entfernenden Abhänge der Thäler, die zu ihnen führen, lassen auf ihr vormahliges Daseyn zurückschliessen. Aber dieser und andere Seen im Kalkgebirge haben Tiefen, die in Verhältnissen stehen mit den ungeheuren Massen um sie her, und bey vielen mag es unmöglich seyn, dass der sie abführende Bach bis zu ihrer Sohle hinab sich ein Bett auswasche. Es sind daher wahrscheinlich plötzliche Einsenkungen in der Kette selbst an wenig unterstützten Orten. Eine, so ungeheuer aufgethürmte Masse, als dieser Kalkstein, bey so weniger Grundfläche, kann sich mit gleicher Dichtigkeit nicht aller Orten abgesetzt haben, und dann ist es nicht widersprechend, dass sie durch den Druck der oberen Massen herabstürzte, um Hölungen unter sich auszufüllen. Daher das Senkrechte der umstehenden Felsen; die nicht auf eine allmählig, sondern plözlich wirkende Ursache hinführen. Diese Meinung drängt sich mehr am schmalen, deswegen aber nicht minder hoch umgebenen Königsee auf, als am Hallstadter und Traunsée, bey welchem aber noch einige andere Phänomene diese Meinung wahrscheinlich machen. (S. oben vom Salzkammergut). Alle Seen dieser Art haben eine gegen den Lauf der Kette fast senkrechte Richtung, und auch auf ihren Abfällen (Abstürzen) scheint es, als ob eine Einsturzungsursach leichter habe vorhanden seyn können; auch mag es Seen geben, die völlig den Lauf dieser Gebirgsreihe unterbrechen, und sie in die Queere durchschneiden. Die schroffen, gewalgen Felsen, die den See umschliessen, können ihrer

Höhe und Steilheit wegen vorzüglich Ursach einer Formation von Nagelfluh seyn, und man findet auch an ihrem Fuse Massen, (der Anfang dazu) die als Geschiebe wenig ihres Gleichen finden werden. Unweit des Ausflusses des Sees liegen herabgestürzte Felsenstücke auf der Ebene, die selbst wieder einzelnen hohen Felsen ähnlich sind. Wie viele dergleichen mag nicht die Tiefe des Sees verbergen! Aber ausgedehnt anstehend ist die Nagelfluh erst bey dem Markt Berchtesgaden, wo sie den Salzstock von dieser Seite bedeckt. Die unteren Stöllen im Salzberge sind darinnen auf ansehnliche Weiten getrieben. Die Kalksteingeschiebe sind mit vielem Thone gemengt, in dem sie eingebacken zu seyn scheinen, und nur wenig Stücke sind von mehr als Fufsdurchmesser, die meisten von dem eines, oder einiger Zolle. Der Salzberg, eine Fortsetzung des Halleiner, liegt östlich vom Markte, die unteren Stöllen nur 18 Lachter über den Bach. Hinter der Nagelfluh ist die Decke des Salzthones, ein mehr als 30 Lachter mächtiges Lager von feinkörnigem Gyps, denn wahrscheinlich hat der Salzstock mit dem Gebirge gleiches Fallen gegen Mitternacht. Ohnerachtet der Nähe, und des Zusammenhanges mit Hallein ist doch das Innere des Berges sehr verschieden von jenem, denn dieser ist reicher; hier sind die gröfsten Massen von kleinkörnigem Steinsalze; die man in teutschen Salzwerken antrifft; aber wie in den anderen liegen kleine Thonstücke fast durchaus in die feste Salzmasse, und kleine Stücke durchsichtigen Salzes, wie Krystalle in einer Hauptmasse. Das Salz wird hier mit Bohren und Schieſſen durch vier Fuſs tiefe Löcher gewonnen, die mit 5 Zoll Pulver beſetzt werden. Auch der Thon enthält an dieſem Orte mehr Salz, als in Hallein, oder, in den öſterreichiſchen Bergen, auch ſtehen die Wäſſer nur 3 Wochen in den Sinkwerken, um den Sättigungspunkt zu erreichen. Die Menge des ſaſerigen Steinſalzes iſt auffallend, im Thone; aber faſt immer durchſchneidet es den Thon in ſenkrechten Richtungen; wie ausgefüllte Trümmer. — Der ganze Salzberg iſt 480 Fuſs hoch, und oben durch keinen Kalkſtein bedeckt. Trägt die Beengung dazu bey zwiſchen dem Untersberge, und der das Land umgebenden Fortſetzung der Gollinger-Kette, daſs hier der gröſste Reichthum von Salze ſich abſetzte? — Es giebt mehrere Salzquellen im Lande, die ihren Salzgehalt vielleicht noch von anderen Orten erhalten. Am Ausgange des **Ramſauer** Thales dringt eine ſolche Quelle von Nordweſten her, aus der Nagelfluh hervor, die zum wenigſten 18löthig ſeyn muſs. — Die Farbe des Kalkſteins in der Tiefe iſt ſehr mannigfaltig; gewöhnlich roth von allen Abwechslungen; im Ramſauerthale iſt ſogar roſenrother Kalkſtein nicht ſelten; aber es kommen nur ſparſam Verſteinerungen darinnen vor. Am Anfange des zerſtreut liegenden Dorfes in der **Ramſau**, wird er ſehr mergelartig und ſchieſrig, ſtreicht h. 11, und fällt ſehr ſtark gegen Weſten. Unweit davon im Thale hinauf kömmt der **Grauwackenſchiefer** hervor, auf dem wahrſcheinlich das ganze Kalkgebirge ruht. Er iſt feinſchieſrig, und beſteht aus grauen, ſehr kleinen

Blättchen von Glimmer, und eben so kleinen Geschieben von Quarz. Aber es ist nur eine Kuppe dieses Grundgebirges, die bald von der Nagelfluh bedeckt wird, und dann nicht wieder hervorkommt. Das Thal der Ramsau ist weit, weil es in der Mitte des umschlossenen Landes liegt, und erweiteret sich noch mehr in der Gegend des hinteren Sees der flach ist, und ehemals einen gröfsern Umfang einnahm. Von hier aus zeigen sich nordwärts wiederum kahle, nackte und schroffe Felsen, die gröfsten Höhen der Kette, und südwärts scheint der Steinberg vom Watzmann her, sich mit ihnen verbinden zu wollen. Zwischen beyden aber geht der Weg durch eine Niederung, in der noch die Felsen bewachsen sind. Weit eher, als man diese Höhe (den Hirschbüchel) erreicht, hat der Bach im Thale sein Wasser verloren, und nur die herabgewälzten Geschiebe zeigen, dafs er bey grofsen Fluthen auch hier fliefse. Es ist nicht das einzige Thal dieser Gegend, das wasserleer ist. Der Watzmann wird von einem dergleichen umschlossen, demjenigen des Windbachs, das 3 Stunden lang keinen Bach, keine Quelle aufnimmt, in welchem nur bey Aufthauung der ungeheuren Schneemassen des Winters Wasser fliefst, oder bey ungewöhnlichen Luftniederschlägen. Es ist eine allen beträchtlichen Kalksteingebirgen besonders eigene Merkwürdigkeit, auffallend wenig Quellen aus ihrem Innern zu entlassen, und wenn sie hervorkommen, so ist es mit ungemeiner Stärke und Reichhaltigkeit in tiefen und steil abfallenden Thälern. Der grofse Haller klagt schon in

:iner ersten Schweizerreise (1728) über Quellenleer-
eit und Dürre des Juragebirges, wodurch es in
Hinsicht der fruchtbaren Viehweiden, sich so wesent-
ich unterscheide von dem wasser- und daher sutter-
eichen uranfänglichem Gebirge des Berner Ober-
andes). Bernouilli Archiv 1785. I. 215).
Die Ursache liegt wohl nicht darinnen, dass weniger
Wasser auf diesem Gebirge herabfällt, dass der Kalkstein eine geringere Anziehung gegen wässerige
Dienste ausübe, wenn es gleich möglich ist, dass
die fehlende Vegetation der nackten Spitzen etwas
beitragen kann, dass sich weniger Wasser an ihren
Abhängen sammle. Die stark und schnell hervorkommenden Quellen, an steilen Abstürzen, und meistens
von unten hinauf, zeigen hinlänglich, dass die
kleinen, fast aus jeder Oeffnung hervordringenden,
oft nur strohhalmbreite Wässer im Urgebirge, sich
schon im Innern des Kalksteins vereinigt haben; dass
also hier schon die innere Circulation des Gewässers
im Kalkstein grösser sey, als im Granite, im Gneuss
oder Thonschiefer. Und wie weit mag sich nicht
dieser unterirrdische Lauf des Gewässers verbreiten?
Man denke an die grosse Menge Erfahrungen
über den Lauf der Salzquellen, die Herr
von Humboldt gesammlet, und zu wichtigen
halurgischen, und geologischen Schlüssen benutzt
hat. Man denke an den wunderbaren Lauf der mineralischen Quellen die sich oft noch durch Berge
und Thäler bis zu ihrem Ursprunge verfolgen lassen.
Man erinnere sich der schon in den Seen von unten hinauf hervordringenden zahlreichen Quellen,

der unterirdischen Flüsse in der Gegend des Cirknitzer Sees. (Grubers hydrog. Briefe) des Ursprungs der Kerka oberhalb Knie in Dalmatien, aus einer Höhle, in welcher sie sich, als ein schon beträchtlicher Fluss durch einen unterirdischen Kanal stürzt (Fortis 1776, 166) der oft sich mehrere Meilen weit verbergenden und aus Hölen mit grossem Geräusche wieder hervorkommenden Flüssen, die in Kärnten und Krain so viele wunderbare Erscheinungen veranlassen (Hacquet). Und ist es denn unmöglich, oder nur unwahrscheinlich, dass Quellen, ja unterirdische Flüsse von diesen Gebirgen her, erst wieder in grossen Weiten hervorkommen, wo man nicht mehr im Stande ist, bis zu ihrem Anfange zurückzugehen! Im Kalksteine, der durch dünne und oft verworrene Schichtung, und so viele andere Klüfte Räume genug läfst, in denen Wasser weit fortfliessen kann; dessen schnelle Erhebung, und wahrscheinlich eben so schnelle Formation schon selbst Oeffnungen (Klüfte) hervorgebracht haben muss, die in anderen weniger schroffen Gebirgen fehlen! Es ist sogar fast nothwendig, auch ohne directe Erfahrungen, sich an dieser Ursache der Wasserschwindungen zu halten, denn es fällt sichtbar auf ihnen eher mehr, als weniger Wasser, als auf anderen Gebirgen hinab. Fast stets ist der Watzmann in Wolken versteckt, und der Regen ist in diesen Gegenden nicht weniger häufig. Nach Prof. Schiegg Beobachtungen waren 1796 in einem keineswegs ausserordentlichem Jahre 93 Regentage, 34 Tage, an denen Schnee fiel, und 58, in welchen die Gegend in dichtem Nebel gehüllt war. Wo bleibt diese Wassermenge, da sie weder Pflanzen verbrauchen, noch Quellen und Bäche abführen? — Wie viele unterirdische Flüsse mögen nicht ihren Ausgang erst im tiefen Boden des Meeres finden! eine Erscheinung die durch dalmatische und krainische Kalkalpen gewiss im adriatischen Meere nicht selten ist; denn schon an den provençalischen Küsten hat die Genauigkeit des Grafen Marsigli mehrere Ströme bis weit unter dem Meere verfolgt (histoire physique de la mer Amsterdam 1725. 13). — Auf ähnliche Art, als bey Werfen hat die Saale oberhalb Lofer die grosse Kalkkette durchbrochen, und von Saalfelden aus hat sie eben das fürchterlich steile und schroffe Ansehn, als dort. Die durchbrochene Reihe scheint, von hier aus gesehn, sich zu schliessen, und ununterbrochen gegen Tyrol fortzugehen, denn die Loferischen Hohlwege sind eben so hoch, enge und steil, als der Pass bey Golling. Gegen die Nordseite fallen die Spitzen in einer geneigten Ebene ab, und erheben sich mit ausgezackten Flächen wieder zur vorigen Höhe: dies ist eine Wirkung der Schichtung, die mit eben dem Winkel nach Norden hin fällt. Man sieht diese Bildung, die nicht wenig mag beygetragen haben, zur unersteiglich spitzigen Form derselben, ebenfalls in den Fortsetzungen der Kette, und Hr. von Humboldt beobachtete sie vor mehreren Jahren schon in den Schweizerischen Kalkalpen. Sonderbar ist diese fortgesetzte Neigung einer an den Abhängen so freystehenden Kette bis zur grössten Höhe hinauf, die faſt diejenige, der Tauern übertrifft. Wo ſoll die Fläche liegen, deren Neigung noch auf eine faſt 9000 Fuſs hohe Maſſe wirkt? Da tauſend Fuſs, wie andere Beobachtungen lehren, ſchon hinreichend ſind, die Schichten einer Gebirgsmaſſe in ſohliger Lage zu bringen, wenn ſie auch auf Flächen von 60 und 70 Grad Neigung gelagert wäre. — Doch findet man an den Hirſchbüchel einige Abweichungen von dem allgemeinen Fallen nach Norden: auf dem Watzmann ſtreichen die Schichten zwiſchen h. 2. und h. 3. und fallen 30 und 40 Grad nordweſtwärts; bey dem Hirſchbüchel ſelbſt, einem Salzburgiſchen Gränzpaſs h. 9. 70 Grad Weſt, und ſo bis Weiſsbach hinab der ſchieferige Mergel dieſer Gegend h. 10½ Weſt. Der Kalkſtein von der Frauenwieſe durch die Hohlwege hindurch h. 12½ Weſt.

Leogang.

Erzlager. Uebergangsgyps.

Das weite Thal von Leogang zieht ſich im Uebergangsgebirge fort, und wird an der Nordſeite von der hohen Kalkkette begränzt. Eine halbe Stunde von Saalfelden weg ſieht man bey der erſten Erhebung des Gebirges aus dieſer Fläche rothen feinglimmerigen Grauwackenſchiefer anſtehen, der unweit der Kirche im Leogang h. 8. ſtreicht, und mit 40 Graden gegen Süden fällt. Er wechſelt oft mit Thonſchiefer, und mit ſchwärzlichgrauem feinkörnigen Kalkſtein. Am Ende des Seitenthales der Schwarzleogang 1½ Stunden im m Hauptthale hinauf, in welchen die Erzgruben von Leogang liegen, hat dieser Kalkstein oft mehrere Farben zugleich, und sonderbar, oft nicht in einander übergehend, sondern scharf abgeschnitten, als bestehe die ganze Masse nur aus eckigen, mit einander verbundenen Stücken von rother, grauer und weisser Farbe. Auch in diesem Nebenthale wechseln mit ihm noch häufig Grauwacken- und Thonschiefer. Das Erzlager in diesen Gebirgsarten ist eins der sonderbarsten; in einer Masse von gewöhnlich 40, oft auch 50, ja 60 Lachter Mächtigkeit liegen die Erze in kleinen Lagern, einige Zoll mächtig, die nur einige Lachter fortsetzen; eine Kluft, an welcher der Thonschiefer eine glänzende Ablösung hat, schneidet sie ab. Nicht weit davon liegt eine gleiche Erzmasse, vielleicht in anderer Richtung bis zu solcher abschneidenden Kluft. Das Ganze, in welchem die Erze zerstreuet sind, hat ein ziemlich regelmäfsiges Streichen von Morgen in Abend, und etwa 40 Grad Fallen nach Mittag; völlig der Schichtung gleich, die man an den Gebirgsarten am Tage bemerket. Am häufigsten ist unter den Erzen der Kupferkies, und klein- und feinkörniger Bleiglanz, etwas seltener Fahlerz. Man findet an vielen Orten die Kupfer- und Bleierze getrennt; so dafs der reine Kupferkies beträchtliche Massen ausmacht, ohne Vermengung mit Bleiglanz, und dieser sich wieder eben so mächtig anlegt, ohne Kupferkies zu enthalten. Weniger häufig Kupferglas, grauer Speifskobalt selten mit den Kupfererzen zugleich, aber wohl mit einfachen spitzwinklichen Pyramiden von Kalkſpath, auseinander laufende Kryſtalle von Grauſpieſsglaserz, Kupferlaſur, Malachit, ſelbſt Zinnober und Gediegenes-Queckſilber (Schroll in Moll oberdeutſchen Beyträgen 1785. 195.) Sehr merkwürdig iſt der Gyps, der in mancherley Geſtalten auf dieſem Erzlager erſcheint, theils als wirkliches Lager ſelbſt, von mancherley Lachter Erſtreckung, dann iſt er ſehr feinkörnig und hellweiſs, und nicht ſelten kommen auch noch die Erze darinn vor; Fahlerz z. B. in Kleinen, durch die hellweiſse Maſſe ſetzenden Trümmern. Faſriger Gyps liegt öfter noch zwiſchen den Blättern des Thonſchiefers, ſo daſs die bis 3 und 4 Zoll mächtigen Faſern rechtwinklich ſtehen, auf den Flächen der Gebirgsart, jedoch ohne weit fortzuſetzen. Fraueneis faſt auf eben die Art und in kleinen bis Zoll groſsen Nieren, nicht weit von den Erzen entfernt. Sogar die kleinen zuweilen vorkommenden Quarzdruſen ſind faſt nie leer von noch kleineren Kriſtallen von blättrigem Gypſe, die oft noch auf kleinen Kalkſpatpyramiden ſitzen. Eine Gypsformation die älter iſt, als die beyden im Flötzgebirge, und eine dem Uebergangsthonſchiefer untergeordnete Gebirgsart ausmacht. Man kann hier die Formationen des Gypſes faſt auf ähnliche Art, wie diejenigen des Kalkſteins verfolgen in fortlaufender Reihe von der älteſten an bis zur neueſten hinab. Wenn gleich die älteſte derſelben die von den Herrn von Humboldt und Freiesleben im Thale Madran an der ſüdlichen Seite des Gotthardts im Gneuſs beobachtete ıchtete *), im Salzburgischen noch nicht aufgefunden worden ist, so leidet es doch fast keinen Zweifel, dass man sie bey der hier so häufigen Wiederholung der Gebirgsarten in verschiedenen Hauptformationen nicht auch noch antreffen sollte. Neuer ist dann dieser Gyps der Uebergangsformation; neuer der, fast noch unter dem Flötzkalkstein liegende Gyps von Immelau bey Werfen **). Dann die grofsen Steinfalz und Gypslager an der Nordseite der Kalkkette; dann die auf dem Sandsteiu ruhenden kleinen Gypslagerin Baiern, wie unter andern unweit Neuburg. Schwefelkies ist in dem Erzlager von Leogang nicht so häufig, als man wohl glauben sollte; häufiger späthiger Eisenstein. Unter die selten hier vorkommenden Steinarten gehören Flufsspath, Schwerspath (dem einzigen Orte im Salzburgischen, wo er vorgekommen ist) und Arragon. Hr. Bergrath Schroll besitzt von diesem seltenen Fossile ein vorzügliches Stück in seiner schönen und lehrreichen Sammlung. Es ist eine Druse von vielen Krystallen mittlerer Gröfse; kurze, dicke, vollkommene sechsseitige Säulen, mit tief eingeschnittenen, und stark concaven Seitenflächen, von graulichweisser Farbe. Auf der Grundfläche der Säule laufen aus jeden Winkel des Sechsecks kleine, ebenfalls ausgezackte Klüfte gegen den Mittelpunkt zu, endigen sich aber, ehe sie diesen erreichen, in einem hohlen von sechs Flächen

*) Vergl. Dolomieu Journal de Physique 1794. 183.

**) Schroll Oryktographie in Baron Moll Jahrbücher I. 133.

begränztem Raum, der die Axe des Kriftalls einnimmt; faft auf ähnliche Art, als in den grofsen Salpeterkriftallen, die bey der Salpetercoctur anfchieffen. Die Kriftalle braufen mit Säuren nur fchwach, und faft nur gepulvert. — Der Ertrag der Werke in Leogang ift ohngefähr 250 Centner Kupfer von ; Loth Silbergehalt, und 224 Centner Bley von 2 Loth Silber im Centner; ein Ertrag der durch 90 Menfchen hervorgebracht wird.

Zeller See.

Roth Menakanerz.

Saalfelden liegt auf den Boden des grofsen innern Sees, deffen Waffer von der hohen Kalkkette zurückgehalten waren. Er ift hier ohngefähr drey Stunden breit, und fechs Stunden lang, vom Anfang der Hohlwege bis zur Salza am Fufse der Tauern, und der Zeller See ift davon ein Ueberreft. Von beyden Seiten begränzen ihn hohe Ufer von Uebergangsthonfchiefer; eine niedrige Kette, die paralell mit dem Tauern läuft, und beträchtlicher fcheinen würde, wenn ihr Höhe gegen diefes fchnell anfteigende gewaltig Gebirge nicht gänzlich verfchwände. Der Zeller See, der in die Salza abfliefst, foll jetzt noch mehr als 100 Klafter tief feyn; eine Tiefe, die bey den flachen Ufern deffelben nach Norden hin, gewiß auffallen mufs. Nicht weit von feinem oberen Ende fieht man den Thonfchiefer h. 8. 4. ftreichen, mit 70 Grad Fallen nach Süden, der Schichtung gleich die man im Leogang hinauf ebenfalls antrifft; welch

der völlig entgegen gesetzt ist, die mit so
er Bestimmtheit sonst dieser Gegend von Salz-
eigen zu seyn scheint. Aber hier unsern des
ist auch der Punkt, wo die Abweichung wieder
allgemeinen Regel zurückkehrt; denn der Fal-
winkel von 70 Grad vermehrt sich in kurzer Ent-
ng, so dass diese dünnschiefrige Gebirgsart völlig
den Kopf steht, dabey noch einige Oscillationen
Norden und Süden hin macht, endlich aber ohn-
der Einsiedeley das für die Gegend bestimmte und
kteristische Streichen h. 6. 4. mit 60 Grad Fallen
Norden annimmt. Dasselbe Streichen hat auch
das westwärts von Zell bey Limberg in diesem
schiefer aufsetzende Erzlager, das im Quarze
erkies, Kupferglas, Schwefelkies, Nickel, und sel-
Gediegen-Kupfer enthält, aber nur 1 bis 2 Fuss
tig ist. (Schroll geogr. Uebersicht 198.)
diesem ziemlich ähnliche Erzlager von Mühl-
bey Mittersil, enthält ausser diesen Erzen
ein merkwürdiges erst in neueren Zeiten, vor-
ch durch den unermüdeten und glücklichen
eckungseifer des grossen Klaproth, seiner
en Beschaffenheit nach bekannt gewordenes
. Das rothe Menakan- oder Titanerz,
nan hier seit länger als 10 Jahren schon unter
Namen des rothen Schörls kannte. Es kömmt
in den Quarzlagern im Thonschiefer vor, nicht
am Gotthardt *) in feinen, nadelförmig, netz-

Im Crispalt, daher es Herr de la Metherie Cri-
it nannte.

artig zuſammengehäuften Kryſtallen auf Klüften des Quarzes, ſondern eingewachſen in der Maſſe des Lagers, als Kryſtalle von mittlerer Gröſse. Es hat hier folgende Kennzeichen:

Faſt immer iſt es von blutrother Farbe, ſeltener, und nur in kleinen Maſſen carminroth.

Es kömmt im Quarze in derben Maſſen eingewachſen vor, und in vollkommenen ſechsſeitigen Säulen, oft mit 2 gegenüberſtehenden breiteren Seitenflächen. Die Kryſtalle finden ſich von mittlerer, bis 1 $1\frac{1}{2}$ Zoll Gröſse, häufig klein, bis zu ganz feinen Nadeln hinab, aber doch ſo, daſs faſt immer die Länge den Durchmeſſer derſelben anſehnlich übertrifft, ſie liegen faſt immer eingewachſen und einzeln, ſelten ſind ſie in Druſen verſammelt, in denen ſie uneingewachſen hervorſtehen; dann iſt auch das Längen- zum Breitenverhältniſſe kleiner. Oft durchkreuzen ſich die Kryſtalle netzartig, mit ſolcher Beſtimmtheit ihrer Lage, daſs ſie immer gegen einander einen Winkel von 60 Graden, und gleichſeitige Dreyecke bilden. Sie ſind äuſserlich wenig glänzend, und ſtark in die Länge geſtreift, ſo daſs man an den gröſseren Kryſtallen noch deutlich bemerken kann, wie ſie aus Aggregation länglicher Nadeln hervorgebracht ſind, die dadurch die Streifung verurſachen. Inwendig iſt das Foſſil glänzend von einem Mittel zwiſchen Demant und Fettglanz. Im Bruche iſt es unvollkommen kleinmuſchlig, und zeigt oft der Länge der Kryſtalle nach eine Anlage zum blättrigem Bruch.

Es ist in hohem Grade hart.

Sehr wenig an den Kannten durchscheinend.

Spröde.

Seine specifische Schwere ist 4. 334. auf Probier-
4421. auf Nichelsons Waage.

Es kömmt an mehrern Orten im Salzburgschen vor, und in unterschiedenen Formationen. Zu Muhlbach im Thonschiefer, der wahrscheinlich auf der Gränze steht zwischen der Urgebirgs- und Uebergangsformation. Im Thale Fusch hingegen in grünlichgrauem glänzenden Glimmerschiefer; auf der Alpe Brennkogl in diesem Thal bricht das Erz netzartig zusammengehäuft mit sehr wenigem Kalkspath auf Drusen von zylinderförmig zusammengehäuften Clorittafeln, mit ihnen auf Trümmern, die fast rechtwinklich die Lagen des Glimmerschiefers durchschneiden.

Die zu Rhoniz in Ungarn auf Quarzlagern im Glimmerschiefer vorkommenden rothen Menakan-Erze haben noch mannigfaltigere Krystallisationen, kommen auch noch in grösseren Krystallen vor, als in der hiesigen Gegend. Herr Graf Wrbna besitzt in seiner reichen Sammlung zu Wien die schönsten Stücke von diesem Fossil, die man jetzt kennt. Sechsseitige stark in die Länge gestreifte Säulen drey Zoll lang, und gegen $\frac{1}{2}$ Zoll breit mit 2 gegenüberstehenden abgestumpften Seitenkannten: rechtwinklich-vierseitige eben so abgestumpfte Säulen und geschobene vierseitige Säulen. Bekanntlich ist das durch den Prof. Hunger bekannte Fossil von Bodenmais bey dieser letzteren Grundgestalt noch zugeschärft; die Zuschärfung auf die scharfen Seitenkannten aufgesetzt. Das specifische Gewicht dieser Abänderung bestimmte Hr. Klaproth auf 3810. Die Kristalle von Rhoniz, in denen Herr Klaproth die metallische Natur des Fossils zuerst entdeckte, waren ebenfalls rechtwinklich-vierseitige stark in die Länge gestreifte Säulen bis zu ½ Zoll Durchmesser, bräunlichroth, ihr specifisches Gewicht 4180.

Taxembach. Erdfall von Embach.

Gegen die Kette der Tauern hin, und in dem engen Thale, in welchem von Hundsdorf die Salza weiter herabfliesst, nimmt der Thonschiefer immer mehr den Charakter einer uranfänglichen Gebirgsart an. Er wird glänzender, und verändert die graulich schwarze Farbe in grau, zuweilen sogar bis in grün öfters mit zikzakwellenförmig schiefrigem Bruch. Seine Schichtung ist bis über Hundsdorf hinaus regelmässig h. 7.; aber gegen Taxenbach hin ändert sie sich bis h. 10. mit 30 Grad Fallen gegen Norden dann wieder h. 9. und nur an einigen Stellen ist sie h. 11. ebenfalls mit 30 Grad Fallen nach Norden Das Thal in der Gegend von Taxenbach ist enge und schroff, um so mehr, da die Tauern sich gleich vom südlichen Ufer der Salza zu einer ansehnlichen Höhe hinaufsteigen, und dann nur allmählig sich zur Höhe der inneren Kette des hohen Gebirgsrücken erheben. Der Thonschiefer ist dünnschiefrig und weich, und wechselt zwischen Zell und de

Lendt wenig, oder nicht mit dem härteren Kalksteine; die Salza hat sich in ihm daher tief einschneiden können, da sie einen so grossen Fall durch das Durchbrechen der Gollinger Kette erhielt. Es kann daher nicht befremdend seyn, wenn man hier von geschehenen grossen Erdfällen hört, vorzüglich bey der Ansicht der über das Thal hängenden Thonschiefermassen und der Häuser und Höfe darauf, aber selten mögen solche doch seyn, als der vor einigen Jahren unterhalb Taxenbach bey Embach entstandene, dessen gewaltige Wirkungen noch im frischen Andenken sind. Herr Bergrath Schroll hat die ihn begleitende Phänomene auf eine dem Ausserordentlichen des Gegenstandes angemessene Art in einer lehrreichen Darstellung gesammelt, aus der ich einige der vorzüglichsten aushebe. Die Gegend des Dorfes Embach am Abhange des engen Thales der Salza, war kleinen, wenig bedeutenden Erdfällen öfters schon ausgesetzt gewesen. Vorzüglich nasse Witterung aber im Sommer 1794 trennte eine so grosse Masse von den Felsen los, dass der ganze Abhang sich bewegen zu wollen schien. Langsam sank er in die Salza hinab, drängte ihr Wasser fort, dass durch seine Anschwellung zu so ungewöhnlicher Zeit bald an allen unterhalb liegenden Orten bis jenseit Salzburg hin, die ausserordentliche Erscheinung bekannt machte; und ganze Wälder warfen sich auf den Strom von oben herab. Ein Hügel von 80 bis 100 Fuss Höhe verschloss endlich seinen Lauf, und ein neuer See sammlete sich gegen Taxenbach zu. Das Bette des Flusses erhöhte sich durch die Menge der hineinfallenden Stücke ſo ſehr, daſs das Waſſer weit zu den Seiten hervortrat, hier von neuem mit der durch den neuen Fall verſtärkten Kraft zerſtörend auf den weichen Thonſchiefer wirkte, neue kleine Erdfälle veranlaſste, Wieſen und Aecker mit Steinen bedeckte, Häuſer und Höfe vom Abhange trennte, und ihnen den augenblicklichen Untergang drohte. Aber mit noch gröſseren Schrecken und Beſorgniſs ſahen die Einwohner von Lendt und die unterhalb liegenden Orte den neuen See bei Embach entſtehen; er war durch Erhöhung des Dammes ſchon eine Stunde groſs bis Taxenbach hinauf; und von hohen Lerchen und Tannen ragten aus ſeiner Tiefe nur die Spitzen hervor. Die plötzliche Durchbrechung des Dammes ſetzte eine groſse Hälfte des Landes in Gefahr des Untergangs. Und doch war noch immer die gröſsere Erhöhung dieſer Maſſe zu fürchten; Ein kleiner Bach, der über den Erdfall hinabfiel, ward abwechſelnd verſchüttet, wenn er ſich durch Kraft des Druckes wieder heraufgearbeitet, und ſich in der lockeren Maſſe ein tiefes Bette gehöhlt hatte. Dieſer Wiedererſcheinung des Bachs war mit neuer Bewegung, der durch ihn von neuem erweichten Maſſen begleitet, und bey dieſer abwechſelnden Wirkung ſchien die Zeit noch ſehr fern zu ſeyn, in welcher dieſe gegeneinander ſtreitenden Kräfte wieder mit einander im Gleichgewicht geſetzt werden würden. Faſt drey Jahre dauerte der Streit, und die Furcht der Einwohner, als endlich der Erdfall aufhörte ſich zu bewegen; Warme Witterung hatte die Wäſſer getrocknet, die

Ursach der Zerstörung waren; nach und nach schob die Salza die lockeren Theile des Dammes fort, die sie zum See bildeten; das Bette bey Lendt erniedrigte sich wieder durch die Kraft des darauf stürzenden Wassers, und noch vor Ausgang des Jahres war die fast völlig gehemmte Verbindung des oberen und unteren Landes wieder eröffnet, und alle Ursachen der nur zu gegründeten Furcht waren verschwunden; denn ungeheure Felsmassen unterstützen jetzt den sinkenden Abhang, und der kleine Bach ist nicht mehr im Stande sie zu zertrümmern. — Herr Bergrath Schroll vermuthet, daſs an dem Orte dieses Erdsalls ehedem der Lauf des Rauriser-Bachs war, ehe er sich Taxenbach gegenüber durch den Kalkstein ein enges und tiefes Bett höhlte; denn alle Geschiebe des Erdfalls finden sich anstehend im Thale der Rauris, und man wäscht sogar aus ihnen eben die Menge Goldkörner, als der Rauriserbach der Salzach zuführt. — Spuhren ähnlicher Erdfälle, vorzüglich in der schroffen Kalkkette, findet man im Salzburgischen jetzt noch an mehreren Orten. Nordwärts von St. Gillien am Obersee ist von einem erhabenen Kalkberge (dem Schafberge) zu jetzt nicht mehr bekannten Zeiten völlig die eine Hälfte eingestürzt, und die Wirkungen dieser vielleicht 1200 Fuſs hohen einstürzenden Masse müssen fürchterlich für die Gegend gewesen seyn. Eines ähnlichen erinnert man sich unweit Golling an einem Orte, wo ein solches nicht unmögliches Phänomen den Untergang eines groſsen Theils des Landes nach sich zu ziehen im Stande feyn würde. Denn fiele einst eine der drohenden Kalkspitzen in die enge Kluft bey dem Pass Lueg, so wäre bald der Salza der Ausweg versperrt; wie vormals entstände aus dem Innern des Landes ein unwohnbarer See, und aufs neue müsste der Strom wieder anfangen, die dem Abfluss hindernde Kalkmassen zu durchbrechen. In einem Lande, welches so grosse Abwechslungen der Atmosphäre in Hinsicht auf Temperatur und Luftniederschlag ausgesetzt ist, muss man sich eher wundern, diese Phänomene nicht häufiger und schrecklicher in ihren Wirkungen zu sehen.

Gastein.

Von den hohen Rücken der Tauern laufen viele beträchtliche Bäche paralell in die Salza hinab; z. B. derjenige aus dem Thale Caprun, aus dem in der Fusch, aus der Rauris, und bey Lendt der starke Gasteiner Bach. Aber man sieht sie nur mit Mühe aus dem Gebirge hervorkommen; alle drängen sich aus engen Spalten, in denen das Gebirge sich völlig zu schliessen scheint. Der Gasteinerbach stürzt aus solcher Enge von einem hohen Felsen herab, und der am Gebirge sich hinanhebende Weg scheint nicht weiter im Thale, sondern über die hohe Bergreihe selbst hinweggehen zu können. — Er führt in die Enge hinein, die Felsen stehen von der Höhe senkrecht hinab, und scheinen oben zusammenstürzen zu wollen, und der Bach fällt schäumend von einem Wasserfall auf den andern. Sehr

t hängen gewaltige Felsmassen unmittelbar über
en, auf Brücken über den Abgrund schwebendem
Wege, und herabgefallene Stücke erinnern an die
nahe Gefahr. Und die Gebirgsmasse selbst ist schon
im Stande die höchste Verwunderung zu erregen;
statt des Thonschiefers ein dunkelblaulich-grauer
sehr feinkörniger Kalkstein, mit weissem Kalkspathtrümmern in unendlicher Zahl nach allen Richtungen durchsetzt. Er scheint in Stäben von 4 — 5, und mehreren Fuss Länge aufgerichtet am Berge zu liegen (denn diese Form haben seine Bruchstücke im Grossen), und die weissen Trümmer bestimmen die Grösse dieser zollstarken Stützen, die nur schwach die Masse der Berge scheinen erhalten zu können. Die sich stark stürzende Schichtung zertrennt die Felsen noch mehr. Hinter einer alten zerfallenen Burg weichen die Felsen: das Wasser hört auf, sich in ununterbrochenen Fällen den Weg durch die Enge zu suchen. Im breiten Bette fliesst es ruhig durch das weite Thal fort, und Dämme müssen es hindern sich über die grosse Fläche nicht zu verbreiten. Das Auge schwebt über Wiesen, Höfe, Dörfer, Märkte bis zur Höhe des Rathhausberges auf der fernen Kette der Tauern, und die auf den Wiesen in unzähliger Menge stehenden kleinen Vorrathsgebäude erwecken eine Idee von Cultur, die sonderbar absticht, gegen das Wilde des Weges, der zu dieser Fläche hinanführt. Hohe und schnell aufsteigende Bergreihen begränzen sie an den Seiten. Statt des Kalksteins sieht man hier wieder den Thonschiefer grünlichgrau, wenig glänzend mit sehr vielen

und zum Theil mächtigen Quarzlagern; zwischen Hof, und dem Dorfe Gastein streicht er h. 10. und fällt 40 Grad gegen Norden; der Kalkstein in der Klem (der Nahme der Enge von Lend nach Gastein hinauf) aber, h. 7½ mit 80 Grad Fallen nach Norden. In den Seitenthälern, die zu diesem weiten Hauptthale von Osten und Westen herankommen, sind grosse Massen von Serpentinstein im Thonschiefer anstehend, (Schroll Oryctographie 121) und weiter gegen Hof zu, geht er völlig in quarzigen Glimmerschiefer über; dann in feinschiefrigen Gneufs mit grünlichgrauem, glänzenden Glimmer, gelblichweissen, feinkörnigem Feldspath und wenigem Quarz; und diese Gebirgsart setzt fort, bis zur neuen erhobenen Fläche über dem Wildbade hinauf. — Denn 5 Stunden von der vorigen Enge schliesst sich dass Thal wieder aufs neue; abermals stürtzt das Wasser statt des vorigen ruhigen Laufs von hohen Felsen herab; Häuser hängen an den Bergen übereinander, und zwischen ihnen dampfen die drey warmen Quellen des Wildbades. Das Brausen des 270 Fuss auf einmal herabfallenden Stromes, die heissen Dampfwolken aus den Felsklüften hervor, die Häuser an einem Ort der nur für Raubthiere ein Wohnort zu seyn schien; die Pracht des fürstlichen Hauses, und die Umgebung der nackten oder mit finsterer Waldung bedeckten gewaltigen Berge, alles ist so unerwartet, so abstechend gegen die Scene, eine Viertelstunde vorher, dass man in gerechtes Erstaunen versetzt ist, und sich in eine Gegend glaubt, die des Wundervollen noch mehr hat, als diese mit Wundern reich erfüllte Landschaft. Und eine halbe Stunde hinauf ffnet sich das Thal wieder; wie vorher verbreitet es ch in einer ausgedehnten Fläche, deren Fortlauf ein Hügelchen stört, bis zum Fusse des Rathhaus-erges, der sich in den Wolken verbirgt. Hier n Ende der Ebene liegt Böckstein, der letzte rt auf der Nordseite der Tauern. Beyde Flächen, e untere bey Hof und diese obere bey Böck-ein, sind einleuchtend zwey Seen, die übereinan-er lagen, nach der Länge des Thals, und wel-le, bey Vertiefung des Thales der Salza durch das erreissen der Kalkkette, ihrerseits auch die Felsen urchbrachen, die ihren Zusammenfluss und weiteres 'ortströmen hinderten; und wahrscheinlich immer erhältnissmäsig mit der Vertiefung jenes Hauptthals. enn Hr. Bergrath Schroll bemerkte im Granite der Enge am Wildbade hinab eben die kessel-migen Löcher von der Höhe der Felsen herab zum jetzigen Wasserlauf, die durch den Stoss s Wasser an den Seiten aushölt, wie im Kalk-ne, bey dem Pass Lueg unterhalb Werfen, wo se Höhlungen so characteristisch und deutlich sind. r untere dieser Gasteiner Seen, in dessen Mitte of liegt, ist gegen eine viertel- oft auch fast eine lbe Meile breit, und 5 Stunden lang, der obere er Böcksteiner aber nicht mehr als eine halbe unde breit, und nur etwas über eine Stunde lang; ner liegt 500 Fuss über das Bette der Salza, dieser er 1600 Fuss, und gegen 900 Fuss über das un-ere Thal, denn nach Barometermessungen des Prof.

Beck ist Lendt 1810 Fuss über die Meer erhoben; das Ende der Clam, oder der Anf unteren Sees 2279 Fuss, der Böckstein im Thale aber 3398 Fuss, und das Wildbad Mitte zwischen ihnen beyde 2914 Fuss. (Ba vom Wildbade 18.) — Alle Thäler v Tauern herab haben diese Gestalt; ehemalig deren Richtung rechtwinklich ist, auf die R des hohen Gebirges, und alle sind durchgel in das Thal der Salza, durch Massen von sch Kalkstein, die sie von diesem Hauptstrome tr Wie soll man sich die Entstehung dieser S klären? Einstürzungen können es nicht sey Gleichheit der Phänomens in allen Theilen a zen Gebirge hinauf, setzt eine allgemeine, a gleichwirkende Ursache voraus. Sind es Ue der grossen Thäler, die von den Tauern h men, ehe die schwarze Kalksteinmasse sich vor ihren Ausgängen abgesetzt ward, diese ve und jene auf diese Art zu Seen umschuf? D streitet aber die ziemlich gleichzeitige Formati Thonschiefers, der diesem Kalksteine vorliegt, chem sich vor Formation des Kalksteins, oh dere Ursachen wohl schwerlich hätte ein so Thal bilden können, wenn man auch zugieb nicht sehr wahrscheinlich ist, dass währen ser grossen Formations - Epoche Thäler entf sind, die unseren jetzigen analog waren. St gen, die man sonst wohl zur Entstehung der genthäler, (vallees Longitudinales), nommen hat, können ebenfalls diese weiten T

.t hervorgebracht haben; denn die Höhe der .ern ist nicht beträchtlich genug, während ihrem ;lichen Daseyn so auf ihren Laufe zu wirken, sie transversale Richtungen gegen das Gebirge en annehmen können. Denn die Ursache ihres währenden Laufes kann alsdann nur in den ısten Gebirgsspitzen liegen, und in diese fast nur :h Zersetzung der Atmosphäre, die sie bewirken. ıchen die nicht beträchtlich genug scheinen, um ıe Strömungen bewirken zu können. Aber das nomen dieser Seen in Querthälern (vallees ısversales) scheint allen hohen Gebirgen eigen eyn, daher auch die Ursache. In der Schweiz :. ist es sehr häufig, und die langen italienischen Versammlungen (Lago di garda, Lago Lu- o, di Como, maggiore) sind noch jetzt in Zustande, als jene ehemals waren. Deswegen vielleicht doch die wahre Ursache in der suc- :iven Formation der Gebirgsarten.

Wildbad.

Die drey vorzüglich bekannten mineralogischen llen haben eine Wärme von 38½ Grad R. nach Versuchen des Dr. Jos. Barisani und Prof. n. Beck und enthalten ihrer Analyse zu Folge:

'funde

Schwefelleberluft.

Kohlensäure theils frey, theils mit der Soda verbunden - - 6. 092 Gran

Kochsalz - - 1. 538 —

Bitterſalz	- -	0. 808	Gran.
Mineralalcali	- -	0. 154	—
Kalkerde	- -	0. 421	—
Thon oder Kieſelerde		0. 154	—

Joſ. Bariſani chemiſche Unterſuchung des Gaſteiner Wildbades. Salzburg 1785.

Sie kommen am Abhange des Thales aus dickſchiefrigem Gneuſse hervor mit groſsem Feldſpathkryſtallen, der noch, wie alle Gebirgsarten des Thals, zwiſchen h. 6. und 7. ſtreicht, und ſtark gegen Norden fällt. — In Flözgebirgen glaubt man über wahrſcheinliche Entſtehung dieſer Quellen ziemlich genugthuend urtheilen zu können, und wenn ſie auch aus dem Urgebirge hervorkamen, ſo ſand man doch das Flözgebirge nicht weit mit Verhältniſſen, die die Verlegung der Entſtehungsurſache in ihnen wohl zulieſsen. (S. Hr. Prof. Klaproth vortreffliche chemiſche Auseinanderſetzung der Quellenentſtehung in ſeiner Abhandlung vom Carlsbade Chem. Kenntniſs der Min. I. Band, und meine Abhandl. vom Carlsbade bergm. Journal 1792. Nov.) Viele Quellen entſernen ſich ſogar faſt gar nicht von dem Orte ihrer Entſtehung; wie z. B. ſo viele Sauerbrunnen in Schleſien. Aber wie laſſen ſich dieſe Meinungen anwenden auf Quellen, die ſo weit von allen Flözgebirgen entſernt ſind, als dieſes Wildbad, als die, welche in Mähren ſo häufig aus den Glimmerſchieſer hervorkommen? Woher aber dann die Urſache der Wärme und der Beſtandtheile? Wenn man den anſehnlichen Schwefel-

kiesesbergbau bedenkt, der im Grofsarler Thale trieben wird, wenn man hört, dafs in diesem dem asteiner gegen Osten zunächst liegendem Thale irklich Quellen aus Kalkstein hervorkommen *), em Gasteiner an Wärme und Bestandtheilen fast leich, so scheint diese Ursache leicht gefunden zu eyn. Aber es ist auch kaum etwas mehr als ein Schein. — Es ist freylich Thatsache, dafs Schwefelkies bey niedriger Temperatur Waffer und die Atmosphäre zersetzt, und dabey Wärme hervorbringt, aber unglaublich ist die Regelmäfsigkeit dieser Zersetzung, die seit Jahrtausenden (ihre Entdeckung wird in's Jahr 680 gesetzt) die Wässer bis 38 Graden erwärmt, und ihnen immer dieselben Bestandtheile in unabänderlich einerley Verhältnissen giebt. Und woher der Kochsalzgehalt, den man fast in jeder mineralischen Quelle antrifft? Ist vielleicht Kochsalz in Gebirgen häufiger, in denen wir bis jetzt, es zu suchen, uns nicht berechtiget glaubten? Fossilien, die Salzsäure enthalten, gehören zum Theil zu sehr alten Formationen. Weis Spiesglaserz bricht im Glimmerschiefer auf Gängen: Hornerz im Gneufse; das erst in neuern Zeiten bekannt gewordene falzaure Kupfer von Cornwall (von dem das Cabinet des Banquier Hrn. van der Nüle in Wien vortreffliche Stücken enthält) im granitähnlichem Gneufse. Und wahrscheinlich ist ein grofser Theil des alten Meeres während der Formation der Gebirgsarten in einem, dem jetzigen analogen Zustand gewesen;

*) Schroll Oryktographie, S. 194.

sogar schon vor der Formation mehrerer der Uebergangsgebirgsarten; denn auf die gleiche Meinung eines competenten Richters gestützt, des Hrn. Blumenbach scheint mir dies nöthig gewesen zu seyn, um Thiere ernähret zu haben, deren Organisation nicht verschieden ist, von den jetzigen Bewohnern der See. Sollte dann nicht viel vom Salzgehalte in die Formation neuer Gebirgsarten übergegangen seyn? Sollten nicht daher die kochsalzhaltigen Quellen entstehen, die in einigen Gegenden, in so grosser Menge aus Gebirgsarten der Uebergangsformation hervorkommen? welche in keiner Verbindung zu stehen scheinen mit den wirklich auf Kochsalz benutzten Salzsoolen, die wahrscheinlich aus neueren grossen Steinsalzmassen entspringen. Graf Mitrowsky führt im Ollmüzer Kreise von Mähren 10 Quellen an, die er analysirt hat, und die aus Thonschiefer und Kalkstein dieser Formation hervorquellen. Die reichste enthielt im Pfunde 2. 16. Gran Kochsalz, die schwächste 0,05 Gran, und jede an freyem Mineralalcali fast das Dreyfache des Kochsalzes. (Beyträge zur mährischen Mineralogie. Joh. Mayer Samml. phys. Aufsätze. Dresden 1792. II. B. 225. sqq.) Im mittlerem Deutschlande entspringen die Quellen von Selters, Fachingen und Ems aus Grauwacke und Thonschiefer (Becher) und so viele andere, die weniger bekannt sind. Seltener sind diese Quellen warm; fast nur diejenigen, die aus Urgebirgen entspringen, z. B. Warmbrunn in Schlesien mit 31 Grad R. Wärme aus kleinkörnigem Granit; Landek in Glaz 30 Grad

t. aus grobschiefrigem Gneuſs. Alle dieſe Wäſſer enthalten eine nicht unbeträchtliche Menge Glauberſalz, und wahrſcheinlich daher auch das Wildbad. In der Bariſaniſchen Analyſe mag dieſer Beſtandtheil in der Angabe des Bitterſalzes verborgen ſeyn, er entſteht durch Zerſetzung des Kochſalzes durch Schwefelſäure. Das freye Mineralalcali (das in Ems, Warmbrunn etc. faſt ein Drittheil aller Beſtandtheile beträgt) bleibt nach allmähliger Verflüchtigung der Salzſäure zurück; denn es iſt faſt keinem Zweifel mehr unterworfen, daſs durch die Zeit nicht Zerſetzungen erfolgen, die ſonſt nur groſse Temperatur-Erhöhungen hervorzubringen vermögen. Die Erfahrungen der Herren Sennebier, Fontana *) und von Humboldt ſind für die Kohle in dieſer Hinſicht entſcheidend. — Das Gaſteiner Bad, daſs gewiſs noch einen Antheil Eiſen in ſeiner Miſchung enthält, iſt ſonſt in Abſicht der Menge ſeiner Beſtandtheile, keines der reichſten in Deutſchland. Es enthält eine 10mal geringere Menge, als das reiche Carlsbad, 8mal geringer als Aachen, 2½mal geringer als Warmbrunn in Schleſien, und 8mal kleiner als Codova in Glaz, daſs an Kohlenſäure Gehalt ſelbſt Pyrmont weit übertrifft. (Codovaer Waſſer enthält in 24 Unzen 65. 14. Cubiczoll; ſeine ſpecifiſche Schwere iſt 1006, die von Pyrmont nur 1004.) Herr Dr. Mogalla bemerkt aber ſehr richtig, daſs die Heilſamkeit eines mine-

*) Opuſculi ſcientifici Firenze 1773. S. 80.

ralischen Wassers nicht so sehr abhänge von der Menge, sondern vorzüglich von der Mischung seiner Bestandtheile. (Briefe über Warmbrunn. Breslau 1796.) *) — Es giebt im Salzburgischen noch viele mineralische Quellen, die theils aus Thonschiefer, theils selbst aus Flötzkalkstein hervorkommen. Aber keine ist bis jetzt chemisch analysirt worden; Resultate dieser Analysen könnten zu interessanten Ansichten führen, daher wäre es freylich sehr wünschenswerth, wenn einer der Salzburger Chemiker diese verdienstliche Arbeit zum Gegenstand seiner Beschäftigung machte; da überdies viele dieser Quellen nicht unbesucht sind, und ihre Analyse daher auch von medicinischem Werthe seyn würde. Hr. Bergrath Schroll hat die vorzüglichsten in seiner Oryctographie S. 194 aufgeführt, und dabey jederzeit die Gebirgsart bestimmt, aus denen sie hervorkommen.

---

*) Es giebt noch eine neuere Schrift über das Wildbad Dr. Jos. Niederhuber practische Erläuterungen zum nützlichen Gebrauche des Wildbades. Salzburg 1793. welches die Heilkräfte, ob es gleich nur ein „Badbüchlein a posteriori" ist, doch keineswegs in den fixen Bestandtheilen sucht, sondern vielmehr in der Schwefelluft, oder in der feinen thätigen Materie, die das Princip ist aller Veränderungen, die durch das Wasser hervorgebracht werden, und in der Wärme der Quellen, die sich sehr unterscheiden soll von derjenigen, die gemeines Wasser erwärmt. Denn das Badwasser hat 12 Stunden nöthig, um von 38 bis 27 Grad zu erkälten. Gemeines Wasser braucht dazu unverhältnismäsig weniger Zeit.

Rathhausberg.

Nicht weit hinter den Wäſchgebäuden in Böck-
in, ſteigt der Berg ſehr ſteil in die Höhe. Er
iört ſchon zur innern Kette der Tauern, und
ıe gröſseſte Höhe iſt auch in dieſer Gegend dieje-
e des ganzen Gebirges zwiſchen Salzburg und
rnten. Prof. Beck berechnet ſie auf 8176 Fuſs.
/ dem zweyſtündigen Auſſteigen bis zu den
ıben hinauf, beſteht der Berg aus Granit mit
lem Feldſpath, zum Theil in anſehnlichen Kry-
len und ſchwarzen Glimmer, mit vielen Quarz-
ern. Er geht in Gneuſs über und iſt dünn, 2
3 Fuſs hoch geſchichtet, h. 6. oder 7. mit
em ſtarken Fallen nach Süden. Beyde Phäno-
ne ſind auffallend, denn es iſt in der That
ht häufig, den Granit deutlich geſchichtet zu
en; und vielleicht iſt er es nur in den höhe-
Gebirgen.

Alles was in Sachſen, in Schleſien, auf
ı Harze für Schichtung des Granits gehalten
den kann, iſt trüglich, und nie kann man dort
immt Streichen und Fallen angeben, noch weni-
ɛr daher Schlüſſe aus ſolchen Schichtungsbeobach-
gen ziehen. Die Regelmäſsigkeit der Schich-
g am Rathhausberge bürgt aber dafür, daſs ſie
r nicht zufällig ſey. Bis zu den Gruben, der
lſte der ganzen Berghöhe hinauf, haben die
ıichten immer einerley Fallen gegen Mittag, und
ſcheint, ſogar ſchon von dem Anfange des obe-
ı Thals über dem Wildbade an. Und vorher

fallen ſtets alle Gebirgsarten faſt mit einerley Winkel nach Norden. Wäre dieſe Fallensveränderung correſpondirend in allen Thälern von den Tauern herab, ſo könnte ſie Anlaſs geben zu wichtigen Reſultaten über Schichtungsurſachen überhaupt. — Die Gruben liegen, am ſteilen Abhange 6195 Fuſs hoch über das Meer; in Deutſchland der höchſte Punkt, in welchem noch ein ſo wichtiger Bergbau getrieben wird. Nur ſpät erſt im Jahre weicht der Schnee von der Gegend, und im Winter müſſen Dächer über dem Wege die Arbeiter für die Gewalt der abfallenden Lawinen (Schneelähnen) ſchützen. Es iſt ein weit ſortſetzender Gang im Granite, der vorzüglich bebaut wird, zu welchen man von den Tagegebäuden unter fortlaufenden Dächern, dann durch den Florianſtollen gelangt. Er ſtreicht h. 3. — 4, fällt 60 Grad gegen Mittag, und iſt gewöhnlich ein Lachter mächtig; oft nur einige Zoll, zuweilen verſchwindet er faſt ganz; und häufig windet er ſich, um das vorige Streichen in einer anderen Ebene wieder zu verfolgen; eine Wirkung der vielen nach Abend fallenden Klüfte, die nur Thon und Letten enthalten. — Der Hauptgang zeichnet ſich vorzüglich aus von der Gebirgsart, durch den weiſsen muſchligen Quarz, aus dem er durchgängig beſteht; der ebenfalls ſeine Natur als ſpäter gebildeter Gang auf eine ſchöne Art zeigt; denn es iſt nur eine Maſſe verwachſener Kryſtalle, deren Spitze von der Seite nach der Mitte zu hingehn; liegt eine etwas beträchtliche Maſſe von Erz zwiſchen ihnen, ſo legen ſie ſich gleich auch um diese mit an, und bilden im Mitpunkt, in dem sie zusammenkommen, ein kleines nes Drüschen. Spröd-Glaserz liegt in diesem ıstande des Quarzes am häufigsten drinnen; theils den Saalbändern selbst, theils im Punkte, aus elchem die Quarzkristalle auslaufen, oder auch rischen zwey Seitenflächen in dünnen Tafeln eingeklemmt. An anderen Orten, wo der Quarz weniger mächtig ist, liegen Kupfer- und Schwefelies, wenig Grauspiesglanz, etwas schwarze Blene, im Gemenge mit Bleiglanz, und röthlichweissem kleinkörnigem Braunspath. Die Formation beyder letzten Fossilien scheint etwas neuer ls die der vorigen zu seyn. Denn sie nehmen gewöhnlich die Mitte des Ganges ein. Jetzt ist es twas seltener geworden auf kleinen Klüften des langes, die ganz kleinen Krystalle des gediegenen Goldes reihenförmig an einander gehäuft zu finden; ber fast nirgends ist der Quarz ganz von Goldblättchen ser; und mit Verwunderung sieht man in den Böckteiner Werken, eine nicht unbeträchtliche Menge Goldblättchen aus den Schlichen gesichert, in welchem e kaum das geübteste Auge vorher würde entdeckt aben, viel weniger also in den noch ungewaschenen Erzen. Das tausend Kübel Pochgänge von 108 bis 111 Pfund Gewicht eines jeden enthält von einigen Lothen, bis zu mehreren Mark Gold; im Durchschnitt über eine Mark, und 8 bis 10 Mark an güldischem Silber. (Schroll geogr. Uebersicht S. 127.) Die freyen Goldblättchen werden durch ein kleines Amalgamirwerk in stehenden eisernen Kesseln schon im Böckstein den Schlichen entzogen; der in anderen Erzen enthaltene Gehalt, von diesen erst zu Lend in den Schmelzhütten getrennt. Hierdurch werden im Böckstein 124 Mark gewonnen, und 180 Mark in Lend. 230 Mann bearbeiten die Gruben dieses wichtigen Werks.

Lend. Salzachthal nach Werfen.

Das ganze Thal von Lend aus, hinab, besteht grösstentheils nur aus einerley Kalkstein, als derjenige ist, durch welchen die Bäche von den Tauern herab sich durchbrechen. Dunkel-blaulichschwarz, sehr feinkörnig, von scharfkantigen Bruchstücken und spröde. Er wechselt aber mehrmals mit einigen andern Gebirgsarten ab, die ihm würden untergeordnet zu seyn scheinen, wenn sie nicht in den Thälern von grösserer Ausdehnung und mehreren geognostischen Character sich fänden. Eine Viertelstunde unterhalb Lend findet man z. B. ein Lager von grünlichgrauem, und dunkel-lauchgrünem, schwer zersprengbaren Chloritschiefer aufsetzen, durch welchen häufige kleine Trümmer von Kalkspath laufen, und in welchen durchaus Schwefelkies eingesprengt ist. Wenige Lachter darauf folgt dann ein Lager von dunkelschwärzlichgrünem grobsplitterigem Serpentinstein, eben so mit Kalkspath durchtrümmert, dann eine nur wenige Lachter mächtige feinschieferige Thonschiefermasse, und dann wieder der vorige schwärzliche

Kalkstein durch die weissen Trümmer in unendliche kleine, aber zusammenhängende Massen zertheilt. Die Auflösung der kalkartigen Gebirgsmassen scheint an mehrern Orten des Thals Lager von Walkererde gleich unter der Dammerde hervorgebracht zu haben. Nur erst bey Schwarzach, wo das Thal sich wieder beträchtlich öffnet, sieht man den Thonschiefer wieder in grösserer Ausdehnung, und hinter Bischofshofen liegt der rothe Grauwackenschiefer darauf, der ebenfalls auf dem Wege von Radstadt nach Werfen hervorkommt, und mit dieser Masse zusammenhängt. Auch auf diesem Wege ist die Schichtung noch immer dieselbe, als an anderen Orten im Innern des Landes, die von der allgemeinen Richtung h. 9. 10. sich nur geringe Abweichungen erlaubt. Zwischen Lend und Schwarzach streicht der Kalkstein h. 7 — 8, etwas weiter davon h. 10½, und fällt unter sehr beträchtlichem Winkel gegen Nordost: der Thonschiefer unterhalb Schwarzach und bey St. Veit streicht h. 8¼, und fällt eben so stark gegen Norden. Bey Werfen streichen die Uebergangsgebirgsarten stets zwischen h. 9. und 10. Hr. Bergrath Schroll vermuthet, dass diese ganze Kalkstein- und Thonschiefermasse, welche die Flözgebirgsformation mit den Urgebirgen verbindet, unmittelbar, und nicht hoch auf Granit gelagert seyn möge. Denn im Pinzgau findet man an mehreren Orten im Tale der Salzach grosse Massen von kleinkörnigem Granit, die aus dem Thonschiefer hervorstehen, und anstehend, oder doch nicht weit von ihrer ersten Lagerstäte entfernt zu seyn scheinen. Man sieht dergleichen unter dem Kloster zu Gundsdorf bey Piesendorf, und an andern Orten des erweiterten Thals. Es ist nicht unwahrscheinlich, da der Granit in der Ebene sogleich wieder hervorkommt, sobald er vom Flözgebirge nicht mehr bedeckt ist, z. B. bey Burghausen und Linz.

IV.

metriſche Reiſe über den Brenner,

von

Salzburg nach Trento.

metriſche Reiſe über den Brenner,
von Salzburg nach Trento *).

Am 9. Mai 1798.

der ... tung.	Entfernung in Stunden.	Höhe über d. Meeresfläche nach Salzburger Beobacht. Par. Fuſs.	nach Insbrucker Beobacht. Par. Fuſs.	Anmerkungen.
burg	—	1241. 8.		
am	4	1282.	-	Anfang der groſsen bairiſchen, faſt hügelloſen Ebene des ehemaligen bairiſchen Meeres, mit einer ſehr merklichen Neigung von Süd-West gegen Nord-Oſt zum Donauthale hin. Der Boden dieſer Fläche beſtehet wahrſcheinlich aus Urgebirgsarten. Bey Ferbertsheim ſieht man nur Granit, Gneuſs und andere Geſchiebe, uranfänglicher Gebirgsarten und Glimmerſchiefer ſcheint in dieſer Gegend anſtehend zu ſeyn.
ng am e -	3½	1309. 4.		
- -	4	1520.		
tsheim	3	1688.		
burg aſs über m -	3½	1262.	1241.	Im Innthale, das hier die Fläche mit ſanfter Neigung 400 Fuſs vertieft. Die ſteilen Thalabhänge nahe an den Ufern des Fluſses ſind ungefähr 300 Fuſs hoch.
ing	4	1473.	1404.	
ing	4	1555.	1506.	
en Ad- -	4	1553.	1481.	Und doch im Iſerhale!
rchen	7	2082.	-	Am Fuſse der erſten Hügelreihe der Kalkalpen.

*) zu dieſen Barometermeſſungen gehörende Detail findet man in dem Bande der von Molliſchen Jahrbücher der Berg- und tenkunde etc. Der mittlere Barometerſtand am Meere iſt zu 28 Linien angenommen; ſo iſt es in den Venetianiſchen Lagunach der Verſicherung des Abbé Chiminello zu Padua.

Ort der Beobachtung.	Entfernung in Stunden.	Höhe über d. Meeresfläche, nach Salzburger Beobacht. Par. Fuſs.	nach Insbrucker Beobacht Par. Fuſs.	Anmerkunge
Tegern - See 20 Fuſs über den See -	5	2254.	-	Der mittlere Barometerstand 2312 Fuſs. — Anfang Kalkgebirges, das in dieſe allenthalben mit einem See ne ausläuft, von welchen noch immer von den ho umſchloſſen iſt. —
Glashütte	4	2822.	2818.	Bairiſche Gränze am Anfang
Wirthshaus-Achen -	3	2816.	2796.	Unweit dem Urſprung der I halben von hohen, über die hinaufſteigenden Kalkf geben, mit wunderbar abw mannigfaltig geneigten un nen Schichten. Ein Phi ſich immer nur bey ſo ſtei den Kalkbergen findet.
See Achen	1	2849.	2828.	Noch ſteiler fallen die ungel ſen in das dunkelgr wäſſer des Sees hinab, der faſt eine Meile lang, in die gewaltige Kette zerthe 300 Klafter tief ſeyn. Ei Gebirge mehr als 4000 Fuſ dieſer See nicht deutlich Berchtolsgaden und I daſs er entſtanden, als die in unangefüllten Tiefen hinabſtürzten?
Anfang der Nagelfluh gegen das Innthal hinab - -	2	2301.	-	Plötzlich und ſchnell fällt vom See in das ſchöne, l getationsreiche Innthal 500 Fuſs tief fängt dieſe v pen herabgeführte Sammlu ſchieben uranfänglicher an. Locker aufeinandergeh ſeln die runden Maſſen vo bis zur Gröſse der Sand Schichten gelagert. Eine, lich gemachte Sammlung

der ...chtung.	Entfernung in Stunden.	Höhe über d. Meeresfläche. nach Salzburger Beobacht. Par. Fuſs.	nach Insbrucker Beobacht. Par. Fuſs.	Anmerkungen.
				tenheiten der Centralkette: Glimmerschiefer mit vortreflichen Granaten, Strahlstein, Chloritschiefer, mit den Fossilien, welche ihn gewöhnlich zieren; Thonschiefer, schwarzer Kalkstein; einige sehr grosse Granitmassen und viele Hornblende. Weiter hinunter bilden sie Hügel, die mit Pappeln und Fruchtbäumen besetzt sind; machen aber in den Tiefen des Thales wieder der Kalkfelsen Platz: Laub- und Nadelholz wachsen in der Höhe ihres ersten Vorkommens. —
...a 2; 20 ...ber d. Inn	2	1632.	1629.	Das, von Baiern aus, so sanft ansteigende Gebirge fällt hier in das Thal auf einer Grundfläche von noch nicht einer halben Meile, 1200 Fuſs tief hinab. Und die hohen, fast unersteiglichen Spitzen haben kaum das Drittheil dieser Basis. Sonderbar ist diese Verflächung der gewaltigen Kalkmasse nach aussen gegen die Ebene. Und dieser steile Abfall nach innen, gegen die Centralkette hin; — als wenn, beyde Ketten sich abstossend, feindselig gegen einander geäußert hätten.
...o Fuſs ...a Inn	3½	1705.	1718.	Das Innthal ist ein Längenthal (vallée longitudinale) wie Chamouny und Wallis, wie das Thal der Adda, und der Drau, und der Etsch bey Meran: von Finstermienz bis zu den Engen bey Rattenberg zwischen der Centralkette und dem hohem Flötzkalksteingebirge das unter Rattenberg durchschnitten ist. Bey Schwaz und Hall besteht die Centralkette aus Uebergangsthonschiefer u. Uebergangskalkstein, und in diesen Gebirgsarten werden die schwachen Reste des ehemaligen, prächtigen Fuggerschen Bergbaues geführt. —

Ort der Beobachtung.	Entfernung. Stunden.	Höhe über d. Meeresfläche, nach Salzburger Beobacht. Par. Fuſs.	nach Insbrucker Beobacht Par Fuſs	Anmerkunge
Salzberg Hall		4568.	-	Der höchſte Salzberg in E die Waſſerberge, no höher, liegen 5088 Fu Meer. Die ganze, bekann Salzberges iſt 670 Fuſs, herzog Ferdinand der 1643 angelegt ward, oberſten Bergen, welche von Rohrbach 1278 denn die, nach Benedi im zehnten Jahrhundert v Haller - Salinen waren am Fuſse des Berges. Die ge liegen ſöhlig vom Pf Hall 27727 Wiener Fuſs kette hinein. In Europa lie nur allein St. Mauri voyen noch höher, 6740 hier iſt daſs umgekehrte zwiſchen Reichthum und Salzſtocks deſto auffallend Die Sinkwerke brauchen gung faſt völlig ein J Hallein nur 40 Tage chen. Der Kalkſtein, de ſtock umgiebt enthält häufi rungen, vorzüglich kleine
Innsbruck	2	1774.	-	Innsbrucks mittlerer Barom nach Prof. Zalingers tungen 31 5¼ *). — Hier mittelbar Glimmerſchiefer kalkſtein, zwey im Alter dene Gebirgsarten zuſamm Ketten ſind hier nicht gle aber das ſchöne Thal iſt n ½ Meile breit. Der Glim der aber nur an den Reytu ſo wie der Kalkſtein nur ni Fluſſe ſichtbar iſt, enthält Lager von weiſsem, körni ſtein. —

*) Dieſer mittlere Barometerſtand giebt ebenfalls 1774 Fuſs Höl Meeresfläche. Vega beſtimmt dieſe Höhe auf $254\frac{3}{20}$ Klafter = Walcher auf 1645 Fuſs. Beyde Angaben ſind zuverläſſig zu

...rt der ...achtung.	Entfernung in Stunden.	Höhe über d. Meeresfläche. nach Salzburger Beobacht. Par. Fuſs.	nach Insbrucker Beobacht Par. Fuſs	Anmerkungen.
...wirths-...s –		2508.	2430.	Erſte Erhebung der inneren, uranfänglichen Kette. Groſse Hügel einer, in Schichten gelagerten Nagelfluh uranfänglicher Gebirgsarten ſtehen zu beyden Seiten des Weges. —
...önberg –	2	3197.	3180.	Das, etwas ſchnell anſteigende Gebirge wird hier eine Ebene, der Boden eines langen, ehemaligen Sees, wie alle Thäler an der Nordſeite der Alpen. Hier hört die Nagelfluh auf. Der Glimmerſchiefer enthält viele Lager von klein- und feinkörniger Hornblende. —
...ey –	2	3228.	3201.	Immer im Silthale, das ſich bey Innsbruck mit dem Innthale vereinigt. Man ſieht Lager von Serpentinſtein im Glimmerſchiefer. Aber die groſsen Maſſen von Serpentinſtein ſind neüer und auf groſsen Höhen des Gebirges gelagert.
...ach	1	3319.	3332.	Kalkſtein iſt mit dem Glimmer gemengt, und der Glimmerſchiefer wird oft dem Gneuſs ähnlich. Aber als eigene, reine, mächtige Lager ſieht man hier den Kalkſtein nicht.
... –		3708.	3721.	Hier hört die ſanft anſteigende Ebene auf. Das Gebirge ſteigt ſchnell wieder in die Höhe.
...nter dem ...ner		4085.	4126.	Eine kleine Waſſerſammlung von hohen, weiſsen Kalkfelſen umgeben.
...er. Thei-...der Wäſſer ...it des ſchö-...Waſſerfalls ...yſack	3	4353.	4375.	Die Berge, welche die Straſse umgeben ſind kaum noch 2000 Fuſs höher. Schnee lag auf der Straſse, aber nur dort, wo Sonnenſtrahlen ihn nicht berührten. Gewiſs einer der niedrigſten Päſſe über die Alpen, und daher auch ſo zugänglich. Denn über den

R

Ort der Beobachtung.	Entfernung in Stunden.	Höhe über d. Meeresfläche		Anmerkungen.
		nach Salzburger Beobacht. Par. Fuſs.	nach Insbruker Beobacht. Par. Fuſs.	
				Mont-Cenis reiset man 6360 Fuſs nac[h] f[...] über den kleinen St. Bernard 6750 - - über Col de la Seigne 7578 - - über Col Terret . 7146 - - über den groſsen St. Bernard 7476 - - über den Col du mont Cervin 10500 - - über den Simplon 6174 - - über d. Griès 7338 - - über d. Gotthardt 6390 - - über den Splügen 5899 n. J. J. Sc[...] zeru. über die Radſtadter Tauern 4800 n. Frh. vo[...] Die ganze Maſſe des Bren[...] Griès bis faſt nach Sterz[...] hinab iſt ein hellweiſser, [...] körniger Kalkſtein, nu[...] mit Glimmer gemengt. Er [...] für die hohe Alpen charakt[...] zu ſeyn, denn er findet ſich [...] ſer Höhe und Menge von Pi[...] bis nach Gräz. Er ſetzte ſich a[...] dem auf die, im Glimmerſchie[...] waltende Thonerde, die Talke[...] Serpentinſteins gefolgt war. [...] die Natur ſelbſt nicht hier [...] Zuſammenſetzung der Erdarten [...] Sie folgen im Alter ihrer Enſt[...] ſo wie ſie der alkaliſchen Na[...] nähern; und dieſe Folge iſt z[...] auch die aus einer groſsen Kry[...] rung und nähere Verbindung [...] ſtandtheile erlaubenden Ruhe, b[...] Bewegung, welche die ganze [...] ſche Welt einſt zerſtörte.

Ort der Beobachtung.	Entfernung in Stunden.	Höhe über d. Meerfläche. nach Salzburger Beobacht. Par. Fuss.	nach Insbrucker Beobacht Par. Fuss	Anmerkungen.
...ensass	2	3401.	-	An der italienischen Seite herab. Hier stehen schon Nussbäume: aber noch sind sie blätterlos und dürr.
...zing. Moos	2	2960.	2987.	Eine flache, wassergleiche Ebene, von gewaltigen Bergen allenthalben umgeben, an deren Anfange Sterzingen liegt. Eine Wiese, ehemals ein See, eine Meile lang, und gegen ½ Meile breit.
...telwaldt, ...ft - -	5	2505.	-	Schon 250 Fuss höher, wechselt der Glimmerschiefer mit einem kleinkörnigem Syenit mit weissem Feldspath und schwarzer Hornblende; aber bald verliert sich die Hornblende, und der ihre Stelle einnehmende Glimmer bildet kleinkörnigen Granit. Hoch stehen die steilen Felsen in das Thal der Eysack hinab. Ihre Gipfel sind noch mit Schnee bedeckt. Kaum sind das die Kalkfelsen des Brenners. Durch die herabgestürzten grossen Felsmassen windet sich in der Enge nur mit Mühe der Fluss. Ist dies der alte Granit? oder ist es ein neuerer syenitartiger, der in der Bildung dem Glimmerschiefer folgte? Gewiss ist, dass die Centralkette hier in zwei Aerme zertheilt ist, von denen dieser granitartige, der von der Eysack durchbrochen ist, sogar der höhere zu seyn scheint. Der Granit setzt ununterbrochen bis Brixen, das ist, drei Meilen weit fort, und scheint nicht geschichtet zu seyn. — Die häufig am Wege stehenden Nussbäume sind hier schon mit kleinen Blättern besetzt. Fichten und Tannen sind fast nur auf der Höhe.
...en Creuz	5	1833. 7.	1836.	Der Zusammenstoss des Eysack- und Pusterthals eröffnet die Gegend. Die ersten Weingärten erscheinen. — Wildwachsende Nussbäume sind im Stande Schatten zu geben. Lacerten erscheinen hin und wieder auf den Felsen. —

Ort der Beobachtung.	Entfernung in Stunden.	Höhe über d. Meeresfläche.		Anmerkungen.
		nach Salzburger Beobacht. Par. Fuſs.	nach Insbrucker Beobacht. Par. Fuſs.	
				thale zwiſchen dieſer Porphyr- und der hohen italieniſchen Kalkkette. Prächtig iſt oft der Porphyr zerſpalten, wie unter dem Schloſſe Altenburg, und zwiſchen Brandſol und Auer. —— Roſen blühen, Kirſchen reifen. Hier wachſen Granaten, Citronen, Feigen, Oliven im Freien.
Neumarkt	8	748.	747.	Auch auf der rechten Seite der Etſch hört bei Neumarckt der Porphyr auf, und wechſelt mit Hügeln von Flözkalkſtein. Jenſeit des Fluſſes erſcheint die groſse Kalkkette mit ihrer gewöhnlichen Künheit, Höhe, Schroffheit und Steilheit, aber in den Schluchten heben ſich die Dörfer noch hoch an ihr hinauf.
Trento, Europa	7	646.	638.	Bei Salurn bricht der Fluſs durch die hohe Kalkkette durch. Jene ſtehen zu beiden Seiten die Felſen mit blendender Weiſse im Thale. Salurn, am Fuſse dieſer unerſteiglichen Mauer, hat ein Schloſs über ſich hängen, daſs auf einem ungeheuren, herabgeſtürzten Felſenſtück wie hingezaubert ſcheint; eine prächtige Caſcade fält in der Mitte des Orts von der Höhe herab. Die Engen laufen bis Deutſch-Michael fort. Dann erſcheinen Reihen von Fruchtbäumen, die gegen den, zu heftigen Stral der Sonne, das hohe Korn ſchützen. In Guirlanden laufen die Reben von Baum zu Baum fort. Die hohen, ſanfter ſich hebenden Kalkberge, ſind oben mit Caſtanienwäldern bedeckt. — Farbe, Bildung, äuſſeres Anſehn der Berge, ſcheint völlig von der deutſchen Kalkkette verſchieden; mehrere Formationen häufen ſich hier in doppelt und dreifachen Reihen; und dies, und die Vegetation, und das Leben der organiſchen Schöpfung, alles ſcheint auf jedem Schritte zu rufen: Hier iſt Italien!

Rom am 24. July 1798.

V.

Vergleichung

es Passes über den Mont-Cenis

mit dem,

über den Brenner.

Horace Benedict de Saussure

generale du Paſſage du Mont-Cenis.

Voyages dans les Alpes §. 1298.

	Entf. Lieues oder Stund.	Höhe über die Meeresfläche.	
Geneve amelian	18.	Geneve - 1128 Fuſs. Crozeille - 2317 - Annecy - 1338 - St. Felix - 1200 - Chambery 846 -	Montagnes calcaires et collines de Debris.
hone à nbery	4	Lac de Bourget niveau du Rhone - 672 -	
ambery nme-) -	2.	Aix - 768 -	
embou- re de e dans re -	3.	Monmelian - 834 -	Montagnes calcaires au nord de la vallée. Au Sud ardoises ou Roches feuilletés de Mica et de Quarz. —
iere	$1\frac{1}{4}$.	Aiguebelle 990 -	Roche feuilleté de mica et de Quarz. — (Anfang der Centralkette. — Schnee auf den Bergen).
ean de ienne	4.	- - 1788 -	Roche de Feldſpath et mica tantot ſous forme ſchiſteuſe tantot ſous forme graniteuſe. (und dichter Feldſpath mit blättrigem, wie die Felſen der Piſſevache in Wallis. — Gyps in ſchwarzem Thonſchiefer bey St. Jean) —

Horace Benedict de Saussure

generale du Passage du Mont-Cenis.

Voyages dans les Alpes §. 1298.

	Entf. Lieues oder Stund.	Höhe über die Meeresfläche.	
Geneve melian	18.	Geneve - 1128 Fuss. Crozeille - 2317 - Annecy - 1338 - St. Felix - 1200 - Chambery 846 -	Montagnes calcaires et collines de Debris.
hone à bery	4	Lac de Bourget niveau du Rhone - 672 -	
mbery n me - -	2.	Aix - 768 -	
mbou-r e de : dans re -	3.	Monmelian - 834 -	Montagnes calcaires au nord de la vallée. Au Sud ardoises ou Roches feuilletés de Mica et de Quarz. —
ere	1½.	Aiguebelle 990 -	Roche feuilleté de mica et de Quarz. — (Anfang der Centralkette. — Schnee auf den Bergen).
ean de ienne	4.	- - 1788 -	Roche de Feldspath et mica tantot sous forme schisteuse tantot sous forme graniteuse. (und dichter Feldspath mit blättrigem, wie die Felsen der Pissevache in Wallis. — Gyps in schwarzem Thonschiefer bey St. Jean) —

	Entf. Lieues oder Stund.	Höhe über die Meeresfläche.	
à St. Michel	2½.	- - 2178 Fuss.	Schistes cornés ou pierres calcaires alternants entre - St. Michel Schichten von Uebergangskalk)
auprès Villarodin -	3.	Modane 3258 - / Braman 3732 -	Roches micacés, feuilletés fines; Quarz et de (Gyps bey Mod bey Villarodi schen grauem, Kalkstein bey Br
Tout au travers du mont-Cenis, jusqu'au delà de la Novalese (Mont-Cenis - Novalese)	7. 5. 2.	Langlebourg 4272 - / Mont-Cenis 6360 - / Lac du Mont-Cenis - 5892 - / La Novalere 2400 -	Calcaires plus chargés de mica, melés de roche quartzeuses, et quelques rochers de petrosilex, de nes, d'ardoises. - zwischen der Po. See). —
à St. Antoine	4.	Sure - 1332 -	Serpentines et cal cacés. —
à St. Ambroise	3.	- - 1038 -	Granits - veines, du coté meridio vallée.
à Avigliana	1.	- - -	Serpentines et au nesiennes.
à Rivoli	2.	- - -	Collines de Debr
à Turin	2.	- - 738 -	Plaines. —

	Entfe Lieue oder Stund
Von der Rhone bis zum höchsten Punkt der Strasse über den Mont-Cenis - - - - - -	25
Von der Mündung der Are, oder von dem Anfange des Urgebirges bis auf den Mont-Cenis - -	16
Vom Mont-Cenis bis Rivoli in die Ebene -	12
Von Tegernsee bis auf dem Brenner - -	25
Von Inspruck oder vom Anfange des Urgebirges bis auf den Brenner - - - - - - -	8
Vom Brenner bis Botzen, Ende des Urgebirges -	26
Vom Brenner bis Trento, Ende der ersten Kalkkette	40
Vom Brenner bis Verona, Ende der zweyten Kalkkette	54

/enn die Natur in Bildung der grofsen Alpenkette eichen allgemeinen Gefetzen gefolgt ift, fo fcheint ,, müffen fich diefe Gefetze leicht auffinden laffen, enn man die Profile des Gebirges an zwey, von nander fo entfernt liegenden Punkten, als der lont-Cenis und der Brenner find, welche zwihen fich die gröfsere Maffen des ganzen Gebirges infchliefsen, mit einander vergleicht. Einzelne, lole Abweichungen der fonft beftändigen Regel verhwinden in diefer Entfernung; — und ift die Folge er Gebirgsarten gänzlich geändert, oder die Moditation der Gefetze beftändig geworden, fo wird diefe 'erfchiedenheit an entlegenen Orten der Kette auflender feyn, und man wird daher ihren Urfachen ichter nachforfchen können. Eine folche Vergleiung, vorzüglich, wenn fie fich zwifchen mehreren ankten deffelben Gebirges anftellen läfst, wird imer ein gegründeteres Urtheil erlauben, ob man ter der Saufsurifchen Meinung, von gewaltfaer Erhebung der Berge primitiver Gebirgsarten ær die Thäler folgen dürfe, oder de Lucs Ideen on Einfinkung der ehemaligen Oberfläche der Erde eren Ueberbleibfel die hohen Spitzen der Alpen nd, oder mit Werner und de la Metherie anehmen müffe, das Gebirge habe bey feiner Formaon fich über unfere jetzige Ebenen durch eigne nziehung erhoben, oder wie La Metherie es anreich, wenn freylich nicht völlig richtig ausdrückt, s ganze Alpengebirge fey ein grofser Kryftall. —

Der Mont-Cenis und der Brenner, bey ner folchen Vergleichung, gewähren manche auffallende Betrachtung. Bald ſcheint es, ſähe man die Kette wirklich nach denſelben Geſetzen gebildet, bald aber, als ſey die Conſtruction der öſtlichen Alpen gänzlich von derjenigen der Weſtalpen verſchieden. — — Wem muſs die Schnelle nicht auffallen, mit welcher man von den Schneefeldern des Mont-Cenis herab, den bezaubernden italieniſchen Himmel erreicht! Zwölf Stunden ſind hinreichend um ſich die reichen piemonteſer Ebenen ſich eröffnen zu ſehen. — — Vom Brenner, ohnerachtet ſeiner geringen Erhebung, ſieht man gegen Italien herab die transalpiniſchen Producte ſich nur langſam entwikeln. Sie erſcheinen nicht plötzlich, wie auf jener Straſse, ſondern langſam hinter einander und ſparſam im Anfange, und nach drey Tagen ſieht man ſich noch von gewaltigen Bergen umgeben, die auf ihren ſchroffen, zerriſſenen Spitzen, kaum einer nordiſchen Vegetation, ſich zu verbreiten erlauben. —

Am Mont-Cenis, nach dem erſtern ſteileren Abfall des Berges, der ſogleich am Norden in Süden verſetzt, erweitert ſich fortdauernd das ſchnell abfallende Thal, und verbindet ſich endlich faſt unmerklich mit der groſsen Lombardiſchen Fläche. — — Am Brenner hingegen erneuert ſich dieſer ſchnellere Abfall dreymal. — Dreymal läuft der Fluſs ſanft, mit faſt unmerklichem Falle durch die Ebene am Fuſse der Berge, und dreymal verliert ſich das Thal in die fruchtbaren Schlünde der durchbrochenen, mit Schnee bedeckten, gewaltigen Ketten. — Die moorige, waſſergleiche, groſse Ebene von Sterzingen, die, ſanft an den Bergen ſich heraufhebende, it Weingärten bedekte Fläche bey Brixen; — ıs breite, mit allen Früchten des südlichen Italiens ›ersäete, bezaubernde Längenthal von Botzen sen- ɪn sich stuffenweise unter einander, und öffnen sich ır allein durch die Engen im Granit von Mit- ɪlwald, im Porphyr von Collmann, im Kalk- ein von Deutsch-Michael und Salurn. Und ɔch ist die Etsch unter dem erweiterten Thale ɔn Trento noch einmal genöthigt, sich durch ɪue Kalkketten bey der Chiusa zu brechen, ehe sich in der Veroneser Ebene verbreitet.

Die nähere Ursach dieser seltsamen und auffal- ɪden Erscheinung findet sich leicht. Sie liegt in der ɔssen Masse von Porphyr und Kalkstein, die in mehre- n Gebirgsreihen dem Brenner vorliegt; — Gebirgs- ten, welche auch der aufmerksamste Beobachter am dlichen Abhange des Mont-Cenis nicht zu ent- ɛcken vermag; — und wahrscheinlich ist der Hü- l der Supergua (Saussure §. 1304,) der erste lözkalk, der in jenem Theile der Alpen erscheint.

Um so schwerer ist aber die Entwickelung der ntfernteren Ursache. Warum setzten sich diese ɛyde an Alter und innerer Natur so sehr von ein- ɪder verschiedenen Gebirgsarten, gerade hier in ɪlcher Menge und in solcher Ausdehnung ab? war- m gar nicht im westlichen Theile des grossen Ge- irges? Die Schwierigkeiten, welche sich der Beant- vortung solcher Fragen entgegensetzen, sind immer leweiss, dass noch Thatsachen fehlen, und dass man lie Beobachtungen zu vervielfältigen, die Massen, lie Gegenstand der Beobachtungen sind, unter neuen

Gesichtspunkten zu fassen habe, um nicht Gefahr zu laufen, sich durch gekünstelt zusammengesetzte Erklärungen, den so schön geknüpften Faden der Beobachtungsreihen aus den Händen winden zu lassen. — Es ist Thatsache, dass wirklich am Mont-Cenis keine andere Gebirgsart den Mangel jener beyden Gebirgsarten des Brenners ersetzt. Die ungleiche Länge des Gebirgsabhanges beyder Orte beweist es. Vom höchsten Punkte der Strasse des Mont-Cenis steigt man in 12 Stunden bis in die Turiner Ebene hinab. Vierzig Stunden hingegen vom Brenner bis Trento, und vier und funfzig vom Brenner bis Verona, dem eigentlichem Ende des Tyroler Gebirges. Die grössere Höhe des Mont-Cenis ist daher nicht Hauptursache des schnelleren Abfalls; — eine geringere Anhäufung von Urgebirgsarten am Brenner nicht Ursach der sanfteren Senkung des dortigen Gebirges. —

Der Porphyr der Südseite des Brenners unterscheidet sich in seinen mineralogischen Verhältnissen nicht vom Porphyr im Norden von Europa. Röthlichbrauner, feinsplittriger, selbst oft kleinmuschlicher Hornstein, der eine ungeheure Menge Krystalle umgiebt; glänzend glasige, graulichweisse und nelkenbraune Quarzpyramiden, und graulichweiss und dunkelfleischrothe Feldspathkrystalle; aber Hornblende scheint diesem Porphyre wenig eigen zu seyn. Die ganze Masse ist von einer Härte, welche die des Granits dieser Gegend weit übertrifft. Der brausende Fluss in dem engen felsigen Bette, schleift die kleineren Stücke oft bis zur glänzenden Politur, und

nehr als ein Artist, der in den römischen Rui-
en den Porphyr als eine, für uns izt verlorne kost-
are Masse bewundert hatte, erstaunte bei der Rück-
hr hier dieses prächtige Gestein in himmelanstreben-
n Felsen zu finden. — — In den niedrigeren Hü-
ln bei Botzen ist eine andere merkwürdige Art
n Porphyr nicht selten; die Hauptmasse ist theils
gel- oder fleischrother Feldspath; die eingewi-
elten Fossilien braune Quarz- und weisse Feldspath-
ystalle; und oft ½ bis zollstarke ovale Stücke jenes
ornsteinporphyrs. Sind es abgerissene Stücke, oder
d es eigene besondere Bildungen an diesem Orte
bst? — Die engen Thäler in die Porphyrfelsen
nein, liefern überdies eine fast unübersehbare Man-
gfaltigkeit in Gemengtheilen oder in Modificatio-
n der Hauptmasse dieses Gesteins; im Talefer-
ale bei Botzen zum Beispiel, sieht man zwischen
n kleinen weissen Feldspathkrystallen im Hornstein,
el grösere, schön krystallisirte, über zollstarke Feld-
athe, von carmin- fleisch- oder bluthrother Farbe.
ie kleinen Krystallen haben diese rothen Farben
e; die grosen erscheinen nie weiss — und doch
d es gleichzeitige Bildungen. — Schwerspath- oder
alkspathtrümmer, welche Bleiglanzwürfel oder kleine
alachitdrusen umgeben, sind in diesem Thale sehr
ufig — und auf ähnliche Art liefert fast jedes Thal
eser merkwürdigen Gegend neue Abänderungen
m Porphyr, welche über die Bildung dieser Ge-
rgsart, oft wichtige Aufschlüsse zu geben im Stande
nd. — Diese ganze Formation erscheint hier in ei-
er zusammenhängenden Reihe, nicht in spitzen,

von einander getrennten, ſteil aufſteigenden Bergen; wie in den Euganeen; oder wie in ſo vielen Gegenden von Deutſchland. Nirgends ſcheint diese Kette unterbrochen als dort, wo ſich die Eyſack gewaltſam den Weg durch den Porphyr geöffnet hat. Eine Kluft, faſt vier Meilen lang, in der oft für den Weg und den Fluſs kaum Raum genung iſt! Die Felſen ſind hier bis zur Mitte ſenkrecht zerſpalten, und mit ſcharfen, hervortretenden Ecken, hängen ſie drohend über das Thal. Eine chaotiſch durcheinandergeworfene Menge groſser Felsblöcke, bedeckt die andere Hälfte bis unten hinab. Kaum erheben ſich einige Bäume durch die hoch auf einandergehäuften ſcharfeckigen Trümmer. — Weiter im Thale herunter fehlt auch dieſen Maſſen der Ruhepunkt, und man ſieht die Felſen bis unten über 2000 Fuſs hoch. Vielleicht iſt dieſe gewaltige Höhe Urſache, daſs hier die ſchöne Schichtung dieſes Porphyrs ſo auffallend iſt; eine Schichtung, welche die ſenkrechte Zerſpaltung der Felſen faſt rechtwincklich durchſchneidet. Man ſieht die groſsen Flözklüfte ſich ſanft an den ſteilen Wänden gegen den Brenner heraufheben, und verfolgt ſie auf Viertelſtunden weit, zu beiden Seiten des Thals. Die Schichten ſind mächtig, aber ihre Trennungsklüfte völlig gleichlaufend. Ihre Richtung etwa h. 5; ihre Neigung 30 Grad gegen Südoſt. — Kaum wird man eine deutlichere Schichtung an irgend einem anderen Prophyrgebirge auffinden, — und eine lehrreichere, — denn hier iſt ſie Beweiſs der Ruhe und der Regelmäſsigkeit, mit welcher ſich die Gebirgsmaſſe abſetzte.

Dieſe

Diese Trennung in Schichten ist wesentlich von r senkrechten Zerspaltung verschieden. Alle Verltnisse bestimmmen der letzteren eine weit neuere ntstehung, eine Bildung lange nach dem Niederhlag der Gebirgsmasse selbst; denn die Einwirkung r Atmosphäre scheint sogar auf ihrem Erscheinen nen entschiedenen Einfluss zu haben. Bey Brandl, bey Neumark sind die Felsen, wie mit Säulenihen bekränzt; aber auf der ganzen Erstreckung r Gebirgsart von Collmann bis Neumarckt eint die obere Masse der Säulenzerspaltung weit ehr unterworfen zu seyn, als die untere Hälfte. der That, überlegt man auf welche Art die athosphärischen Kräfte, welche den Wässern durch die e Masse der Felsen den Weg bis in ihre Mitte öffnen, welche unsere Berge zerstören, Felsen zerlten und in die Tiefe hinab stürzen, und so allhlig die ganze Oberfläche der Erde umwandeln, überlegt man, wie sie auf eine Masse wirken müsn, die wie der Porphyr zusammengesetzt ist, — so eint es, müssen sich ihre Wirkungen hier immer waltsamer äussern, als in den verschieden gebilden, ältern oder neuern Gesteinen. — — Im Granit, s drey im körnigen Gemenge verbundenen Fossin zusammengesetzt, finden die zerstörende Kräfte ren Weg durch den ungleichen Zusammenhang der emengtheile bestimmt, oder durch ihre ungleiche ärte oder ihre innere Construction selbst. Sie verren sich in den verschiedenen Wegen, die sich ihen öffnen; und ohnerachtet sie die ganze Masse rtheilen, scheint doch ihre unmittelbare Wirkung

S

nicht grofs. Die Felfen fallen in kleinen Maffen herab; fie zertrümmern fich zu feinem Sande, und verbreiten fich faft unbemerkt über die Fläche. — Die Berge runden fich fanft, und eine reiche Vegetation findet leife Abhänge, auf denen fich im fandigen Boden wohlthätige Wäffer erhalten, und auf jedem Schritt riefeln von oben, faft nur durch ihr fanftes Geräufch bemerkbare Quellen über die Fläche. — Denn die Zertrennung in Felfen, obgleich allgemein, ift doch nicht beträchtlich genug, den feinen Waffern einen Durchgang zu öffnen. — — Die kühnen, fcharfeckigen, zerriffenen Spitzen der ungeheuren Granitmaffen in den hohen Alpengebirgen, können daher keine Ueberrefte höherer Gebirge feyn; fo zerftören fortwirkende athmofphärifche Kräfte die Granite nicht. Entweder, fie entftanden in diefer furchtbaren Form, oder fie find uns Denkmäler einer gewaltfamen Revolution, verfchieden von der grofsen Umwandlung, welche Urfache der Bildung der Gebirgsarten war, und nur allein durch diefe Coloffe felbft erkennbar. — — — Anders ift die Wirkung auf fchiefrige Gebirgsarten, auf Glimmerfchiefer, Gneufs oder Thonfchiefer. Die Zerftörung folgt unmittelbar der einwirkenden Kraft; denn nach der fchiefrigen Textur löft fich die Maffe leicht, und in kleinen Stücken zertrennt, finkt fie in die fchäumenden Bäche herab, wo fie bald der Stofs des Gewäffers zu feinem Schlamme zertheilt, durch den am Ausgang der Thäler fruchtbare Ebenen entftehen. In hohen, fteil auffteigenden Bergen folcher Gebirgsarten, löfen fich durch Zerfprengung, durch die, in den

Schiefern gefangene Waſſer, oft Maſſen vom Ganzen, die ſelbſt kleine Berge ſeyn könnten. Sie ſinken ſanft in die Tiefe und beſchädigen die Wälder und Wohnungen nicht, welche ſie tragen, wenn die Schichten wenig geneigt ſind — — ſie ſtürtzen aber mit Macht und Gewalt in den Abgrund, wenn die Schiefern faſt ſenkrecht über das Thal ſtehen. Plötzlich iſt der Lauf des Baches im Thale durch die herabgeſtürzte groſse Maſſe gehemmt; es hebt ſich zum See in die Höhe, aber in kurzer Zeit überwältigt er das weiche, auf ſo vielen Seiten anzugreifende Geſtein; er ſtürzt die durchbrochenen Maſſen vor ſich weg, und bald ſind ſie gänzlich zertheilt. Ein glatter, ſenkrechter Fels bezeichnet Iahrhunderte hindurch die Stäte des Einſturzes; aber dann weicht dieſe Fläche auch, und der Abhang neigt ſich ſanfter über die, allenthalben hervortretenden Blätter. — Hohe, ſenkrechte Felſen können daher in ſchiefrigen Geſteinen nur ſelten erſcheinen; treppenförmig ſteigen die Berge bis zu gewaltigen Höhen über die Schiefern herauf, aber Pflanzen verbreiten ſich über die, leicht zerſtörbaren Stufen, und verſtecken das wenig bedeckte Geſtein. — Wie felslos, wie ſanft und wie rund erſcheint nicht der, mit Glimmerſchiefer und Thonſchiefer bedeckte Nordabhang der Centralkette am Brenner! wie rauh und felſig die, weit weniger ſchnell abfallende Südſeite dieſes Gebirges, in dem, von Granit, Hornblende, Kalkſtein oder Porphyr umgebenem Thale! — — — Im Porphyr verſchwinden die Gemengtheile gegen die einfache Grundmaſſe; die Gebirgsart wirkt wie ein homogenes Ge-

S 2

ſtein, — eins der härteſten, die den Erdball bedecken. Die zerſprengende Kraft, welche in allen Theilen dieſes Geſteins gleichen Widerſtand findet, wird hier nie im Felſen zertheilt. — Wenn ſie ſtark genung iſt den Widerſtand des Zuſammenhanges zu überwältigen, ſo zerſpaltet ſie die Felſen bis in groſse Tiefe herab, in immerfort gleicher Richtung, denn ſie findet kein Hinderniſs, keine ſchon geöffneten Wege, wie im Granit, Gneuſs, oder Thonſchiefer, welche ihre urſprüngliche Richtung modificirt. Daher die regelmäſsigen Klüfte, welche auf ihrer ganzen Erſtreckung kaum ihr Streichen und Fallen verändern. Neue Angriffe auf die Gebirgsart erzeugen neue, gleich regelmäſsige Spalten, in anderen Richtungen, die jene durchſchneiden, und endlich wird der Berg wie aus regelmäſsig, faſt ſenkrecht neben einander gereiheten Säulen, gebildet erſcheinen. — Oeffnen ſich die zertrennenden Klüfte noch weiter, ſo ſtürzen endlich die, ſchon über die Thäler ſchwebenden Felſen in ungeheuren Maſſen zuſammen, und zertheilen ſich durch den Sturz in ſcharfeckige Blöcke, welche die durchſetzenden Klüfte ſchon vorher beſtimmten. In der Höhe tritt der nackte, faſt ſenkrecht ſich hebende Fels, und mit ihm neue Säulenreihen hervor, an welchen ſich die Vegetation in den engen Spalten nur mühſam heraufdrängt, und doch kaum den Gipfel erreicht. — — Und wenn auch dieſe Klüfte einer Austrocknung, oder einer ähnlichen, faſt auf einmal wirkenden Kraft ihre Entſtehung verdanken ſollten, ſo iſt es doch immer gewiſs, daſs im Granit oder anderen, im körnigen Gemenge zusammengesetzten Gesteinen die gleiche Ursache nie gleiche Wirkung gehabt haben würde, und dass der Hauptgrund der Säulenzerspaltung nur die Gleichartigkeit und die Stärke des Zusammenhanges der Grundmasse des Porphyrs seyn kann. — Alle Berge, die aus dieser Gebirgsart gebildet sind, umgeben mächtige Wälle grosser, scharfkantiger Blöcke; nie sieht man am Abhang das Gestein aufgelöst, oder zersetzt, wie an den Seiten der, aus anderen Gebirgsarten bestehenden Berge — also auch da, wo die Säulen nicht auffallend hervortreten, sieht man sie doch zerstört um den Fuss der Kegel aufgehäuft, und wenn auch nicht regelmässig geordnet, doch eine gänzliche Zerspaltung des Berges in eckige Formen. Das Phänomen ist daher für den Porphyr allgemein, und entspringt aus seiner innern Natur; und um so wunderbare und prächtige Erscheinungen zu erklären, als die Säulenreihe des Porphyrgebirges bei Botzen, Brandfol und Neumarckt, braucht man nicht zu ausserordentlichen Revolutionen seine Zuflucht zu nehmen; zu Feuerwirkungen, Erdbeben oder ähnlichen gewaltsamen Ursachen, welche auch in ihrer grösten Stärke nie so allgemeine und ausgedehnte Phönomene, wie die Säulenzerspaltung eines ganzen Porphyrgebirges hervorzubringen vermögen. — — —

Wenn man von Bayern aus neben dem Brenner mit einiger Aufmerksamkeit reist, zuerst die mächtige Flözkalkkette übersteigt, dann durch Uebergangsthonschiefer und Kalkstein den Glimmerschiefer, und auf der grösseften Höhe die, auf ihn gelagerten weissen uranfänglichen Kalkmassen erreicht, weiter auf dem jenseitigen Abhange nach Sterzingen hinab, dieselbe Folge von Gebirgsarten glaubt wiederzufinden, — dann kann nichts auffallender seyn, als sich auf einmal von diesen hohen Porphyrfelsen umgeben zu sehen. — Auch nicht ein Geschiebe dieser Gebirgsart hatte man am nördlichen Abhange bemerkt; keine Anzeige, keine Spur des grossen Phönomens, das man wie ein Wunder vor sich erscheinen sieht. Selbst in der grossen Sammlung aller Alpengesteine, die am Abfall der Flözkalkkette bey Schwaz, besonders für die Beobachter scheint zusammengetrieben zu seyn, alle Abänderungen der mannigfaltigen Gesteine kennen zu lernen, welche über diesen Theil der Alpen verbreitet sind, findet man doch nie ein Porphyrstück zwischen den beträchtlichen Massen von Granaten, Hornblende, Chlorit oder Serpentin. — — Dieser Mangel scheint aber dem Brenner nicht ausschliesslich eigen zu seyn; — im Gegentheil, es scheint, man sey begründet genug, die, für die Geologie so wichtige Behauptung zu wagen — dass auf der Nordseite der Alpen durchaus die Porphyrformation fehle. Weder in den Salzburger Thälern, noch in den Oesterreichischen Bergen, hat man bis jetzt nur eine Spur dieser Gebirgsart entdeckt, ohnerachtet aufmerksame Geognosten diese Gegenden schon oft untersuchten, — und in der so bereisten Schweiz, in welcher man gemeiniglich glaubt alle Formationen des Erdbodens antreffen zu müssen, hat man bis jetzt vergebens den, in Felsen anstehenden Porphyr gesucht. — Und wenn man auch Porphyrstücke häufig in Schweitzerischen Flussbetten und

enen, wie z. B. in den Thälern der beyden
nmen fand, so ist doch über die wunderbare Ver-
itung der Geschiebe am Fuße der schweitzer Al-
n noch ein so tiefes Dunkel gehüllt, daß man es
cht wagt, den Geburtsort dieser dem Boden fremd-
igen Gesteine zu bestimmen; — und vorzügliche
ognosten glauben diesen Geburtsort gar nicht ein-
l, in dem, von diesen Geschieben umschlossenen
hen Gebirge selbst, suchen zu müssen. (Saussure
960.) Selbst das isolirt scheinende Porphyrgebirge
n Esterelles, die letzten Berge, der, hier sich
mehreren Aermen zertheilenden Alpen gegen das
er, dessen abgerissene Stücke einen grossen Theil
südlichen Frankreichs bedecken, wenn gleich am
hweitzer Abhang des Gebirges, erscheint in einer
gend, wo dieses Gebirge so sehr seine Richtung
rändert hat, daß die Nordseite fast zur Südseite ge-
rden ist, und wo es ganz den grossen Alpencha-
ter verliert. — Eine Formation, die mit dem weit
rbreiteten, an mannigfaltigen Abänderungen so rei-
em Porphyre auf der Westseite des Vogesi-
hen Gebirges völlig identisch zu seyn scheint; —
er wahrscheinlich nicht mit dem Porphyre, der in
ringer Erstreckung auf grossen Höhen der Alpen
Dauphiné vorkommen soll, — (Saussure §1572)
d dessen Geschiebe durch mehrere Bäche der Isere
d der Rhone zugeführt werden.

Der Ausdehnung des Porphyrs scheinen daher
stimmte Grenzen, nur allein im südlichen Theile
r Alpen, angewiesen zu seyn, — von den Ufern
s Comer-Sees bis gegen Kärnthen und

Krain. Wie wenig ähnlich scheint hier die Natur in Bildung derselben Gebirgsreihe am Mont-Cenis und am Brenner verfahren zu haben. Denn die Gleichheit der Bildungsgesetze beyder Profile, die man aus dem, ihnen beyden eigenthümlichen Mangel des Porphyrs auf der Nordseite vermuthet, wird fast ganz durch die Masse widerlegt, die vom Brenner aus, sich kaum bis gegen den Gotthardt verbreitet.

Und diese Unähnlichkeit wird noch auffallender, — man glaubt fast zwei, ganz von einander verschiedene Gebirge vor sich zu sehen, wenn man die Vertheilung und Ausbreitung der Flözgebirgsformation an beyden Orten untersucht. Am Mont-Cenis bildet auf der Nordseite der Flözkalk nur Hügel, die fast ohne Verbindung untereinander noch weniger in einer fortlaufenden, der Alpenkette parallelen Reihe geordnet sind. — Südwärts fehlt bis zur Ebene hinab, diese Formation gänzlich. — — Am Brenner folgt dieser Kalkstein dem Lauf des primitiven Centralgebirges von beyden Seiten als ein eignes Gebirge, das oft die Höhe jener uranfänglichen Massen selbst, weit übersteigt. — Eine Kette, die durch die Bestimmtheit ihrer Richtung in Erstaunen setzt. Die weissen, vegetationslosen Felsen stehen wie eine fortlaufende Mauer über das Thal, die unersteigbar, zwischen dem flachen Lande und dem inneren Gebirge alle Verbindung völlig scheint abzuschneiden; und die weiten Thäler zwischen beyden Gebirgen, denen die Kalkkette den Ausgang verschliesst, würden in der That noch jetzt, als fast grundlose Seen, wie sie es einst waren, erscheinen, wenn die Wässer nicht durch eine unbegreifliche Kraft, die ihnen vorliegende gewaltige Masse bis unten hinab zerschnitten und sich in diesen, viele tausend Fuss tiefe Klüfte den Ablauf in die Ebene erobert hätten. Diese enge Unterbrechungen der Kette, in der kaum die Sonnenstralen einzudringen vermögen, verschwinden aber bey dem Anblick des Ganzen von der inneren Centralkette aus, gegen welche das Kalkgebirge von der Höhe fast senkrecht abfällt. — Ein Anblick, der an Grösse und Erhabenheit nur der Ansicht der, mit ewigem Eise bedeckten Alpen der Schweiz weicht. — Und ohnerachtet der grossen Höhe dieses secundären Gebirges, sieht man doch noch fast immer an seiner äusseren, flacher abfallenden Seite gegen das Land kleinere Zweige, die sich vom Hauptarme trennen, und oft noch weit über seine Höhe hinauf steigen. Selbst der höchste Felsen der Kette, der mit fast immerwährendem Schnee bedeckte, fürchterliche, steile, 9000 Fuss hohe Wazmann, erhebt sich, aus dem Lauf der Reihe entfernt, fast aus der Mitte des, von allen Seiten mit schroffen Kalkfelsen umgebenen Berchtolsgadener Ländchens. — Wenn man die primitive Centralkette von Ungarn bis in die Schweiz auf beyden Seiten von diesen ungeheuren Kalkmassen umschlossen sieht, wie sollte man sich vorstellen können, dass dieselbe Gebirgsreihe jemals ohne diesen, ihr wesentlich scheinenden Kalkstein vorkommen könne? — Wie sollte man bey dieser anscheinenden Regelmässigkeit des Laufes der drey Gebirge nebeneinander erwarten können, eine der Ketten ohne die beiden andern zugleich, aufhören zu sehen?

Diese gewaltige Verschiedenheit in der äusseren Profilansicht des Mont-Cenis und des Brenners, scheint offenbar zu beweisen, dass die Natur auf der Ostseite der grossen Schweizer Centralmasse, ganz anderen Gesetzen gefolgt sei, als westwärts gegen die französische Ebenen nnd gegen das Meer. — —

Wo liegt aber der Punkt dieser grossen Veränderung? der Ort an welchem diese beyde so bestimmt scheinende Ketten, welche alle Gebirgsarten der Flözgebirgsformation in einer einzigen Hauptgebirgsart umfassen, verschwinden? — — Die südliche, welche dem Brenner in einer doppelten, oft in einer dreyfachen Reihe vorliegt, und hier an Masse die nördliche weit übertrifft, verliert sich dem ohnerachtet weit eher; und in geringer Entfernung von Verona, Trento oder dem so steil umgebenem Gardasee, sieht man nur noch Spuren dieser mächtigen Gebirgsart. Die Wässer des Lago Maggiore bespühlen nur Granitfelsen, und Glimmerschiefer steigt als Inseln aus der Mitte des Sees hervor. Es sind die letzten Gebirgsarten gegen die Ebene von Mayland. Den dunkelgefärbten, versteinerungslosen Kalkstein, welcher in Hügeln die untere Hälfte des Sees von Como umgiebt, hält der berühmte Volta, der über die Gebirgsarten dieser Gegend viele Untersuchungen angestellt hat, mit Recht für Kalkstein der ältern, das ist der Uebergangsformation. — — Der Umfang der nördlichen Kalkkette vermehrt sich hingegen, je mehr sie sich den grossen schweizer Gebirgsmassen nähert. Sie verliert dann ihren ununterbrochen bestimmt regelmässigen Lauf. Ihre Felsen ad dann in getrennte Gruppen versammlet, welche in isolirtes Gebirge zu bilden scheinen, dessen Richmg schnell in kurzen Entfernungen wechselt, und st eine ganze Provinz im Cirkel umschliessen zu ollen scheint. Aber noch immer trennt ein grosses 'hal diese Formation von den älteren Gebirgsarten, nd nur erst in der westlichen Schweiz verschwinet endlich die schöne Ordnung gänzlich, welche on Wien bis Finstermünz so bestimmt zu eyn schien. —

Man möchte fast glauben, die grosse Kalkmasse ntferne sich um so weiter von der Centralkette, je nehr diese sich ausbreitet. — Ohnerachtet einige der grössesten Berge dieser Formation, wie der Pilatus, der Stockhorn fast unmittelbar mit der älteren Formation verbunden zu seyn scheinen; so ist doch die Hauptkette, der Jura, welcher mit dem Kalkgebirge in Tyrol die meiste Aehnlichkeit hat, durch ein so grosses und weites Thal von den Berner Eisbergen getrennt, dass es mit den langgedehnten Thälern in welchen der Inn, die Salzach, die Enns den finstern Spalten zulaufen, durch welche sie sich in die Ebene stürzen, keine Vergleichung erlaubt. — Und diese Entfernung der Flözkalkkette scheint eine wahre Verminderung dieser Gebirgsart nach sich zu ziehen; denn jene Analogie des Jura mit dem Tyroler Gebirge, liegt nur in dem fortgesetzten Laufe beyder Gebirgsreihen, und verschwindet wieder, bei genauer Betrachtung fast gänzlich. Dem Jura fehlen durchaus die, zugleich erhabene und furchtbare Ansichten der Oesterreicher Salzburger und Tyroler Kalkalpen;

das Steile und Wilde, die erschreckende Rauheit und Schroffheit dieser vegetationslosen Felsen. — Der Jura ist bis zu den höchsten Gipfeln mit Pflanzen bedeckt. Waldungen ziehen sich über die steilsten Abhänge fort, und Felsen wechseln mit Viehweiden und Triften. — Jenes Gebirge — ein ungeheurer Wall gegen die Ebene, senkt sich sogleich, sobald es sich schnell, aber gleichförmig bis zu den drohenden Felsspitzen erhoben hat, deren Höhe man kaum mit dem Auge vom Thale aus misst. — Der Jura hingegen ist in mehrere Gebirgsreihen zertheilt, die durch weite Längenthäler von einander geschieden, immer parallel neben einander fortlaufen. Die Berge liegen wie langgedehnte Wellen hinter einander, und tiefe und finstere Thäler sieht man nur dort, wo die Bäche, welche sich in den grossen, mit dem Gebirge gleichzeitigen und mit ihnen in gleicher Richtung fortlaufenden Thälern gesammlet haben, sich durch die Kette den Ausweg in die Ebene brechen. — Die höchsten Kuppen dieses sanften Gebirges weichen in Höhe beträchtlich jener grossen Tyroler Bergreihe. Wenn sich auch die Dole 5076 Fuss, la Dent de Vaulion 4470 Fuss, der Chasseralle zwischen Biel und St. Irrier 4666 Fuss über die Meeresfläche erheben, und fast eben soviel der Hasenmatt oder der Weissenstein bei Solothurn, alle in der, dem Urgebirge zunächst vorliegenden Reihe, wie sehr sind sie denn doch noch von der Höhe jener Felsen verschieden, welche beinahe in allen Theilen ihres Laufes eine Erhebung von 6000 Fuss über die Meeresfläche übersteigen! Von den ergen, welche Salzburg umgeben, die nur einelne, niedrigere Zweige der grossen Kette sind, fand urch genaue trigonometrische Messung der P. chiegg den Untersberg 5543 Fuss, den Hohetaufen bei Reichenhall 5580 Fuss, und den bei em Pass Lueg in die tiefe Spalte, welche sich ier die Salzach durch die Kette selbst gebrochen at, senkrecht absallendem Felsen 6656 Fuss hoch über die Fläche des Meeres. Die Berge, welche Berchtolsgaden umgeben, wenn sie auch nicht ie Höhe des, über alle herrschenden Wazmanns reichen, weichen ihm doch über tausend Fuss icht; eine Höhe, welche die der Dole fast noch m die Hälfte übertrifft. — — — Wenn man zu diem verschiedenen Verhältnissen beyder Gebirge noch echnet, dass beide in Natur des, sie zusammensetzenen Kalksteins völlig von einander abweichen; — ass die untergeordneten Lager des einen Gebirges m anderen nicht vorkommen; — dass Schichtung, Arten und Vertheilung der Versteinerungen, Hölenequenz und andere, die Formationen des Kalksteins unterscheidende Phönomene im Iura und jenen Kalkalpen völlig verschieden sind, *) — dann scheint es

*) Der Alpenkalkstein, wenn nicht auf der grössten Höhe der Felsen, ist immer gefärbt; gewöhnlich roth, aber doch nie so dunkel als der Uebergangskalk, dessen Farbe ihn oft schon hat mit Kieselschiefer verwechseln lassen. Der Jurakalk ist ganz hellgrau, durchaus. Im Alpenkalkstein sind Feuerstein- und Iaspislager gewöhnlich; Im Jura gar nicht. Charakteristisch für diesen, sind die unendliche Menge der Roogensteinlager, und die mächtigen Mergelflötze, die jenem Kalkstein ganz fehlen. Ammoniten sind

einleuchtend und erwiesen, daſs beyde Gebirge nicht von einerley Formation ſind; daſs der Jura daher keine Fortſetzung jener Gebirgsreihe iſt, und daſs ſie ſich in der weſtlichen Schweiz faſt gänzlich verliert, — gerade dort, wo das Urgebirge ſich in doppelte und mehrere gewaltige Aerme zertheilt, über welche ſich die höchſten Europäiſchen Coloſſe erheben. — — Die Formation des Jura ſcheint der dritten Kalkkette auf der Italieniſchen Seite des Brenners, welche Verona von Roveredo trennt, und durch den Monte Bolca und Baldo bekannt iſt, ſehr ähnlich zu ſeyn; eine Formation, welche neuer als alle Steinſalzgebirge, und faſt die neueſte der Flözgebirgsarten iſt. Iener Alpenkalkſtein hingegen iſt, am Fuſse der Berge, nur durch eine ſchwache Grenzlinie vom Uebergangsgebirge getrennt, und Gyps und Steinſalz ſind auf ihn gelagert.

In der Gegend von Genf erkennt man diese drey groſse Formationen von Kalkſtein noch leicht. Die ſchwarzen, mit weiſsem Kalkſpath durchtrümmerte Felſen von Maglan bis Cluſe gehören der Uebergangsformation. Les Voirons, der Mole, der Brezon ſind Ueberreſte des mächtigen Alpenkalkſteins, und die beyden Saleve endigen die Kette

---

im Jura-Kalkſtein ſehr ſelten, um ſo mehr, je älter er iſt; im Alpenkalkſtein ſieht man dieſe Verſteinerungen in den tiefen Thälern ſehr häufig. Nur die Mergelflötze enthalten im Jura eine groſse Menge dieſer Reſte. Mergel iſt das neueſte Product dieſer Formation. Nach ihm folgen keine Flötze mehr, die Meergeſchöpfe enthalten. Unterſtützt dieſe Erſcheinung nicht kräftig die Meinung der noch jetzt beſtehenden Ammonitenexiſtenz in der Tiefe des Meeres? — —

s bei dem Fort de l'Ecluse von der Rhone
ırchbrochenen Jura. Aber gegen den Mont-Ce-
is hin, ſind dieſe Formationen wenig von einander
ı unterſcheiden. Man ſieht hier die Kette des Jura
cht mehr, und eben ſo wenig eine Gebirgsreihe des
lpenkalkſteins. Der Flözkalk iſt vor dem Urgebirge
ne beſtimmte Ordnung gelagert, und die Forma-
ınen gehen in einander unmerklich über, wie die
rge, welche ſie bilden.

So verſchieden aber bis hierher die Profile des
ont-Cenis und des Brenners auch ſeyn mögen;
treten doch mehrere auffallende Aehnlichkeiten
iſchen beyden hervor, ſobald wir auf der Nord-
te das Urgebirge betreten. Auch am Mont-
nis iſt eine Centralkette von den Vorgebirgen
trennt. Das Thal der Iſere, ein Längenthal, der
chtung der Alpen gleichlaufend, ſcheidet ſie von
ıander, wie das lebhafte und ſchöne Innthal am
enner. — An beyden Orten bilden Thonſchiefer
ıd Uebergangskalkſtein die erſte Erhebung dieſer
aeren Kette; bey Monmelian und bey Schwaz
ıd Hall in Tyrol; und wenn auch dieſe Ge-
rgsarten auf der Straſse des Mont-Cenis bis zu
öſseren Höhen als am Brenner hinaufſteigen, ſo
doch dieſe gröſsere Erhebung nur ſcheinbar; denn
gen das Zitterthal und im Salzburgiſchen Pinz-
ıu bildet der Thonſchiefer Höhen von mehr als
oo Fuſs über das Meer. — (nach Angabe des
rh. von Moll in ſeinen Jahrbüchern IV.
115.) Höhen, welche die der Päſſe des Bon-
omme, des Tours und des Col de la Seigne,

(Sauſſure §. 763. 777. 845), welche ebenfalls aus Uebergangsthonſchiefer beſtehen, vollkommen erreichen. — Dieſe Gebirgsarten ſind bald durch den Glimmerſchiefer verdrängt; eine Gebirgsart, die ſich an beyden Orten ſelbſt bis in das Thal hinabſenkt, und ſeit ihrem erſten Erſcheinen ſich kaum wieder verliert, bis tief am jenſeitigen Abhang herab; und wird ſie auch von einer neueren Gebirgsart verdeckt, oder von einer älteren durchbrochen, ſo iſt es nur auf kurze Entfernungen, gegen die ganze Länge ihrer Erſtreckung. Immer ſieht man ſie in der Tiefe und auf den Gipfeln der höchſten Berge hervortreten, wenn man glaubt, durch ihr ganz fremdartigen Geſteine ſie gänzlich vertrieben zu ſehen. — Verdient überhaupt ein Geſtein den Nahmen einer Hauptgebirgsart der Centralkette der Alpen, ſo iſt es zuverläſſig der Glimmerſchiefer. Keine der übrigen iſt ſo ausgedehnt, ſo characteriſtiſch, ſo weit verbreitet; keine ſo reich an untergeordneten Lagern, keine ſo voll der ſonderbarſten und prächtigſten Foſſilien. — Es iſt ein reich verzierter Teppich der über die ganze Oberfläche der Alpen gebreitet iſt, und ältere, unter ihm ruhende Gebirgsarten gegen die zerſtörenden Wirkungen der Atmosphäre beſchützt. — — Es giebt faſt keine Straſse über die Alpen, die nicht auf ihrer gröſseſten Höhe über Glimmerſchiefer wegliefe, vom Col di Tenda, bis zur Grätzer Straſse nach Wien. Der, nur 4353 Fuſs hohe Brenner, und der 10416 Fuſs hohe Col du Mont-Cerrein, ohnerachtet der ungeheuren Höhendifferenz von 6063 Fuſs, ſind doch nicht in

der,

r, sie zusammensetzenden Gebirgsart verschieden; nd der Mont-Cenis ist auf seiner Höhe dem renner so ähnlich, dass man sie nur wenige Meilen on einander entlegen glauben möchte, und dann ie gewaltige Verschiedenheit beyder Pässe nicht ahnet, welche sie wieder so sehr von einander entfernt. Vom Fusse des Berges ist der Glimmerschiefer an eyden Orten schon immer mit körnigem Kalkstein emengt; kleine, hellweisse Kalklager werden immer äufiger, je höher man steigt, und endlich, fast auf em Gipfel der Strasse, gewinnt der weisse Marmor die Oberhand und man sieht ihn in hellweissen Felsen anstehen. Aber diese reine Kalkmasse, elche noch immer mit Glimmerblättchen gemengt , verbreitet sich als Gebirgsart nicht weit, und die Wiedererscheinung des Glimmerschiefers in weniger ntfernung darauf, scheint zu beweisen, dass sie dieer ausgedehnten Gebirgsart immer noch untergeordnet sey. Diese Verhältnisse bleiben an beyden eiten sich gleich, bis tief am Berge herab, wo as Gebirge anfängt sich sanfter zu neigen. — Die Verschiedenheit der übrigen Alpenstrassen von dieen, ist nur dem aufmerksameren Geognosten bemerklar. Am grossen Bernhardt sind die Kalklager weniger häufig; am Gotthardt die Menge der untergeordneten Lager unzählig; Abweichungen, die doch immer in einerley herrschenden Hauptgebirgsart, dem Glimmerschiefer, statt finden. — Vielleicht t in der ganzen Gebirgskette der Alpen, der aus Thonschiefer bestehende, wilde, versteckte, von ungeheuren Bergen umgebene Col de la Seigne ie einzige Ausnahme dieser, so allgemein scheinen-

T

den Regel. Eine Ausnahme, die mit der wunderbaren Lagerung, aus der Gebirgsreihe heraus, der in dem ganzen Alpengebirge einzigen Kette des Montblancs wahrscheinlich zusammenhängt, und die vielleicht nur eine scheinbare Ausnahme seyn könnte.

Denjenigen, welche glauben, daß die Alpenstraßen über die Gebirgsreihe unmittelbar wegführen, könnte eine Behauptung wunderbar scheinen, welche so offenbar mit der, allgemein angenommenen Meinung im Widerspruch steht, daß die Gipfel der Alpen aus den ältesten Gesteinen und größtentheils aus Granit selbst zusammengesetzt sind. — Ein Widerspruch, der aus einer irrigen Vorstellung der Natur der Alpenstraße entspringt, die häufiger ist, als man sich wohl einbilden sollte. — Der höchste Punkt einer Alpenstraße ist nie der, eines freyen, ausgebreiteten Horizonts über die Ebenen am Fuß des Gebirges und über die Spitzen des Gebirges selbst, wie etwa auf der Höhe des Kammes auf dem Riesengebirge, oder auf dem Brocken, oder dem Buet oder der Bocchetta bey Genua. Von hohen Bergen umschlossen, sucht man den Ausgang aus dicken finsteren, öden, wüsten und traurigen Flächen, und entdeckt ihn oft nur dann erst, wenn man schon am jenseitigen Abhang sich beträchtlich herabgesenkt hat. Man ist erstaunt sich auf der Höhe des Gebirges zu finden, wenn man vor sich die mächtigen Berge sich noch so ansehnlich erheben sieht; man ist oft zu glauben geneigt der Weg müsse über diese Eisberge selbst, oder dann nothwendig durch sie hindurch führen, und mit Verwunderung sieht man dann plötzlich die Spalte sich öffnen, urch welche der Bach des jenseitigen Thales und ie Strafse sich herabstürzen. — Rings um sich her blickt man nur allein die nackten Felsen, welche eine Vegetation mehr zu tragen vermögen; das eben ist von diesen traurigen Oertern verschwunen; man hört nur die Winde, welche die Wolken on Fels zu Fels jagen, sie zu erschreckenden Formen zusammentreiben, und im Augenblick darauf, e mit reissender Schnelligkeit aus dem Kessel heraus, über die Ebene jagen. — Sonderbar auffallend nd dann, in dieser abschreckenden Wüste die Hütten, welche hier Palläste scheinen, die durch ihre Bestimmung das Hesperidenland mit dem Norden verbinden. — — Man ahndet, dass man sich auf dieser Höhe befinde, durch die Ausbreitung einer weniger geneigten Fläche, wenn man vorher mühsam den Gipfel eines steilen Abhanges gewonnen hat. Die Fläche scheint cirkelförmig, und fast immer umgiebt sie kleine, krystallhelle Seen, in welchen der imposante Anblick der umherstehenden Berge verdoppelt erscheint.

Die Alpenpässe sind wirkliche Spalten, tiefe Einsenkungen im Lauf des Gebirges. Die Kette ist plötzlich unterbrochen, und die Berge stehen mit gewaltig steilen, oft fast senkrechten Abhängen über die Tiefe. Aber auf beyden Seiten der Pässe ziehen sich die Schneegipfel mit gleicher Höhe fort, und die Kluft, welche sie trennt scheint auf ihre Erhebung keinen Einfluss zu haben. Man darf die Höhe der Alpen daher nicht immer nach der Höhe der Pässe beurtheilen, welche über sie führen. Denn senkt sich das Gebirge beträchtlich in der Gegend der höchsten Strafsen, und erhebt sich zu unersteigbaren, mi

Theile der Alpen, und vorzüglich dem Mont-Cenis eigen find die merkwürdigen, und hier so oft erscheinenden Gypslager, welche man irrig für neuere, partielle Formationen hält; Gypsmassen, welche sich bis zur grössesten Höhe des Berges erheben, aber dann plötzlich verschwinden. Denn auf der Südseite dieser merkwürdigen Strasse sieht man von ihnen keine Spur mehr, ohnerachtet sie gegen Savoyen in so mächtigen Felsen anstehen. Es ist kein uranfänglicher Gyps, wie am Gotthardt, oder wie auf der Furca, auf dem Simplon oder bey St. Leonhardt in Wallis, sondern offenbar ein Eigenthum der Uebergangsformation, wie der Gyps am Montblanc in der Allée Blanche und im Thale Chamouny. Der schwarze Thonschiefer, welcher ihn bey St. Jean, der graue Uebergangskalk der ihn bey Braman umgiebt, scheinen es zu beweisen, und hierdurch erklärt sich das Phänomen, warum der Gyps über die höchste Fläche weg, sich nicht weiter ausdehnt. Die ganze Uebergangsformation senkt sich nicht auf der Südseite herab. — Der Gyps im Leogang im Salzburgischen, ist die einzige Spur dieser Formation, die man bis jetzt auf der Ostseite der Alpen entdeckt hat.

Dem Glimmerschiefer folgt auf der italienischen Seite des Brenners, 1600 Fuss unter dem höchsten Punkte der Strasse, eine gewaltige Masse von Granit, die den Bergen des Brenners an Höhe nicht weicht, und sie darinnen wahrscheinlich noch weit übertrifft, welche sechs volle Stunden bis hinter Brixen fortsetzt. — Auch am Mont-Cenis kommt Granit am südlichen Abfall hervor, aber erst weit tiefer, und nicht in so gewaltigen Bergen. — Aber dieses ervortreten des Granits auf der Südſeite, ſcheint ein hänomen, das allen Alpenpäſſen gemein iſt. Ohnerhtet am Gotthardt dieſe Gebirgsart ſchon an der ordſeite bis zur Ebene des Hospiz nicht ſelten erheint, und gegen Airolo hinab von Glimmerſchieer bedeckt iſt, ſo ſieht man ihn doch noch einmal unterbrochen faſt fünf Stunden weit fort, von aido oder Giornico bis Cresciano hinab; eben unter Domò D'Oſſola, wo ſich die Straſsen ber den Simplon und über den Griez verbinen. Allenthalben bedeckt Glimmerſchiefer auf das eue dieſe Gebirgsart, und an mehreren Orten verert ſich mit ihm das Gebirge in die Ebene der Lomardey. Beweiſt dieſe Erſcheinung eine geringere Anhäufung der ſpäteren Urgebirgsarten auf der Südſeite der Alpen? Woher aber die Unterbrechung der Glimmerſchieferbedeckung gerade in der Mitte des Abhanges? Wären die Granitberge auf der ganzen Erſtreckung der Alpen ſo ſehr erhoben, als zwiſchen Sterzingen und Brixen, ſo könnte man glauben, daſs dieſe Höhe ſelbſt den Glimmerſchiefer am Fuſse verhindert habe, die Maſſe auf der Höhe zu erreichen. Denn dieſe Berge bilden ein fortgeſetztes, mit dem Brenner gleichlaufendes Nebengebirge, das von der Eyſack durchbrochen iſt. Aber auf dieſe Art ſcheint der Granit in den Thälern über dem Lago Maggiore nicht gelagert zu ſeyn. —

Wer kann aber in dieſen Verhältniſſen der Centralkette eine Regelmäſsigkeit, eine Ordnung verkennen, welche auf der ganzen Erſtreckung des Gebirges ſich gleich bleibt! Am Brenner und am Mont-Cenis folgt Glimmerſchiefer den Übergangsgebirgsarten und verbreitet ſich über den Abhang des Gebirges bis zu größten Höhe hinauf. Primitive Kalkfelſen lagern ſich auf der Höhe und Serpentinſtein über dem Glimmerſchiefer. Auf dem Südabhang erſcheint der, auf der Nordſeite von neueren Gebirgsarten verdeckte Granit, und über die Berge weg erheben ſich die ſtolzen Granitkegel über die mächtigen Schnee- und Eismaſſen hervor. Immer erkennt man daſſelbe Gebirge, man mag den niedrigen Brenner oder die hohe Straſse des Mont-Cenis heraufſteigen; hier und dort wechſeln in den, zum Gipfel der Straſse heraufführenden Thälern finſtere Engen mit angebauten, faſt ſöhligen Flächen, den Reſten ehemals am Abhange eingeſchloſſener Seen. Sanft hebt man ſich in die Höhe bis zur letzten Stufe, die plötzlich aufſteigt, und ihre Steilheit nur erſt auf der höchſten Gebirgsfläche verliert, — eine Stufe, die an der Südſeite des Mont-Cenis die, faſt unglaubliche Höhe von beynahe 4000 Fuſs erreicht, am Brenner ſich aber nur etwa 1000 Fuſs hebt. — Gleichheit in Thälern, Gleichheit in Form der Berge, in Vertheilung der Gebirgsarten, und doch ſo groſse Ungleichheit beyder Abhänge unter ſich. — Tritt aus dieſen Phänomenen nicht offenbar ein Beweiſs der Gleichheit der Bildungsurſache in dem ganzen Laufe dieſes Centralgebirges hervor? — Ein Kern von Granit, welcher zu beyden Seiten um ſich die neueren Gebirgsarten verſammlet, die durch ihn von einander getrennt, ſich mit den Modificationen abſetzen, welche eine ſolche Trennung in ihrer Natur hervorbringen muſste. An einigen Orten wirken äuſſre ſtörende und bewegende Kräfte heftiger, verhindern die Formation der neuen Gebirgsarten, und treiben sie an anderen Punkten hinüber, wo sie im Schutz der schon gebildeten Kette, sich zu hohen Bergen erheben, — in der Ruhe die sie hier finden, treffen sich oft ihre Bestandtheile wieder näher zusammen, bilden vollkommene, krystallisirte Gebirgsarten, und daher wenig fortdauernde Abweichungen der allgemeinen Progressionsregel der Gebirgsarten. Daher denn, bey gleichen allgemeinen Bildungsgesetzen die grössere Anhäufung eines Gesteins an einigen Orten, ihr fast gänzlicher Mangel an andern; daher die Abwechselung mit Gebirgsarten, welche in einiger Entfernung nicht wieder vorkommen. — —

Aber die Anhäufung des Porphyrs, des Flözkalks am Brenner, die Unterbrechung der, so bestimmt fortlaufenden Ketten in Westen, erklärt sich hierdurch noch nicht. Denn hier sieht man eine gänzlich geänderte Regel; nicht blofs eine Abweichung von einem allgemeinen Gesetze. — Wenn man aber auch die Ursache der begränzten Erscheinung dieser Gebirgsarten, nicht aus dem Dunkel, das sie verbirgt, hervor ziehen kann, so scheinen doch mehrere Phänomene auf den Weg zu leiten, auf welchem man sie einst vielleicht noch erreicht.

Der Flözkalk am Brenner ist nicht mehr Resultat der Krystallisation aus der bildenden Flüssigkeit, wie alle primitiven Gesteine; es ist eine schnelle Absetzung oder Anschwemmung nicht aufgelöster schwimmender Theile. Die Berge erheben sich durch äussere, zusammentreibende Kräfte, nicht durch innere Anziehung selbst. — Der Mangel dieser Gebirgsarten ist also Beweifs, dafs dort die Anschwemmungskräfte nicht wirken, welche auf andern Seiten so gewaltige

Berge erhoben, — dafs fie alfo am Mont-Cenis wenig, und vorzüglich thätig auf der Oftfeite der Alpen fich äufferten. Dies beftimmt zugleich auch die Richtung diefer Kräfte von Often nach Weften. — Flözgebirgsarten und befonders Flözkalkftein werden fich in Gegenden wenig verbreiten, welche primitive Ketten gegen Often befchützen, oder welche vom öftlichen Ende des Gebirges entfernt find. — Sie werden gegen Often hingegen in hohen, zufammenhängend, fortlaufenden Bergen auffteigen. — Scheint dann nicht die Südfeite des Mont-Cenis von Flözgebirgsarten entblöfst, nicht nur, weil er faft den weftlichften Punkt der Alpenkette beftimmt, fondern weil auch die Formationsfluth ein Hindernifs in dem, fich halbcirkelförmig, bis zum Glimmerfchiefer von Carrara und Granit von Modena herumliegenden Urgebirge fand, welches fie nicht zu überwältigen vermöchte? — — — Immer ift es höchft auffallend, dafs von dem kalkreichen Dalmatien und von den ungrifchen Grenzen her, die weit von einander entfernten, oft doppelten, breiten und hohen Kalkketten, convergirend gegen das Centralgebirge zulaufen, und dann fich verlieren, wo fie es endlich erreichen; — dafs diefer Punkt des Verfchwindens der füdlichen Kette beynahe genau dem Urgebirge von Modena vorliegt, und dafs ein ganz ähnliches Kalkfteingebirge in veränderter Richtung fich an diefes Gebirge anlegt, und in der Apeninkette ganz Italien durchläuft, als fey es diefelbe Flötzkalkkette, die man weftwärts vom Gotthardt auf der Südfeite der Alpen vermifst. — —

VI.

P e r g i n e.

Pergine, den 20. May 1798.

Hier verstehe ich die Menschen nicht mehr, — und kaum die Natur. Chaotisch scheinen hier die Gebirgsarten durcheinandergeworfen, und die schöne Ordnung vom Brenner herab, scheint gänzlich dahin. — Wer hätte es gedacht, nach so ungeheuren Massen von Kalkstein, wie die furchtbare Kette zwischen Neumarkt und Trento, nach Bergen wie die, welche Trento umgeben, auf das neue Urgebirgsarten zu finden. Sind nicht hier offenbar die schönen Systeme über den Haufen geworfen, welche die Formationszeit der Gebirgsarten bestimmten? Ist hier nicht Porphyr auf Flözkalk, Glimmerschiefer auf Porphyr gelägert? —

In der That, mein Freund, so glaubte ich lange, als ich von Trento aus, um mich her, nur himmelanstrebende Kalksteinfelsen erblickte, und Kalkstein allerorten in der Tiefe des Thals; aber am Abhang hinauf kleine Berge von Porphyr; Glimmerschiefergeschiebe in den von oben herabkommenden Bächen, und Glimmerschiefer selbst fast nur in Hügeln anstehend. — Kann Porphyr dem Kalkstein untergeordnet seyn? kann Glimmerschiefer noch einmal nach solchem Kalkstein sich bilden? — Das glaubte ich oft fragen zu müssen, und fand die Antwort nicht. Mit ängstlicher Wehmuth sahe ich ein Gebäude zusammen stürzen, das uns mit dem System zugleich die Geschichte gab, und uns an der Reihe der Gebirgsarten hinauf unvermerkt aus unserer jetzigen Welt in eine vormalige führte, die wir vorher geahndet hatten, nicht begriffen, aber dann glaubten ihr näher zu seyn.

Aber ohnerachtet der Wunder, die mich umgeben, seit ich Pergine von noch anderen Seiten kenne, kann ich wieder froher umhersehen. Nein — die grossen Gesetze der Natur, welche die Massen bildeten, die unsern Erdkörper bedecken, scheinen beständig. Sind sie auch oft unter anscheinender Verwirrung versteckt, so treten sie doch bald, wenn man sie aufsucht, in völliger Klarheit hervor, und wir kommen zu ihnen auf Wegen zurück, die sie uns dann noch tiefer enthüllen. Die Welt der Urgebirgs- und der Flötzgebirgsarten ist wesentlich von einander verschieden. —

Dass grosse, weite, herrliche Thal von Trento, oben mit Kastanienwäldern bekränzt, unten mit dem Reichthum italischer Gewächse bedeckt, zeigt uns den Alpenkalkstein umher in Verhältnissen, in denen man bey jedem Blick diese mächtige Gebirgsart erkennt. Vom Granit bey Sterzingen aus, über Glimmerschiefer, Hornblendschiefer und Porphyr hineingetreten, dann scheint es kaum möglich, dass noch eine neuere Gebirgsart eine solche Masse sollte zu verdrängen im Stande seyn. — Fast von jedem Hause in Trento sehen Sie an den gegenüberstehenden Bergen die wunderbar gewundenen Schichten, wie sie am Gipfel sich in Wellenlinien gegen das Thal neigen. Sie erinnern beständig an ihre beträchtliche Höhe; denn an niedrigen Bergen sehen sie dieses unerklärte Phänomen nie. — Nur in der Tiefe wird diese Schichtung bestimmt; nur unten allein setzen sich die Schichten mit einer Ruhe zu Boden, die sie gleichförmig vertheilte. So, an der Fläche gegen Cevizzano hinauf, an der Ostseite von Trento. Sie neigen sich hier nur 20 oder 30 Grad gegen Südwest, und streichen von der Mittagslinie wenig verschieden. In den Steinbrüchen an der Höhe hinauf, verfolgen Sie diese sanft geneigten Ebenen auf ansehnliche Weiten, und diese Neigung scheint für Sie hier Gesetz. — Und doch ist es gerade hier, wo in dieser anscheinenden Ruhe eine ganze Welt eingehüllt liegt, von der wir kaum wagen, sie mit unserer jetzigen zu vergleichen. — Tausende von Ammoniten liegen im Berge zerstreut; von der Fläche des Thals, bis hoch, auf die Hälfte der Höhe hinauf; grosse Geschöpfe, oft mehr wie 1½ Fuss im Durchmesser. — Und alle neben einander, als hätte sie eine wohlüberlegte Kunst hier geordnet; alle mit der Ebene der Windungen paralell auf die geneigte Fläche der Schichten; nie steht eines von ihnen den Schichten entgegen; auch bedecken sie nur die Oberfläche der Lagen; fast niemals sieht man sie in der Mitte oder am Boden . . . Eine unendliche Menge, mehr als 500 Fuss hoch am Abhang hinauf; und zwischen sie kaum noch ein anderer jener sonderbaren Reste der zerstörten organischen Schöpfung. — Um so mehr erstaunen Sie, wenn Sie die Höhe ersteigen, wie Sie dann, aus diesem Ammonitengebiete heraus, plötzlich ein Gewimmel unzähliger Gestalten vor sich erblicken — aber unter ihnen kein Ammonshorn mehr. Nun liegen Belemniten, Bucciniten, Volutiten, sogar auch einige Echinusarten, und eine unübersehbare Menge unbestimmbarer Reste durcheinander in wilder Verwirrung. Sie sehen hier nicht mehr, wie so schön bey den Ammoniten, dafs die Lage, die Menge der organischen Reste mit der Höhe der Schicht, in welcher Sie vorkommen, im Verhältnisse steht; dafs sie häufiger oben, weniger am Boden sich finden. — Aufserordentlich schön erhaltene Gestalten liegen unter dieser zahllosen Menge. — Ganz oben — nichts mehr, als die wunderbare, Gerstenkorn ähnliche Versteinerung (Phacites fossilis *), die so dicht an einandergedrängt die Schichten erfüllt, dafs kaum noch eine Spur des Kalksteins der sie bindet, zu sehen ist. — Welche undenkbare Menge dieser Geschöpfe! Wo findet man Vergleichspunkte sich eine solche Belebtheit zu denken, von der bis auf diese jetzt nur unkenntliche Spuren, alles verwischt ist! — Grofse Felsen, von kleinen Linsen gebildet. — Auch sie scheinen horizontal mit der breiten, linsenähnlichen Fläche zu liegen, und nicht auf der Schärfe zu stehen. Sie werden auch, wenn ich nicht irre, keine Profile mit concentrischen Schaalen, durch die sie den Gerstenkörnern ähnlich sind, bemerken, wenn in dem Stück, das Sie betrachten diese seltsamen Körper flach liegen. — Ist nicht diese, anscheinend so regelmäfsige Vertheilung der grofsen Versteinerungsmenge am Abhang des Thals, eins der wunderbarsten Phänomene, die nur die Ge-

*) Blumenbach hat sie vortrefflich dargestellt, in seinen Abbildungen, IV. Heft 40.

:birgslehre darbieten kann? Die gröſseren Geſchöpfe, ; Ammoniten, liegen hier unten und iſolirt; — die rwirrt durcheinandergeworfene nicht mehr familien- eiſe verſammelte Menge, höher hinauf. — Schon t glaubte ich beobachtet zu haben, daſs Nautiliten ıd Ammoniten zu den älteſten Verſteinerungen des lözgebirges gehören; Pectiniten, Mytuliten und ihre egleiter zu den ſpäter vergrabenen. Ich bitte Sie, ı die Thäler in der groſsen Kalkkette zu denken, e nordwärts die Alpen begleitet. Ammoniten, En- ochiten, Trochiten ſehen Sie nur in der Tiefe des 'hales, am Fuſse der Berge; — oft aber einige tauſend uſs an der, ſo häufig faſt unerſteiglichen Kalkwand hin- ıf eine Schicht, die nur Verſteinerungen enthält, ıd nur ſolche, als auch bey Trento über den Am- ıoniten ſich finden. Solche Schicht läuft an der oſsen Felswand über dem weitgedehnten Salzbur- r Thal der Abtenau in kaum erreichbarer Höhe f anſehnlicher Weite, fort. — Und deswegen glaubte ın dieſen Kalkſtein ſo lange Verſteinerungsleer, und her primitiv, als wenn dieſe Beſtimmung nur ein von der Verſteinerungsloſigkeit abhinge. Die ganiſchen Körper waren alle in beſonderen Schichten reint, die ſich in der gewaltigen Maſſe des Kalk- ins verſteckten.

Zwiſchen den vielen Landhäuſern, die hier auf r Höhe den Abhang bedecken, liegen an mehreren iten ſogar in der Nähe der linſenförmigen Verſtei- rungen, ganz kleine, zur Trappformation ge- rige Lager. Kaum kann man die Maſſe Fels nnen, denn ſie erhebt ſich nur wenig, und ihre

U

finden wir im Schwerspathe noch Spuren von drinnenliegenden kleinkörnigem, wahrscheinlich silberreichem Bleiglanz. — Auch diese Gegend scheint daher zu dem, einst so grofsem, jetzt fast vergessenen Rufe von Trento, als eine der reichsten, betriebsamsten Bergstädte, beygetragen zu haben. — Sind es wenig fortsetzende Lager im Kalkstein, oder sind es Gänge? — Die kleinen Halden liegen ohne Ordnung durcheinander, ohne Bestimmtheit in ihrer Richtung; fast sollte man daraus schliefsen, dafs man die Erze in der ganzen Gegend umher fand, dafs sie also auf keiner regelmäfsigen Lagerstäte im Kalksteine lagen, sondern sich zugleich mit der Gebirgsmasse absetzten. — Sie sind nicht blofs auf diese Gegend allein eingeschränkt. Ueber der Fontana della Vacca, in einem kleinen Thale am nordlichem Abhang des Berges über den wir izt giengen, sieht man deutlich die Oeffnung eines uralten Stollens, und auf dem Berge herauf, noch gröfsere Massen von Schwerspath, als auf jenem Hügel, und die Halden eben so verwirrt durcheinander. Dieser Berg, einer der höchsten der näheren Kalkberge um Trento, Monte del Cuz, ist nach einer Barometerbeobachtung über das Thal von Trento 2170 Fufs erhoben, oder 2886 Fufs über das Meer. — Und hier war vorzüglich der Sitz des Bergbaues, der im Alter dem Harze und selbst Franken den Rang streitig zu machem im Stande ist. — Von oben, vom Berge sehen Sie Porphyrhügel noch immer am Abhang, die von hier aus gar wenig sich zu erheben scheinen. Sogar die schroffen Felsen über Cevizzano verlieren sich von dieser Höhe erab, und man sieht sie mit Kalkstein umgeben. — Die Wasser des kleinen Sees, Lago di Colomba, am Fusse des Berges, bespühlen grosse Blöcke von Porphyr, die am Rande umherliegen; eine hornsteinartige, feinsplittrige Hauptmasse, welche ausser Feldspath und Quarz oft kleine Krystalle von Glimmer, seltener von Hornblende umschliesst. Nur die Ostseite des Sees ist von höheren Kalkbergen umgeben, — und doch liegen noch immer Porphyrblöcke weit am Abhang herauf. Mein Erstaunen über diese wunderbare Lagerung zweyer sich einander so unähnlichen, so weit von einanderstehenden Gebirgsarten, wuchs, als ich, am Abhang des Monte-Corno herab, wieder näher gegen Trento hin, offenbar Kalkstein und Porphyr abwechseln sahe. Der Kalkstein dicht, feinsplittrig, grau, ungemengt; der Porphyr mit vielen nelkenbraunem Quarz und weissen Feldspathkrystallen. Ist es möglich, dachte ich oft, dass der Porphyr eine Masse, die über die Wolken hinausgeht, die von Salurn aus, vier Meilen jetzt ununterbrochen fortgesetzt hat, und ihre mächtige Höhe erst weit unter Roveredo verliert, — dass der Porphyr eine solche Masse noch sollte durchbrechen können? Und ist es, warum sind die Erscheinungen, die er uns darbietet so klein gegen die des Kalksteins? Sollte es nicht dann ein fortgesetztes Porphyrgebirge seyn, wie die schönen, gewaltigen Berge bey Botzen? — So widersprechend es schien, so wehe es mir that, so kam ich doch nach Trento mit der Ueberzeugung zurück, es gebe Porphyr bey Trento, völlig dem uranfänglichen Porphyre ähnlich, der hier dem dichten, zur

Formation der Flötzgebirgsarten gehörendem Alpenkalkstein untergeordnet sey. —

Wenige Tage darauf ging ich nach Pergine, zwey Meilen von Trento. Eine halbe Meile hinter Cevizzano sahe ich die Mauern aus grossen Glimmerschieferstücken aufgeführt. Ich sprang auf sie zu, und sahe bald, wie der Glimmerschiefer den Kalkstein verdrängte, und in der Ebene bis nach Pergine fortsetzte. Denken sie sich meine Verwunderung, da ich mich so weit von der Centralkette entfernt glaubte. — Ich hatte von einem hiesigem Vitriolwerke gehört; — und mit Mühe konnte ich dem Aufseher der Grube verständlich machen, dass ich es zu sehen wünsche. — Er führte mich erst in einen Weinberg, am Fusse der hohen Bergreihe, die steil hinter dem Schlosse ostwärts von Pergine aufsteigt. Ich sahe vor mir einen prächtigen Gang von Bleiglanz, ganz derb, kleinkörnig, gegen zehn Zoll mächtig und nur mit wenigem Quarze gemengt. Das Streichen des Glimmerschiefers, in welchem er aufsetzte, war h. 8. sein Fallen 60 Grad gegen Nord-Ost. Der Gang hingegen streicht h. 3. und fiel unter 80 Grad gegen Südost. Man hatte ihn 10 oder 12 Lachter mit einem Stollen verfolgt, und immer noch, wie vom Tage herein, hielt er in gleicher Schönheit und Mächtigkeit aus. Ich verstand nur so viel von der Erläuterung meines Führers, dass der Eigenthümer des Stollens den Bleiglanz unmittelbar den Töpfern verkaufe. — Wir stiegen den hohen Berg auf einem, steil hinauflaufenden Wege herauf. Der Glimmerschiefer war ausgezeichnet schön, nur mit wenigem Quarze gemengt.

und behielt fortdauernd genau gleiches Streichen wie unten am Berge. Alle Augenblick kamen wir vor Gängen von reinem Quarze vorbey, alle mit h. 3. Streichen, oft mehrere Lachter mächtig, oft auch nur einige Zoll. Ihre stänglich abgesonderten Stücke verriethen die Krystallen, aus denen sie zusammengesetzt waren, und die Spitzen der Pyramiden standen in der Mitte gegen einander. — Aber eben so häufig sahe ich am Wege und auf dem Abhange kleine Felsen von Kalkspath; von einer Grofskörnigkeit, von der ich bisher noch keinen Begriff hatte; denn auf den, oft mehr als 10 bis 12 Cubicklafter mächtigen Stücken, sahe ich Rhomboiden beynahe 2 Fufs grofs, und doch war dies die Gränze des abgesonderten Stücks nicht. Sie können sich die Menge dieser wunderbaren Blöcke nicht vorstellen. Die ebenen Flächen glänzen fast spiegelflächlich aus einer ansehnlichen Ferne, und wenn Sie die äufsere, obere Rinde hinwegnehmen, so scheint die ganze Masse durchsichtig und rein — Hier wäre es möglich Felsen von Doppelspathe zu bilden, mit fufsgrofser Divergenz der Bilder. — Dieser Kalkspath scheint wie der Quarz auf Gängen im Glimmerschiefer zu liegen. — Weiter hinauf erscheinen einige Lager von Hornblende, und noch höher, über Levico, kleine Lager von grünem Serpentinstein. Ich war am Brenner herauf, so sehr an körnige Kalklager und Hornblende im Glimmerschiefer gewöhnt, dafs ohnerachtet dieser Hornblende, mir hier ihre Seltenheit auffiel, und körnigen Kalkstein suchte ich vergebens. — — Wir waren endlich auf eine gewaltige Höhe gekommen; Levico und

Borgo im Thale der Brenta schienen unten, nicht erkennbare Punkte, und wie ein glänzender Faden zog sich in schwindelnder Tiefe die Brenta durch das Thal fort. Aber gegenüber stieg entsetzlich steil die Kalkkette wieder auf, und gegen sie schien die Höhe nur klein, auf der wir jetzt standen. — Die Weingärten, die Feigen, die Kastanienbüsche hatten uns hier wieder verlassen, und der Tannenwald, in dem wir auf dieser Höhe fortgingen, verrieth uns das nordische Klima. — Deutsche hatten einige Dörfer in diesen Bergen erbaut, ringsum von Italiänern umgeben; aber ich verstand sie so wenig, als meinen mechanisch vor mir hergehenden Führer; denn sie gehen kaum aus ihren Dörfern hervor, und ihre Sprache bildet und formt sich, unabhängig von ihren Nachbaren. — Endlich standen wir, Levico unter den Füssen, zwischen dichten Büschen, vor der Grube von San Domenica, welche dem Berge und der für die Grube erbauten Kapelle den Namen giebt. — Der Stollen war auf einem Gange h. 3. viele Lachter weit in den Berg hineingetrieben; ein Gang, beynahe drey Lachter mächtig, der durchaus nur aus reinem, derben Schwefelkiese besteht, ohne andere Fossilien. Selbst Quarz sahe ich nirgends auf der Halde. Man hatte im Innern einen unregelmässigen und weitläuftigen Bau auf der ganzen Mächtigkeit des Ganges geführt; und zur Unterstützung der grossen Weitung einen Wald von Stempeln gebraucht. Jetzt war die Grube seit drey Jahren verlassen. Von dem Holze hingen grosse schneeweisse, keulenförmige Schwämme in dichter Reihe, mehr als zwey Fuss auf den Boden herab. Vom Gesteine senkten sich ähnliche, wunderbar prachtvolle Ramificationen bis fast gleiche Tiefe herunter. Jene weich und von Nässe durchdrungen gaben den äusseren Eindrücken leicht nach; diese hingegen, fast eben so weiss, fielen bey leiser Berührung in grossen Stücken ab. Es schien aus dem Schwefelkies sich bildender Vitriol. — Ich kann Ihnen, mein Freund, den Eindruck nicht schildern, den auf mich die sonderbare Lage hier machte, in der ich mich fand. Aus dem reichen, üppigen Lande bey Trento, aus der Mitte der lebhaften Menschen plötzlich hier in eine Wildniss, aus welcher die vorige Gegend nur im fernen Nebel erscheint. Um mich her treten aus dem Dunkel diese wunderbaren weissen Gestalten hervor, welche das schwache Licht des stummen, forschenden Führers nur sparsam erleuchtet. — Ich war über den ersten Anblick betroffen; die hinter einander sichtbaren und wieder verschwindenden Stempel, schienen wandernde Wesen; die weissen, herabhängenden Massen, unerhörte, furchtbare Dinge. — Ich trat leiser auf, sie nicht zu schrecken, und fand mich kaum eher beruhiget, als bis wir die Oefnung des Stollens wieder verliessen. — — Unten, einige hundert Fuss unter dem Stollen rieselt aus Glimmerschieferstücken eine starke, vitriolische Quelle hervor, die in ihrem Laufe am Berge herab, in grosser Menge Eisenocker absetzt. Auch sie kommt aus dem Kiesgange. — Wird durch Wasserzersetzung dem Schwefel Sauerstoff zugeführt, oder ist es eine Zersetzung der atmosphärischen Luft? — Nicht weit von den Kiesen stehen

-läuft zwischen Urgebirge und Kalkstein, dann zwischen Kalkstein und Uebergangsthonschiefer fort. Die Ens, ehe sie aus Steyermark tritt, scheidet die uranfänglichen Berge von Rottenmann von der grofsen Kalkkette am Traunstein. — Schon durch die äufsere Form des Gebirges scheint uns die Natur darauf zu leiten, dafs hier der Porphyr dem Flözkalk näher als dem Glimmerschiefer verwandt sey. — Ist denn auch wirklich diese Verwandschaft des Porphyrgebirges mit dem Flötzgebirge so unerhört, als sie zu seyn scheint? Tritt nicht Porphyr immer dazwischen, wenn man Uebergangsgebirgsarten erwartet? Ich darf Ihnen nicht die Brennerabfälle zurückrufen, an welchen südlich der Mangel des Thonschiefers so auffallend ist, wo das gewaltige Porphyrgebirge erscheint; wo aber am nordlichen, an Uebergangsgebirgsarten reichem Gehänge keine Spur von Porphyr sich findet. Gehen Sie aber die Gegenden durch, in welchen Porphyr mehr, als einzelne Hügel bildet, und dann werden Sie ihn fast immer die Stelle der mittleren Formation einnehmen sehen. So folgt das Steinkohlengebirge von Frejus unmittelbar dem Porphyrgebirge von Estrelles; so ist es in Schweidnitz, in Thüringen, bey Halle. —

Aber eben hierinnen liegt etwas Unbegreifliches — Wunderbares! — Wenn man die fast schon durchaus mechanischen Bildungen der Uebergangsgebirgsarten erwartet, statt ihrer aber die krystallerfüllte Masse des Porphyrs antrift, — was konnte den Gang der Formationen so ändern, dafs sie die progressive Reihe vom Granit in die Flözgebirgsarten plötzlich verlieſen, und den räthſelhaften Porphyr in der Mitte abſetzten, der ſich ihnen, weder auf der Seite der ſpäteren noch der früheren Gebirgsarteu anſchlieſst? —

Sie werden noch mit Recht fragen, woher denn die kleine Kette primitiver Gebirgsarten, an welchen ein neues Kalkgebirge entſteht? Iſt ſie mit der groſsen Hauptkette verbunden, die zwiſchen Kärnthen und Salzburg fortläuft? oder ſteht ſie inſelſörmig aus dem Kalkſtein hervor? eine Maſſe, über welche ſich noch die Kalkberge ſo mächtig erheben? — Sonderbarer kann kaum das Urgebirge erſcheinen. Hier, wo alle Verbindung mit jener Kette des Brenner und Greiner unmöglich ſcheint; denn welche Maſſe iſt nicht zwiſchen beyde Punkte gelagert? — Gewiſs iſts, daſs dieſe Reihe Glimmerſchieferberge ſich erſt aus dem alten Seeboden erheben, in welchem Pergine liegt, und zwey kleine, jetzt noch beſtehende Seen. Dann ziehen ſie ſich gegen Nordoſten fort, und wahrſcheinlich begrenzen ſie das groſse Fleimoſerthal und das hochliegende Thal von Faſchau. Aber es iſt nicht immer Glimmerſchiefer allein, der dieſe Höhen zuſammenſetzt; — zwiſchen Levico und Borgo fand ich eine groſse Menge Granitblöcke in der Brenta, welche die Bäche von nordliegenden Bergen herabgeführt hatten. —

Ich war kaum von San Domenica und den Bergen über Faleſina zurückgekehrt, als man mir eine Menge Erzarten brachte, und mich bat die Lagerſtäte ſelbſt zu beſehen, um ſie Bauluſtigen zu empſehlen. Man gab mir Gegenden für ihre Geburtsorte an, die enſeit des Thals von Faleſina lagen; die Erze konnten daher nach meiner Vorstellung nicht mehr im Glimmerschiefer vorkommen. — Und wirklich fand ich sie nicht darinnen. — Es waren Gänge im Porphyre; — an der Riva di Sersa, am Monte Casteriere, sahe ich einen schmalen Gang aufgeschlossen, der Kupferkiess, Schwefelkiess, Malachit, etwas Bleiglanz mit vielen Quarzkrystallen enthielt. — Ein ähnlicher Gang war am See von Colzolino bey Madran untersucht; beyde strichen h. 5, und fielen stark nach Nordost. Der Porphyr in ihrer Nähe schien von thoniger Hauptmasse, und vorzüglich am letzteren Orte enthielt er viele gestreifte Schwefelkiesswürfel und deutliche Quarz- und Glimmerkrystalle in seinem Gemenge. Solche Gänge soll die Gegend in grosser Anzahl enthalten. —

Welcher Reichthum mineralischer Produkte in allen drey Hauptgebirgsarten dieser merkwürdigen Gegend! — Schätze, die einst noch die durchsuchende Hand der Nachwelt erwarten. — Es sind nicht allein die wunderbaren Verhältnisse der grossen Massen — der Formationen — gegen einander, die hier unser Erstaunen erwecken; — jede für sich ist so mannigfaltig in den Erscheinungen, welche sie darbietet, dass sie allein schon der Gegend von Pergine und Trento, einen der vorzüglichsten Plätze in der Gebirgslehre, zu erringen vermöchten.

Venedig, den 23. May 1798.

Die schnellsten Contraste wechseln in diesem außerordentlichen Lande. — Es ist unmöglich, sich durch die fürchterlichen Engen von Primolano zu winden, ohne das höchste Entzücken im Paradiese der venetianischen Fläche zu fühlen. — Die Brenta läuft anfangs in einem Längenthale fort, zwischen der ungeheuren, schroffen Kalkkette, welche dem Glimmerschiefer von Pergine vorliegt, und dem Urgebirge über Levico und Borgo. Grosse Bäche stürzen von Norden herab, und häufen das weite Thal mit den, von oben abgerissenen Felsen. — Ihr Bett liegt jetzt oft, in der Mitte der Trümmer die sie hier auf einander thürmten, mehr als 30 Fuss über die Fläche der Wiesen im Thale erhöht, und sonderbar ist es, den rauschenden Strom dann erst zu finden, wenn man die Anhöhe ersteigt, die wie ein Damm in der Ebene erscheint. — Aber plötzlich hinter Borgo schliesst sich das grosse Thal fast gänzlich; die hohen, senkrechten Kalkwände kommen näher heran; — auch jenseits sehen Sie itzt Kalkstein, und der Fluss stürzt wild durch mächtige Trümmer fort. — Alle Spur lebender Wesen verschwindet; kein Baum, keine Pflanze wächst an den steilen Abhängen der Felsen, — sie scheinen zu beyden Seiten den augenblicklichen Einsturz zu drohen, und mit Schrecken sehen Sie die Brenta sich über herabgestürzte Felsmassen hinwälzen, Bergen an Grösse gleich. — Oft versperren mächtige Blöcke von oben herab die ein-

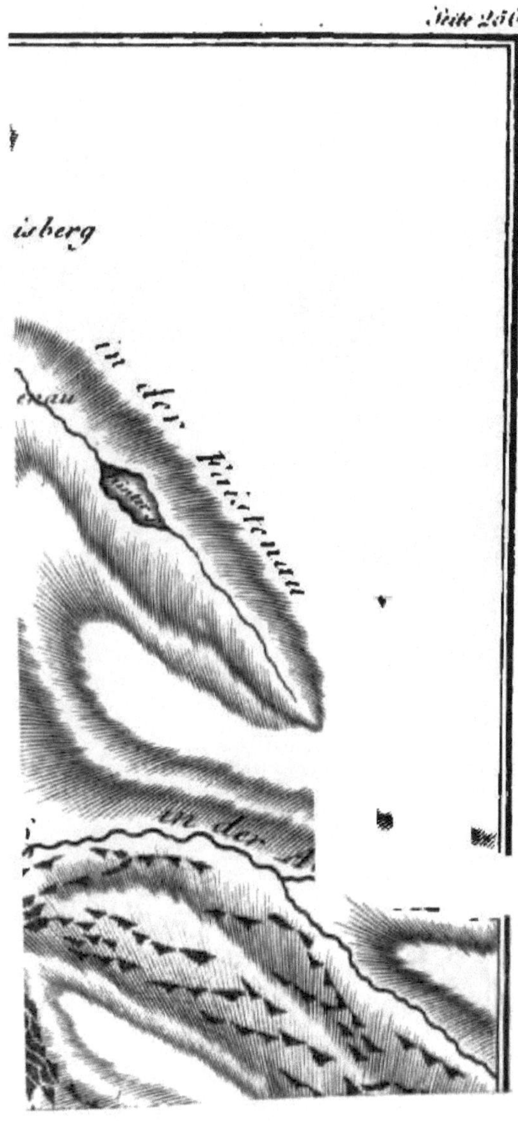
Seite 250
isberg
in der
in der

Puy de Pariou, Puy de Dome und Puy de Cacome vom Puy de la Chopine aus gesehen

Geognoſtiſche

Beobachtungen

auf

Reiſen

durch

Deutſchland und Italien

angeſtellt

von

Leopold von Buch.

Zweiter Band.

Mit

einem Anhange

von

ineralogiſchen Briefen

aus Auvergne

an

den Geh. Ober-Bergrath Karſten

von

demſelben Verfaſſer.

Mit fünf Kupfertafeln.

Berlin, 1809.
bei Haude und Spener.

Vorerinnerung der Verleger.

)er gegenwärtige zweite Band von des
:rrn v. Buch „geognostischen Beobachtun-
n etc." war bereits im Jahre 1806 abgedruckt;
konnte aber damahls noch nicht ausgegeben
:rden, weil die Zeichnung von einer der dazu
hörenden fünf Kupfertafeln vermisst ward und
des Verfassers Abwesenheit, — der um gedachte
it eine wissenschaftliche Reise nach der nörd-
lisften Landspitze von Europa, (dem Nord-Cap)
ternommen hatte, — nicht zu ersetzen war.
ie für verlohren gehaltene Zeichnung hat sich
less, unmittelbar vor der ohnlängst erfolgten
ckkunft des Autors aus dem fernen Norden,
eder vorgefunden, so dass die ohne seine
huld bisher verzögerte Erscheinung dieses,
n den Naturforschern schon früher erwarte-
, zweiten Bandes nunmehro zur diesjährigen
ipziger Oster-Messe Statt findet.

Berlin, den 21. April 1809.

Haude und Spener.

An den Buchbinder.

n den zu diesem Bande gehörenden fünf Kupfertafeln
d die *braungedruckte*, als Titelkupfer dem Titel ge-
über, jedoch so dass sie keinen Bruch bekommt, ein-
lebt, die vier übrigen werden, jede, an Papier gehangen
zu Ende des Textes, nach ihren Nummern 2. 3. 4. 5,
ingefügt, dass sie ganz zum Buche herausschlagen,
der Leser sie gerade vor sich habe ohne das Buch
hen zu dürfen.

Druck-

Druckfehler.

Seite 5. Z. 20. statt: bey Caffarella, lies: der Caffarella.
— 6. — 1. ft. das neue Verhältniſs, l. das ſtete Verhältniſs.
— 6. — 9. ft. Keine Leucitenſchicht, l. Reine Leucitenſchicht.
— 6. — 26. ft. auf der Tiber, l. an der Tiber.
— 17. — 6. ft. Villa Madonna, l. Villa Madama.
— 25. — 25. ft. des Bades, l. der Bäder.
— 32. — 1. ft. nehmen, l. erſteigen.
— 32. — 11. ft. neben dem Sandſtein, l. über dem Sandſtein.
— 46. — 27. ft. annimmt, l. darſtellt.
— 58. — 2. von unten, ft. gerade zu der, l. gerade der zu.
— 62. — 6. v. unten, ft. in dem, l. von dem.
— 70. — 4. v. oben, ft. Montelavo, l. Monte Cavo.
— 80. — 15. ft. Capuziner-Kloſter, l. Palazzuolo.
— 129. — 2. v. oben, ft. Quercecolo, l. Querciuolo.
— 165. — 20. ft. höhere Spur, l. ſichere Spur.
— 169. — 3. ft. di Vinlo, l. del Viulo.
— 183. — 6. ft. vielſeitigen, l. vierſeitigen.
— 184. — 2. v. unten, ft. werden die, l. werden dieſe.

Inhalt.

Inhalt

des

zweiten Bandes.

I.

R o m.

I n h a l t.

g) Das neue Verhältniſs der Tuffformation gegen das ihr vorliegende Gebirge. Sie iſt rein und ohne Kalkſchichten gegen Frascati; fehlt aber gegen Tivoli, und wechſelt mit Travertino am Monte Mario.

h) Das Geſchiebe-Conglomerat gegen Frascati, in welchem Melanit, Leucit und Augit progreſſiv mit der Annäherung gegen das Gebirge zunehmen.

i) Die Progreſſion in der Auflöſung der Leucite, vollkommen dem Alter der Tuffgeſteine gemäſs. Keine Leucitenſchicht am Ponte Lamentano.

k) Die Lagerung des Tuffs auf Kalkſteingeſchieben am Sepolcro Naſonio, wo die Geſchiebe auch noch in der Tuffſchicht ſelbſt liegen; — aber progreſſiv mit ihrer Höhe in Gröſse und Menge abnehmen, und ſie zuletzt rein darſtellen.

l) Die groſse Ausgedehntheit dieſer Formation, die ununterbrochen und gleichförmig 200 Italieniſche Quadratmeilen bedeckt.

m) Die Lagerung aller ihrer Gebirgsarten genau nach mittlerer ſpecifiſchen Schwere.

Die Formen der Römiſchen Hügel unterſtützen Breislack's Idee nicht, von einem groſsen Krater in der Mitte der Stadt. — Eben ſo wenig ſind zwiſchen Porta del popolo und Ponte Molle vergrabene Wälder zwiſchen Produkten vulkaniſcher Ausbrüche gelagert. — Pouzzolangeſtein auf der Tiber. — Wunderbare Phänomene, die es darbietet. — Die ſchwarzen Bimsſteine darin ſind vulkaniſch. — Unzulänglichkeit der Erklärung dieſer Phänomene durch einen vulkaniſchen Ausbruch an dieſem Orte ſelbſt.

Baſalt vom Capo di Bove. — Enthält La Metherie's Mellilit eingemengt — und Leucit — und Kalkſpath, auch Peperino. — Schwierigkeiten gegen die Idee ſeiner Entſtehung als Lavaſtrom.

Ueberſicht der Gebirgsarten der Römiſchen Ebene, nach ihrer Altersfolge.

Zu dem Grundrifs von Rom.

Breislack hat mit vielem Scharfsinn seine Mey-
ıng über zwey erloschene Krater in der Mitte von
om auf das neue auseinander gesetzt, und sie durch
nen, von Piranesi entworfenen, Grundrifs der
:adt zu erläutern gesucht: *Voyages en Campanie,*
'om. II. Warum Piranesi hierbey zum Führer wäh-
:n, da der grofse und schöne Plan von Nollis von
lgemein anerkanntem Verdienst ist? Und wahrschein-
ch ist die Lage der Hügel im Innern der Stadt deutli-
ıer auf diesem Auszuge aus Nollis, als auf dem,
icht gut gezeichneten, Plane von Breislack. Die
rofse Hölung im Aventin, die dieser angiebt,
'ürde man vergebens suchen. Es ist ein Steinbruch
ey St. Prisca, der gegen die Masse des Hügels auf
nem Plane nicht auffallen kann. Auch nach der
ertiefung im capitolinischen Hügel sucht man
ısonst. — Das Gestein des Capitols, sagt Breislack,
eicht dem des Aventin. Es ist eine Lava, und der
ampo Vaccino ist der dazu gehörige Krater. Ge-
fs haben diese Gesteine die Form der Laven nicht;
ist an ihnen durchaus keine Spur eines Herabkom-
ens von höheren Orten, mit geringer Breite im
rhältnifs der Länge, wie an den Strömen des Ve-
vs, der Solfatara, und wie es sich auch vielleicht
ischen Frascati und Marino auffinden liefse.
e Krater sind ja auch sonst nicht von ihren Laven

umgeben, sondern ihre Seiten sind von unzusammenhängenden Auswürflingen gebildet. — Am Tiberabhange des Aventins, bey der Höle des Caccus, wechselt Travertino (Sinter) mit diesem Gestein, seinem Fliessen geradezu entgegen. Die Spuren seiner Krystallirung sind nicht allen so deutlich, als Breislack sie glaubt. Und das Grossmuschlige, was doch in der That bey diesem Tuff sehr unvollkommen ist, widerspricht der Entstehung durch Anschwemmung nicht. Wie viele Lettenlager sind nicht vom schönsten und vollkommensten muschligen Bruche! Die Krystalle und eingemengten Fossilien in diesen Gesteinen haben alles Frische verloren. Die Leucite sind trübe, mehlig und matt.

„Alle Römische Hügel haben zwey Abfälle „(p. 241); einen innern gegen die Krater, und einen „äussern," den freylich der Plan deutlich und schwarz genug angiebt. Dem darf man geradezu widersprechen. Alle Hügel, der capitolinische, der Aventin und Palatin ausgenommen, verbinden sich in der Höhe und fallen nicht wieder ab, genau wie es dem Aufsteigen der Höhe aus einem Hauptthale (dem des Tibers) zukommt. S. Maria Maggiore auf dem Esquilin ist 175 Fuss über der Tiber; die Basilica S. Lorenzo vor dem gleichnamigen Thore liegt noch höher. Das sollte man aus dem Breislackschen Plane nicht vermuthen. — Wie ist es, nach diesen Verhältnissen, doch möglich zu behaupten, dass der Palatin, Coelius, Esquilin, Viminal, Quirinal, Capitol ehemals einen zusammenhängenden Hügel gebildet haben, mit fast cirkelförmiger Basis, in dessen Gipfel sich eine, in zwey Theilen getrennte Ebene einsenkte! ! (*p.* 243.) — Der gegenwärtige Grundriss mag es entscheiden. Ob nach ihm wohl äussere Abfälle auf der, von der Tiber abgekehrten, Seite nur glaublich sind! —

Breislack will die Unmöglichkeit der Strömungen von Frascati her beweisen, und daher das Herabkommen der Tuffmassen von dort (*p.* 256). Wenn hier von Strömen die Rede wäre, die sich von höheren Orten gegen tiefere bewegen! Das ist aber nicht. Wenn zwischen dem Apennin, dem Frascatigebirge und dem Janiculum das Meer, als fast ganz eingeschlossener Landsee, stand, so waren Ströme darin, nach den Unebenheiten des Bodens, nicht möglich. Und die Richtung der Wellenbewegungen, welche die Gesteine zusammen häufen, wird von mannigfaltigen, und nicht zu berechnenden äusseren Kräften bestimmt; sie ist daher der sehr häufig wiederholten Aenderung fähig. —

Breislack redet sehr oft von dem Tuff, der bey Rom den Travertino bedeckt; nie aber vom Tuff, der vom Travertino bedeckt wird, und mit Geschieben von Apenninengesteinen abwechselt, wodurch beyde, Travertino und Tuff, so unleugbar zu einerley Formationszeit hingeführt werden. Er will die Apenninengeschiebe bey der Acqua acetosa einer andern Formation zuschreiben, als den Travertin. Sie hängen zu genau zusammen, um das glaublich zu finden; und mit dem Tuff der weiterhin unter der ganzen Travertinmasse, die Breislack hier nicht gekannt hat. — Das ganze Tiberufer, bis nahe zu die Toskanischen Gränzen hin, würde mit Kratern besetzt seyn, wenn jedes von Tuff umgebene Thal für den Rest eines Kraters angesehen werden müsste.

Es scheinen sich aus der allgemeinen Ansicht noch wichtigere Gründe zu ergeben, welche diese Römischen Krater bestreiten. Treten sie nicht deutlich hervor, so ist der Zweck des nachstehenden Aufsatzes verfehlt.

Geognoſtiſche Ueberſicht

der

Gegend von Rom.

Es ereignet ſich oft, daſs man Phänomene in der atur gänzlich erklärt zu haben glaubt, wenn man harfſinnig oder glücklich genug geweſen iſt, in ihnen ehnlichkeiten mit andern, ſchon bekannten Erſchei-ungen zu finden. Spätere Erfahrungen lehren je-och häufig, wie wenig die Urſache der letzteren auf ne ſich übertragen läſst, und oft iſt man zu geſtehen enöthigt, daſs beyde nur wenig mit einander ge-ein hatten.

Ein ſolcher Gang des menſchlichen Geiſtes ſcheint ch in der vulkaniſchen Mineralogie Statt ge-nden zu haben. Man wandte die Erſcheinungen der ulkane auf die ſonderbaren Produkte an, die man nen, in der Nähe der Vulkane völlig gleich über die nze Welt verbreitet fand, und überſah bey der eude der ſcheinbaren Erklärung eines der räthſel-afteſten Phänomene, die unzähligen Schwierigkei-n, welche jetzt die Wahl zwiſchen den Erklärungen ſt unmöglich machen.

Auch die Gegend von Rom, welche für den Naturforſcher nicht weniger wichtig iſt, als für den Hiſtoriker, der die groſsen Begebenheiten aufſucht, welche den Menſchen über den Menſchen erheben, hat ſich dieſem zu raſchen Fluge der Einbildungskraft über den langſamen Gang der Erfahrung unterwerfen müſſen. Man hat die vulkaniſchen Erſcheinungen, die Vulkane ſelbſt bis in Roms Mitte verfolgt, und man wundert ſich mit Recht, die Wirkungen dieſer fürchterlichen Feuerſchlünde an einigen Orten ſo ungeheuer groſs, an andern wenig von dieſen entfernten, unverhältniſsmäſsig geringe zu finden; — man wundert ſich, ſie hier zu mehr als 2000 Fuſs Höhe aufſteigen, — dort in dünnen, ſöhligen Schichten, mit Produkten ehemaliger Waſſerbedeckungen abwechſeln zu ſehen, die durch ihre kalkartige Natur und die Menge der vegetabiliſchen Produkte, welche ſie einſchlieſsen, keinen Zweifel über ihre Entſtehung zulaſſen. Weit entfernt zu glauben, den Schleier heben zu können, welcher vielleicht lange noch dieſe ewig denkwürdigen Gegenden bedecken wird, habe ich nur die Abſicht, hier einige der Beobachtungen zu entwickeln, welche ich vor den Thoren der Stadt im Sommer 1798 zu machen Gelegenheit fand. Vielleicht können ſie dienen, einſt das Ganze in ein helleres Licht zu ſetzen.

Kalkſtein.

Die groſse, in mehreren unterbrochenen Zweigen Italien zertheilende Apenninenkette, läuft oſtwärts von Rom, in ungefähr 18 Miglien Entfernung, von

kel, und läfst zwifchen fich und dem Meere eine Ebene, welche niedrige Hügel nur wenige hundert Fufs über den Spiegel der See zu erheben vermögen. Palombaro, Tivoli, Paleftrina find ihre Gränzen. Sie ift in diefem mittleren Theile der fchönen Halbinfel, in faft ermüdender Einförmigkeit, nur klein aus Kalkftein zusammen gefetzt, aus demjenigen Kalkfteine, welcher der erfte war, der fich, nach Zerftörung der organifchen Schöpfung, auf dem Erdkörper bildete; der ältefte der fecundären Formation, welcher wegen feiner ungeheuren Höhe und Ausdehnung den Nahmen des Alpenkalkfteins verdient. Auch hier erhielt er fich in einer Gröfse, zu der andere Gebirgsarten vergebens hinanftreben. Die erften Berge bey Tivoli find 2000 Fufs hoch, und niedrigere Hügel diefes Kalkfteins findet man kaum in der Ebene. Im Innern ift er blafs afch- oder bläulichgrau, oder oft graulichweifs, fehr feinfplitterig und weich, völlig dem Kalkfteine in anderen Gegenden diefer Gebirge gleich; und wie diefen fieht man ihn kaum ohne die wunderbare Schichtung, welche diefer Formation fo eigen ift, und immer noch ein unerklärliches Räthfel bleibt.

Sandftein.

Keine der, Rom umgebenden, Formationen nähert fich fo fehr im Alter diefer Hauptgebirgsart Italiens, als die, welche auf der Weftfeite vor den Thoren, und felbft in die Stadt noch hinein, die lange Hügelreihe des Janiculums bildet, die, vom Ponte

Molle an, in mehreren Krümmungen von Norden gegen Süden fortläuft, und sich, ungefähr dem Convento der Tre Fontane gegenüber, in die Ebene verliert. Ihre Entstehung verdankt diese Gebirgsart der Zerstörung des Kalksteins. Es ist ein *Sandstein*, der gröfstentheils aus Stücken zusammen gesetzt ist, die man im Kalksteingebirge anstehend findet. Wenn man zur Porta Fabrica heraus, den vaticanischen Berg hinaufsteigt, so sieht man diesen Sandstein in feinkörnigen Schichten hervorkommen, und weiter hinauf trifft man ihn als grobkörniges Conglomerat, in der Gegend der Osteria Cruciano. Weisse und rothe Quarzstücke, graulichweisse Kalksteingeschiebe, oft ansehnliche Stücke von blutrothem, muschligem Jaspis, oft Geschiebe von Feuerstein, Kieselschiefer und schwärzlichbraunem Uebergangskalkstein, sind durch eine Kalkmasse verbunden, die häufig schon ein blättriges Gefüge annimmt, und durchaus mit kleinen silberweissen und schwärzlichen Glimmerblättchen gemengt ist. Der feinkörnige Sandstein, in welchem das Bindemittel durchaus die Oberhand hat, wird durch diese Glimmerblättchen sehr glänzend, und erhält ein thonartiges Ansehen, obgleich die ganze Masse heftig mit Säuren aufbraust. — Diese grob- und feinkörnigen Schichten wechseln mehrere Male über einander; und wenn auch am vaticanischen Berge Weingärten diese innere Structur der Hügel verdecken, so tritt sie doch um so deutlicher in den grossen Thongruben, unweit der Stadtmauer, zwischen Porta Cavalleggieri und Porta S. Pancrazio, hervor,

'elche uns die ganze Mineralogie des Janiculum er-
ffnen. Sie liegen in der Vertiefung, welche den, im
ngern Sinne sogenannten Janiculum (von Porta
. Spirito bis Porta portese) vom Vatican schei-
et. — Unter der, wenig mächtigen, Dammerde fol-
en Schichten von feinkörnigem weissen und strohgel-
en Sandstein auf einander, bis ungefähr zur Hälfte
es 80 Fuss hohen Absturzes. Ihr Bindemittel ist hier
icht immer kalkartig; oft vereinigt eine Kieselma-
erie die feinen Körner, und giebt dem Ganzen einen
robsplitterigen Bruch und eine Festigkeit, welche
euerer Zerstörung trotzt. Aber diese festen Massen
etzen wenig weit fort, und lösen sich, bey der Bear-
eitung dieser Gruben, leicht von dem weichen, kalk-
rtigen Sandsteine los, manchmal in sonderbaren unförmlichen Massen. Diese feinen Sandsteinschichten
schliessen viel dünnere von Puddingstein ein, oder
von einem grobkörnigen Conglomerate von vorzüglicher Schönheit. Die Form, die Abwechselung der
lebhaften Farben, der Glanz dieser zur Hälfte kiesel-
artigen Stücken giebt ihnen ein überaus gefälliges Ansehen, das durch künstliche Bearbeitung um vieles
noch erhöhet werden könnte. Diesen Sandsteinschichten folgen bis zu der, bis jetzt entblössten Sohle,
drei und zwanzig andere, welche aus gemeinem
Thone, grösstentheils von blass bläulichgrauer Farbe
und feinerdigem und zugleich grossmuschligem Bru-
he, bestehen. Die Abwechselung dieser, söhlig lie-
enden Schichten, zeichnet sich durch dickere Thon-
chichten von ungleich dunkler Farbe aus, die zur

Ziegelbereitung völlig untauglich ſind, vielleicht des zu groſsen Eiſengehalts wegen. Sie haben nur das Drittheil der Mächtigkeit der erſteren: vier, fünf oder höchstens ſechs Zoll. Die Arbeiter verſichern, in dieſen Thonſchichten oft Hölzer, Muſcheln und andere fremdartige Körper zu finden; aber fremde Foſſilien, von denen ſie doch in ſo groſser Menge bedeckt werden, finden sich gar nicht darin. — Es iſt intereſſant, hier einige Quellen über dem Thone herauskommen zu ſehen; ſie dringen durch den Sandſtein bis auf die Thonſchichten hinab, und laufen dann auf dieſem undurchdringlichen Boden fort, bis zum Auswege am Abhange des Berges. Wahrſcheinlich ſind die Thonſchichten daher Urſache des Hervorkommens aller Quellen an der rechten Seite der Tiber; denn jene Schichten ſcheinen nicht bloſs auf dieſen Punkt eingeſchränkt, ſondern unter der ganzen Reihe des Janiculums ausgebreitet zu ſeyn. Nirgends an andern Orten ſind aber die Geſteinsentblöſsungen beträchtlich genug, um ſie hervorkommen zu ſehen. —

Denn ſogar dort, wo der Monte Mario ſchneller anfängt ſich zu erheben, kommt ſchon der feinkörnige Sandſtein hervor, und mit ihm die Menge der Verſteinerungen, die vorzüglich in dieſem Theile der Hügelkette verſammlet zu ſeyn ſcheint. Es ſind Bucarditen, Jacobsmäntel, Pectiniten, einige Chamiten, wenige Mituliten; ihre Form nehmen Sandkörner ein, die eine kalkartige Masse verbindet. Höher hinauf erſcheinen eine groſse Menge Oſtraciten von anſehnlicher Gröſse, mit wenig veränderter Schale; ſie liegen

liegen alle über einander, und kaum sieht man noch einige jener anderen Versteinerungen in ihrer Nähe oder zwischen ihnen selbst. Diese merkwürdige Abänderung der Versteinerungsarten ist vorzüglich deutlich, wenn man den Hügel auf dem Wege durch Villa Madonna ersteigt. Die ersten Austern liegen schon unter dem Fusse des Casino selbst, die man geneigt seyn möchte, bey dem ersten Anblick für fremdartig zu halten; denn sie liegen locker umher. Allein unter dem Garten sieht man die ganze Schicht unter der Dammerde entblösst. —

Alle diese Erscheinungen beweisen das hohe Alter dieser Berge, die eher entstanden, als sich der Monte Cavo erhob, eher als die Berge von Marino, Frascati, Albano sich bildeten, eher als die Ebene von Rom mit Tuff und Travertino bedeckt ward. — Auch ist es deutlich, wie der Tiber dem Widerstande dieser Hügel weichen musste; Beweis, dass der Fluss seinen Lauf erst viel später durch diese Gegenden nahm. — Nach seiner Vereinigung mit dem Teverone scheint er, nach Westen hin, den nächsten Weg gegen das Meer nehmen zu wollen. Der Monte Mario steht ihm in diesem Laufe entgegen; er wendet sich gegen Süden, folgt selbst in der Stadt den Krümmungen des Vaticans und Janiculums, und findet den Weg westwärts zum Meere nicht wieder, als nur erst dem Tre-Fontane gegenüber, jenseits S. Paulo, nachdem der Monte Verde sich gänzlich in die Ebene verloren hat. Der Berg war daher vor dem Flusse da; die Hügel hingegen, an der linken Seite der Tiber, verdanken den Auswaschungen dieses Stromes selbst ihre Entstehung. Auch übertrifft die Reihe des Janiculums diese Hügel bei weitem an Höhe. Durch Barometerbeobachtungen fand ich am ersten Januar 1799 die Kirche der Madonna del Monte Mario über den Petersplatz 375 Fuss, und die Villa Mellini, den höchsten Punkt des Monte Mario, 410 Fuss. Den eigentlichen Janiculum jenseits S. Pancrazio fand Schukburgh 274 Fuss über dem Tiber; eine Höhe, welche die berühmten sieben Hügel nicht zur Hälfte erreichen.

Unter den Geschieben, welche diese Sandsteinhöhen bilden, sucht man vergebens Produkte, die vom Monte Cavo, vom Marino oder Frascati herabkamen; vergebens Stücke von Travertino, von Tuff, Peperino, Leucit, Basalt und andern Fossilien, die man doch in geringer Entfernung und auf diesen Hügeln selbst sehr häufig antrifft. Dagegen sehen wir andere Fossilien aus dem Innern der Apenninen, Jaspis und Feuerstein, die häufig kleine Schichten im Alpenkalksteine bilden, viele Stücke vom Kalksteine selbst, und andere Geschiebe, welche von ungleich entfernteren Orten hergeführt werden mussten, als es bey den Gesteinen des Gebirges zwischen Velletri und Frascati bedurft hatte. Ist es daher nicht einleuchtend, dass diese hohe Bergreihe, welche den Monte Cavo umgiebt, jetzt die vornehmste Zierde der Römischen Ebene, noch gar nicht da war, als der Janiculus zusammen geführt ward, und nur erst viel später sich bildete? — Der Sandstein schliesst Seegeschöpfe ein; in andern Gesteinen der Römischen Ebene sehen wir

ist nur Produkte des süssen Wassers und der Mo-
ifte. — Jene Gebirgsart entstand zu einer Zeit, in
welcher das Meer noch einen höheren und eben deswegen auch freieren Stand hatte, und musste daher
m relativen Alter weit denjenigen vorangehen, die
ich in einem Gewässer bildeten, das Meergeschöpfe
nicht mehr zu ernähren vermochte. Wenn wir dann
noch überlegen, dass wir stets die Kalksteinformation,
welche der von Tivoli analog ist, mit einem Gesteine
bedeckt sehen, oder es doch in seiner Nachbarschaft
finden, das in der bildenden Fluth eine beträchtliche
Unruhe verräth; das immer nur aus zerstörten Massen
älterer Gebirge zusammen gesetzt ist; das zuweilen
selbst kleine Gebirge bildet — kurz, wenn wir an andern Orten immer auf die Formation dieses Kalksteins
eine Sandsteinformation folgen sehen, so ist es kaum
möglich, in der Reihe, die der Monte Mario, Vatican, Gianiculo und Monte Verde bilden, nicht
diesen Sandstein zu finden.

Es ist möglich und wahrscheinlich, dass diese
Reihe lange Zeit im Gewässer eine freyliegende Insel
war; sie ist nicht zu niedrig, um noch ein hinlänglich
tiefes Meer bilden zu können, vorzüglich in dieser
Nähe des Landes. Sey diese Tiefe auch nur 200 Fuss
gewesen; eine Höhe, bey welcher der Gianiculo immer
noch frey lag: so würde sie dann doch schon die Tiefe
des baltischen Meeres erreicht haben. Die Austern über Villa Madonna bildeten eine Austern-
bank in diesem Gewässer, wie jetzt noch an den Felsen
im grossen Meere, und daher ihre Absonderung von

den übrigen Versteinerungen des Berges und ihre höhere Lage. Denn vielleicht waren sie noch in Leben und Thätigkeit, als das Gestein längst schon die andern umschlossen hatte. — Sehr selten, vielleicht niemals, findet man Austerversteinerungen von hohem Alter, oder in sehr alten Gebirgsarten; im Gegentheil trifft man Ammoniten und Nautiliten fast kaum in neueren Gesteinen. Bei fleissigem Nachsuchen habe ich nur einmal unter den Versteinerungen des Monte Mario, auf dem Wege über dem Berge nach der Storta, ein Stück, das einem Ammoniten glich, doch aber vielleicht einem ganz andern Geschöpfe zugehört haben mochte, gefunden. Diese Versteinerungen sind in den Thälern der Apenninen selbst nicht selten, wohl aber diejenigen, die man in Roms Nachbarschaft findet.

Der Damm, den auf diese Art der Janiculus vor der Apenninenreihe bildete, musste nothwendig das Gewässer zwischen Rom und Tivoli vor den unruhigen Bewegungen des grossen Meeres schützen, und auf diese Art es gleichsam zu einem Landsee umschaffen, der nicht mehr zur Ernährung von Seegeschöpfen tauglich war. Jeder Schritt in der Römischen Ebene offenbart die Spuren, welche dieser grosse Landsee zurückliess, und in ihm suche ich vorzüglich die Bildung des Travertino und des, unter so mannigfaltigen Formen erscheinenden, Tuffs.

Die Formation dieser zwey merkwürdigen, in äusserem Ansehen, in Mischung und Art der Bildung so sehr verschiedenen Gebirgsarten, ist nichts desto weniger doch gleichzeitig gewesen; ja häufig so durch einander geworfen, dass man seinen Augen kaum trauet. Der Travertino, eine Gebirgsart, die oft mit den ältesten der Gegend rivalisiren zu wollen scheint; der Tuff hingegen, ein Gestein, das man von gestern glaubt, — und doch sind die Stellen nicht selten, wo man hohe Travertinfelsen über Tuffschichten aufsteigen sieht. Kaum im Begriff, nach solchen Erfahrungen den Tuff zum älteren Gestein zu erheben, entdeckt man nicht weniger häufige Orte, in welchen dieser auf Travertinschichten ruht; und endlich sieht man sich in die Unmöglichkeit versetzt, in Rücksicht des Alters, dem einen Gesteine einen Vorzug vor dem andern einräumen zu können. Beyde sind um so merkwürdiger, und verdienen um so mehr eine genaue Betrachtung, da sie Italien ausschliesslich eigen sind, und in diesem ausserordentlichen Lande vielleicht auch nur allein seinem südwestlichen Theile. — Des alten Roms Tempel, des neueren Roms Palläste und Kirchen hätten von ihrer Majestät und Pracht unendlich verloren, hätte sich nicht dem grossen Geiste, der sie aufführte, ein Baugestein dargeboten, wie der Travertino ist; — sie hätten von ihrer nur nordischer Zerstörungswuth weichenden Festigkeit sehr viel verloren, hätte ihnen der Tuff nicht Gelegenheit gegeben, die Pouzzolana zu finden.

Travertino.

Der Travertino verdankt seine Entstehung den Kalkfelsen des Apennins, — Es ist eine Gebirgsart, welche aus den Theilen entstand, die das Gewässer vom Kalksteine abschwemmte. Daher darf man sie nicht auf den Bergen suchen, sondern nur in den Vertiefungen, und vorzüglich in der Ebene am Fuss der Gebirge; und in dieser dort am mächtigsten, wo sie das Gebirge berührt. Schwerlich wird man höhere Travertinfelsen in Roms Nachbarschaft finden, als die, von welchen sich die nie genug bewunderten Cascaden von Tivoli herabstürzen. Sie ruhen hier unmittelbar auf dem Kalkstein, ihrem Muttergestein, der sich hoch unter ihnen hervor hebt. Nach den Beobachtungen des geistvollen Abbé Scarpellini liegt der bekannte Sibillentempel auf diesem Felsen, 536,7 Fuss hoch über der Specola Caetani in Rom, oder etwa 646 Fuss über dem Meere. Je weiter sich der Travertino vom Gebirge entfernt, um so weniger ist er erhoben, und hinter dem Gianiculo findet er sich nicht mehr. Die Lagerungsverhältnisse haben Einfluss auf das äussere Ansehen des Gesteins, und so sehr, dass man kaum die Massen, welche den Lago di Tarta umgeben, mit denjenigen, welche das Wunder der Welt, die Peterskirche, hervorbrachten, für einerley halten möchte. — Auch würde der Artist sich sehr sträuben, den Nahmen Travertino einem andern, als dem letztern Gesteine, zu geben; aber der Naturforscher, welcher bey Aufsuchung und Bestimmung der Gebirgsarten nur geologische Rücksichten zu nehmen hat, sieht sich genöthigt, in dieser Benennung die ganze neue Formation der kohlensauren Kalkerde in der Römischen Ebene zu begreifen. —

Die Felsen von Tivoli scheinen von unten hinauf eine Sammlung von einer Menge ohne Ordnung übereinander gehäufter Cylinder, von sehr beträchtlichem Durchmesser. Es sind concentrische Kreise, welche im Mittelpunkt immer eine vegetabilische Materie enthalten, (gewöhnlich ein Rohr oder Schilfstiel, oder den Ast eines Baumes u. d. gl.). Der Kalksinter umgiebt sie in Schalen, die gewöhnlich fasrig im Bruche und einige Linien stark sind. Auf sie folgt oft eine isabellgelbe, zerreibliche Kalkerde, dann wieder der festere Sinter, und so in Abwechselung fort, bis sich mehrere dieser Ansetzungen begegnen, und ihrem ferneren Anwachsen gegenseitig Gränzen setzen. Häufig sieht man statt der Materie, die den Ansetzungen zum Mittelpunkt diente, nur noch den leeren Raum, den sie ehemals einnahm. Hier zweifelt niemand an der sehr neuen Entstehung des Gesteins; ja, man ist geneigt, die Formation für noch neuer zu halten, als sie wirklich zu seyn scheint. Man zeigt unweit der Neptunsgrotte den Abdruck eines Wagenrades, an welchem Axe, Speichen und Felgen deutlich zu erkennen sind. In der That verdient dieses Vorgeben noch nähere Prüfung, um so mehr, da andere Verhältnisse des Travertino uns vermuthen lassen, daſs seine Bildung über die Zeit der Bewohnung der hiesigen Gegend hinaufsteige. Es ist nicht schwer einzusehen, wie viel der Anieno, der Hauptfluſs der Gegend, (den man Teverone in der Ebene nennt,) an der Bildung des Gesteins Antheil hat. Die Gebirgsart zeigt es selbst, wie sie nach und nach durch Ansetzung kalkartiger

Theile entstand; die erdige und wenig krystallinische Form beweist, dass sie im Gewässer nur fein zertheilt, nicht aufgelöst waren, in der Art, wie sie noch jetzt der Teverone und die Tiber fortführen, die durch sie stets gelblichgrau und trübe erscheinen. Aber dass es auch der Anieno und kein anderes Gewässer war, das sie absetzte, beweist ihr Vorkommen gerade dort, wo das Thal des Anieno sich in die Ebene öffnet, aber dort nicht, wo Thal und Fluss fehlen.

Nie enthält das Gestein Produkte der See, oder solche, die nicht jetzt noch in der Gegend einheimisch wären; der Fluss konnte nur solche absetzen, welche er auf seinem bisherigen Wege antraf. — Die fürchterlichen und schauderhaften Klüfte und Hölen, in denen der Fluss, von der grossen Cascade aus bis zu den Cascatellen, sich durchdrängt, sind daher wahrscheinlich nicht Oeffnungen, die das Wasser sich selbst grub; sondern vielmehr Ueberreste, die wegen der sich durchdrängenden Fluth nicht zugebauet werden konnten, und deswegen sich auch jetzt noch immer offen erhalten. — Aber wie, könnte man fragen, wie hat dieses Gewässer die Höhe von 646 Fuss erreichen können, bis zu welcher sich in Tivoli der Travertino herauf hebt? Diese Erscheinung setzt eine ehemalige höhere Lage des Thales voraus, als die See sich schon bis Ostia zurückgezogen hatte; und vielleicht ist eben dieser Zurückzug, und der dadurch bewirkte höhere Fall der Gewässer, Ursache des Herabsinkens des Thalbodens über der grossen Cascade gewesen. Eben dadurch scheint aber auch eine beträchtliche Ausdeh-

[...]ung und Vergröſserung dieſer Gebirgsart an dieſem Orte ſeit der Menſchenbewohnung beſtritten zu werden, und die vielen, auf allen Seiten zerſtreueten Ueberreſte der Römiſchen Pracht bekräftigen es. — Aber zu viel würde man daraus ſchlieſsen, wenn man glauben wollte, Travertino könne ſich überhaupt jetzt nicht mehr bilden. Auſser dem Lago di Tarta, der Solfatara von Tivoli und andern Orten, ſehen wir davon einen überzeugenden Beweis in den bewunderungswürdigen Waſſerleitungen, die ehedem und jetzt noch jeden Winkel der ungeheuren Stadt mit Waſſer verſorgen. Alle, vorzüglich der Claudianiſche Aqueduct, welcher das Waſſer von Subiaco nach dem Palatin führte, ſind inwendig von Abſetzungen umgeben, welche Roms Künſtler jetzt noch häufig unter dem Nahmen des Alabaſters verarbeiten. In der Kirche S. Maria Navicelli wird eine groſse Maſſe verwahrt, die man in dieſem Aqueduct fand. Winkelmann erzählt (Geſch. der Kunſt I. 65), daſs man, bey Räumung einer Waſſerleitung, die einſt nach S. Peter führte, dieſen Anſatz in ſolcher Menge und Schönheit ausbrach, daſs der Cardinal Colonna ihn nicht für zu ſchlecht hielt, ſich groſse Tiſchplatten daraus ſchneiden zu laſſen; ähnliche Bildungen ſieht man in den Ueberreſten des Bades des Titus. Sie unterſcheiden ſich in der That vom wahren Travertino nur durch die Art ihrer Entſtehung. Hätten ſie in ruhigem Gewäſſer auf einer Ebene Statt finden können, ſo würde ein Geſtein daraus entſtanden ſein, das ſich in nichts vom Travertin der Römischen Palläste würde unterschieden haben.

Und diese Bildung in der Ebene und im ruhigen Gewässer ist es daher, was den Unterschied des Travertino der Artisten von dem Gestein der Felsen von Tivoli hervorgebracht hat. Ein Unterschied, der in der That groſs genug scheint. Man sieht nicht mehr concentrische Kreise, die einen fremdartigen Körper umgeben; keinen fasrigen Bruch, keine Abwechslung mit zerreiblicher Kalkerde. Das Gestein ist gelblichweiſs, scheint ganz dicht, uneben von kleinem Korn, und besitzt eine ungleich gröſsere Festigkeit, als jene schnell in dem strömenden Wasser sich bildenden Massen, welche den Anieno umgeben. Diese Festigkeit übertrifft bey weitem die des körnigen Marmors, wie mehrere Gebäude in Rom überzeugend beweisen. Pabst Benedict XIV sah sich genöthigt, die Stuffen der, von Sixtus V aus carrarischem Marmor erbaueten, Scala Santa mit hölzernen Dielen zu bedecken, um von ihr den Ueberrest noch zu retten, von dem, was die im heiligen Eifer auf den Knieen sich hinauf betende Menge abgerutscht hatte. Im Gegentheil sieht man an den Stuffen der groſsen, aus Travertino erbaueten, Treppe an der Piazza di Spagna wenig Spuren der vielen, seit hundert Jahren täglich auf- und absteigenden Menschen, und wenig mehr an denen noch mehr betretenen Stuffen vor den Kirchthüren. — Die Bruchstücke dieser Gebirgsart sind stumpfkantiger, als die des dichten Kalksteins von Tivoli; das Gestein hat gröſsere Zähigkeit, und eben deswegen ſcheint es weniger durchſcheinend zu ſeyn. Man trifft ſo dünne Scheiben nie an, wie ſie, welche man durch die Sprödigkeit jenes Kalkſteins erhält; und beobachtet daher dieſes Phänomen des Lichtdurchganges an beyden Geſteinen unter verſchiedenen Umſtänden. Doch iſt es auch möglich, daſs wirklich der Travertino aus feineren (getrennteren) Theilen ſich bildete, als der dichte Kalkſtein, wodurch dann in jenem die durchfallenden Lichtſtrahlen noch häufiger zurückgeworfen und zerſtreuet werden müſſen.

Vorzüglich merkwürdig und charakteriſtiſch ſind aber für den Travertin die Hölungen und Blaſen, von denen er nie leer iſt. Man ſieht ſie von zweyerley Art. Entweder ſie ſind länglich und klein, inwendig matt, und oft vegetabiliſche Ueberreſte darin, welche auf ihre Entſtehung, durch Einhüllung nachher zerſtörter Pflanzentheile, zurückführen; — oder es ſind groſse, unförmliche Oeffnungen, die, in die Länge gezogen, gleichlaufend neben einander liegen, und dem Geſtein faſt ein Anſehen von künſtlicher Bearbeitung geben. Dieſe letzteren ſind die häufigeren und die ſonderbarſten. Es muſs gewiſs jedem Beobachter bey dem erſten Anblick auffallend ſeyn, die prächtigen Façaden der Römiſchen Kirchen, wie die del Gieſu, S. Giovanni im Lateran, S. Maria Maggiore, S. Carlo del Corſo, S. Maria della Pace etc. gänzlich voller Streifen zu ſehen, welche gleichlaufend der äuſseren Form der Architecturtheile folgen, Säulen in Parallelkreiſen umgeben, Pilaſter in Horizontallinien, in mannigfaltigen Wendungen die Capitale, in hohlen Krümmungen Vertiefungen und Nischen. Ihre Länge steht mit ihrer Höhe nie im Verhältniss; sie sehen völlig wie plattgedrückt aus. Inwendig ist ihre Oberfläche klein nierförmig, und gewöhnlich mit einer Krystallhaut bedeckt. Alle diese Verhältnisse scheinen Folge der Ruhe zu seyn, mit welcher die kalkartigen Theile, welche die Bäche, und vorzüglich der Anieno, von den Gebirgen herabführten, sich auf dem Boden absetzen konnten. Sie vermochten mehr gegenseitige Anziehungen zu folgen; sie vereinigten sich dichter zusammen, und bildeten ein festeres Gestein. Vielleicht traten zuerst verschiedene getrennte Massen zusammen, die durch überwiegende Schwere sich endlich mit der grossen Masse im Grunde verbanden. Wenn dann die Oberflächen nicht gleichlaufend waren, so mussten wohl nothwendig diese inneren, unausgefüllten Hölungen, zurückbleiben. Die nierförmige Oberfläche ist auch gewissermassen ein Zeichen von Krystallisation. Die reinen Anziehungskräfte verbinden die Theile in Kugelform, wie die Tropfen aller Liquiden, wenn sie nicht durch vorherige Form eben der Theile modificirt, wodurch die mannigfaltigen Krystallformen hervorgebracht werden. Hier scheint daher die innere Oberfläche der Hölungen jene Wirkung der Anziehung zu beweisen. Krystalle, oder ihre Verbindung zu einem Continuum Kalkspath, würden wahrscheinlich zu ihrer Bildung eine noch weit grössere Zertheilung der kohlensauren Kalktheile erfordert haben, wie es einigermaſsen die Stalactittropfen der Hölen erweiſen; wenn es auch gleich gewiſs iſt, daſs Materien Kryſtallformen annehmen können, ohne deswegen aus dem flüſsigen in den feſten Zuſtand überzugehen.

3. Dieſer Travertino liegt in deutlichen Schichten. Sie erſcheinen zuerſt unweit dem letzten Wirthshauſe zwiſchen Rom und dem Ponte Lucano, und ſetzen, faſt ohne Bedeckung von Dammerde, bis zu den Hügeln von Tivoli fort. Ihre vielen, offenen Zwiſchenräume bringen hier bey dem Wegfahren ſchwerer Laſten über die Schichten ein gleiches, dumpfes Getöſe hervor, als läge die ganze Maſſe auf einer groſsen Hölung. Ehemals brach man die Blöcke für die Meiſterſtücke der Baukunſt in den gewaltigen Brüchen, eine Miglie jenſeits dem Ponte Lucano; jetzt führt man ſie aus neueren Brüchen weg in der Nähe der bekannten Solfatara von Tivoli.

Eine neue Art des Travertino, oder des kalkartigen Sinters, ſehen wir durch das ſchwefelhaltige Waſſer dieſes letzteren Ortes noch jetzt vor unſern Augen entſtehen. Die Quelle hat einige 20 Grad Wärme, und bildet, ſobald ſie ſich aus dem Boden hervorgedrängt hat, einen See, der ſeiner ſchwimmenden Inſeln wegen bekannt iſt. Sie ſtöſst ſprudelnd auf, entbindet viel Schwefelleber-Luft, und verliert mit ihrer höheren Temperatur zugleich auch den Kalkgehalt, mit dem ſie hervor kommt. Die Waſſergewächſe des Sees werden durch dieſe Kalkerde umgeben, die ſich um ſie in ungemein dünnen Schalen mit feinfaſrigem

Bruche ansetzt. Aber die unruhige Quelle stößt immer wieder diese umgebenen Stiele in die Höhe, und hindert sie, sich fest zu verbinden. — Daher hat das Gestein fast das Ansehen von locker auf einander gehäuften Pflanzen. Man sieht fast mehrere und größere Zwischenräume, als feste Materien, und man glaubt kleine Felsen am Ufer dieses und eines andern, wenig entlegenen Sees, des Lago di Tarta, mit der Hand forttragen zu können. In der Mitte dieser, fast gleichlaufend auf einander gehäuften, Stiele findet man immer noch den vegetabilischen Rest, welcher der Kalkerde die erste Gelegenheit zur Absetzung gab. — Im weiteren Fortlauf der Quelle durch den Canal des Cardinals Hipolit von Este entbindet sich noch immer die Schwefelleber-Luft in großer Menge, die sich weit über die Ebene verbreitet. Die Luftblasen treiben, bey dem Aufsteigen im Wasser, zugleich die leichten Sandkörner mit in die Höhe, und die mit der Luft hervortretenden Kalktheile umgeben sie in Kugelform, und fallen mit ihnen zu Boden. So entstehen noch täglich die Confetti di Tivoli, welche in der Welt mehr gekannt sind, als der ganze Travertino selbst.

Tuff.

Noch weit größer sind die Sonderbarkeiten der Formation des Tuffs, derjenigen Gebirgsart, welche den größten Theil der südlichen Hälfte der Römischen Ebene bedeckt. Auch hier ist es nothwendig, unter der Benennung der Tuffformation nicht nur das Ge-

Stein zu verstehen, das man gewöhnlich in Roms Gegenden unter diesem Namen kennt, sondern auch alle verschiedene Modificationen desselben, alles Gestein, das mit dem im engeren Sinne sogenannten Tuff in Entstehungszeit, Art der Entstehung, und in der sie bildenden Hauptmasse überein kommt. Dieser eigentlich sogenannte Tuff (vulkanischer Tuff) ist eine lokkere, fast zerreibliche Masse, gröfstentheils von braumer Farbe, von groberdigem Bruche, ohne Glanz und von grofser Leichtigkeit. Er enthält fast nur kleine, gelblichweifse, sehr zerreibliche Körner, aber in grofser Menge, die nie auch nur eine Spur solcher Regelmäfsigkeit zeigen, dafs man sie für Krystalle halten könnte. Aufser ihnen sieht man selten einige kleine Glimmerkrystalle, aber deutliche Leucite wohl kaum. Das Gestein ist geschichtet; die Schichten sind söhlig, weit fortsetzend, 4 oder 6 Fufs hoch; es scheint von allen Gesteinen dieser Formation fast das neueste zu seyn, und daher sieht man es häufig. Aufserhalb der Porta S. Sebastiano entspringt, unweit Capo di Bove, ein Thal, das sich, unweit des Thores hinab, mit der Tiber verbindet. In diesem Thale, la Caffarella, vorzüglich dort, wo immer noch unter einsamen Gebüsch die ehemals den König Numa begeisternde Fontana Egeria hervorquillt, sieht man vorzüglich schöne Tuffschichten zu beyden Seiten des Thales mehrere Male mit einander abwechseln. Und auf gleiche Art läuft oft die Strafse nach Tivoli, jenseits der Porte S. Lorenzo, zwischen Wänden solcher Tuffschichten fort.

Man mag von den Römiſchen Hügeln nehmen, welchen man will, ſo kann man doch immer überzeugt ſeyn, auf ſeinem Gipfel eine Tuffſchicht zu finden. Aber auf faſt keinem von dieſen ſcheinen dieſe Lagerungsverhältniſſe intereſſanter zu ſeyn, als auf dem Gianiculo und dem Monte Mario, die, ungeachtet ihrer beträchtlichen Höhe, doch ebenfalls dieſem Geſetz unterworfen ſind. Kaum erreicht der Vatican ſeine gröſste Höhe jenſeits der Oſteria Cruciano, bey der Vigna Giuſeppe Frangioni, als auch ſchon unter dieſem Weinberge, neben dem Sandſteine, eine 6 Fuſs hohe Tuffſchicht erſcheint, von eben der Farbe und der Lockerheit des Tuffs der Caffarella, und mit eben den weiſsen Flecken, die ihn immer ſo beſonders auszeichnen. Aber häufig umſchlieſst hier dieſes Geſtein noch eine Menge ſehr verſchiedenartiger Geſchiebe; kleine Stücke von wahrem Peperino, von der feſten, feinerdigen Hauptmaſſe, und mit allen eingemengten Kryſtallen, welche dieſer ſonderbaren Gebirgsart eigen ſind, — dann runde Stücke jenes Gemenges von Augit (Pyroxene) und Leucit, die man bey Rocca di Papa anſtehend findet, und, obgleich ſelten, auch kleine Baſaltſtücke ſelbſt. Erſcheinungen, die einiges Licht über die Entſtehung des Tuffs zu verbreiten vermögen, ja uns ſogar den Weg anzeigen, welchen der Tuff bis zu dieſem Orte ſeiner Abſetzung folgte. Ueber dieſer Tuffſchicht liegt dann eine äuſserſt ſonderbare Schicht von aſchgrauen, wallnuſsgroſsen, ovalen und abgerundeten, ſchwimmend leichten Bimmſteinen. Sie iſt völlig

öllig föhlig, 5 bis 5½ Fuſs hoch, und nur allein von ammerde bedeckt. Sie ſetzt ungemein weit fort, nd verſchwindet nur erſt bey Torrimpietra, n Miglien vom Vatican, dort, wo in der That auch trenge genommen die Weſtſeite des Gianiculo ſich egen das Meer verliert. Allenthalben, wo die Bäche ur Tiber hin dieſe hohe Ebene ausgehöhlt haben, ieht man die gleiche Schichtenfolge wie unter der Vigna Frangioni: ganz unten Sandſtein mit Conglomeratsſchichten; dann die Tuffſchicht; dann unter ler dünnen Bedeckung von Dammerde die Bimmsteine, zuweilen auch wohl in zwey wenig von einander entfernten Lagen. Iſt es nicht auffallend, wie hier die leichten Bimmſteine immer den höchſten Ort einnehmen? wie ſie vom Tuff, der jeder andern Maſſe an Leichtigkeit nicht weichen würde, doch niemals bedeckt werden? Sollte man hier nicht den Tuff ſelbſt für eine Abſetzung aus dem Gewäſſer halten? Sollte man nicht glauben, daſs die Bimmſteine nur dann erſt ſich abſetzen konnten, als ihnen das Gewäſſer durch ſeinen Zurückzug gänzlich die Unterſtützung geraubt hatte, welche ſie ſchwimmend erhielt? Und wie ſehr beſtätigen dies nicht die Geſchiebe im Tuff, unter welchen Breislack und ich, die wir dieſe Gegend gemeinſchaftlich unterſuchten, bey der Villa Pamphili ſogar ein Travertinoſtück mit darin ingeſchloſſenem Heliciten fanden. — Die Schichten n der Caffarella und gegen Tivoli hin unterſcheien ſich von dieſen Tuffſchichten durchaus nicht; nan darf auf ſie daher ähnliche Schlüſſe anwenden,

Aber noch ungleich deutlicher und bestimmter schienen dahin auch andere Verhältnisse der Tuffformation in der Römischen Gegend zu führen.

Ehe wir diese betrachten, ist es nöthig, erst die Natur der berühmten sieben Hügel etwas genauer zu untersuchen, um so mehr, da berühmte Naturforscher geglaubt haben, hier, im Herzen der Stadt, den Punkt angeben zu können, aus welchem ein großer Theil der diese Hügel bildenden Massen hervorgestoßen ward. Der Monte Verde, noch außer der Stadt, vor der Porta Portese, der letzte Abfall des Gianiculo, besteht aus einer zu dieser Formation gehörenden Gebirgsart, die man ganz ähnlich in jenen Hügeln wieder antrifft. Es ist eine bräunlichrothe Hauptmasse, mit ganz kleinen gelblichweissen und ziegelrothen Flecken, und mit vielen eingemengten, ungemein kleinen, braunen und schwarzen Glimmerblättchen; im Bruch ist sie uneben, von feinem Korne und zugleich grossmuschlig, und nähert sich zuweilen sogar dem ebenen; so dass das Gestein vollkommen der Wacke gleicht. Es ist ungleich zusammenhängender und fester, als der Tuff, und man kann es deswegen zum Bauen benutzen. Man sieht in den Steinbrüchen, die man zu diesem Behufe eröffnet hat, drey Schichten söhlig über einander, die sich durch höhere und dunklere Farbe von einander auszeichnen. Sie sind, bis zur Dammerde hinauf, von der Tuffschicht bedeckt, welche über dem ganzen Gianiculo weggeht, hier aber, außer ihren gewöhnlichen Kennzeichen, noch mit Anschwemmungsstreifen hervortritt, welche faſt keinen Zweifel über ihre Entſtehung zulaſſen. Dieſe Streifen beweiſen faſt immer die wellenförmige Bewegung des Gewäſſers, das ſie abſetzte. Sie ändern ihre Richtung in kurzen Entfernungen, machen Bogen und Krümmungen, und folgen ſtets der Oberfläche eines bald hier, bald dort mehr erhobenen Gewäſſers. Aber auch ſchon die Schichtung der darunter liegenden feſteren Geſteine läſst auf eine Entſtehung auf ähnliche, aber ruhigere Art ſchlieſsen. Wenn man die Glimmerblättchen genauer betrachtet, ſo ſieht man ſie alle ſchichtenweiſe nach einer Richtung liegen; ſie ſcheinen deswegen ſich nicht in der Maſſe ſelbſt kryſtalliſirt zu haben, ſondern von anderher hier abgeſetzt worden zu ſeyn *). Ueberdies ſieht man im Geſtein mannigfaltig ſich durchſetzende Trümmer von weiſsem Kalkſpath, die zuweilen in der Mitte offen, dort kleine Kryſtalldruſen bilden. Nach des berühmten **Breislack's** Verſicherungen kommt dieſes Geſtein faſt ganz mit dem von **Sorrento** und dem **Capo di Minerva** übereín. Dieſer Gebirgsart ſehr ähnlich iſt diejenige, aus welcher der **Aventino** zu beſtehen ſcheint. Man

*) **Cermelli** verſichert, man fände häufig in dieſem Geſtein **Selci rotondi**; auch habe man vor weniger Zeit einen groſsen organiſchen Reſt darin gefunden, den einige für einen **Cacholot**, andere für einen **Elephantenzahn** hielten. **Carte Corografiche**, S. 36. Auch **Sauſſure** glaubte in den fremdartigen Körpern dieſer Gebirgsart **Wallfiſchknochen** zu ſehen. **Faujas** *Recherches*, S. 75.

sieht sie in einem grossen Steinbruche am Fusse eines Weingartens, der Kirche von Santa Prisca gegenüber, entblösst. Aber sie hat doch schon bey weitem nicht mehr den Charakter von eigener, krystallinischer Bildung, noch die Festigkeit und die Härte, wenn man sie auch gleich tauglich gefunden hat, sie zum Fundament des Pallastes Braschi auf der Piazza Navona zu gebrauchen. Das Gestein ist ziegelroth, mit vielen Flecken von höherer Röthe, und enthält einige Glimmerkrystalle, aber weit weniger als die Wacke des Monte Verde, und sehr selten einige ganz kleine Augitkrystalle. Durch Farbe und Bruch wird es in kleinen Stücken täuschend den Ziegeln ähnlich; und auf diesem, mit mehr als tausendjährigen Ruinen überdeckten, Boden würde man doch noch zweifelhaft seyn, ob dies Gestein in dieser Form aus den Händen der Natur kam, wenn man nicht vor sich den Felsen fast 60 Fuss hoch aufsteigen sähe. — Der Hügel liegt isolirt. Das Thal des Circus Maximus und der Kirche S. Maria in Cosmedin trennt ihn vom Palatin und Capitolin; die Vertiefung nach der Porta S. Sebastiano vom Celio, und auf der Westseite fällt er steil und grösstentheils senkrecht gegen die Tiber ab. An dieser steileren Seite sieht man das feste Gestein wieder, aber ganz von jenem an der Südostseite verschieden; denn unweit der Höle des Caccus erscheint eine gewöhnliche Tuffschicht, welche sich bis zur Mitte des Berges hinauf hebt. Dann folgen Schichten von Travertino, dunne, mit Kalk-

unter umgebene Rohr- und Schilfstiele, bis unter die Gebäude der Priorei von Malta; man sieht sie ganz deutlich unweit des antiken Bogens von S. Lorenzo und auf dem Wege von der Priorei nach der Porta S. Paulo hinab. — Hier also das erste Beyspiel der sonderbaren Durcheinanderwerfung von Travertino und Tuffschichten, die so häufig auf der andern Seite von Rom ist. Hier liegt Travertino auf Tuff; dort finden wir fast stets den Travertino von Tuffschichten bedeckt. — Gewiss Erscheinungen, welche den Ideen von vulkanischer Bildung dieser Orte wenig günstig sind! —

Der capitolinische Berg ist ein Fels, dem Aventin im Innern sehr ähnlich. An der Südseite gegen die Tiber, dort wo sich jetzt noch der tarpejische Fels einige 40 Fuss senkrecht erhebt, eröffnen mehrere unterirrdische Ställe und Hölen die Natur dieses ewig denkwürdigen Hügels. Dieses Gestein unterscheidet sich von dem des Aventin nur durch eine grössere Menge eckiger Hölungen, die inwendig mit einem dünnen, weissen, kalkartigen Häutchen umgeben sind. Selten sieht man braune Glimmerkrystalle darin, aber oft weisse kalkartige Fäden, welche das Gestein in vielen Richtungen durchkreuzen. Wahrscheinlich bildet diese Gebirgsart auch noch den grössten Theil des Quirinals und des Viminals, wenn es uns auch gleich niemals hat glücken wollen, an ihnen Spuren von anstehendem Gestein zu finden. Denn die steilere Seite des Quirinals gegen die Tiber ist von Constantins weitläuftigen Bädern bedeckt, und weiter hinauf, jenseits des Platzes von Monte Cavallo, sind die Vertiefungen nie ansehnlich genug, um noch Gestein zu entblössen. Aber der graue, glänzende Sand auf den Plätzen und in den wenig befahrnen Strassen macht es sehr wahrscheinlich, dass auch diese Hügel oben mit einer Tuffschicht bedeckt sind, da sie gemeiniglich zu sehr dunklem, trockenem, weitleuchtendem Sande zerfällt. — Eine ähnliche Tuffschicht hat vermuthlich auch noch den pincianischen Hügel bedeckt, der vom Quirinal das Thal scheidet, welches der Platz Barberini und die Strasse von der Villa Ludovisi nach dem Fontana di Trevi einnimmt; und vielleicht ist davon noch der Tuffsand in der Villa Medicis und auf der Trinita di Monte ein Rest. Aber im Innern gleicht dieser Hügel jenen Bergen nicht mehr. Denn hinter dem Convente der Augustiner bey S. Maria del Popolo brechen die kalkartigen Absetzungen des Travertino hervor, und diese, versteinerten Holzstämmen ähnliche Felsen, setzen bis zur Höhe des Weinberges fort. Der Pincio ist gewissermassen der Anfang jener merkwürdigen Reihe, die sich ununterbrochen von der Porta del Popolo bis fast nach Ponte Molle in senkrechten Felsen fortzieht, und hier einen gleicheren Charakter des Gesteins behält, als man es von den Gebirgsarten der Römischen Ebene gewohnt ist.

Alle Hügel verbinden sich in der Höhe zu einer gemeinschaftlichen Ebene, und schon hierdurch beweisen sie deutlich, wie sie Auswaschungen ihre Entehung verdankten. Der Viminal und der Quiri-al verlieren sich bey Diocletians Bädern; der Esqui-lin in der Villa Negroni, und der Celio oberhalb des Laterans. Und doch hält mein gelehrter Freund, Breislack, diese Hügel für die Umgebung eines Kraters, der einst aus seinem Innern die Materien hervorschleuderte, aus welchen sie zusammen gesetzt sind. Er meint, dieser Krater habe zwey Oeffnungen gehabt; die grössere werde jetzt vom flavischen Amphitheater (dem Colosseo), die kleinere von den Gebäuden des Campo Vaccino bedeckt. Ich fürchte jedoch, seine Einbildungskraft habe ihn über die Beobachtungen weggeführt, und ihm Begebenheiten vorgestellt, welche man mit den Thatsachen selbst schwerlich zu beweisen im Stande seyn möchte. Er hält die Vertiefungen zwischen dem Celio und dem Palatin, und zwischen diesem und dem Capitolin für zu unbedeutend, um in physikalischer Rücksicht einige Aufmerksamkeit zu verdienen. Aber die ganze Höhe der Hügel ist eben so wenig beträchtlich; und gewiss ist es doch, dass an diesem Orte, der so lange der Mittelpunkt war, aus welchem die Kraft der alten Weltbeherrscherin sich ausbreitete; gewiss ist es, dass hier die Hügel erniedrigt, die Thäler gefüllt werden mussten. Und auch sogar jetzt noch liegt der Weg unter der Kirche S. Gregorio tiefer, als die Sohle des Colosseums. — Der Celio unterscheidet sich vom Esquilin durch ein schmales, langgedehntes Thal, das bey S. Giovanni anfängt; der Esquilin und der Viminal, dieser und der Quirinal sind durch ähnliche Thäler von einander getrennt, welche die schöne Strada Felice durchschneidet. Diese Thäler endigen sich alle bey dem Colosseo und dem Campo Vaccino, und verbinden sich hier mit dem grosen Thale der Tiber. Die Ebene dieser vermeintlichen Krater würde daher auf eine bekannte, auch hier häufig zu beobachtende Thatsache zurückführen, dass dort, wo zwey und mehrere Schluchten zusammen kommen, das neu entstehende Thal allemal sich beträchtlich vergrössert; denn es vereiniget die kleinen Ebenen der einzelnen Thäler. – Dass der Palatin, der Capitolin und der Aventin isolirt sind, ist wahrscheinlich Folge des festeren Gesteins, aus welchem sie bestehen. Es scheint daher nicht, als wenn die Form dieser Hügel etwas für das Daseyn dieses ehemaligen Kraters beweise; und gewiss noch weniger die Natur der Steinarten, aus welchen sie zusammengesetzt sind. Man erwartet von Vulkanen andere Produkte, als solche, welche so deutlich die Spuren ihrer Anschwemmung verrathen. Sey es auch, dass diese Produkte Vulkanen ihrer Entstehung verdanken, so scheinen doch die Phänomene des Tuffs vollkommen zu überzeugen, dass diese Vulkane sie nicht hier, sondern in ganz anderen höheren Gegenden bildeten, aus welchen sie in diese tieferen Orte hinabgeführt wurden. –

Die Felsenreihe, welche ausserhalb der Stadt bis zum Ponte Molle die Weingärten begränzt, hat oft schon die Aufmerksamkeit der Naturforscher auf sich gezogen. Man entdeckte die vegetabilischen Reste darin; man sah die Spuren kalkartiger Absetzungen,

ie man nur wäſsriger Auflöſung zuſchreiben konn-
e, — und nun war die Verwunderung unbegränzt,
liese Bildungen so ganz in der Nähe vermeintlich vul-
anischer Ausbrüche zu finden. Man sah hier ganze
läume, ja Wälder vergraben, und auf diese Art muſs-
en wohl die Merkwürdigkeiten dieser Gegenden noch
m ein Ansehnliches wachsen *). Diese senkrechte
Vand unterscheidet sich in der That von den Bildun-
en der Waſſerfälle in Tivoli gar nicht. Wie dort
nd Rohr- und Schilfſtiele und kleine Zweige mit
ſsriger und erdiger Kalkrinde in oft wiederholten,
ünnen Schichten umgeben; wie dort sind diese Mas-
n horizontal auf einander gehäuft; wie dort sieht man
wischen ihnen groſse, offene Hölungen, mit groſs-
erförmiger innern Oberfläche. Man hielt den gan-
n Durchmeſſer dieser, oft zwey bis drey Fuſs star-
m, cylinderförmigen Incruſtationen, für die Stärke
s veränderten Vegetabils, und die auf einander fol-
nden, concentriſchen Schichten, für Jahrringe der
äume. Es iſt aber leicht, das Rohrſtück, den An-
ng der kalkartigen Abſetzung, noch jetzt im Mittel-
unkt der Maſſe zu finden. Einmal mit einer Kalk-
nde umgeben, diente ein solches Stück so lange zum
nziehungspunkt für die zunächſt herumſchwimmen-
en Kalktheile, bis die Maſſe, zu schwer, sich zu Bo-
en senkte, und sich mit den schon gebildeten Sinter-
ylindern verband. Leichte, im Gewäſſer herum-

*) Der Akademiker Abbé Mazear bei Lalande *Voyage en Italie.*

schwimmende Körper, fielen mit ihnen herab, und wurden auf ihrer Oberfläche begraben, aber nie im Innern der concentrischen Schichten; denn als diese sich bildeten, hatten jene immer noch Zeit zu entfliehen. Deswegen sieht man im Gestein häufig Abdrücke von Platanusblättern, von Kastanien-, von Nussbaum-, von Lorbeerblättern; unter andern deutlich und schön in der Villa del Papa Giulio, unweit dem Arco oscuro, und in der Vigna Colonna. — Die Felsen sind oben mit der gewöhnlichen Tuffschicht bedeckt, welche über alle Gebirgsarten und über die ganze Römische Ebene selbst verbreitet ist. Man sieht sie sogleich, wenn man durch den Arco oscuro den Weg zur Aqua acetosa verfolgt, und eben so leicht auf der Höhe, hinter der Villa Borghese. Aber nirgends ist dieses ununterbrochene Fortstreichen der Tuffschicht und ihre Lagerung auf dem Travertino deutlicher, als an den kleinen Felsen, welche unweit des Zusammenflusses der Tiber und des Teverone die Ebene der Aqua acetosa umgeben. — Gegenüber, auf der andern Seite des Sauerwassers, läuft dieselbe Felsenreihe bis zum Ponte Molle, oder genauer bis zur Capelle von St. Andreas fort, und dieser Punkt ist gewiss einer der merkwürdigsten in der ganzen Gegend von Rom; denn nicht weit von der Quelle sieht man unter dem, etwa 30 Fuss hohen Sintergestein, in künstlichen Hölungen, eine mächtige Schicht von kleinen, meistens länglichen, abgerundeten Kalksteingeschieben, von mannigfaltigen Farben, mit Geschieben von Feuerstein, Jaspis und Hornstein, icker nach Richtung der Schwere über einander gehäuft, so dafs die breiteren Flächen der Geschiebe stets dem Horizont gleichlaufend liegen. Ihnen folgt eine andere, etwa 1½ Fuſs mächtige Schicht von feinem Sande; dann wieder jene Geschiebe. Man sieht nicht, ob auf sie der Travertino noch einmal folge. Mehrere hundert Schritt weiter hinunter öffnen sich, in einem Weingarten, die nicht unbeträchtlichen, und in ihrer ganzen Ausdehnung noch jetzt nicht gekannten Reste antiker Catacomben. Auch hier bildet der Travertino die Decke; aber in der Mitte der Hölen wechfelt er mit einem Gestein der Tuffformation, das sich wieder von allen übrigen auszeichnet. Es besteht aus einer braunen Hauptmasse von, bei weitem grösserer Consistenz, als die des gemeinen Tuffs oder der obern Tuffschicht, aber von geringerer, als die der Wacke vom Monte Verde, oder vom Aventin oder Capitolin; im Bruch ist sie uneben von grobem Korn, wodurch sie sich von dem feinen, fast muschligem Gestein des Monte Verde unterscheidet. Ihr sind eine Menge kleiner, graulichweisser Punkte eingemengt, die durch ihre achteckige Form noch deutlich verrathen, dafs sie einst Leucite waren; selten haben sie noch in ihrer Mitte einen ganz kleinen undurchsichtigen, glänzenden, noch unversehrten Kern. — Weniger häufig, oder vielmehr weniger auffallend sind in diesem Gestein kleine, glänzende Augitkrystalle, die der Verwitterung widerstehen, — schwarze Glimmerblättchen und abgerundete, kleine Geschiebe von nicht erkennbaren Gesteinen der Gegenden von Marino und Frascati *). Auf diese Art scheint also dieses Gestein, das der obern Tuffschicht um eine ganze Travertinoformation vorgeht, eben so viel an Selbstständigkeit zu gewinnen. Dass aber auch sie ursprünglich hier nicht entstanden sey, beweist, ausser ihrer Abwechselung mit Anschwemmungsgesteinen, welche keine krystallinische Bildung zulassen, die aufgelöste Form der Leucite, die kleinen Geschiebe in der Masse, und die noch zu geringe Consistenz dieser Masse selbst. —

So wunderbar ist hier die Abwechselung von tuff- und kalkartigen Bildungen; so mannigfaltig ihre Produkte; so sonderbar ihre Lagerung! Wirklich zeichnen sich diese thatenreiche Gegenden hierin von allen übrigen der Ebene aus. Näher gegen das Gebirge von Frascati findet sich der Travertino nicht mehr; näher gegen das Kalkgebirge von Tivoli verschwindet der Tuff. Wie, wenn der Monte Mario Antheil an diesen Erscheinungen hätte? Es ist wahrscheinlich, dass dieser Hügel lange als Insel im See hervorstand, der einst die Römische Ebene bedeckte. Gleichzeitig führten dann die Ströme die abgerissenen Theile von den Höhen des Apennins und des Monte Cavo durch den See bis zur Reihe des Monte Mario herab, und hier, durch den Widerstand zur grösseren Ruhe genöthigt, setzten sie sie zu neuen, regenerirten Gebirgsarten ab, und

*) Ich verdanke die Kenntniss dieses wichtigen Punktes der gütigen Begleitung des bekannten Aesthetikers, Herrn Fernow, damals in Rom.

je nachdem äuſsere Umſtände die Richtung dieſer Ströme mehr von Frascati oder Tivoli her ſollicitirten, bildete ſich bald eine Tuffſchicht, bald eine Travertinobedeckung. Nahe am Kalkgebirge hatte Travertino die Oberhand; daher dort kein Tuff. Näher dem Gebirge von Frascati war die Tuffmaſſe überwiegend; daher fehlte hier der Travertino. Der Zuſammenſtoſs von Monte Mario vereinigte ſie beyde, und deswegen ſehen wir ſie hier vorzüglich aufgehäuft und mit einander abwechſeln. Daher die Mannigfaltigkeit des Geſteins aus der ſich ſo oft verändernden, zuführenden Fluth. —

Der kalkartige Sinter, das Travertinogeſtein, kommt nicht mehr weiter hinauf am Tiber hervor. Die Tuffbedeckung ſcheint hier mächtiger zu werden, und in Schichten über einander ſieht man, dem *Ponte Salaro* gegenüber, den Tuff am langgedehnten Monte Sacro weit fortſetzen, und am Teverone hinauf erſcheinen unter dieſem Tuff noch andere Schichten. Dort nämlich, wo die Straſse von der *Porta Pia* gegen den *Ponte Lamentano* fortläuft, iſt durch Länge der Zeit vom Abhange des Thales nur ein vorſpringender, ſchmaler Fels übrig geblieben, der jetzt einer Brücke ähnlich iſt; denn er iſt durchbrochen, und auch unter ihm geht eine neue Straſse durch. — An dieſer ſonderbaren Geſteinsentblöſsung ſieht man von oben hinab folgende Schichten:

a) *Ein Fuſs Dammerde.* Kaum findet man mehr auf der ganzen Ebene umher.

b) Vier Fuſs Leucitkryſtalle. Sie ſind gänzlich zu graulichweiſsem, zerreiblichem Mehl aufgelöſt, und völlig den weiſsen Flecken im Tuf ähnlich. Aber man erkennt ihre Kryſtallform noch deutlich, da hingegen jene Flecken ſtets ohne beſtimmte Form ſind. — Das untere Viertheil dieſer Schicht iſt gewöhnlich ſchwarz, wie mit Kohlen gemengt, vermuthlich von bituminöſen, vegetabiliſchen Theilen. Und die ganze Schicht iſt voller, ſich oft in ihrer Richtung verändernder Anſchwemmungsſtreifen.

c) Sechs Fuſs ſtark das Geſtein von Monte Verde. Von rother Farbe, uneben, von ſehr feinem Korne, faſt gänzlich ohne eingemengte Foſſilien. Auf einer Seite dieſer Felſen liegt über dieſer letzteren Schicht, locker über einander gehäuft, eine ungefähr fuſsmächtige von weiſsen Kalkſteingeſchieben. Auf der andern Seite ſieht man ſie nicht.

d) Darauf folgt, bis zur Sohle hinab, ein Geſtein mit ziegelrothen Flecken, dem vom Capitol ſehr ähnlich, mit eingemengten Glimmerkryſtallen.

Wir ſehen daher in der Lagerung der Gebirgsarten der Tuffformation in der Gegend von Rom eine völlige Progreſſion von minder aufgelöſten, bis zu gänzlich zerſtörten Geſteinen, eine Progreſſion, die ſich in den Leuciten vorzüglich ſchön ausnimmt. In der Schicht unter dem Travertino bey Ponte Molle finden wir Leucite in deutlicher Form, oft noch mit innerem Glanz, und auſser ihnen noch

ine Menge unverſehrter Augit- und anderer Kry-
ſtalle. Die Wacke von Monte Verde enthält dieſe Kryſtalle nicht mehr; nur ſparſam einige Glimmerblättchen. Am Ponte Lamentano iſt eine Schicht, nur allein aus Leuciten gebildet; aber dieſes Foſſil hat nur ſeine äuſsere Form erhalten. Seine ſpecifiſche Schwere iſt durch Verwitterung faſt bis zum ſchwimmenden vermindert, und der innere Glanz iſt gänzlich verſchwunden. Im Tuff, der neueſten und leichteſten aller dieſer Schichten, hat ſich auch nicht einmal die Form dieſer Leucite erhalten, und man würde die weiſsen Flecke im Tuff kaum für Leucitüberreſte erkennen, wenn nicht die Progreſſion geradezu darauf führte. — Und nach ſolchen Erſcheinungen kann man dann noch an der Abſetzung dieſer Geſteine von fremden Orten her zweifeln? Erſcheinungen, nach welchen die früher entſtandenen Maſſen gröſstentheils immer die ſchwereren, die weniger zerſtörten und aufgelöſten ſind; — nach welchen die neueren, die obern Schichten, nur ein Ueberreſt leichter Materien zu ſeyn ſcheinen, die lange in einem Gewäſſer ſich ſchwimmend zu erhalten vermochten! Und über alle die Schicht von ſchwimmendleichten Bimmſteinen auf dem Vatican und gegen Caſtel Guido!

Mehr gegen Frascati ändert ſich in etwas die Natur der obern Tuffſchicht, um ſo auffallender, je mehr ſie dieſer Bergreihe, ihrer Quelle, ſich nahet. Man ſieht dann eine gröſsere Menge Kryſtalle darin, denn ſie durften nicht ſo weit fortgeführt werden;

und unter den Bergen ſelbſt ſcheint das Ganze nur eine Aufhäufung von Kryſtallen zu ſeyn.

Schon gleich auſserhalb der Porta S. Giovanni, jenſeits dem groſsen Bogen der Sixtiniſchen Waſſerleitung, iſt der Boden ungewöhnlich hoch, mit überaus glänzendem Tuffſande bedeckt; und weiter fort ſieht man, nicht ohne Erſtaunen, an den kleinen Maſſen anſtehenden Geſteins, die häufig am Wege hervorſetzen, die Tuffſchicht ſich faſt zu einem Conglomerate verändern. Runde Geſchiebe von viertel und halben Fuſs Durchmeſſer liegen in der Hauptmaſſe nahe neben einander, oft ſo nahe, daſs die Maſſe dazwiſchen beinahe verſchwindet. Es ſind Baſaltſtücke, Geſchiebe des Gemenges von Leucit und Augit, das bey Rocca di Papa einen anſehnlichen Theil des Gebirges ausmacht; Stücke von Peperino und von einem matten, durchaus poröſen, ſchlackenartigen, kryſtallleeren Geſtein, das die Hügel bildet, welche die Einſamkeit der Camaldulenſer oberhalb Frascati umgeben. Zwiſchen dieſen Geſchieben ſind eine unendliche Menge Leucite zerſtreuet, die gröſstentheils bis auf die Hälfte zu weiſsem, zerreiblichem Mehl aufgelöſt ſind; aber ſo ſonderbar, daſs der innere, noch unverſehrte Kern, immer noch die Form der doppelt achtſeitigen, vierfach zugeſpitzten Pyramide, mit ſcharfen Ecken und Kanten, behält. Aber hier von den Bergen noch 8 oder 10 Miglien entfernt, ſind die Kryſtalle nur klein, und die ſchwereren Augite finden ſich zwiſchen ihnen kaum. Beide werden gröſser,

ser, schöner und häufiger in 4, 3 und 2 Miglien fernung von dem Orte ihrer Geburt; — aber es eint doch, als wären beyde Fossilien in diesem en Zustande ihrer Lagerung auf gewisse Weise von nder gesondert. Melanite und Augite sind vorlich häufig unter Marino und nordostwärts von ascati gegen Monte Porzia. Leucite hingegen en sich in weit grösserer Menge in der Gegend der ntana Clementina unter Frascati und bey Alano. Ihre schnelle Verwitterbarkeit ist äusserst merkrdig; im Basalt sind sie stets glänzend, frisch und stentheils durchsichtig; hier auf dieser neuen Lastätte hingegen sieht man nur wenige, die nicht r einer zerreiblichen Rinde umgeben wären. Aber innere Kern ist immer noch durchsichtig, wie je im Basalt, oder wird es doch wenigstens durch senken in Wasser. — Sollte diese Erscheinung nicht e Wirkung des vom Entdecker Klaproth im Leugefundenen Pflanzenalkalis seyn? Weder Melanit, h Augit, äussern eine Spur dieser leichten Auflösskeit. — Ihre glänzenden Flächen und ihre bemmte Krystallform unterscheiden sie leicht; den eren das Granatdodecaëder, oft mit abgestumpften nten; den letzteren die breite sechsseitige, schief eschärfte Säule, deren Zuschärfungsflächen auf scharfen Seitenkanten ruhen, und deren gegen Profilebene des Krystalls geneigte Zuschärfungsnte mit derjenigen des andern Krystall-Endes gleichfend ist.

Rande. Progreſſiv nehmen ſie bis zum Rande ab, und dann werden ſie ſo klein, daſs hier das Geſtein völlig dicht ſcheint, wenn ſeine Faſern in der Quere durchbrochen ſind. Und wenn die groſsen Löcher der Mitte immer von ungleichen Dimenſionen ſind, ſo erſcheinen im Gegentheil die kleinen, kaum bemerkbaren Oeffnungen des Randes, völlig kugelrund. Ihre innere Oberfläche iſt in den meiſten Fällen völlig matt, nur ſelten wenig glänzend, wie mit einer pechartigen Haut überzogen. Die Maſſe ſelbſt, welche dieſe Löcher umgiebt, iſt ſchimmernd und von durch einander laufend faſrigem Bruche, vorzüglich in der Mitte, in welcher man häufig einzelne haarförmige Faſern die Oeffnungen durchkreuzen ſieht. Das Ganze iſt auſserordentlich ſpröde und häufig ſtark abfärbend. Kaum ſieht man Stücke ohne Kryſtalle von jenem Feldſpath, der ſich vom gewöhnlichen Feldſpath durch einige Kennzeichen weſentlich unterſcheidet. Er iſt in dünnen, länglich vierſeitigen Säulen kryſtalliſirt, völlig durchſichtig, äuſserſt ſpröde, und ſcheint im Bruch blätterig zu ſeyn. Bei genauer Betrachtung ſieht man jedoch leicht, daſs dieſer Bruch wirklich **kleinmuſchlig** iſt; aber ſonderbar genug, die Bruchſtücke ſcheinen immer noch eine Rhomboidalform annehmen zu wollen.

Es leidet kaum Zweifel, daſs dieſe ſchwarzen Bimmſteinkugeln nicht Vulkanen ihre Entſtehung verdanken. Alle ihre Verhältniſſe kommen mit denen einer Feuerwirkung gänzlich überein; und es ſcheint

ich beweisen zu lassen, dass jedes Stück, so wie es jetzt vorkommt, ehedem nicht Theil einer grösseren Masse war, sondern in dem jetzigen Zustande und Grösse gebildet ward. Man vergleiche eine Brodmasse mit diesen Bimmsteinen. Auch im Brodte sehen wir die Hölungen vorzüglich in der Mitte; auch hier sind die grösseren länglich und unförmlich; auch hier werden sie klein und runder am Rande, und zuletzt kaum noch bemerkbar. Oder sind sie am Rande noch beträchtlich genug, um besonders noch auffallen zu können, so folgen sie, wie in den Bimmsteinen, der äusseren Oberfläche desselben. Sollte es nicht erlaubt seyn, so ganz mit einander übereinstimmende Erscheinungen für Wirkungen ähnlicher Ursachen zu halten? Woher aber entstehen die Blasen im Brodte? Sichtlich doch von Entbindung flüchtiger Stoffe durch die Wärme des Ofens. An der Oberfläche finden sie den Ausweg leicht; in der Mitte haben sie den Widerstand einer grossen Masse zu überwinden. Auf ihrem längeren Wege, bey ihrem längeren Aufenthalte, begegnen sie sich leicht, und bilden grössere Blasen, da sie am Rande hingegen ihre Freyheit bald finden; daher sie hier zu der Grösse der Oeffnungen der Mitte nie anwachsen können; ja diese Grösse muss gewissermassen progressiv abnehmen, wie der Widerstand oder die Höhe der Masse. Die feste Substanz wird daher fast ganz gegen die Oberfläche getrieben, um hier durch die vermehrte Cohärenz, wenn die flüchtigen Theile am Rande entweichen, dem Ausgang derjenigen der

Mitte neue Hindernisse entgegen zu setzen. Es ist unleugbar, daſs der schwarze Bimmstein einer solchen Behandlung fähig gewesen ist. Seine Schwärze, seine abfärbende Eigenschaft sind deutliche Spuren des nicht unbeträchtlichen Antheils von Kohlenstoff, der ihm beygemengt ist. Ein flüchtiger Stoff, der leicht schon allein durch seine Entbindung und Combustion die, mit denen des Brodtes so ganz übereinstimmenden Erscheinungen hervorzubringen vermochte.

Geht man unter der Felsenwand weg, welche diese Bimmsteine enthält, so erstaunt man, sie voll länglicher, durchaus senkrecht stehender Hölungen zu sehen. Oeffnungen im Gestein, zuweilen 15 bis 20 Fuſs lang, 5 bis 6 Fuſs breit, welche theils parallel neben einander hin, theils kolbenförmig, unten breit, oben spitz zulaufen, oder auch umgekehrt, ohne Ausgang. Sie verlieren sich zuletzt alle im Gestein. Sie stehen so sehr gehäuft neben einander, daſs man von fern an den Felsen eine Säulenzerspaltung zu sehen glaubt. Und ihre innere Oberfläche ist schwarz, wie mit kohlenhaltigem Rauche bedeckt, wodurch sie sich um so mehr von der gelblichbraunen Hauptmasse des Ganzen auszeichnet. Den Rand dieser sonderbaren Löcher bedecken fast nur schwarze Bimmsteine, und äuſserst auffallend, mit mehr als der Hälfte ihrer Masse im leeren Raum, freyschwebend, und nur die kleinere im Gestein fest, hindert sie am Hinabfallen. Kurz darnach, noch ehe der Eindruck dieser unerwarteten Erscheinung geschwächt ist, erreicht man, höher a der Straſse hinauf, eine, zum nächtlichen Schutz weidender Heerden, in dem Felſen ausgebrochene künſtliche Höle. Statt hier die Phänomene dieſes Pouzzolangeſteins mehr eröffnet zu finden, ſieht man ich von einer mächtigen Schicht ſöhlig liegender, weiſser und blaſsgrauer, ohne Bindemittel locker über einander gehäufter Kalkſteingeſchiebe umgeben. Gegen die Decke der niedrigen Höhle ruht ſöhlig auf ihnen eine Tuffſchicht mit weiſsen Flecken, ohne Kryſtalle, wie der Tuff überall in der Gegend umher. Aber mitten in der Schicht liegt noch eine anſehnliche Menge jener Kalkſteingeſchiebe; ſie werden ſparſamer und kleiner, je mehr ſie ſich von der reinen Schicht der Geſchiebe entfernen; endlich verſchwinden ſie ganz, und dann ſieht man die Tuffſchicht noch 10 bis 2 Fuſs hoch ohne Beymengung. Dann wechſelt ſie mit jenem Pouzzolangeſtein, das noch gegen 80 Fuſs hoch darauf liegt. — Es iſt faſt unmöglich, in dieſer Vermengung der Tuffſchicht mit Kalkſteingeſchieben, n dieſer progreſſiven Abnahme der Geſchiebe an Menge in der Höhe hinauf, es iſt faſt unmöglich, hierin nicht eine Abſetzung nach ſpecifiſcher Schwere u ſehen. Die leichtere Tuffmaſſe iſt überall oben arauf; die ſchweren Geſchiebe bilden die untere chicht. Aber darüber noch ein Geſtein voller Höungen, Schornſteinen ähnlich; voller unbezweifelt ulkaniſcher Produkte, die nur an Dampf, Rauch nd Feuer zu denken erlauben. Und die Hauptmaſſe eyder auf einander liegenden Geſteine iſt doch ſo venig verſchieden! —

Mehrere hundert Schritt weiter erscheinen die Reste des Nasonischen Grabmahls, von denen Zeit und Zerstörung nur einige Spuren der einst beimahlten Kalkdecke zurückgelassen haben. Es war schon zu vermuthen, dass eine, sich Jahrtausende erhaltende Höhlung, in einem festeren Gestein, als in einer Tuffschicht, müsse ausgearbeitet seyn. Es ist fast schwärzlichbraun, uneben von feinem Korn, weich, aber doch von ziemlich starkem Zusammenhalt, voller sehr kleiner Glimmerkrystalle, dem Gestein von Monte Verde sehr ähnlich. Ausserhalb des Grabmals liegt eine wenig mächtige Tuffschicht, dann das Pouzzolangestein in der gewöhnlichen Höhe darauf *).

Diejenigen, welche das Gestein von Monte Verde, daher auch dieses des Ovidischen Grabmahls, für eine ehedem geflossene Lava erklären, würden glauben, alle diese, in so kleinem Raume gehäuften, Sonderbarkeiten sehr glücklich eine aus der andern erläutern zu können. Wie, wenn der Vulkan, der diese Lava ergoss, über sie weg, ehe sie erkaltete, jene Felsen

*) Saussure hat diesen Punkt sehr gut gekannt. Er glaubte hier abwechselnde Feuer und Anschwemmungsbildungen zu sehen, und gegen die Nosische Kritik, wegen Unwahrscheinlichkeit solcher Bildungen, sucht er (*Journal de Physique*, 1794. 360) zu erweisen, dass er sich nicht geirrt habe, das Gestein, in welchem Ovids Grabmahl ausgehöhlt ist, Tuff zu nennen, der sogar Schlacken und schwarze Bimmsteine enthielt. Aber die Feuerbildung dieses Tuffs war geradezu der beweisende Streitpunkt, nicht seine Existenz.

von Bimmsteinstücken geworfen hätte? Die aus der Lava sich entwickelnden Dämpfe sahen sich dann genöthigt, bey ihrem senkrechten Aufsteigen durch eine, zwar wenig feste, aber durch ihre Höhe, Widerstand leistende Masse zu dringen. Sie konnten sich bis zur Atmosphäre nicht hinauf heben, weil sie durch Verlust ihrer Wärme, bey ihrem Aufenthalt in diesem Gestein, zugleich ihre Expansivkraft und Stärke verlohren. Sie blieben als grosse Gasblasen stehen, und setzten sich zum Theil am Rande des Gesteins ab, das sie umgab. Daher ihre stetige senkrechte Richtung; daher die schwarze Farbe des Innern; daher ihre isolirte Lage ohne Ausgang; daher ihr Parallelismus. Und da die Bildung des Travertino, gleichzeitig mit diesen Massen, offenbar das Daseyn einer Seebedeckung der Gegend in dieser Zeit beweist, was Wunder eine Schicht von Apenninengesteinen zwischen diesen vulkanischen Strömen zu finden? Um so mehr, da gerade eben diese Kraftäusserung des Vulcans Ursache der Bewegung des Gewässers seyn konnte, welche nöthig war, um die Kalksteingeschiebe auf einander zu häufen. Auch selbst der Krater dieses grossen Vulkans ist nicht verschwunden. Man darf sich nur umsehen, wie eine Hügelreihe im Kreise diese ganze Gegend umgiebt, und man wird ihn eben so deutlich entdecken, als man ihn bey Borghetto, unweit Civita Castellana, zu sehen glaubt. Denn dass die Tiber und der Teverone diese Gegenden durchströmen, und sich, wie jeder Strom, Thäler ausgehöhlt haben müssen, sind Erscheinungen, die bey dem Ueberblick des Ganzen verschwinden. — Und so ist es denn leicht möglich, sich selbst durch eine consequent scheinende Erklärung zu täuschen; so ist es möglich, Reihen von Begebenheiten für erwiesen zu halten, die zuletzt auf Schlüsse führen, welche der ganzen Geschichte der Formation der Gebirgsarten, wie man sie sich bisher dachte, widersprechen, und die Natur durch die Natur selbst zu widerlegen drohen. Aber bey genauer Betrachtung fällt es in die Augen, wie wenig fest das Princip stehe, aus welchem jene Schlüsse natürlich zu folgen scheinen. Wo ist der Beweis, dass das Gestein von Monte Verde eine Lava sey? Sollte man nicht glauben, dass in fliessenden Massen die Theile Freyheit, Bewegbarkeit, oder, wenn man den Ausdruck lieber will, Feinheit genug hatten, um ein festes, sprödes, mehr cohärirendes Gestein zu bilden, als die weiche, erdige, zähe Gebirgsart des Nasonischen Grabmahls? Und wie soll man ein Gestein zwischen offenbar angeschwemmten Tuffschichten geflossen denken, mit denen sie ausserdem durch eine so genaue geognostische Verwandschaft verbunden sind, in parallelen Schichten mit diesen, — noch mehr, wenn die Fossilien, die es enthält, selbst auf eine Absetzung aus einem, sie schwimmend erhaltenen Gewässer hindeutet? Und wollte man dennoch behaupten, dass die Tuffschicht selbst ein vulkanischer Auswurf sey, so bedenke man doch, dass sie sich nicht bloss über einen kleinen Raum ausgedehnt, sondern söhlig, ununterochen und gleichförmig, mehr als 200 italienische iadratmeilen bedeckt. Eine Wirkung, die man von iem Vulkan doch schwerlich erwarten kann, der unöglich nahe und fern so gleichmäſsig seine Produkte häuft *).

Diese Betrachtungen, die, wenn es nöthig wäre, ne viel weitere Ausführung zulieſsen, scheinen mir nlänglich zu beweisen, daſs an vulkanischen Ideen ieser Art, hier und überall in Roms näherer Gend, gar nicht zu denken ist. Fast noch mehr sieht ian dies durch das Vorkommen dieser Gebirgsart bey astel Guido, gegen Civita Vecchia, bestätigt. In em tiefen Thale vorher ist der Sandstein, das Grundestein aller dieser Höhen, entblöſst. Dann folgt die uffschicht, über sie das Pouzzolangestein, und dann ie dünne Schicht von weiſsen Bimmsteinen, welche nunterbrochen vom Vatican bis hierher fortsetzt. ne Gebirgsart scheint also hier zwischen den andern enau die Stelle einzunehmen, die man ihr, wollte ian sie nach ihrer mittleren specifischen Schwere dnen, anweisen würde. — Gewiſs eine Erscheinung, e nicht übersehen zu werden verdient! — Man kann is Gestein bis zum Abfall der Hügel gegen das Meer i der Gegend von Torrimpietra verfolgen; —

*) Scipio Breislack, der einst die Vulkane mit vieler Kritik untersuchte, führt in seinem schönen Werk von der Solfatara ganz ähnliche Gründe an, um zu erweisen, daſs der Tuff zwischen Nola und Castel a Mare nicht vulkanischen Eruptionen seine Entstehung verdanken könne.

welche andere Kraft aber, als ein allgemein verbreitetes Gewäſſer ohne groſse Bewegungen, hätte dieſe ſöhlig auf einander liegenden Schichten bis zu ſolcher Ausdehnung abſetzen können?

Und ſo erſcheint am Ende eine Ordnung in Lagerung der Gebirgsarten, die man, bey dem erſten Anblick, kaum zu ahnen gewagt hätte; eine Ordnung, die auf dem ganzen beträchtlichen Raume, welchen dieſe Formation einnimmt, immer dieſelbe bleibt, und eben dadurch auf die Allgemeinheit der Urſache, die ſie hervorbrachte, zurückführt.

B a ſ a l t.

Auch die Baſaltformation der Gegend von Frascati und Albano findet ſich in Roms Nähe, gleichſam als ſolle dieſer auſserordentlichen Stadt keine der Formationen fehlen, welche in dieſem Theile Italiens vorkommen. Es iſt ein Hügel, zwey Miglien von der Porta San Sebaſtiano entfernt; den Alterthumsforſchern durch die Ueberreſte des Mauſoleums der Cecilia Metella, der Gemahlin des Craſſus, bekannt; den umherwohnenden Weinbauern unter dem Namen Capo di Bove; — ein Hügel, über welchem ehedem die Appiſche Straſse weglief. — Der Baſalt, den hier, ſeit des alten Roms Zeit, eröffnete gewaltige Steinbrüche entblöſsen, iſt dunkel graulichſchwarz, ſchimmernd, faſt wenig glänzend im Bruche, von der unendlichen Menge kleiner Blättchen, aus welchen er zuſammen geſetzt iſt, ſehr zähe,

ſt von ſehr ſcharfkantigen Bruchſtücken. — Eine
[M]aſſe, die, ſo weit ſie entblöſst iſt, von regelmäſsi-
[ge]r Zerſpaltung keine Spur zeigt. Man ſieht ſie durch-
[au]s mit ſonderbaren, olivengrünen, bis ins Honig-
[g]elbe übergehenden runden Flecken durchzogen, de-
[re]n Natur ganz unbeſtimmbar iſt; denn ſie verlieren
[ſi]ch, ohne ſcharf abgeſchnitten zu ſeyn, in der ſchwar-
[z]en Maſſe des Baſalts. Offenbar ſind es Abſonderun-
[g]en fremder Theile bey der Bildung des Geſteins, die
[u]ns einigermaſsen ahnen laſſen, wie Leucit und an-
[d]ere, dieſer Gebirgsart eingemengte Foſſilien, in ihr
[e]ntſtanden. Häufig ſind in dieſer Maſſe Hölungen,
[D]ruſen, in welchen dieſes grüne und honiggelbe
[F]oſſil in deutlichen Kryſtallen erſcheint. Theils in
[W]ürfeln, theils in rechtwinklich vierſeitigen Säu-
[l]en; mit wenig glänzender Oberfläche. Inwendig
[m]att, nur durch einige fremdartige Faſern wenig-
[g]länzend. Uneben von feinem Korn, oder feinſplit-
[t]rig. Giebt einen graulichweiſsen Strich. Und
[i]ſt weich. Dies iſt das Foſſil, welches La Metherie,
[u]nd nach ihm Fleurieu, Mellilit nannten. Es
[ſc]hmilzt vor dem Löthrohr ohne Zuſatz, etwas ſchwe-
[re]r als Granat, entfärbt ſich, wenn man einzelne
[S]tücke mit Salpeterſäure behandelt, und giebt, als
[P]ulver, mit dieſer Säure eine Gallerte. Es liegt in
[d]en Druſen gewöhnlich auf einem andern graulich-
[w]eiſsen, kryſtalliſirten, glänzenden Foſſil (Pſeu-
[d]o-Sommit), härter als Glas, aber weniger als
[Q]uarz. Seine Kryſtalle ſcheinen ſechsſeitige Säulen

zu ſeyn. Es ſchmilzt ebenfalls ohne Zuſatz zu durchſichtigem Glaſe, und giebt mit Salpeterſäure eine Gallerte, wie der Zeolit. Dann folgen kleine Augitkryſtalle darunter, oder Magneteiſenſteinpunkte. — Der erfahrne Mineralog Fleurieu hat ſich zu zeigen bemüht (*Journal de Phyſique* 1795. *II.* 459), daſs in der That der ganze Baſalt von Capo di Bove nur ein Gemenge aus dieſen verſchiedenen Foſſilien iſt, zu denen noch Leucit hinzukommt. Das iſt auch ſehr wahrſcheinlich; denn ſchon eine mäſsige Loupe zertheilt das, homogen ſcheinende Geſtein, in eine Menge neben einander liegender ſchwarzer und weiſser Punkte, die nothwendig von verſchiedener Natur ſeyn müſſen. — Der Leucit in dieſer Maſſe iſt graulichweiſs, und hat nie eine Spur des aufgelöſten Anſehens, wie in den Geſteinen der Tuffformation. Er iſt ſtets glasglänzend, kleinmuſchlig, faſt durchſichtig, und beträchtlich härter, als jener. Seine Cohärenz mit der Maſſe des Baſalts iſt ſo ſtark, daſs man nie ſeine äuſsere Oberfläche vom Geſtein trennen kann, und daher nur aus dem Profil des durchbrochenen Kryſtalls die doppelt achtſeitige Pyramidenform des Ganzen erkennt. — Auffallend ſind die, nicht unbeträchtlichen Kugeln von klein- und grobkörnigem Kalkſpath, die in dem Mellilit grünlichgrau gefärbt zu ſeyn ſcheinen; weniger durchſichtig, und härter als man ſonſt vom Kalkſpath erwartet.

Dieſer Baſalt dehnt ſich nicht weiter aus, als auf dem Hügel, den er bildet. Jenſeits des wenig enternten Circus des Caracalla, und jenseits der, nach Nettuno führenden Strasse, findet er sich nicht mehr; und nur im Grunde des Thales der Caffarella scheinen davon noch einige Spuren hervorzukommen. — Gegen die Basilica San Sebastiano, den steileren Abfall des Hügels, in einer Vertiefung zwischen dem Mausoleo und einer alten, zerstörten Kirche, sieht man deutlich, wie der Basalt eine mächtige Peperinoschicht bedeckt. Die aschgraue Hauptmasse dieser Gebirgsart umwickelt eine Menge tombackbrauner Glimmerkrystalle, und eine noch grössere von Melaniten und Augiten; jene theils in sechsseitigen Säulen, theils in so kleinen Punkten, dass sie kaum noch erkennbar sind, und nur durch ihre schwarze Farbe sich von der grauen Hauptmasse auszeichnen. — Diese kleinen Krystalle fallen bey dem Zerschlagen des Gesteins hervor, und die innere Oberfläche scheint dann wie mit einer Menge Poren angefüllt, die aber durch ihre regelmässige Form offenbar verrathen, dass sie nicht immer leer waren. — Aber die eckigen, feinkörnigen Kalksteinstücke, die den Peperino von Albano so sehr charakterisiren, sind in dieser Schicht selten, und man sieht davon nur einige wenige von unbeträchtlicher Grösse.

Dieser Basalt wird von allen Naturforschern, die ihn untersucht haben, für eine unzubezweifelnde, hierher geflossene Lava gehalten; und ich bin weit entfernt, der Autorität so vieler einsichtsvoller Männer widersprechen zu wollen, die ohnedem mit starken Gründen unterstützt ist. Es sey mir aber doch wenigstens erlaubt, über die Lagerung dieser Lava einige Betrachtungen anzustellen, welche anzudeuten scheinen, daſs die Beobachtungen über vulkanische Produkte noch bei weitem nicht die Genauigkeit und die Vollständigkeit erreicht haben, welche nöthig ist, um Licht über die mannigfaltigen Verhältnisse zu verbreiten, unter denen sie erscheinen.

Dieser Hügel von Capo di Bove ist der höchste der Gegend; er fällt nach allen Seiten ab. Höhere Punkte findet man hier nicht, und von allen Seiten verschwindet die Lava bald, die ihn bildet. Ist es nicht auffallend, diese Masse so ganz den Gesetzen fliessender Körper entgegen gelagert zu finden? Ist es nicht wunderbar, statt sie die Vertiefungen ausfüllen, sie über alle andere erhobene Hügel bilden zu sehen? Und ist es nicht merkwürdig, daſs nur dieser Hügel allein aus der Lava besteht; daſs es unmöglich ist, einen Fortlauf am Abhange hinab zu entdecken? — In der That ist doch für einen, Lava auswerfenden, Vulkan die, wie es scheint, wenig mächtige Schicht von Capo di Bove ein unwürdiger Gegenstand. Alle Römische Arbeiten zur Zerstörung des Hügels, das von diesen Brüchen durchaus gezogene Pflaster der Stadt, würden gegen das Ganze nicht in Betrachtung kommen; auch würden sie die Höhe des Hügels, und damit noch die Sonderbarkeiten der Lagerung dieser Gebirgsart vermehren.

Alle

Alle bis hierher angeführte Thatſachen beweiſen aher, wie Roms Ebene von fünf Hauptformationen aſammen geſetzt iſt:

I. Aus der groſsen und weitläuftigen Kalkſteinformation, welche ſich faſt ganz auf der Südſeite der groſsen Alpenkette ſcheint zurückgezogen zu haben.

II. Aus der Sandſteinformation, welche ſich, während der groſsen Bildungsepoche der ſecundären Gebirgsarten aus loſsgeriſſenen Maſſen dieſes Kalkſteins, in einer ausgedehnten Hügelreihe erhob. — Dem Monte Mario bis zum Meere hin. —

III. Aus der Baſaltformation, welche den kleinen Hügel von Capo di Bove und die Bergreihe zwiſchen Frascati und Velletri bildet, und die auf dem Monte Cavo eine Höhe von 2860 Fuſs über die Meeresfläche erreicht.

Und aus zwey neueren, aus der Zerſtörung der vorigen entſtandenen, und in dem ruhigen Gewäſſer eines durch die Sandſteinformation eingeſchloſſenen Sees abgeſetzte Formationen; diejenige

IV. des Travertino, welche dem Kalkſtein ihr Daſeyn verdankt, und vorzüglich drey Abänderungen begreift:

a) die Felſen von Tivoli und Ponte Molle,

b) den Travertin von Ponte Lucano,

c) die Maſſen von Lago di Tarta;

d) die obere, allgemein verbreitete, [illegible]
flekige Tufffchicht,

e) das Pouzzolangeftein von Caftel G[illegible]
San Paulo, und dem Sepolcro Na[illegible]

f) die Bimmfteinfchicht des Vaticans.

II.

Monte Albano.

E 2

Nicht ohne Grund betrachten wir, von Rom aus,
t einer Art Sehnſucht, über die todte und wüſte
ene hin, das ſchöne Gebirge des Monte Albano
d die freundlichen Orte an ſeinem Abhange. Wel-
e reizende, nie ermüdende Anſichten in dieſem Ge-
rge! Welche Thäler und Seen, welche Bäume und
äſſer, und welche Ausſichten über Rom weg bis
er das Meer! Die Natur ſcheint hier, unerſchöpf-
h, in jeder Stunde einen neuen Genuſs zu bereiten.
er nie von der Villa Mondragone den Untergang der
onne ins Meer, und ihre letzten Strahlen über die
ldenen Kuppeln von Rom geſehen hat, den erwar-
t vielleicht das glänzendſte Schauſpiel Italiens; wer
e die immer wechſelnde Beleuchtung auf dem Lago
Nemi verfolgte, der ſah vielleicht das Reizendſte
ſer Gegenden nicht. —

So viel Schönheit und ſo viel Leben, in ſolcher
ihe der todten Wüſte!

Sonderbar, daſs wir ſie nur den Vulkanen verdan-
n ſollen. Die Vulkane, ſagt man, haben überall
eſe Berge erhoben; was ſonſt nur Zerſtörung be-
rkt, iſt hier die Quelle des neuen Lebens gewor-
n. — — Wirklich liegen bey den Camaldulenſern,
erhalb Frascati, ganze Hügel von Schlacken, von

Rapilli und Asche über einander, und dort scheint ihre Oberfläche nur erst seit kurzem mit Pflanzen bedeckt. — Aber anders ist es doch in den schönen Thälern gegen den Montelavo hinauf. Ueberall die leuchtenden Glimmerblättchen im Wege, frisch und unzerstört, wie wir sie nicht von Vulkanen gewohnt sind. Und die Felsen von Marino, oder Grotta Ferrata, oder von Albano hinauf, rufen uns gewiss keine Schlacken und keine Feuerströme zurück. Wenn hier einst Vulkane gewirkt haben, so sind doch zu ihnen, um diese herrlichen Berge zu bilden, noch andere, ruhigere Kräfte getreten. Es ist ein Peperino-Gebirge, wenn wir es nach seiner allgemeinsten und ausgebreitetsten Gebirgsart betrachten. Die Basalte treffen wir nur unvermuthet hier und dort, niemals in ausgezeichneten Bergen, sondern nur immer am Fuss des Gebirges, oder in den Tiefen der Thäler, und auf geringer Erstreckung. Andere Gesteinarten nur als einmal, und nur hier vorkommende Erscheinung.

Es ist leicht, den Peperino vom Tuff zu unterscheiden. In jenem ist fast alles frisch, vollkommen und unzerstört, glänzend; in diesem matt, todt und zerstört. Jener scheint mehr einem Porphyr ähnlich; dieser Sandsteinen und ähnlichen zusammen geführten Schichten. — Auch sind hier die Berge von Peperino von ganz anderer Erstreckung, als die Tuffhügel bey Rom. — Die wackenartige Hauptmasse ändert selten ihre aschgraue Farbe; so hell ist bey Rom der Tuff fast niemals. Im Bruch ist sie feinerdig, oder uneben von sehr feinem Korn, und weich; der Tuff hingegen

ast zerreiblich. — Glimmerblättchen in ganz unglaub-
icher Menge durchziehen die Maſſe in mancherley For-
nen. Theils als einzelne Blättchen, dunkelſchwarz,
uch ſelbſt an den Kanten ohne Spur von Entfärbung
der von metalliſchem Glanze; theils, und äuſserſt
äufig, in länglichen Maſſen von einigen Zoll Durch-
ieſſer bis zur Gröſse von Kanonenkugeln; eine Samm-
ing von Blättchen, mit Augitkryſtallen gemengt,
nd oft mit magnetiſchem Eiſenſtein. Die Glimmer-
ättchen im Tuff haben wohl nie ihre urſprüngliche
hwarze Farbe und ihren Glanz erhalten. — Weniger
äufig ſind im Peperino Leucit und Augit. Deſto mehr
eine, eckige, weiſse Stücke in groſser Zahl. Ein
cht auszeichnendes Gemengtheil für dieſe Gebirgs-
t. Gewiſs würde man ſie bey dem erſten Blick nicht
ir das, was ſie ſind, für körnigen Kalkſtein, an-
hen. In gröſseren Stücken iſt es doch deutlich. Sie
hlen faſt nirgends, und fallen zwiſchen den dunkel-
färbten Foſſilien vorzüglich auf. — So iſt der Pepe-
no bey Frascati, bey Grotta Ferrata und Ma-
no; Hügel von vielen hundert Fuſs hoch, durch
eitläuftige Steinbrüche entblöſst. — Wer würde
nem ſolchen Geſtein einen vulkaniſchen Urſprung
trauen? Wer würde nicht glauben, in ihm die be-
ndige Zuſammenſetzung einer noch nicht beſtimm-
n Gebirgsart der Trappformation zu finden? —

Ein ſonderbares Phänomen tritt ſchon zwiſchen
rotta Ferrata und Marino hervor, mehr noch
n Marino gegen Caſtello, und völlig überraſcht
uns bey Caſtello ſelbſt und in den Umgebungen

des tief umschlossenen Sees. Grosse Basaltmassen, wie Geschiebe, erscheinen plötzlich im Peperino, theils abgerundet, theils mit eckigen Kanten. Zuerst wenige, dann aber in ungeheurer Zahl, von einigen Pfunden bis zu vielen Zentnern hinauf. An den Abhängen der Thäler über Marino, wo der weichere Peperino zwischen dem festeren Basalt leicht weggeführt wird, sind die Wände und die Strassen einem Pflaster gleich; und gegen den Lago di Nemi scheint oft die ganze Felsmasse, der ganze Peperino selbst, nur eine Zusammenführung solcher eckigen Stücke. — Es sind nicht etwa Basaltmassen von einerley Natur, oder von der Art, wie er bey Frascati hervorkommt. Vielmehr eine, kaum zu übersehende Mannigfaltigkeit in seiner Zusammensetzung. Entweder schwarz gleichförmig durch das Ganze, mit ungewöhnlich vielen glänzenden, lauchgrünen Augiten, und mit wenigen kleinen, blass weingelben Leuciten, weniger glänzend als die Leucite im Basalt von Capo di Bove. Oder innig durchzogen mit weissen, auch schon dem blossen Auge erkennbaren Puncten, die nicht Leucit scheinen; einige Leucite darin und grüne Augite. Oder grünsteinartig, durchaus schimmernd im Bruch, mit vielen, aber nur ganz kleinen Augitkrystallen, und mit vielen ganz kleinen, aber wenig erkennbaren Poren. — An den steilen Abhängen des tief kesselförmigen Lago di Nemi werden diese Massen ungeheuer, von 60, ja wohl von mehreren hundert Zentnern. Und niemals frey; immer noch mit einer Seite in der Masse des Peperino festsitzend. Woher doch diese Felsen mitten im porphyrähnlichen Gestein? — denn die umgebende Masse ändert sich nicht. Auch am Lago di Nemi, zwischen den Blöcken, ist noch immer die Menge Glimmerkrystalle, noch immer eben so frisch und eben so glänzend, und die ganze Gebirgsart ist auch hier geschichtet, wie bey Marino, bey Frascati, oder am See von Castello. — Noch mehr — fast mit den Basaltblöcken zugleich häufen sich die Massen von körnigem Kalkstein. Fast immer länglichrund; aber, vorzüglich bey Castello, ansehnlich groſs. Der Kalkstein ist blendend weiſs, und oft mehr als kleinkörnig, dem parischen Marmor fast gleich. Häufig mit eckigen Löchern, inwendig drusig, wie der kleinkörnige Kalkspath auf mächtigen Gängen. Phosphorescirend, wie der Kalkstein am Vesuv. — So sind diese weissen Blöcke, abwechselnd mit den schwarzen, festen Basaltblöcken, in ungeheurer Menge, vorzüglich an der Nordseite des Lago di Castello. — Und doch fast nicht eins am Lago di Nemi, wo doch die letztern so auffallend in Gröſse und Zahl sich vermehren. — Was nun? — Wo ist hier die Gleichförmigkeit in der Zusammensetzung des Peperino geblieben? Was bey Frascati und bey Marino so beständig schien, ändert sich hier fast unaufhörlich. In einem Gestein, in welchem wir glauben, daſs sich Krystalle gebildet haben, und so sehr viele, erscheinen ganz unerwartet Blöcke, die uns ganz andere Kräfte zurückrufen. Und doch sind sie auch hier nicht, wie in Conglomeratschichten. Solche Massen hat man wohl selten in Conglomeraten gesehen, und dann doch auch nicht in solcher Menge. — Dann stehen auch Berge nahe umher, von ähnlicher Natur. Und das ist doch hier so ganz nicht. Der Basalt nur in der Tiefe; der körnige Kalkstein nirgends anstehend. — — Aber die beyden, tief umschlossenen Seen, sind, ihrer Form wegen, zwey ganz unläugbare Kratere. Aus ihnen sind diese Blöcke heraus geworfen. Das ist freylich die lebhafteste Idee, und sie scheint einfach und nothwendig, wenn man diese Gegenden nur mit Erinnerungen an Vulkanen betritt. Wenn nur beyde Seen nicht selbst im Peperino eingesenkt, und die Massen, die grossen Blöcke nicht auf der Gebirgsart, sondern mitten darin von ihr umgeben wären. — Gewöhnliche vulkanische Produkte, Schlacken, Rapilli, Lavenströme sind bey diesen Seen überall nicht. — — Und die bindende Masse der Blöcke, der Peperino ist, ohne diese, in allen, auch in den Lagerungsverhältnissen, dem bey Frascati so gleich, so unmittelbar mit ihm zusammenhängend, dass es unmöglich scheint, seine Entstehung von verschiedenen Ursachen herzuleiten, deren eine bey Nemi, die andere bey Albano, Castello, oder Frascati gewirkt haben soll. Für die weit verbreitete Gebirgsart müssen wir nothwendig eine, eben so weit sich ausdehnende Ursache auffinden. Denn Peperino ohne Kalkstein und Basaltblöcke ist, geognostisch, durchaus nicht vom Peperino mit solchen Blöcken geschieden. —

Der Basalt liegt unter dieser Gebirgsart. Er kommt in einem Thale heraus, das von Rocca di ıpa ſich gegen Marino herabzieht, unweit der ›ntana del' acqua tepidula. Graulichſchwarz, ıeben von feinem Korn, im Sonnenlicht ſchimernd, mit ſchwärzlichgrünen Bändern durchzogen, :nig kleine, friſche Leucite darin, und hin und eder ſchwärzlichgrüne Augite zerſtreuet. Aber nirnds iſt er von langer Ausdauer. Im Thale hinauf ſcheint der Peperino überall wieder mit einer :oſsen Menge jener Glimmerkugeln, aber ohne löcke, bis zu dem ſonderbaren Ort Rocca di Papa inauf. Hier, an dem freyen, faſt ſenkrechten Feln, hängen die Häuſer, Dach auf Dach, bis oben ım Gipfel. Der einzige Heraustritt aus dem Hauſe : auf die Treppe im Felſen, oder auf das Dach des achbars. — Solche Felſen kann der weiche Peperino .cht bilden. —

Es iſt ein ſehr feſtes Geſtein, faſt durchaus ein ines Gemenge von Leucit und Augit; ſelten ıtdeckt man et[illegible] von einer Grundmaſſe; und doch ı wenig, um von ihr nähere Kennzeichen zu beimmen. Die Leucite klein, ſehr klein, und bis ır unbemerkbaren Gröſse; deutlich kryſtalliſirt, aber röſstentheils mehlig, ſelten glänzend. Der ſchwärzch- und lauchgrüne Augit in gröſseren und längchen Kryſtallen, wenig glänzend, aber nicht häuger. Ein ſonderbares Geſtein! Es iſt überall von ckigen Poren durchzogen, und bildet nicht nur dieen Felſen, 2180 Fuſs über die Ebene von Rom, 360 Fuſs über Frascati, ſondern, wie es ſcheint, ıuch den gröſsten Theil von Monte Cavo ſelbſt. —

Bis fast oben hin, gegen den Gipfel, liegen davon noch Stücke zerstreuet. Das wäre eine Masse von mehr als tausend Fuss Höhe. Denn Monte Cavo, der höchste Gipfel des ganzen Gebirges und der ganzen Gegend umher, steht 2860 Fuss über die Ebene von Rom, 2930 Fuss über das Meer. — Eine hohe Warte, die weit in das Meer hinein sieht, von Civita Vecchia bis zum steilen Vorgebirge der Circe. In der Ferne steigen die felsigen drey Ponza-Inseln auf, und in heiteren Abenden selbst Corsica. — Tief unter den Füssen der schöne See von Castello und der runde, tiefeingesenkte Lago di Nemi. Nach dieser Seite hin scheint der Monte Cavo fast senkrecht, und von da aus ist er vielleicht nicht zu ersteigen. — Oben auf dem Gipfel ist, neben dem Kloster, eine kleine Ebene; man will auch sogar dort noch Spuren eines Kraters auffinden. —

Ganz anders ist die kleine Bergreihe zwischen Frascati und Rocca di Papa, und die Hügel zu den Camaldulensern hinauf. Bis zur Villa Mondragone erscheint noch hin und wieder Basalt; aber von dort nach dem Kloster ist nirgends festes Gestein. Nur Stücke, wie Schlacken, die nur aus grossen und kleinen Löchern scheinen zusammengesetzt zu seyn. Die feste Masse ist ganz matt, auch selbst im Sonnenlicht; uneben von feinem Korn. — Eben solche Stücke liegen auf dem Abhange gegen die Acqua tepidula. Leucite sind häufig darin; aber oft nur mit zwey Seiten fest, die übrigen frey in der Hölung. Und Glimmerblättchen in der Länge der Blafen, zwar glänzend, allein metallifch; von einer Mittelfarbe zwifchen meffinggelb und kupferroth. Nie fchwarz, wie der Glimmer im Peperino. Ja, häufig find längliche Blättchen, die nur mit der Endkante im Grunde der Blafe feftfitzen, und mit der dünnen übrigen Hälfte frey fchweben. So bildet fich kein Glimmerkryftall weder in folcher Lage, noch mit ähnlichen Farben. — Allemal entfteht das Meffinggelbe des Glimmers aus dem fchwarzen durch Austrocknung, fo wie das Silberweifse durch Feuchtigkeit. — Diefe Schlacken find zuverläfsig unmittelbare Feuerprodukte. —

Noch merkwürdiger werden die Erfcheinungen im Garten der Mönche. An einem kleinen Abfturz fenkt fich gegen Nordweft, mit 30 Grad Fallen, eine fehr regelmäfsige Schichtenfolge. Unten jene Schlakken, wie es fcheint. Dann eine 4 Fufs mächtige Schicht bräunlichfchwarzer Rapilli, wie am Vefuv; hafelnufsgrofs; durchaus porös und fchwammig. Aber doch fehr kleine, erkennbare Leucite in den feften Wänden, mit Streifen durch die Schicht, die nach verfchiedenen Richtungen hin wechfeln. Dann eine 3 Fufs mächtige Schicht von hellbraunen Rapilli, die Stücke oft fogar ockergelb und bis hünererygrofs; fo grofs werden fie in der unteren fchwarzen Schicht nie. Dann eine gleich mächtige Schicht, auch von ähnlichen Rapilli, nur kleiner; aber dazwifchen viele beträchtliche Stücke jener Schlacken, alle mit ihrer gröfseren Ausdehnung in der Richtung der Schicht. Dann zwey Fufs mächtig schwarze Rapilli, mit braunen und gelben vermengt. Dann ganz feine Schichten, wie Asche. Dann endlich vier Fuss hoch Dammerde und Trümmer alter Römischer Gebäude. —

Auf der Seite des Ansteigens ist aber die unterste, schwarze Rapillenschicht, nach einiger Zeit völlig abgeschnitten und verschwunden. Dann folgen die braunen, mit Basaltstücken gemengt, bis unter die Dammerde. — Solche Rapilli sind vulkanische Auswürfe; und diese Folge in Schichten über einander, und doch so unregelmäsig in der Erstreckung; und diese Trennung der Farben macht es fast mehr als wahrscheinlich, dass diese Produkte unmittelbar vom Vulkan auf ihre jetzige Lagerstätte hingeworfen sind. — Dann sollte sich doch der Vulkan selbst in der Nähe leicht finden. — Vielleicht findet er sich auch; aber wie wenig kennen wir doch bis jetzt dies merkwürdige und schöne Gebirge! —

Und die Lavenströme? Hat man doch keinen Beweis, dass hier die Basalte nicht Theile solcher Ströme seyn können. Wenigstens ist dem weder ihre Lagerung, noch ihre Masse entgegen. —

Und wenn es in der Gebirgslehre erlaubt wäre, durch Hypothesen dem ruhigen Gange der Beobachtungen vorgreifen zu wollen, so könnte man von solchem Vulkan auch die ganze Entstehung des Peperino herleiten. Als wiederholte Aschenausbrüche, die, auf ansehnlicher Ferne verbreitet, ins Meer fielen, und sich hier ebneten. Mit ihnen wurden die Massen aus dem Innern geworfen, die

:tzt vom Peperino umhüllt werden; die Bafalte, ie Kalkfteine. Dafs Glimmer unverfehrt ausgewor- m werden kann, beweifen die vielen Glimmerge- eine am Abhange des Vefuvs. — Diefe Glimmer, ie Kalkfteine würden uns einige Ahnung vom Sitz es Vulkanheerdes geben. — Doch erklärt auch diefe ınficht noch nicht fehr vieles; aber befriedigender :heint fie zu feyn; als die Meinung der Entftehung es Peperino als eine Art Porphyr, und doch zu- leich als Conglomerat mit fo gewaltigen, in andern 'onglomeraten nie vorkommenden Blöcken. —

Höhenmessungen im Albanogebirge,

nach

correspondirenden Beobachtungen des Abbé Scarpellini auf der Specola Caetani zu Rom.

	Ueber Rom.	Ueb. das Meer
Fontana Clementina am Fuss des Gebirges	210,7 Fuss.	282 Fuss.
Villa Conti zu Frascati . .	819,5 -	890 -
Cappelle auf der grossen Höhe des kleinen Gebirgarms zwischen Frascati und dem Thal der Acqua tepidula	1070,9 -	1142 -
Fontana Farnese unten im Thal	950 -	1020 -
Rocca di Papa, Spitze des Felsens	2180 -	2251 -
Monte Cavo - Kloster	2860 -	2931 -
	2810 -	2881 -
Capuziner - Kloster über dem See von Castello	1456 -	1527 -
Niveau des Sees von Castello	882 -	953 -
Castello piazza	1198,7 -	1210 -
Marino fontana di Sotto . . .	879 -	950 -
Marino piazza	929,8 -	1021 -
Fontana Colonna, Fuss des Gebirges	459,4 -	530 -
Madonna del Monte Mario über Petersplatz	350,4 -	381 -
Villa Mellini, grösste Höhe des Monte Mario	400 -	431 -

III. Neape

III.

N e a p e l.

I n h a l t.

F 2

1.

Neapel.

Am 19ten Februar 1799 sahe ich Neapel und den esuv zum erstenmale. Ich vergesse den Eindruck icht. Es war ein schöner Frühlingsmorgen. — Wir hatten Capua fast mit Tagesanbruch verlassen, nd die Fläche, über die wir der Hauptstadt zurollen, das Leben der Menschen, die mit schwerbelaenen Lastthieren neben uns eilten, ihre Früchte or dem heraufrückenden Tage zu verkaufen, — ie fleissigen Arbeiter, die in den Spitzen der Papelwälder zu beyden Seiten des Weges den Wein on Baum zu Baum führten, — eine fröhliche Saat nter ihrem wohlthätigen Schatten; — in der Ferne livengebüsch an dem heraufsteigenden Apenninenbirge — alles rief uns beruhigend zu, dass wir e Zaubergegend der campanischen Gefilde betreten, e Gegend des Garigliano, über die eine feindlige Macht zu herrschen scheint, jetzt verlassen itten. Ein dünner Nebel bedeckte in Süden den orizont. — Plötzlich vor Aversa verschwand , — und erhaben stand sie vor uns, die doppelte pitze des ewigbrennenden Vesuvs. — Ein unwillührlicher Ausruf: Da ist er! war mir die erste Virkung des nun erfüllten, so oft getäuschten Verlangens. — Die Oeffnung des ſchwarzen, nach der See hin ſich neigenden Kraters ſtieg über den Somma hervor. Aus ſeiner Mitte ſahen wir kleine Rauchſäulen ſich erheben, die über ihn zuſammenfloſſen, und in der Höhe als eine lichtweiſse Wolke ſich auf den Seiten verbreiteten. — Ein prächtiger Anblick! — Die Wolke ſtand hoch, und ſchien den groſsen Berg mit dem Himmel ſelbſt zu verbinden. — Bald aber entzog uns der dichte Pappelwald und die faſt fortlaufende Häuſerreihe dieſe neue, ſchöne Erſcheinung. Immer lebhafter ward die, gerade dem Meere zulaufende Straſse, und ehe dieſe unendliche Mannigfaltigkeit uns Zeit lieſs, es zu vermuthen, fuhren wir an einer groſsen Tuffwand hinab, und ſahen uns auf der Höhe vor dem prächtigen Fontanaschen Palaſt, die Studien. —

Hier, mein Freund, hier erſt ward es mir lebhaft und eindringend, wie nahe ich dem Vulkan seyn müſſe. In der That ſieht man von dieſer Höhe vor ſich das Gewimmel von mehr als zwanzigtauſend, Kopf an Kopf gedrängten Menſchen, in der ſchnurgeraden, ſechstauſend Fuſs langen Straſse Toledo, — ſieht man, wie, ungeachtet der ängſtlichen Anſtrengung, jeder Einzelne durch Kutſchen, Wagen und Pferde, durch die Menge der mit reichen Früchten ſchwerbeladenen Eſel; durch die Reihen hoch aufgehäuſter Brod-, Orangen- und Fleiſchtiſche, oder mit Citronenbergen beſetzten Waſſerſchenken ſich nur langsam und mit Mühe fortdrängen kann, — ſieht man, wie Sprache den Ausdruck des Körpers nur zu unterſtützen ſcheint, — wie Bewegung hier Sprache iſt, — wie ſollte man dann nicht an das unbekannte, geheimnißvolle Feuer erinnert werden, das wir überall nur in ſeinen Wirkungen kennen, aber dieſe auch faſt überall ſo unerwartet antreffen?! — . .

Ich eilte nach St. Lucia am Ufer des Meeres, um mich durch unmittelbare Anſicht von der Nähe des großen Gegenſtandes zu überzeugen, in deſſen Wirkungskreis ich mich zu ſeyn dünkte. Aber — ſo vorbereitet ich ſeyn mochte, ſo übertraf doch meine geſpannte Erwartung bey weitem, die Majeſtät, mit welcher ich den Koloſs hinter dem Palazzo Reale plötzlich aus dem Spiegelgewäſſer des Golfs ſich hervorheben ſahe. — Unten — die Fülle des Lebens, Haus an Haus gedrängt in unabſehlich fortlaufender Reihe; Orangen- und Citronenwälder darüber und reiche Weingärten. Dann bis zu den Wolken die graue, dürre Kegelſpitze des Berges, die der große Somma umfaſst, der weit gegen Neapel hin ſeinen Fuſs in die Ebene fortſetzt. Der ungeheure ſchwarze Krater öffnet ſich drohend gegen die Stadt. Dünne weiſse Rauchſäulen ſteigen in gewaltiger Höhe aus ſeinem Innern herauf, und ſchwarze Lavaſtröme ergieſsen ſich von allen Seiten über den reichen, fruchtbaren Abhang. — Ich ſahe deutlich den fürchterlichen Strom, der 1767 Neapel ſelbſt zittern machte, wie er, aus einer Kluft hervor, ſich über die Fläche verbreitete. Ich ſahe den gewaltigen Strom, der Torre del Greco zerſtörte, und die große furchtbarſchwarze Lavaebene zwiſchen dem Somma und dem

und die schönen Berge jenseit des Golfs, an
Füſs Caſtell a Mare, Vico, Sorrento gl
weiſs herüberſcheinen, ſehen gegen die ge
Veſuvmaſſe nur Hügeln gleich. — Nie ha
dieſen Weg vom Palazzo Reale über St.
betreten ohne das ſtets erneuerte Gefühl v
wunderung und Erſtaunen bey dem Anblick d
ges von hier über das belebte Gewäſſer herüb
faſt täglich ſuchte ich dieſe Gegend, in welc
lärmende Getöſe der fiſchverkaufenden Lazaro
den groſsen Eindruck des Veſuvs nicht zu b
vermag. — —

Ich vorfolgte das Ufer des Meeres. Vor m
kühn das Caſtell dell' Ovo aus dem C
herauf. Gegenüber fiel der Felſen von Piz
cone ſenkrecht herab. Die dem Felſen abgew
Straſse drängt ſich unter ihm fort. — Hinter i
eine ganz veränderte Anſicht. Steigen Sie de
mit mir hinauf, um das prächtige Schauſpiel i
ganzen Gröſse zu faſſen. — Die groſse Bergr
Poſilips, dem Fels gegenüber, dehnt ſich

Blühende Mandelbäume, Palmen, Feigen, Agaven, Orangen, Citronen; zwischen dieser unendlichen Farbenabwechselung das blendende Weifs der zierlichen Häuser. — Eine grofse Ruine am Fufse der Hügel in das Wasser hinein, gewährt dem in dieser Fülle des Reichthums fast ermüdenden Auge einen Ruhepunkt, der fast in jeder Stunde des Tages durch die darauf fallende Zauberbeleuchtung seine Ansicht verändert. Und den prächtigen Bogen, mit welchem das Ufer des Meeres an der Chiaja sich gegen diese Hügel hinwendet, sahe zum erstenmale ohne Ueberraschung noch niemand.

Der Felsen von Pizzi Falcone steigt sanft bis zu den schwarzen Mauern des Castel S. Elmo, dem höchsten Punkte der Gegend, herauf, und eine neue Hügelreihe, an welcher ein neuer Theil der Stadt sich übereinander erhebt, verbindet in fast scharfer Wendung dieses drohende Schlofs mit der Posilipreihe. — Das brausende Leben in Toledo ist in diesem so wunderbar schön umgebenen Kessel zur Ruhe gekommen. Auf dem ebenen Meere schweben die Fischerböte leicht, mit kaum merkbarer Bewegung. Am Ufer sehen Sie eine, mühsam nach Erwerb rennende Menge nicht mehr. Es sind Menschen, die Erholung suchen in der, von dem weiten Meereshorizont und der, prächtig aus dem Meere hervorsteigenden Insel Capri herströmenden reinen und heitern Luft. Sie sehen hier die Lazaroni in mannigfaltigen charakteristischen Spielen begriffen, und bemerken darüber ihre Armseligkeit, ihre Eigenthumslosigkeit nicht. Nur geniessende Menschen allein kommen in die Ebene der Chiaja hinab, und die vom Posilip mit jenseitigen Früchten für den Markt in Toledo hereinkommenden Landleute eilen schnell darüber weg. —

Welcher Contrast mit dem ersten Eintritt in Rom! — Die dort herrschende Majestät und Pracht ist todt, wie die Vulkane, die es umgeben. — Schon von den toskanischen Gränzen an sehen Sie Dörfer nur sparsam im wenig bebauetem Lande. Die Menschen, in grossen, durchlöcherten Mänteln versteckt, stehen leblos auf den Märkten, Bildsäulen gleich, und nur das rollende, Ihnen argwöhnisch folgende Auge verräth Ihnen das innere Feuer, das bey dem leisesten Aufrühren hervorzubrechen droht. Ihr Aeusseres scheucht jede Freude zurück, und kaum trauen Sie ihnen zu, dass jemals eine frohe Empfindung in solchem Körper gewohnt haben könne. — Aber hinter Viterbo verlieren Sie den Anblick auch dieser armseligen Orte fast gänzlich. Eine pestilenzialische Atmosphäre vertreibt den Landmann und die Kultur. Dürre Kräuter steigen zwischen den Basaltblöcken und an den Tuffwänden hinauf, und bedecken den Erdboden kaum. Das ermüdete Auge schwebt trostlos in der grossen Fläche umher, und findet nirgends einen Ruhepunkt eher, als nur erst am entfernten Abhang des schöngefärbten Apenninengebirges. Eine hier zugebrachte Nacht, oder eine wenigstündige Ruhe in dieser Gegend, legt unwiederbringlich den Keim zu einer fürchterlichen, nur fünftägigen Krankheit, die sich, ohne gewaltsame Mittel, schnell mit dem Tode endigt.

Und doch blüheten einst hier Veji und Fidenä, Volsinium und Falerii. — Endlich erreichen Sie das Ufer des Tibers. Die Peterskuppel ist hinter dem Monte Mario erschienen, und die unendliche Menge der kleineren Kuppeln im Grunde geben Ihnen frohere Aussichten. Aber das gelbe, trübe Gewässer des Flusses und die dürren, pflanzenleeren Hügel umher unterstützen Sie nicht. — Zwischen zwey Mauern zur Seite sehen Sie das Thor der Herrscherstadt am fast unabsehlichen Ende der Strasse sich öffnen. Ihre Ungeduld wächst, je mehr Sie diesem so lange erwarteten Ziele sich nähern; je weniger die Gegenstände zur Seite Ihre Aufmerksamkeit zu fesseln vermögen. — Sie treten hinein. — Gewiss, dieser erste Anblick ist gross und erhaben. — Drey endlose Strassen, die im prächtigen Obelisk sich vereinigen; die Spitze des Capitols in der Ferne; zwey Tempel im Vorgrunde, auf denen wohlgefällig das Auge ruht; — so empfängt Sie keine gewöhnliche Stadt. — — Aber, von jenseits der Alpen kam beynahe noch niemand nach Rom, der in den ersten Augenblicken seines Dortseyns sich nicht verwundernd gefragt hätte: Bin ich denn wirklich in Rom? — Man eilt zur Peterskirche, — auf das Capitol, — in das Coliseum, — nach dem Lateran; — und immer noch schwebt die Frage auf den Lippen — bin ich in Rom? —

Ein Blick von der Höhe der Studien in Toledo hinab, und lebhaft ist es mir: ich bin in Neapel, — ich bin am Vesuv! — —

2.

Der Krater.

Ich bin oben gewesen. — Glauben Sie nicht, ich könne Ihnen jetzt den feinen Zusammenhang aller wunderbaren Phänomene entwickeln, die von hier aus scheinen über die herrliche Fläche sich zu verbreiten. — Wer in die Peterskirche tritt, begreift den grossen Geist des Baumeisters nicht, der diesen einzigen Tempel zu schaffen vermochte. Wir ahnden ihn, wir sehen ihn überall, aber wir fassen ihn nicht. — Betrachten Sie Jahre lang diesen Vulkan; durchspähen Sie jeden Winkel seines Abhanges. — Oft glauben Sie dem Punkte nahe zu seyn, in dem alle diese Erscheinungen zusammenlaufen; aber bald darauf sehen Sie ihn von sich entfernter als je, und fast halten Sie ihn endlich dem Kreise gegenwärtiger Naturgesetze gänzlich entrückt. —

Ich habe den Krater gesehen; ich bin hinuntergestiegen; aber ich habe von dort nichts gebracht, als einen heiligen Schauer, der mir das wunderbare Gewebe von Ursach und Wirkung nicht tiefer enträthselt. —

Der Berg, als ich ihn bestieg, rauchte nach dem heftigen Regen der vorletzten Tage mehr als gewöhnlich. Die aus dem Innern wirbelnd sich hebenden und schnell wieder versinkenden Wolken hielten meine ganze Aufmerkſamkeit auf ſeine Spitze geheftet. — Ich hielt mich deswegen bey den Lavaſtrömen nicht auf, deren öde Verwüſtung ſchrecklich kontraſtirt mit der Fülle umher, — nicht bey der erhebenden Ausſicht vom Eremitenhauſe über Neapel, die Inſeln und das Meer, — nicht in der fürchterlichen Wildniſs zwiſchen dem Somma und dem Veſuv, die alle Schrecken des Vulkans in ſich zu vereinigen ſcheint; — und leicht ward es mir, den ſteilen Abhang des hohen Kegels zu erſteigen, deſſen Gipfel man ſonſt um ſo mehr ſich zu entfernen glaubt, je angeſtrengter man ihn zu erreichen ſucht. Denn der Fuſs, den man mit Vorſicht ſetzt, ſich un ſo höher an der jäh aufſteigenden Fläche zu heben, weicht ſchnell in der lockern Maſſe der zermalmten Lava zurück, und jeder Schritt weiter hinauf erfordert eine erneuerte Kraft. — Und ſieht man ſich dann in ſchwindelnder Höhe über das ſchwarze Lavameer unter dem Somma, ſo ſcheint der Gipfel kaum erſt zur Hälfte erſtiegen zu ſeyn. —

Iſt es aber möglich, einen ähnlichen, einen erhabenern Standpunkt zu finden, als den, wenn Sie den ſcharfen, kaum fuſsbreiten Rand nun wirklich betreten? Ueber die Berge, über Neapel, über die hinter einander hervorſteigenden Inſeln ſchwebt der Blick weit in das Gewäſſer hinein, und verliert ſich in des Meeres Unendlichkeit. — Der lebhafte Golf von Neapel liegt ausgebreitet zu den Füſsen, und tief am Horizont ründet ſich ſchön der Buſen von Gaeta. — Berg auf Berg thürmt ſich der Apennin am Ende der reichen, herrlichen Fläche, in der Aversa, Capua, Caserta glänzend sich heben aus der unzählbaren Menge umherliegender Orte. — Ein Blick umfaſst die schönste Gegend Italiens. —

Sie wenden sich um — — und Sie sehen nichts mehr, als unter sich den bodenlosen Abgrund des schrecklichen Kraters. Von allen Seiten dampfen die Fumarolen aus den traurigen, öden Wänden hervor, und steigen über den Rand als gewaltige, sich schnell folgende Wolken, mit denen Sonne und Wind mannigfaltig ihr Spiel treiben. Sie sehen, wie von den steilen Abhängen ungeheure Massen in die Tiefe gestürzt sind, — wie andere scheinen ihnen sogleich nachstürzen zu wollen. — Wir stiegen an der innern Wand in den lockern Trümmern hinab, und erreichten bald einige Fumarolen, die sich mit Gewalt aus dem Staube hervordrängten. Ihr Dampf war weiſs, und hatte einen leichten Geruch von Salzsäure, wie es mir schien, aber gar nicht von Schwefel. Ich konnte ihn leicht athmen, ohne Gefühl von Erstikkung, ja sogar noch, als ich mich hinab gegen die kleine Höle neigte, welche die Gewalt des Dampfes in der lockern Materie sich ausgeworfen hatte. Er kam vom Rande, seitwärts, nicht von unten, und ohne besondern Kanal, allenthalben zwischen den kleinen Trümmern von Laven, Augiten und Leuciten hervor. Ich hielt ihn für Wasserdampf. — Ein senkrechter Absturz, vielleicht mehr als hundert Fuſs hoch, hinderte uns endlich, tiefer hinab gegen den Boden zu steigen. Eine wüthende Fumarole, die grösste des Kraters, aus dem Abgrunde unter unsern Füssen herauf, umgab uns für Viertelstunden-Dauer mit dicker Finsterniss, und nur wenige Minuten lang hatten wir frey, die Schrecken um uns her zu betrachten, wenn sich der Dampf durch Wind und die Wärme der hochstehenden Sonne zerstreuete. — Dann sahen wir den Boden. — Er schien ganz eben zu seyn, und war durchaus mit Schwefel, wie mit grünem Moose bedeckt. Kleine Fumarolen stiegen mit Gewalt allenthalben hervor, und bildeten dicke Schwefelstreifen am Boden. In der Mitte sahen wir eine gewaltige runde Oeffnung; mehr gegen Norden zwey längliche, mit einander verbundene. Sie rauchten und dampften gar nicht. Nahe der Wand gegen die Meerseite drängte sich eine andere grosse Fumarole hervor; eine fast unzählbare Menge kleinere an den jenseitigen Wänden bis oben hinauf; — und in den tiefen Schlünden an der Nordseite liessen uns die dick aufsteigenden Wolken noch andere vermuthen. Einige schienen auch nur Wasserdämpfe zu seyn. Andere streiften am Boden des Abhanges hin, und bezeichneten ihn mit einem schrecklich-schönen, brennend-oraniengelben Streif Schwefel. — — Unaufhörlich rollten von der hohen Nordseite kleine Steinchen in die Tiefe hinab. Dies geheimnissvolle Rauschen und das Zischen der Fumarolen ist das einzige Geräusch dieses von allem Lebendigen geflohenen Ortes. — Ein fünffach wiederholendes Echo scheint eine gleiche Anzahl Dämonenstimmen zu seyn. — — Schaudernd und schweigend stiegen wir zum Rande des Kraters wieder hinauf, und senkten uns schnell den Abhang des Kegels in der rollenden Asche hinab. — Bis tief am Kegel herab schallte noch dumpf jeder Hammerschlag auf den herausgeworfenen grossen Lavablöcken vom Boden zurück. — —

3.

Bocche nuove.

Siebenmal hat schon die Lava des Vesuvs die reiche Stadt Torre del Greco zerstört, und doch steigt sie auf das Neue schöner wieder aus ihren Trümmern hervor. Die kleinen Kratere, aus welchen die Lava über die Stadt sich in das Meer gestürzt hatte, waren noch nicht zur Ruhe gekommen, als schon die geflüchteten Einwohner zurückkehrten, den Grund ihrer neuen Wohnungen auf dem glühenden Strome zu legen. Aber der im Innern fortwährende Brand hätte es ihnen verboten, wenn sie nicht durch Ströme von Wasser versucht hätten, diese Glut des Innern zu löschen. Es ist ein seltsamer Anblick, die neue Stadt sich zwischen den Ruinen der alten erheben zu sehen. — Die alten Gebäude sind bis zu dreysig Fuss Höhe von der Lava bedeckt. Oft widerstanden sie ihrem gewaltigen Drucke. Sie erhielten sich, und stürzten nicht ein. Ihr oberer Theil erhob sich dann über die Fläche des erstarreten Stromes, und häufig konnten die Eigenthümer ihre vorige Wohnungen zu

Kellern

ellern aushölen, und auf den alten Mauern die neuen ıfführen. — In der Mitte des Ortes ſehen Sie noch tzt die Spitze des Thurmes der ehemaligen prächti-ɜn, von der Lava zerſtörten Hauptkirche. Nur die Iälfte der Architekturtheile ſteht aus dem Boden her-or, und faſt ſieht es aus, als hätte eine unbekannte Iacht dieſen ſonderbaren Reſt von irgend einem ent-ɜrnten Gebäude geriſſen, und gewaltſam wieder an ieſe Stelle verſetzt. Neben ihr bauen auf der Lava ie ſorgloſen Einwohner, alle Warnung verachtend, ine neue, noch prachtvollere Kirche, als könne das orige Schickſal ſie nie mehr betreffen. Am Ende der tadt ſteht ein Kloſter zur Hälfte aus der Lava hervor: ie ſehen, wie ſie zu Thüren und Fenſtern hereinge-ürzt iſt; — Sie ſehen, wie ſie jede Hölung, jede ertiefung ausgefüllt hat; — Sie ſehen, wie dieſer ſte Fels ſich einſt wie flüſſiges Waſſer bewegte. — e ſuchen forſchend den Ort, von welchem dieſe laſſe die erſtaunliche Bewegbarkeit entlehnte — und e können den ſchwarzen Strom weit hinauf am Ab-ıng des Berges verfolgen. Sie ſehen, wie die Lava ı den ſteileren Orten in mehreren Aermen herab-ürzt; wie hier einige ſich in den Weingärten verlie-ɜn, andere ſich dort wieder mit dem Hauptſtrome ɜrbinden und inſelförmig einige Felder umgeben. — er Strom endigt ſich hoch hinauf an den Oeffnun-ɜn, aus welchen ihn eine fürchterliche Gewalt einſt ɔr fünf Jahren hervorſtieſs. —

Ich fand dieſe Kratere, als ich, um ſie zu ſehen, m Portici aus den Berg auf das neue beſtieg, als hätten sie sich erst vor wenigen Wochen geöffnet. — Noch dampfte von einigen der Rand. Die darüberstehende Luft zitterte durch die Hitze des Bodens, und neuentstandener Schwefel bedeckte die Lavastücke umher. — Es waren acht Mündungen, die nach einander durch den gewaltigen Drang des hervorsteigenden Feuerstroms aufgesprengt wurden. — Die ersteren zwey, nahe am Fuſse, ja fast am Abhange selbst noch, des schroffen Kegels, der in seiner Spitze den groſsen Krater verbirgt, sind durch die fortdauernd von oben herabgeschwemmten Rapilli, den lockeren kleinen Trümmern von Lava, fast gänzlich verschüttet, und so fast wieder unter der Oberfläche verschwunden. Auch auf die dritte schien das innere Feuer nicht mehr zu wirken. Sie ist kesselförmig, nicht groſs, und nur etwa vierzig Fuſs tief. — Aber Sie nähern sich der vierten, — und der hervorsteigende Dampf, die groſse Wärme umher, die mannigfaltigen und sonderbaren Produkte, welche die groſse Vertiefung der Mitte umgeben, zeigen Ihnen von fern schon, daſs hier die streitenden Kräfte des Innern ihren Kampf noch nicht geendiget haben. Die groſse Oeffnung ist mehr als hundert Fuſs weit. Sie geht trichterförmig von oben, dann plötzlich senkrecht in den Abgrund hinab. — Der Trichter ist mit lockeren, kleinen, durch Dämpfe gebleichten Rapilli bedeckt; aber im Brunnen, der sich bis zu ungefähr zwanzig Fuſs Durchmesser verengert, glaubte ich söhlig auf einander liegende Lavaschichten zu finden. Aber vergebens suchte ich mich ihnen noch mehr zu nähern. Der Schwefel hatte die unteren, kleinen Rapilli zur festen Masse verbunden; die oberen, lockeren rollen unaufhaltsam auf der harten Fläche gegen die Tiefe, und die Kühnheit, weiter hinabsteigen zu wollen, setzt in Gefahr, in den Abgrund zu stürzen. — Abbé Tata versuchte es einst, kurz nach dem Ausbruch, die Tiefe dieses gewaltigen Brunnens zu messen; aber die zerstörende Hitze darin zerriss ihm das Senkbley schon in 130 Fuss Tiefe. —

Auch auf die Rapilli und auf die Lavastücke, welche die rauhe Ebene um die grosse Oefnung bedecken, äussern sich Schwefel- und Wasserdämpfe, wie auf die Rapilli des Trichters. Auch hier scheint der Boden zusammenhängend und fest. Ich konnte die kleinen Trümmer nur mit Mühe aufrühren; — der Dampf drängte sich dann um so stärker und heftiger hervor, und die sich entwickelnde schmerzhafte Hitze nöthigte mich, die Hand schnell wieder zurückzuziehen. — Aber es ist eine höchst wunderbare und seltsame Wirkung, welche dieser Dampf auf die Substanz der Lava selbst äussert.

Als sie aus dem Vulkan hervorquoll, war sie ganz schwarz, und so ist sie es noch am ganzen Abhang herab, bis zu ihrem Einfluss ins Meer. So weit sie jedoch der Schwefel berührt, ist sie jezt weiss oder hellgrau, und nur selten bemerken Sie im Innern der Stücke eine Spur der vorigen Schwärze. Jede Vertiefung, sobald sie nur in der leisesten Verbindung mit der äusseren Luft steht, ist mit einem Schwefelüberzuge bedeckt; freylich um so mehr, je leichter sie konnte von den Dämpfen berührt werden. Schwefel von den brennendsten Farben; vom höchsten Schwefelgelb, das sich oft noch auf einem Stücke in lebhaftes Oraniengelb verändert; gelblich und perlgrau, das plötzlich mit Ziegel- und Cochenillroth wechselt; Farben, die er dem beygemischten Arsenik verdankt, den darinnen Breislacks Versuche erweisen. *) — — Auf diese vom Schwefel bedeckten tief ausgehölten unförmlichen Stücke sehen Sie die deutlichsten und schönsten Krystalle von Augit, die mit der lockeren Masse nur wenig zusammenhängen, und sich leicht von ihr ablösen lassen. Oft ist nur noch eine Kante des Krystalls mit dieser Masse verbunden, und der Rest schwebt frey in der Luft. Und wenn Sie diese jezt fast zerreibliche Lava zerschlagen, so fallen die Krystalle mit ihren natürlichen Flächen heraus, ohne dass ihnen von der Masse etwas anhängt, in der sie einst eingehüllt waren. So ist es in der unzerstörten schwarzen Lava nicht. In ihr vermag keine äussere Kraft die Masse von den Seitenflächen der Augite zu trennen. Die Krystalle zerbrechen, und nie ist es möglich, in diesem eingeschlossenen Zustande ihre Form zu erkennen. — — Bey der Bocca sind wohl gar einigemal diese Seitenflächen noch glänzend. Auch der Ueberzug von Schwefel scheint auf ihnen leichter und schwächer, als auf der Lava, und im Innern sind sie völlig unzerstört, oliven- oder lauchgrün, und fast kleinmuschelig im Bruch.

Welches Gegeneinanderwirken von Kräften ver-

*) *Sull' Eruzione del Vesuvio nell' 1794. S. 63.*

möchte es denn, hier mehr zu leisten, als alle äufsere Geschicklichkeit und Gewalt, die man, diese Trennung zu bewirken, möchte anzuwenden versuchen?

Wäre es erlaubt, Möglichkeiten für Wirklichkeiten zu halten, so würde ich es wagen, mir diese sonderbare Erscheinung durch eine von der Lava selbst bewirkte Zersetzung der Schwefelsäure zu erklären. Der Kohlenstoff, welcher die Lava färbt, entzieht dem Schwefel den Sauerstoff, bildet kohlensaures Gas und entweicht. — Der Schwefel schlägt sich dort nieder, wo ihm der Sauerstoff geraubt ward. Eisen und Thonerde der Lava verbinden sich mit der Schwefelsäure zu Vitriol und Alaun; Wasserdämpfe und Regen lösen die Salze auf und führen sie weg. — Durch Verlust des färbenden Bestandtheils verändert sich die schwarze Farbe der Lava in Weifs, und vielleicht auch durch Oxydirung des nicht aufgelöseten Theils Eisen. —

Ich gründe diese Vermuthungen auf die Thatsachen: dafs Schwefelsäure, nicht Schwefeldämpfe sich aus dem Innern entbinden; dafs doch Schwefel sich niederschlägt; dafs das Hervortreten der Augitkrystalle offenbar einen Verlust beweiset, den die Substanz der Lava erleidet; dafs Vitriol und Alaun von den Orten solcher Zersetzungsprozesse fast unzertrennliche Salze sind.

Ich werde vielleicht Gelegenheit haben, mich Ihnen noch näher über den Kohlenstoff zu erklären, den die Lava enthält, und der nach dieser Vorstellungsart in diesem Prozefs die Hauptrolle spielt. Man hat ihn in der That bis jetzt zu sehr übersehen. —

Der Mangel an Kohlenstoff würde also die Ursache seyn, warum der Augit frisch und unzerstört bleibt, ja sogar warum ihn weniger Schwefel bedeckt, als die Oberfläche der Lava.

Ich bitte Sie aber, bey dieser Erklärung nicht zu vergessen, dass man bey einigen Wahrscheinlichkeiten oft die Schwierigkeiten übersieht, welche solchen Vorstellungsarten sich in den Weg stellen, und sie bey einem aufmerksameren Beobachter vielleicht gänzlich wieder zerstören. —

Die fünfte und die sechste Bocca umgiebt einerley Kranz. Die Lava hatte sich schon aus den obern Oeffnungen hinabgestürzt, und wahrscheinlich entstanden alle untere Kratere mitten im brennenden Strome. Denn auch die siebente und die achte Mündung sind von der Lava umschlossen. Sie haben ungeheure Massen um sich her aufgehäuft, und lange Zeit verhinderte der fortgesetzte Brand dieser heraufgedrängten Hügel den Zugang zu ihnen. Jetzt steigen Sie noch kleine Berge heran, um die vorige Oeffnung zu sehen. — Von ihnen scheint keine mehr mit dem Innern in Verbindung zu stehen. — Sie gehen trichterförmig hinab; lockere, wenig beträchtliche Lavastücke bedecken die Seiten. Schwefel- und Wasserdämpfe wirken hier nicht, und die Lava scheint sich, seit sie aus dem Innern des Vulkans hervorkam, nicht verändert zu haben.

Alle diese Oeffnungen liegen ungefähr neunhundert Fuss unter dem Gipfel des Berges; jede von der andern nur einige hundert Schritte weit, auf einer 'eniger geneigten Fläche, als es der fernere Abhang egen das Meer ist, — und so genau alle in der Diekzionslinie des Stromes, als sey die Linie im Vorus bezeichnet.

Sie können von diesen Krateren den ganzen Lauf ler Lava gar schön übersehen; Sie können den Strom n jeder kleinen Wendung verfolgen, zu der ihn die 'eränderlichkeit des Abhanges nöthigt. Sie sehen hn schneller und deshalb schmäler an den steileren)rten hinabstürzen; sich weiter an den weniger geıeigten ausbreiten und langsamer fliessen. — Oben, vo die aus den Krateren überschäumende Masse noch aächtiger drückt, laufen kleine Aerme, wie Zweige om Hauptstamm, in die Weingärten hinein. — 'nten wälzt sich der Strom reissend vom Berge herb; — er stürzt auf Torre del Greco zu; — er fasst ie Stadt und wirft sich über sie weg. — Aber der ampf mit dem gewaltigen Meere zerstört seine Wuth; : drängt es weit noch zurück; — aber plötzlich erarrt er, — und hoch steigen die schwarzen Klippen ıs dem Gewässer empor. — —

Unter den vielen Ausbrüchen des Veſuvs ſin
nur zwey bekannt, denen die Eruption von
furchtbarer Gröſse weicht. Durch die erſtere
ſen ward das reiche **Herculanum** und die
Pompeji zerſtört, und dem Meere neue
beſtimmt. — Die zweyte, im Jahre 1631, ſtü
unzählbare Feuerſtröme über die in Menge
Fuſs des Vulkans gelagerten Orte. Alle fr
Pflanzungen wurden gänzlich zerſtört, und
Hälfte der Einwohner verlor in den F
das Leben.

Beyde erſchienen, als bey den anwo
Menſchen jede Ueberlieferungsſpur von dem
nern des Berges verborgenen Zerſtörungsque
die Länge der Zeit faſt völlig verwiſcht war.
in neueren Zeiten hatte der Vulkan faſt jährli
und groſse Phänomene gezeigt, und es lebt
Gegend faſt niemand, der nicht die Verwi
mehrerer Ausbrüche ſelbſt empfunden oder
tet hätte. —

: am 12ten Junius um 11½ Uhr in der Nacht plötzch ein heftiges Erdbeben auffchreckte.

Der Boden in der ganzen Ebene Campaniens hwankte von Morgen nach Abend wie flüffige Weln. — Die Neapolitaner ftürzten aus den Häufern auf e grofsen Plätze des Palazzo Reale, del mertto, delle pigne. Sie glaubten im nächften Auenblick ihre Häufer zu Boden geworfen, und angftoll erwarteten fie im Freyen den Morgen, Calabriens :hickfal befürchtend.

Als ihnen aber die Sonne hell aufging, und fie m Vulkan in der gewohnten Ruhe erblickten, glaubn fie den Ruin der füdlichen Provinzen des Reichs fürchten zu müffen, und leiteten von dorther die rfcheinung der vorigen Nacht. —

Aber — nicht lange währte ihr Irrthum. —

Drey Tage darauf, am 15ten Junius um 11 Uhr der Nacht, erbebte die Erde von Neuem. Es war cht mehr ein wellenförmiges Schwanken wie vor:r; — es war ein unregelmäfsiger Stofs, der die Geiude zerrifs, die Fenfter klirrend erfchütterte, und :waltfam die inneren Geräthfchaften durcheinander ärzte. Und fogleich erhellten rothe Flammen und uchtende Dämpfe den Himmel. — —

Der Vefuv war am Fufse des Kegels geborften, nd von den Dächern der Häufer fahe man aus mehzren Oeffnungen die Lava hoch in parabolifchen Böen hervorfpringen. Fortdauernd hörte man einen umpfen aber heftigen Lärm, wie den Cataract eines luffes in eine tiefe Höle hinab; — unaufhörlich schwankte der Berg, und eine Viertelstunde darauf hörte auch in der Stadt nicht mehr die Erschütterung auf. — Mit solcher Wuth hatte man noch nie die Lava hervorbrechen sehen. — Das reizbare Volk, das sich nicht mehr auf sicherem Boden, die Luft in Flammen, und voll ungehörter schrecklicher Töne, erblickte, stürzte, von Furcht und Schrecken ergriffen, zu den Füssen der Heiligen in Kapellen und Kirchen, griff nach Kreuzen und Bildern, und durchzog heulend die Strassen in wilder Verwirrung. —

Der Berg achtete ihres Angstgeschreyes nicht; es sprangen immer neue Oeffnungen auf, und mit gleichem Lärm und Gewalt stürzte daraus die Lava hervor. Rauch, Flamme und Dampf erhoben sich zu ungeheuren Höhen jenseits der Wolken, und verbreiteten sich dann auf den Seiten in Form einer unermesslichen Pinie (wie zu Plinius Zeiten). —

Nach Mitternacht verlor sich dieses ununterbrochene, fürchterlich-dumpfe Getöse; mit ihm die stete Erschütterung und das Schwanken des Berges. Die Lava brach jetzt stossweise aus den Oeffnungen hervor, aber in schnell hintereinander sich folgenden Stössen mit donnerähnlichem Knall. Die sie so gewaltsam und tobend hervorstossenden elastischen Mächte schleuderten unzählbare grosse Felsstücke zu erstaunlicher Höhe hinauf in die Luft, und neue Flammen und schwarze Rauchwolken folgten diesen zertrümmerten Felsen.

Nach und nach folgten die Stösse seltener hintereinander; — aber ihre Kraft verdoppelte sich, und uletzt schien der ganze Berg nur eine Batterie zu leicher Zeit abgefeuerter Artilleriestücke zu seyn. — Ind während diesem gewaltsamen Donnern, schon ach Mitternacht, sahe man auch die jenseits dem Vulkan liegende Atmosphäre erleuchtet. Die Lava, ungeachtet der Verwüstungen auf dieser Seite des Berges, sprengte auch den jenseitigen Abhang noch tiefer m Kegel herab und weiter vom Gipfel, und stürzte mit Gewalt aus der Oeffnung in eine weite Schlucht, welche schon ältere Laven verwüstet hatten, gegen Mauro hinab. — Sie wüthete in den Waldungen m Ausgange des Thales, verbreitete sich auf der weiger sich neigenden Fläche, fing dann langsamer zu iessen an, und nach drey Tagen erstarrte sie gänzlich, hne Wohnungen erreichen zu können. —

Nicht so die donnernde Lava gegen Neapel. — ie stürzte mächtig und schnell vom Abhang herab. ede Explosion aus den Krateren drängte eine neue Masse von Lava herauf, die, sich dem Strom zuwerend, ihm neue Kraft und Stärke zu geben schien. — Die Hälfte der Einwohner von Resina, Portici, Torre el Greco starrte mit fürchterlich - ängstlicher Erwarung auf jede kleine Bewegung des Feuerstroms, dessen Richtung bald diesen, bald jenen Ort zu bedroen schien. Die andere Hälfte lag hingeworfen vor en Altären, sich Rettung vor der schrecklichen Lava u erflehen. — Plötzlich richtete die ganze Masse hren Lauf genau auf Resina und Portici zu. — Alles ebendige in Torre del Greco stürzte in die Kirchen, em Himmel für die geträumte Rettung zu danken;

in ihrer unmäſsigen Freude vergaſsen ſie den dann nothwendigen Untergang ihrer Nachbaren. — Aber, ein tiefer Graben ſtellt ſich dem Lauf der Lava entgegen, ſie folgt ſeiner Richtung — und er öffnet ſich auf der Höhe über das unglückliche, ſich gerettet glaubende Torre del Greco. — Mit neuer Wuth fällt der Strom den ſteileren Abhang hinab. Er trennt ſich nicht mehr, und mit zweytauſend Fuſs Breite erreicht er die blühende Stadt. — Im nächſten Augenblick ſuchen 18,000 Menſchen Schutz auf dem Meere. —

Noch ehe ſie das Ufer verlaſſen, ſehen ſie über den eingeſtürzten Dächern der Häuſer, aus der Mitte der Lava hervor, ſich dicke, ſchwarze Rauchſäulen erheben, und groſse Flammen wie Blitze. Palläſte und Kirchen ſtürzen krachend zuſammen, und fürchterlich donnert dazwiſchen der Berg. —

Um eilf Uhr in der Nacht brach die Lava aus dem Innern hervor, und ſchon um fünf Uhr des Morgens war Torre del Greco nicht mehr. — In ſechs Stunden hatte die glühende Maſſe vier italieniſche Meilen durchlaufen: eine noch nie erhörte Geſchwindigkeit in der Geſchichte des Berges. — Das groſse Meer ſelbſt vermochte es kaum, der Lava Gränzen zu ſetzen. Mächtig wälzte ſich der obere Theil, indem der untere im Waſſer erſtarrte, über den erkalteten weg. Weit umher ſiedete das Waſſer, und gekochte Fiſche in unzähliger Menge bedeckten die Fläche. — —

Mitten unter dieſen Verwüſtungen brach der neue Tag an. Man ſahe die aus den Krateren ſich hebenden Flammen nicht mehr; — aber auch den Berg nicht.

ine schwarze, festscheinende Wolke lagerte sich um in herum, und verbreitete sich nach und nach wie n finsterer Flor über den Golf und das Meer. — Unfhörlich fiel in Neapel und in der Gegend ein feiner schenregen hinab, und bedeckte alle Pflanzen und ume, alle Häuser und Strassen. — Die Sonne erob sich strahlenlos und ohne Glanz, und kaum war le Helle des Tages dem schwachen Lichte der Morröthe vergleichbar. Ein unbedeckter lichter Streif n äussersten westlichen Horizont liess doppelt die enschen empfinden, wie sie in Finsterniss eingeillt waren. —

Diese fürchterlich-traurige Erscheinung vermochn die Neapolitaner nicht zu ertragen. Alle überfiel ne ängstlich-düstere Schwermuth, und in ununterochen fortgesetzten Processionen suchten sie den erinten Himmel zu besänftigen. Es war nicht mehr s leicht empfängliche Volk, das lärmend mit den reuzen die Strassen durchstürzte. Die vornehmsten milien Neapels schlossen sich dem feyerlich-langsaen Zuge der Processionen an, und folgten seufzend id still in langer Reihe dem Kreuze durch die Finrniss nach. —

Man glaubte alles, was die Asche berührte, mit nem tödlichen Hauche bedeckt. — Der eingebildete rlust der reichen Pflanzungen umher setzte die enge in stumme Verzweiflung, und nur mit Mühe lang es der Regierung, durch Bekanntmachung der schädlichen Bestandtheile der Asche diese Furcht zerstreuen. —

Diese Asche fiel um so stärker und häufiger, je mehr sie dem Berge sich näherte. — Als sie eine Linie hoch die Strassen von Neapel bedeckte, lagen fünf Linien in Portici, neun Linien in Resina und fünfzehn Linien in der Nähe der Lava. In Neapel war es schwarzer, feiner Staub, näher dem Vulkan zu ein dunkler Sand mit erkennbaren Theilen, und auf dem Vesuv waren Rapilli, kleine Steintrümmer, gefallen. —

Die Lava selbst bewegte sich noch, aber langsam und nur am äusseren Ende bemerkbar. Eine harte, erstarrte Rinde bedeckte den fliessenden Strom, und die Oberfläche dieser glühenden Masse erkaltete so schnell, dass zwölf Stunden nach Zerstörung der Stadt viele ihrer unglücklichen Bewohner es wagten, schnell gegen ihre zerstörten Wohnungen zu eilen, um der Lava das Wenige zu entreissen, was sie noch verschont haben konnte. Ja, man war sogar glücklich genug, auf diesem Wege mehrere Personen zu retten, welche, in einem Kloster verschlossen, die jenseits der Lava geretteten bis dahin vergebens um Hülfe angeflehet hatten. — An vielen Orten war die Lava geborsten; aus dem Innern erhob sich ein heftiger, widriger kochsalzgesäuerter Dampf, und man sahe hellleuchtende Flammen zu beyden Seiten der Spalten. — Man hörte ein unaufhörliches entfernt scheinendes Donnern, und schnelle Blitze im schwarzen, vom Berge sich herabwälzenden Regen erhellten die finstere Nacht. — Man sahe, dass diese gewaltige Masse aus dem grossen Krater auf dem Gipfel des Berges hervor gewälzt ward. Man sahe, ie sich eine ungeheure, dichte, rundgestaltete Wolke ıs dem Innern erhob, wie sie sich aufzublähen schien, höher sie stieg. Grosse, zu schwere Felsstücke fien in fortgesetztem Regen senkrecht von ihren Rännrn wieder in den Abgrund hinab. — Eine neue 'olke folgte der erstern schnell mit gleicher Erscheiung, und so unzählige hinter einander bis zu unabhbaren Höhen. Ein grosser, erhabener Anblick! ft schien der ganze Berg mit einer Krone dieser zu genen Systemen geordneten Wolken bedeckt. Nach nd nach löseten sie sich auf. Die grösseren Stücke elen senkrecht hinab, und rollten am Abhang des egels herunter; die feinere Asche entführte der Wind nd zerstreuete sie über das Land. — — Wenige Stunen darauf hatte die Asche wieder den ganzen Himıel bedeckt, und Tag und Nacht waren, wie vorher, urch keine Gränzen von einander geschieden.

Man hatte am Tage einige schwache Erschütteıngen bemerkt. — In der Nacht um zwey Uhr, am }ten, erschreckte ein neuer heftiger Stofs die, für eine Phänomene durch das Furchtbare der vorigen ıge nicht mehr empfänglichen Menschen. Man emand ihn vorzüglich in Portici, Resina und andern m Berge näher gelegenen Orten. — — Und bey m Anbruch des weniger durch die Asche verhüllten ıges sahe man mit Erstaunen, dafs der Gipfel des ılkans eingestürzt war. Statt der vorigen Spitze sahe an ihn schief abgestumpft gegen das Meer. — Die ıaufhörlichen innern Aschenausbrüche hatten so ır das Innere des Berges erschöpft, dafs er den

Gipfel nicht mehr zu unterstützen vermochte. Die ganze Masse fiel im Krater zusammen. — Aber diese imposante Erscheinung beendigte den finstern Aschenregen nicht. Wenn auch in Neapel und Portici und der nahen Gegend umher weniger Asche hinabfiel, als an den vorigen Tagen, und das matte, röthliche Bild der Sonne mehrere Stunden lang sich durch den Staub in der Luft zeigte; so litten dagegen doppelt die Orte ostwärts des Berges. Ein heftiger Westwind führte die aus dem Krater sich heraufhebende Masse von der Meerseite weg, und mit doppelter Wuth stürzte sie auf Somma, Ottajano, Nola, Caserta herab. — Bis in das Apenninengebirge hinein war tiefe Nacht. Der ganze Vesuv schien sich in Staub herabstürzen zu wollen. Wolkenbrüche vermischten sich in der Luft mit der Asche, uud die Masse fiel, wie ein zäher Teig, über die Gegend. Fest umgab er die zartesten Zweige der Pflanzen und Bäume, und alle Pflanzungen dieses fruchtbaren Strichs erlagen unter der unerträglichen Last. Viele Dächer in den Oertern stürzten zusammen, und die Einwohner sahen sich genöthigt, ihr Leben durch schnelle Flucht in das Gebirge zu retten. — Auf diese Art fiel einst Herculanum und Pompeji. —

Und wirklich hatte man Ursache, ein noch grausameres Schicksal zu fürchten. Denn während daß der Schlamm und die Asche den 18ten und den 19ten fort in einer für die Helle des Tages undurchdringlichen Dichte sich herabsenkte, stürzten reißende Wasserströme vom jähen Abhang des Berges herab. Mit

:it gränzenloser Gewalt rissen sie Berge von Steinen nd Bäumen vor sich hin, und bedeckten mit grossen elsmassen die Ebene. — Nur allein in der Nacht vom ısten Junius wälzten sich fünf solcher Ströme vom erge, und dreymal im Laufe des Tages erneuerte :h diese verwüstende Erscheinung, und das letzteıal mit doppelter Stärke und Kraft. Die ganze, den esuv umgebende Landschaft ward durch diese Regen rheert; jede kleine Wolke schien mit Macht gegen e Spitze des Berges gezogen, und kaum hatte sie m Gipfel umgeben, als auch schon die Wässer erunterstürzten, Wälder, Strassen, Brücken zerssen, und Häuser und Felder zerstörten. — Von len Seiten lebten die unglücklichen Menschen in ständiger Todesangst, und waren fortdauernd geöthigt, sich zur schnellen Flucht zu bereiten. — osco, Somma, Ottajano, Torre del Anunata verlohren auf diese Art zum Theil für unzurechnende Zeiten die Frucht ihres Fleisses, und e Verwüstungen der Lava in Torre del Greco aren kaum verderblicher und grösser, als die der ıtsetzlichen Wassermenge, die der Vulkan auf das ınd hinabstürzte. —

Indess verminderte sich allmählig die Menge der ısgeworfenen Asche. Man sahe jetzt mit ihr sich ·osse Dampfwolken aus dem Krater erheben, die ı der Luft sich zerstreueten. Doch wurden die ächte in Neapel noch fortdauernd von der unzähgen Menge glänzender Blitze erleuchtet, die sich ıs der Aschenwolke unaufhörlich herabstürzten.

Ein ſtarker, aber nicht rollender Donner begleitete ſie, und daher das noch mehrtägige fortgeſetzte Getöſe vom Berge.

Am 24ſten und mehr noch am 26ſten fiel wieder mehrere Aſche auf die Seite gegen Neapel; aber als ſie die Einwohner erblickten, erhoben ſie ein Freudengeſchrey; denn ſie war nicht mehr dunkelgrau oder ſchwarz, wie bisher, ſondern hellgrau und zuletzt beinahe ganz weiſs. Die Erfahrung aller Eruptionen hatte gelehrt, daſs dies der letzte Bodenſatz im gährenden Innern des Berges ſey, und daſs mit ihm die ganze Eruption gewöhnlich ſich endige. — Und man betrog ſich auch diesmal nicht. Von nun an rauchte der Veſuv faſt nur allein. Aſche fiel nur noch an einigen Tagen, und ſeit dem 9ten Julius kehrte Heiterkeit in das glückliche Klima Neapels. zurück. Schon erhob ſich wieder Torre del Greco durch den raſtloſen Fleiſs der zurückgekehrten Einwohner. Tauſende waren auf den Feldern zerſtreuet, die Blätter und Zweige der Bäume und Reben von der alles bedeckenden Aſche zu ſäubern. — In Neapel ſtrömten auf das neue die Menſchen den wieder geöffneten Schauſpielen zu, und wie vorher verſammelten die Späſse des Polichinells die geſchäftsloſe Menge an den Ecken der Straſsen. — —

5.

Geschichte des Kraters.

›llten denn durchaus keine Gründe sich auffinden sen, eine so grofse, so fürchterliche Erscheinung, die Eruption des Jahres 1794 war, im Voraus zu nden? — Sollte denn der Vulkan auf keine Art ne feindseligen Absichten den Menschen eröffnen, s sorglos seinen Fuss mit Reben bepflanzen? Oder ſtanden sie die Warnungen nicht, die ihnen der lkan, vielleicht Jahre lang, zurief? Versteckte ıen die Gröſse ihres Vertrauens auf die Ruhe des rges diese drohenden Zeichen?

Das Auswerfen glühender Steine, das Flammen Kraters, waren gewöhnliche Zufälle, welche man Vorboten schädlicher Folgen nicht kannte. Und , sonst den Vulkan umgebende, fast beständige iterkeit konnte leicht auch die Physiker Neapels rleiten, eine solche Ruhe fortdauernder, — die ıption entfernter zu glauben.

Musste denn aber nicht diese Unthätigkeit selbst y dem damaligen Zustande des Berges verdächtig cheinen? Konnte man an Sicherheit denken, so ıge man flüssige Lava im Gipfel, — die Vertieng des Kraters fast gar nicht mehr sahe? — So gt der aufmerksame Beobachter wohl, wenn er ı Vulkan untersucht, wie er jetzt ist, oder wie

H 2

er nach dem Ausbruche war, und ihn mit der Ansicht vergleicht, in welcher er vor der grossen Anstrengung erschien. — Aber wahrscheinlich auch nur dann erst, wenn er eine solche Vergleichung angestellt hat. — —

Vierzig Jahre lang schwankte der Boden des Kraters in sehr erreichbaren Tiefen unter dem Rande des Gipfels. Oft war diese Vertiefung nur hundert, noch öfter sogar nur dreyssig und weniger Fuss gross. — Ein Jahr vor dem letzten Ausbruch erhob sich dieser Boden so sehr, dass er nun den Rand des Kraters völlig berührte. Er selbst bildete jetzt die Spitze des Berges, — nicht mehr die Seiten der grossen Vertiefung; auch selbst der hohe Aschenhaufen nicht mehr, der nach und nach sich über die Oeffnung in der Mitte gebildet hatte, und den man in Neapel viele Jahre hindurch als den höchsten Punkt des Vesuvs kannte. — Gegen die Nordseite sahe man eine kleinere Oeffnung; in ihr stark aufschäumende Lava, die jedoch nie sich über die sie einschliessenden Gränzen erhob. — Dampf- und Rauchsäulen verschwanden fast gänzlich *). — So stand lange das drohende Ungewitter, ehe der gewaltige Schlag fiel. —

Wie verschieden ist hiervon das Bild des Kraters nach dem Ausbruch, oder wie er jetzt ist! — Der Einsturz des Gipfels hatte ihn übermässig vergrössert. Er hatte jetzt 8600 Neap. Fuss im Um-

*) *Breislack.*

kreiſe. Seine nördlichen und öſtlichen Seiten waren, wie jetzt noch, über die weſtlichen beträchtlich erhöht; ſeine Form war die einer Ellipſe. Die Wände umher fielen faſt ſenkrecht in die Tiefe hinab. Die lockere Maſſe, aus welcher ſie zuſammengeſetzt waren, riſs ſich unaufhörlich von den ſie nicht unterſtützenden Seiten los, und ſtürzte in den Abgrund mit gewaltigem, einem tief unterirdiſchen Donner gleichen Getöſe. Den Boden ſahe man ſechshundert Fuſs tief unter dem oberen Rande: eine Tiefe, faſt der ganzen Höhe des Kegels gleich. — In dieſer fürchterlichen Einöde herrſchte die gröſste Ruhe; — nur am Boden allein ſtiegen einige leichte Fumarolen mit leiſem Ziſchen hervor, und einige andere weiter oben an dem ſteilen Abhang hinauf *). —

In dieſem Zuſtande der Unthätigkeit iſt jetzt der Vulkan ſchon länger als ſechs Jahre geblieben. Der Boden des Kraters hat ſich nicht höher gehoben. — Donnern im Berge, Erſchütterungen, Lavenausbrüche kennt man nicht mehr. — Waſſerdämpfe ſind an die Stelle ſchwarzer Rauchwolken getreten, und nur einmal ſeitdem ſahe man, für kurze Zeitdauer, Flammen aus dem Innern des Berges. —

Iſt dann nicht das Erheben des Kraters vor dem Ausbruche, — ſein Niederſinken nachher ein Geſetz der Eruption ſelbſt? Iſt nicht das Steigen die fürchterlichſte Drohung des Berges, — das Fallen nothwendige Bedingung zur Ruhe? —

*) *Breislack. Tata.*

Die durch die heraufdrückenden Mächte im Krater erhobene flüssige Lava sinkt plötzlich zurück, sobald man ihr tiefer hinab den Ausweg eröffnet. Mit ihr verschwindet der Widerstand, und so die ganze Eruption selbst. — Würde daher die Entfernung des Bodens vom Rande des Kraters nicht das Maafs seyn, die Wahrscheinlichkeit der Nähe einer Eruption zu bestimmen? —

Diese für die Theorie der Vulkane so wichtigen Fragen können nur allein durch die Geschichte des Kraters beantwortet werden. —

Noch niemals, so sagt diese Geschichte, hat sich während der Lavenausbrüche die Tiefe des Kraters vermindert; noch niemals ist während einer Eruption der Boden höher gestiegen. — Wohl aber sahe man ihn nach dem Ausbruche oft tiefer gesunken; und war er so tief heruntergefallen, dafs er beynahe die Grundfläche des Kegels erreichte, so waren den folgenden Eruptionen für lange Zeit Gränzen gesetzt. Nie ist für Jahre lang der Vulkan in Ruhe geblieben, so lange der Grund des Kraters sich wenig vom Gipfel des Berges entfernte. Aber man hat ihn Jahrhunderte lang unthätig gesehen, wenn er, wie jetzt, durch einen gewaltigen Lavenausbruch erschöpft, und dadurch sein Krater gegen den Feuerquell hinabgestürzt war. —

Alle Beobachter, die den Vesuv in Zeiten der Ruhe bestiegen, von den ältesten Zeiten seiner Wiederentzündung bis zu den unsrigen hinab, sahen den Boden des Kraters in der Tiefe. Procopius, elisars Begleiter im Jahre 536, glaubte die Oeffung im Boden des Berges zu erblicken. Er sahe lammen im Abgrunde, die sich aber niemals über e Oberfläche erhoben, und für die umwohnenden enschen nicht beunruhigend waren. Die Eruption erzehn Jahre vorher (512) war damals noch im ischen Andenken; aber die nächste empfand man st anderthalbhundert Jahre darauf (J. 685).

Georg Agricola, der erste Geognost in Deutschnd, giebt (im J. 1545) dem Krater des Vesuvs einen ngleich grössern Umfang und Tiefe, als dem neuen rater, welcher nur zehn Jahre vorher durch seine uptionen unweit Pouzzol den Monte Nuovo bildet hatte. Er musste daher über sechshundert ıss tief seyn. Schon damals erhob sich der Kegel unfruchtbar, öde und schroff, wie jetzt noch. impf stieg an einigen Orten des Gipfels hervor, id Wolken verhüllten fast stets, auch bey der heisten Luft, die Spitze des Berges.

Braccinis Beschreibung des Kraters im Jahre 11 gleicht noch viel mehr der Ansicht des Kraters n Monte Nuovo in seinem jetzigen Zustande. Mühn stieg man die schroffe Fläche des Kegels herauf, id dann durch krumme und schmale Fussteige vischen Kräutern und Büschen in die Vertiefung nab. Die Menschen besuchten sie oft, sogar mit ıstthieren, um Holz am innern Abhang zu sameln. —

Aber die grosse und gewaltige Eruption des Jahs 1631 veränderte fast gänzlich die bisherige äussere

Geſtalt des Vulkans. Die von allen Seiten ausbrechenden Laven zerſtörten die reiche Vegetation in den Thälern am Fuſse des Kegels, und der, wenige Zeit vorher ſich erhobene Krater ſank auf das neue in die Tiefe hinab. —

Er brauchte dreyſsig Jahre Zeit, um ſich wieder in die Höhe zu heben. Im Jahre 1660 floſs ein Lavaſtrom aus Oeffnungen nahe am Gipfel, erreichte aber den Fuſs des Berges nicht, weil dazu ſeine Maſſe nicht beträchtlich genug war. Auch vertiefte ſich der Krater nur wenig. 1682, 1685, 1687 ſahe man gleiche Erſcheinungen mit den nämlichen Folgen. Seit 1694 war aber der Drang der ſich heraufhebenden Lava ſo ſtark, daſs ſie anfing, über den Rand des Kraters zu ſteigen und dann den Abhang des Kegels herunterzuſtürzen. Dieſes Ueberflieſsen leerte ihn nicht, und daher hörten auch dieſe Feuererſcheinungen nicht auf. Die brennenden Laven ſenkten ſich, bis 1734, faſt ununterbrochen fort vom Gipfel herab, und beunruhigten endlich das ſich an das prachtvolle, aber faſt unſchädliche Phänomen gewöhnende Neapel nicht mehr. Nur ſelten floſſen ſie mit ſo viel Maſſe, Stärke und Kraft, daſs ſie Weingärten erreichen und ſich über ſie wegſtürzen konnten. — Und auch dann erſtarrten ſie bald. —

Eine darauf folgende vierjährige Ruhe bey ſo erhöhetem Krater warnte die Gegend vergebens vor der groſsen Eruption, die 1737 plötzlich erſchien. Sechs Tage lang verſuchte es der Boden des Kraters umſonſt, ſich noch höher zu heben. Steine, Flamaen und Rauch brachen durch die Lavamasse hervor, und drängten sie über den Rand des Kraters len Abhang des Kegels herab. Am siebenten Tage iffnete sich der Vesuv, tief unten am Kegel, mit ntsetzlichem Krachen. — Die Lava stürzte mit grosser Gewalt aus der Oeffnung hervor, verwüstete n mehreren Aermen die Felder umher, und zwanig Stunden darauf hatte sie die Hälfte von Torre lel Greco zerstört. —

Nun war der so lange bis zum Gipfel hinaufeichende Boden des Kraters wieder in die Tiefe gestürzt.

So erhielt er sich Jahre hindurch, und seitdem iörten auch die seit mehr als einem halben Jahrundert fortdauernden vulkanischen Erscheinungen uf. Lava, Flammen oder das sonst fast immer fortwährende Auswerfen von Steinen sahe man bis 1750 nicht mehr. Der Boden stieg langsam wieder herauf; 1749 war er noch 450 Fuss unter dem Rande des Gipfels; aber im November 1750 lag er schon nur 180 Fuss tief. Und sogleich vermehrten sich auch die Aeusserungen der Lebhaftigkeit des innern Feuers. — Man sahe den Grund des Kraters dick mit Schwefel bedeckt. Ein 80 Fuss hoher Berg in der Mitte umgab eine grosse Oeffnung, aus welcher sich fortdauernd Flammen mit dumpfem Getöse bis fast hundert Fuss Höhe erhoben. Dämpfe und dicker Rauch stiegen aus vielen kleinen Löchern im Boden hervor, und in einem zwanzig Fuss weiten Schlunde sahe man Lava in zitternder, heftiger Bewegung *). — Dieſer Krater hatte 5100 Fuſs im Umkreiſe, 1690 Fuſs im Durchmeſſer. Er war alſo ſchon damals nicht viel kleiner als jetzt, und ſcheint eben deswegen wenig die Meinung der Naturforſcher zu unterſtützen, welche ſich vorſtellen, der Umfang des Kraters müſſe durch jede Eruption ſich vergröſsern. —

Im October 1751 brach ein Lavaſtrom auf der öſtlichen Seite des Berges hervor. Es war keiner der beträchtlicheren; auch waren ſeine Verwüſtungen in den Thälern von Boſcotre Caſe nicht groſs. Aber man fand auch ſchon 1752 den Krater nur 120 Fuſs unter dem Gipfel. 1759 hatte endlich dieſe Lava die innere Hölung wieder ſo hoch erfüllt, daſs ſie auf das neue ſich über den Rand herabwälzen konnte; und es gehörte eine Eruption wie die von 1760 dazu, um dieſe groſse Maſſe wieder zum Herabſinken zu nöthigen. Die Lava ſtürzte aus einer Menge kleiner Kratere am Fuſse des Berges gegen Torre del Anunziata, und erreichte beynahe das Meer. Aber eine lange anhaltende Ruhe, wie 1737, vermochte dieſe groſse Eruption von dem Vulkan nicht zu erzwingen. Vielleicht war dazu die einmal in Bewegung geſetzte Gährung zu heftig und groſs. —

Schon 1766, fünf Jahre nachher, war der Krater faſt in dem Zuſtande, wie 1759, als ſich die Lava über die Ränder ergoſs. Man ſtieg auf der Seite

*) *Bellicard* in *Cochin Deſcription des Découvertes d' Herculanum.* Paris 1757, p. 3.

gen Ottajano dreyſsig Fuſs bis auf den Boden nab, und nur ſechs Fuſs gegen Reſina und Porci hin *). In der Mitte erhob ſich ein Hügel, ırch fortgeſetztes Auswerfen von Steinen und Aſche ıs dem Innern des Berges, den man endlich, ſelbſt ›n Neapel aus, deutlich konnte über den Gipfel her›rragen ſehen.

Im October 1767 wälzte ſich ein mächtiger Strom eit über die Felder von Portici weg, und bedro›te den groſsen Ort ſelbſt. — Und die Erſcheinun:n im Krater waren verſchwunden. — Noch im Jauar 1768 war er über 250 Fuſs tief, und man ſahe ır Dämpfe ſich aus dem Boden und den Seiten erben **). — Der Monticell von ausgeworfenen ſchen und Steinen erhob ſich nach und nach auf das eue über dem wieder hochliegenden Grunde, und er Vulkan brannte dann bis 1779 faſt unaufhörlich ›rt. Der Kegel ſprang oft nahe unter dem Gipfel, nd Lava floſs an den Seiten herab; aber der leer geordene Raum füllte ſich bald wieder bis zu der vogen Höhe. — Die ſonderbare, in der Geſchichte des eſuvs einzige Eruption von 1779 zerſtörte dieſe, faſt ehn Jahre lang beſtändige Form. Aber die Oeffnung, us welcher mit ſo groſser Gewalt ſich die Lava über es Berges Abhang ergoſs, war doch noch zu hoch, m ihm ſeinen ganzen Lavavorrath nehmen zu könen, — und auch die kleinen Ausbrüche von 1785,

*) *Padre della Torre*, Anhang der Ueberſetzung S. 3.

**) *Bottis Iſtoria*, p. 126.

1789, 1790 bewirkten nur leichte, wenig dauernde Schwankungen im Boden des Kraters, und endlich war er wieder dem Ueberfliefsen fehr nahe.

Die Eruption von 1794 erfchien, — und mit ihr fcheint endlich der Vefuv die lange Reihe feiner Ausbrüche in diefem Jahrhundert befchloffen zu haben. So tief, wie er jetzt ift, hat man den Krater nach 1631 nicht mehr gefehen. Die flüffige Lavamaffe fcheint gänzlich erfchöpft. Dämpfe, felbft Flammen finden jetzt den freyen Ausweg, und können fich nicht zu fürchterlichen Explofion häufen. — —

Die Tiefe des Kraters ift das Maafs, die wahrfcheinliche Entfernung grofser Lavenausbrüche zu beftimmen.

Dahin fcheint die Gefchichte des Kraters zu führen. — Die Auffindung eines folchen Gefetzes kann nicht unwichtig feyn. — Es kann die ruhige Sorglofigkeit, die zu fehr vertrauende Sicherheit wecken, ehe es zu fpät ift. Es kann zur fchöpferifchen Thätigkeit ermuntern, an Orten und Zeiten, wo fie ohnedem für nutzlofe Kühnheit könnte angefehen werden. — —

Und es fcheint uns einen Faden zu bieten, uns durch die verwickelten Erfcheinungen, welche der Vulkan fortdauernd übereinanderhäuft, zu den Urfachen zu leiten. — Denn es folgen fchon unmittelbar neue Gefetze daraus, welche für die Theorie des Vulkans nicht weniger aufklärend find. — Die in der grofsen Hölung des Kraters ftehende Lava ftürzt, bey grofsen Ausbrüchen, durch eigenen Druck aus der tief unten aufgefprengten Oeffnung hervor. Der om hört dann gewiſs auf, wenn die Lava mit die- Oeffnung im Gleichgewicht iſt. Die Tiefe der ıbrechenden Lava beſtimmt alſo die Stärke und hnelle des hervorſtürzenden Feuerſtroms. — iner der groſsen, verwüſtenden Ströme hat ſich je m Gipfel des Berges geworfen, und die von dort- r kommenden Laven lieſen Wochen, ja Monate ıg fort, ehe ſie erſtarrten, und erreichten bey dieſer ngſamkeit ſelten angebauete, von vorigen Laven ſchonte Felder. — Die Lava wird nicht während r Eruption ſelbſt aus der Tiefe des Vulkans in die ͻhe gehoben, und von unten durch eine gewaltige, ſser der Lava liegende Kraft über die Gränzen des rges geſchleudert.

Dieſes Geſetz ſcheint ſich ſogar auch auf andere ılkane übertragen, vielleicht zu einem allgemei- n Geſetz für alle Vulkane erheben zu laſſen. We- gſtens kennt man auch am Aetna keine gröſsere ıd zerſtörende Eruption, als die, welche 1669 tief ıten, gegen den Fuſs dieſes Koloſſes aus dem jetzi- n Monte Roſſo hervorbrach, ſich über Catanea ırzte, und erſt im Meere erſtarrte. — Und faſt nie t Island gröſsere Verwüſtungen durch ſeine un- hlbaren Vulkane gelitten, als durch den kleinen ılkan, welcher 1783 plötzlich, faſt in der Ebene, ſchien. Die aus ihm hervordringende Lava bedeckte it reiſsender Wuth faſt eine halbe Provinz, und faſt e Orte der Inſel wurden durch die, den Ausbruch gleitenden Erdbeben zerſtört. —

6.

Eruptionsgefetze.

Kaum ift es möglich, die unendlich mannigfaltigen Erfcheinungen jeder Eruption in ihrem fchnellen Weckfel zu faffen. — Sie drängen fich unaufhörlich gewaltfam fort, und oft kann das Gedächtnifs fich ihre Succeffion nicht wieder zurückrufen. — Erdftöfse, Dämpfe, Flammen, Rauchwolken, Feuerftröme, plötzliche Regen, gewaltige Quellen mephitifcher Dünfte fcheinen fo verwirrt auf einander zu folgen, dafs der erfte Anblick den Gedanken einer regelmäfsigen Folge in ihrem Erfcheinen faft gänzlich vernichtet. — Jede Eruption fcheint überdies noch von Phänomenen begleitet zu werden, die ihr ausfchliefslich eigen, und oft den fchon vorher bekannten ganz unähnlich find. Wann fahe man Flammenfäulen von fo ungeheurer Höhe wie 1779? wann einen fo fürchterlichen Afchenregen wie 1794? wann fo verwüftende Feuerftröme wie 1631? — Eine furchtbare Lava eröffnet fich den Ausweg bald hier gegen das Meer, bald dort gegen Portici, Ottajano oder Bofco. — Grofse, weitleuchtende Flammen verbreiten fich aus dem Krater bis über die Infeln im Meere. — Dämpfe fteigen bald in dünnen, prächtigen Säulen bis jenfeit der Wolken, bald folgen fie fich in fchwarzen, ftern Maffen mit erftaunlicher Schnelle. Eine Er- ιeinung wird durch eine neue verdrängt, wenn man ιm noch das Dafeyn der erfteren ahndet. —

Und doch — wenn man das grofse Schaufpiel s einer Entfernung betrachtet, aus welcher der anz und die Pracht einiger Erfcheinungen andere, elleicht gröfsere und mächtigere, aus denen jene .tfprangen, nicht mehr verdunkeln kann; wenn an über die Gefchichte aller Eruptionen einen allge- einen vergleichenden Blick wirft, — fo fcheinen le Phänomene fich in Hauptperioden zu ordnen, die ir in jeder Eruption wiedererkennen: — Perioden, m denen eine immer nothwendige Folge der andern heint, und die eben deswegen völlig den Charakter s Eruptionsgefetze behaupten. —

Was ift eine Eruption des Vefuvs? — affen Sie uns vorher uns über den Begriff diefer ofsen Erfcheinung vereinigen; denn jene fchon tzt auf fo mannigfaltige Art verfteckten und un- üllten Gefetze würden um fo weniger hervortreten, enn wir nicht durch beftimmte Gränzen die Phäno- ene des Vulkans unterfchieden.

Wir fehen den ruhigen Berg plötzlich in einen ıftand der gröfsten Bewegung verfetzt; mit unge- ähnlicher Anftrengung fcheint er zu wüthen; röme brechen aus feinem Innern hervor. Steine, ammen und Rauch erheben fich mit grofsem Getöfe furchtbaren Höhen hinauf. Nach einiger Zeit fällt r Vulkan in die vorige oder in eine noch gröfsere ıhe zurück. — Ein folches Phänomen ift es, wenn es die Naturforscher Neapels als eine besondere Eruption in ihren Eruptionslisten aufführen. — Ein blosses Flammenausbrechen, ein ungewöhnliches Aufsteigen von Dämpfen und Rauch, selbst ein Ueberfliessen und Herabstürzen von Lava vom Rande des Kraters sind einzelne, für sich stehende Erscheinungen, die zuweilen Vorläufer kleiner Eruptionen seyn können; aber auch der gewöhnliche Sprachgebrauch schon betrachtet sie als Eruptionen selbst nicht.

Wir können diese daher den ungewöhnlichen, periodischen Zustand des Vulkans nennen, in welchem Laven aus gewaltsamer Oeffnung des Abhanges hervorbrechen, und mannigfaltige Stoffe, mit grosser Kraft aus dem Innern geworfen, sich über die Gegend verbreiten. Diese Bestimmungen unterscheiden vollkommen diese Erscheinung von allen, die ihr ähnlich seyn können. Sie lehren, dass es keine Eruption der Solfatara giebt, da sie nur Wasserdämpfe aushaucht; sie zeigen, dass die Erscheinungen, die im Anfange dieses Jahrhunderts mehrere Jahre hindurch sich aus dem Krater des Vesuvs erhoben, nicht zu eigentlichen Eruptionen gehören. — Aber sie werden sich überhaupt, mit wenigen Einschränkungen, auch auf jede Eruption der Vulkane der Erdfläche anwenden lassen. — Und hierdurch scheint endlich auch sogar der ganze Begriff festgestellt werden zu können, was ein Vulkan sey. — Ein Berg, an welchem wir Eruptionserscheinungen bemerken.

Die

Die Salse von Modena, die Feuer von Pietra Iala, Querzecolo, Barigazzo, die Inseln t. Paul, Guadeloupe, Tabago sind daher eine Vulkane; ihre Produkte keine vulkanischen rodukte. —

Sie sehen, dass nach diesen, doch mit den allgeeinen Annahmen übereinstimmenden Sätzen, nicht lles vulkanisch ist, was dem Feuer seine Entstehung erdankt, — dass wir bey grossen Feuerwirkungen, eren Spuren wir so häufig auf der Erdfläche treffen, ns nicht immer einen Aetna oder Vesuv als Hervorringungsursache vorstellen dürfen. — — Und daiit, so scheint es, haben wir unendlich gewonnen. s lehrt uns Erscheinungen trennen, die vielleicht ur äusserst entfernte und geringe Aehnlichkeit in ıren Ursachen haben. — —

Lassen Sie uns zu den Eruptionsgesetzen zurückehren, zu den Hauptperioden, in denen sich alle esuvische Eruptionsphänomene zerlegen. — Ich laube viere annehmen zu dürfen.

I. Erdbeben.

II. Lavenausbruch aus einer Seitenöffnung des Berges.

III. Rauch und Aschenausbruch aus dem grossen Krater.

IV. Mofetten in der ganzen Gegend umher.

Die Ebene Campaniens hat von den ältesten Zeiten her durch Erdbeben gelitten. Doch scheinen lie meisten nur leichte Schwankungen gewesen zu seyn, an denen die Gegend sich endlich gewöhnte. — So erzählt es uns **Plinius**. — Sechzehn Jahre vor der ersten Eruption des Vesuvs, seit seiner Wiederentzündung (J. 63.) versank plötzlich **Pompeji** im Boden, **Herculanum** ward durch die gewaltige Erschütterung gänzlich zerstört, und in **Neapel** und **Nocera** stürzten viele Gebäude übereinander. — Aber die lange Ruhe hatte den im Boden so mächtig wirkenden Kräften den sonst gewohnten Ausweg verschlossen. Sie fanden den Ausgang nicht — und die unglücklichen Einwohner wurden über ihr bevorstehendes Schicksal getäuscht. — Den nahen Berg fürchteten sie nicht. — Die Seestadt **Pompeji** erhob sich wieder über den Trümmern, und **Herculanum** ward prächtiger wieder erbauet. — Einige Tage vor der grofsen Eruption im Jahre 79 bemerkte man wieder das gewohnte Schwanken des Bodens; in der Nacht aber vor dem 24sten August, dem Tage der Eruption, war es ein so heftiger Stofs, dafs selbst zu **Misen**, jenseit des Meeres, wo sich **Plinius** aufhielt, die Häuser erzitterten, und alles durcheinander zu stürzen schien. Selbst das Meer wich von den Ufern zurück. — Ein Stofs, der den elastischen Mächten den so lange gesuchten Ausweg scheint eröffnet zu haben; vielleicht bahnten ihnen dazu die schwächeren Erschütterungen der vorigen Tage den Weg. — Die ungeheure Aschenwolke, welche sich über Pompeji und Herculanum stürzte, erschien gleich darauf über dem Berge. — Die Erschütterung hatte daher mehr zu leisten vermocht, als die bey weitem beträchtlichere sechzehn Jahre vorher, welche die Campanischen Städte zu Boden warf; denn durch jene, welche den Vulkan sprengte, scheinen doch auch selbst in den nächsten Orten keine Mauern umgestürzt worden zu seyn. — Noch hat man in den wiedergefundenen Städten keine Ruinen zertrümmerter Häuser entdeckt. Die Theater von Pompeji, das prachtvolle, grosse Theater von Herculanum, stehen noch jetzt, wie sie auch in der alten Stadt wahrscheinlich standen. — In Pompeji durchläuft man die Strassen, eilt vor Tempeln und Häusern vorbey, und nirgends sieht man die Lücke eines vielleicht umgeworfenen Gebäudes. Ein fürchterlicheres Schicksal erwartete die unglücklichen Menschen. Die alles in tiefe Nacht verhüllende, erstickende Asche verbot ihnen die Flucht, und in der gewissen Aussicht, dem Tode nicht mehr entgehen zu können, sahen sie ihn langsam sich nähern. — Das Gewicht dieser furchtbaren Asche zerstörte die Dächer und die hervorragenden Theile der Häuser; aber, einmal von ihr umschlossen, erhielten sich die Mauern Jahrtausende fort. — Hatte vielleicht die Ursache der grossen Erschütterung im Jahre 63 einen andern Damm zu durchbrechen, ehe sie sich, wie im Jahre 79, die Freyheit durch Zersprengung der Masse erringen konnte, welche den ehemaligen Feuerkanal im Berge verstopfte? — Oder verfehlte sie den längst vorgezeichneten Weg durch den Krater hinaus?

Seit dem verwüstenden Ausbruche vom Jahre 79 kennt man in der Ebene Campaniens die schwachen Erdstösse nicht mehr, von denen Plinius und

I 2

Seneca reden, welche wie die Gewitter erschienen; häufig und furchtbar, aber unschädlich. – Seitdem sind fast alle Erschütterungen nahe Vorläufer von Eruptionen gewesen. Sey es, dass sie weniger Widerstand fanden, als damals, oder dass die Kraft, die sie hervorbrachte, sich schneller vermehrte, sie zerrissen nach wenig Tagen den Berg, und eröffneten hierdurch die Reihe der grossen und wunderbaren Phänomene, die wir in den Eruptionen anstaunen.

Der Vesuv ist der Mittelpunkt, von welchem aus sich diese Erschütterungen verbreiten. In seiner Nähe wüthen sie stärker, und nur auf seiner Höhe allein brechen die Dämpfe, die Ursache des Bebens, hervor. — Wenn in Neapel der Boden wankt, wenn in Caserta die Mauern zerreissen, wenn Salerno, Benevent zittern; so folgt daraus nicht, dass unter jedem Orte selbst die heftig bewegte elastische Masse den weichenden Boden erhebe. Sie wirkt immer nur unter dem Berge selbst, der ihrem Daseyn und ihrer Gewalt seine Entstehung verdankt. Denn wie wäre es sonst möglich, dass sie nicht leichter den Ausweg in der Ebene fände, als am Berge hinauf, der sich über jene Ebene noch so beträchtlich erhebt? — Wie würde sonst die Erschütterung in den entferntesten Punkten der erschütterten Gegend, deren Mitte stets der Vesuv ist, gleichzeitig seyn? Wie würde sie nicht anhaltender und stärker an dieser Seite des Berges sich äussern, wenn sie an jener, vielleicht in gleicher Entfernung, nur schwache Spuren ihres Daseyns verriethe? — Sie wälzt sich aus der Mitte fort, wie neuerregte Wellen im Meere. Nahe am Berge ist die Wirkung heftig und groſs; — mit ihrer Entfernung vermindert sich ihre Gewalt, und Nocera, Salerno, Capua, Benevent haben nie Erdstöſse, die Eruptionen vorangingen, so mächtig empfunden, wie Portici, Torre del Greco oder Neapel. — —

Eine Seitenmittheilung des Stoſses durch den festen Felsen der Erde, eine Percussion dieser Masse ist hinreichend, ihn noch in ansehnlichen Entfernungen wirkend zu leiten. Zittert doch schon der Boden weit umher, wenn man eine Mine entzündet; und alle Sprengschüsse in Bergwerken bewegen die Hälfte der Grube. — Der Fels leitet die Erschütterung fort; denn bey keinem von beyden dringt das entwickelte Gas durch das Gestein. — Wie unansehnlich und klein ist hier aber die Ursache gegen die unübersehbare Gas- und Dampfmasse, welche sich bey vulkanischen Eruptionen entwickelt? — Wie gewaltig viel gröſser müssen nicht die Wirkungen einer ähnlichen, aber so ungeheuer vergröſserten Ursache seyn? Soll man dann sich noch wundern, wenn die vulkanische Erschütterung zuweilen über Gebirgsreihen weg fortgeführt werden kann? Braucht man sich eine Gemeinschaft durch unterirdische Kanäle zu denken, um sich zu erklären, wie ein so heftiger Stoſs, wie der vom 12ten Junius 1794, noch an einigen Orten in Puglien merkbar seyn konnte? — Während dem Ausbruch des 15ten Junius, als sich mit fürchterlichem Getöſe die Lava aus der durchbrochenen Oeffnung den Abhang des Berges herabwälzte, zitterten in Neapel alle Gebäude, die Fenster klirrten, Thüren öffneten sich, und die Glocken tönten fortdauernd. — Hier war es unläugbar, daſs die Gewalt des aus der Oeffnung am Vesuv hervordringenden Dampfes die Gegend bis jenseits Neapel erschütterte. — Die Ursache lag also mehr als zwölf italienische Meilen von der Wirkung entfernt. — — Und so war in Campanien die Ursache der Erdbeben wahrscheinlich vom Vesuv nie weit entlegen. Denn auch jene Erdstöſse, denen noch keine Eruptionen folgten, waren verderblich für die, den Fuſs des Vesuvs umgebenden Orte, aber nur schreckend jenseit Nocera und Neapel, den Gränzen der unmittelbaren Wirksamkeit des Vulkans. — —

Auch das Zurücktreten des Meeres, eine Erscheinung, die man fast vor jeder Eruption sahe, ist eine Folge der Bewegung des Bodens. Kaum hat man es je vor der Erschütterung bemerkt, aber oft während des Schwankens und aller Orten, wo Erdbeben bis im Meere fortwirkten. Es ist sonderbar, wie dies Phänomen von so vielen einsichtsvollen Naturforschern so irrig hat angesehen werden können. Sie glaubten darin den offenbaren Beweis einer durch den Vulkan bewirkten Einsaugung des Meerwassers zu finden *). — Sollte das Meer, und wenn es den ganzen Vesuv und den Grund der ganzen umliegenden Gegend erfüllte, auch nur auf wenige Augenblicke sich eine einzige Linie erniedrigen können? —

*) *Spallanzani III*, 297.

Wie viel richtiger ſcheint nicht die Anſicht des P. della Torre zu ſeyn, wenn er das Meer in dieſem Zuſtande des Zurücktretens mit dem Waſſer in einer bewegten Schüſſel vergleicht!.*) Denn faſt eben ſo häufig, wie die Entfernung, iſt an andern Orten die Erhebung des Meeres. — Durch ſie verlohren die unglücklichen Einwohner von Scilla ihr Leben, als ſie ihren, den Einſturz drohenden Felſen verlieſsen, um gröſsere Sicherheit am Rande des Meeres zu ſuchen. — Und 1755 wetteiferte der aus den Ufern getretene Tajo in Verwüſtungen mit dem Erdbeben ſelbſt. — Die Erſcheinung iſt daher eine durch die Erſchütterungen bewirkte Veränderung der Meerſpiegel in der Lage, nicht in der Höhe. —

Der Erfolg dieſer Erdbeben iſt das Zerreiſsen des Berges. Die elaſtiſchen Mächte, denen die bis zum Gipfel erhobene Lava den Ausweg durch den groſsen Krater verſchlieſst, brechen am Fuſs oder am Abhang des Kegels hervor. Sie finden endlich den Ort, an welchem ihnen der Zuſammenhang des Berges weniger Widerſtand iſt, als das Gewicht der groſsen Lavamaſſe, die ſie vergebens über den Vulkan herauszudrängen ſuchen. — — Auf gleiche Art aber, als ein Strom, wenn er die ihn einſchlieſsenden Dämme überwältigt, dieſe Dämme mit reiſsender Wuth vor ſich wegſtöſst, — eben ſo wird auch die Gewalt, welche ein ganzes Land zu erſchüttern vermochte, nun, wenn ſie den Widerſtand überwindet, die Hälfte

*) Geſchichte des Veſuvs, S. 149.

des Vulkans mit sich fortreissen. Aus der kleinen Oeffnung, welche sie sich am Abhang errang, wird sie endlich einen neuen Vulkan bilden, der es vielleicht wagen darf, in Grösse sich mit dem alten zu messen. — Aber — so ist es nicht. Und diese Erscheinung ist gewiss eine der merkwürdigsten, der räthselhaftesten unter allen den unerklärlichen, welche die Eruptionen uns in so vollem Maasse darbieten. — Die Dämpfe brechen nie aus einer Oeffnung hervor, dem Krater im Gipfel ähnlich, — sondern aus Spalten, die sich weit den Abhang des Berges herunter erstrecken. — Mit dem ersten mehr als donnerähnlichen Knall, mit den ersten hervorspringenden Flammen, welche der Gegend das Platzen des Berges verkünden, ist auch schon dieser lange Riss da, der sich während der Eruption nie weiter vergrössert; aber es ist nach dem Lavenausbruch fast auch die Spur seines Daseyns wieder verschwunden. Selbst die Eruptionen von 1760 und 1794, welche beyde sich eine Menge kleiner Kratere öffneten, die grösstentheils noch nicht wieder zerstört sind, machen von dieser seltsamen Regel keine Ausnahme. Ihre Kratere liegen genau in einer Richtung, welche zugleich auch die Richtung des Lavastroms selbst ist, und aus allen sahe man zu gleicher Zeit sich Feuer und Lava erheben. Sie sind daher wahrscheinlich auch Spalten, wie alle Oeffnungen voriger Ausbrüche, und nur der grössere Stoss der hervordringenden Masse an einigen Orten, an welchen die Spalte vielleicht weiter geöffnet seyn mochte, veränderte sie zu kleinen Krateren.

Noch mehr. — Diese aufspringenden Spalten bil-
n sich niemals in anderer Richtung, als genau dem
bhang des Kegels gemäss. Immer vom Gipfel gegen
n Fuss; nie hat man eine Oeffnung nach der Breite
s Berges gesehen, — einen Riss, dessen Richtung
rlängert, sich nicht hätte mit dem grossen Krater
Gipfel vereinigen können.

Die Länge der Spalten steht mit der Grösse der
uption, — des Lavenausbruchs im Verhältniss. —
echen sie hoch am Kegel auf, so sind sie nicht lang,
r Lavenausbruch nicht gross. — Oeffnen sie sich
efer hinab, so wird ihre Länge unglaublich. Den
iss, aus welchem 1794 die kleinen Kratere entstan-
n, schätzte man 3000 Neap. Fuss lang.

Hat vielleicht der Zusammenhang der alten Laven-
röme, welche die Dämpfe hier überall durchbrechen
üssen, Einfluss auf diese Erscheinung? Ist das Zer-
eissen in Spalten vielleicht dem Zerspringen des Eises
af Gletschern und Flüssen ähnlich, das, mit gleichem
onnergetön begleitet, im Bothnischen Golf
hon oft auf die Dörfer am Lande zerstörend wie
n Erdbeben wirkte? — —

7.

Lavenausbruch.

Wie ein flüſſiger Strom bricht die Lava hervor, wenn es endlich den wirkenden Dämpfen im Innern geglückt iſt, durch die groſse Spalte am Berge ſich den Ausweg zu öffnen. — Und die Periode der Erdbeben hört auf, und alle kleine Erſcheinungen, die ihnen oft gleichzeitig ſind. —

Das über den Boden herabſtürzende Feuer, die Flammen, der Rauch, das Donnern, das Ziſchen der ausbrechenden Dämpfe weckt fürchterlich die ruhigen Bewohner, und ſie ſtehen über die oft geſehene Erſcheinung vor Furcht und Schrecken betäubt. — Denn wer gewöhnt ſich an die unermeſsliche Gröſse eines ſolchen Schauſpiels? —

Und doch iſt es eben dieſe vom Berge ſich herabwerfende Lava, die, nach wenigen Stunden erſtarrt, als unzerſtörbarer Fels, mehr wie Granit oder Porphir, der Ewigkeit trotzt! — —

Der fruchtbare Boden, den ſie bedeckt, iſt auf ewig verlohren. Denn keine Pflanze haftet auf ihrer ſchwarzen, zerriſſenen Fläche, und nach Jahrhunderten iſt ſie noch eben das Bild der namenloſen Verwüſtung, als an den Tagen der Eruption ſelbſt.

Oft ſieht man langſam das Ungewitter ſich nähern, und vermag ihm nicht zu entfliehen; denn alle Hinderniſſe verſchwinden vor der ſtets zunehmenm Stärke des herabfallenden Stromes, durch den ruck der immerfort ausbrechenden. Masse. —

Und diese Stärke vermehrt sich, je tiefer die ıva gegen den Fuss des Berges hervorstürzt, je wei- r sich die Ausbruchöffnung vom Gipfel des Berges ıtfernt. — Dann ist ihre Geschwindigkeit grösser ad die Fläche, über die sie sich ausbreitet. —

Das lässt sich auch schon aus der Masse dieser La- m beurtheilen; denn schon oft haben sich die neue- m Geschichtschreiber der vesuvischen Eruptionen be- rüht, den körperlichen Inhalt der grösseren Laven- usbrüche zu bestimmen, und, ungeachtet der un- ermeidlichen Ungewissheit solcher Rechnungen, die- en doch diese Bestimmungen vortrefflich, bey dem ıächtigen Unterschiede dieser Ströme eine deutliche 'orstellung ihrer Stärke zu geben. —

Welcher Strom aber wagt es, in dieser Liste sich lem an die Seite zu stellen, der 1794 Torre del Greco zerstörte? — Aber welcher Strom erschien uch tiefer am Berge? Und wie sehr kontrastirt mit hm nicht die Lava von 1779, die mit Phänomenen ervorbrach, welche nur durch ihren nie gesehenen Glanz schreckten, aber sich fast nicht vom Gipfel des Berges entfernten!

Vergleichen Sie selbst. Es wälzte sich Lava hervor:

	Kubikfuss.
779 nach Botti's Berechnung	55,703,419
767 — — —	178,026,228
760 — — —	298,493,128

	Kubikfufs.
1737 nach Serao's Berechnung . . .	319,658,161
1794 gegen Torre del Greco, nach Breislack's *) Berechnung .	456,977,640
gegen Mauro, nach ebendemfelben	228,488,820

Genau in eben der Reihe, wie diefe Mengen, folgen die Ausbrüche, wenn man fie nach der Tiefe der Oeffnungen ordnet, aus denen fie hervorkamen. — Kann diefe Erfcheinung blofs zufällig feyn? — Beweift fie nicht unmittelbar fchon den Druck von oben herab auf die ausftrömende Lava? die Kraft, die mit der Höhe der über der Oeffnung liegenden Theile des Berges im Verhältniffe fteht? — Glauben Sie nicht, dafs aus den oberen Spalten weniger ausftrömen könne, weil ein Theil der die Lava heraufreibenden Dämpfe (wie man fo oft glaubt) zur Hebung diefer Maffe verwandt werden müffe, dafs fie eben deswegen mit gröfserer Kraft die Lava am Fufs des Berges hervorfchleudern könne. Denn vom Rande des Kraters auf dem Gipfel des Berges läuft nicht felten mehr Lava herab, als aus Eruptionsöffnungen

*) Breislack (*Voyages dans la Campanie* I, 204) berechnet zwar felbft den Inhalt diefes Lavaftroms zu 1,869,627 Kubiktoifen oder zu 3,230,716,456 Kubikfufs — eine ungeheure Angabe! — Allein Rechnungsfehler haben ihn verführt: denn aus feinen eigenen, nicht übertriebenen Annahmen folgt die angegebene Menge durch die Berechnung. Auch beftimmt er nach Serao die Lava von 1737 zu 1,479,898 Kubiktoifen, ungeachtet doch Serao felbft nur 184,983 Kubiktoifen angiebt. —

ist; — aber Eruptionserscheinungen begleiten sie. — Die gröfsere Stärke der Ströme, je tiefer sie brechen, ist daher keine Folge ihrer gröfsern Nähe en die Quelle. — —

Mit der Lava zugleich steigen Flammen herauf, nur Vulkane sie hervorbringen können. — Ein: liges Wesen, das sich über den Luftkreis scheint ausheben zu wollen? — — Ein erschütternder all geht der Erscheinung vorher — und sogleich auf reifst die glänzende Flamme Felsen senkrecht : sich hinauf. Selbst Sturmwinde vermögen die walt nicht zu beugen, mit welcher sie der Erde flieht. Wenn unermefsliche Wolken von Rauch d Asche und Steinen durch die Winde über das nd fortgeführt werden, so steht doch immer noch hohe Säule senkrecht auf dem Vulkan, und Asche d Steine fliegen horizontal ihr vorbey *). — —

Es giebt nur einen Stoff in der Natur, der, die Flammen gleich, ungern auf der Erde zu weilen eint. Mächtige Fesseln müssen ihn halten, und an er bey dem Streit der Anziehungskräfte Gelegheit findet, zu entfliehen; so vermag kaum eine chanische Kraft seinen Weg in die Höhe zu än-n. — Das Hydrogen. — Ohne die Kraft des ewaltigen Sauerstoffs, der ihn in unsern Ocea-n zurückhält, hätte er sich uns vielleicht schon gst auf immer entzogen. — Er ist es, der im

*) Hamilton von der Eruption von 1779. Phil. Trans. Vol. 70. Duchanoy Journal de Physique XVI.

Augenblick der entstehenden Seitenöffnung des Berges als endlose Säule über sie steht. — Er ist es, der, mit den Dämpfen vereint, den Vulkan sprengt. Aber, ungeduldiger als sie, durchbricht er selbst die flüssige Lava, und eilt in die höheren Regionen hinauf, fern von dem Ort, der ihn so lange eingeschlossen enthielt. — Vergebens; — er reisst die Flamme mit sich hinauf, — und diese Flamme bezeugt, daß er sein Ziel nicht erreiche, daß schon der mächtigere Sauerstoff ihn wieder herabzustürzen im Begriff sey. — —

Diese Flammen entwickeln sich erst bey dem Ausbruch des Hydrogens selbst; im Innern des Vulkans waren sie nicht. — Beweist es nicht die furchtbare Detonation, wenn plötzlich der entweichende Stoff sich vom Oxygen auf allen Seiten umgeben sieht? Zeigt es nicht der immerfort erneuerte Donner, wenn die Gewalt der abfliessenden Lava auf Augenblicke den aufsteigenden Gasstrom gehemmt hat? Noch nie sahe man grosse Flammen aus dem Vulkan ohne Detonation hervorsteigen, — und noch nie sahe man Hydrogen ohne Knall sich entzünden. — — So lange der Strom in der Höhe hinauf nicht den grossen Vorrath erschöpft, der über Laven und Dämpfen weg sich an der innern Oberfläche des Berges gesammelt hat, dauert ununterbrochen der Kampf mit dem Oxygen, mit ihm die Flammensäule fort, und dann hört man in diesem Strom das vorige Donnern nicht mehr. — Aber neue Seen von Hydrogen steigen aus der Oeffnung hinauf. Sie durch-

schen die Lava, und schleudern sie weit mit sich
raus; aber bey der ersten Berührung stürzt sich das
ygen mit neuer Wuth über sie her, und Donnern
l Flammen sind von neuem die Folgen des kühnen
griffs. Deswegen hört man im Laufe des Aus-
chs die Detonationen wie den Donner der Batte-
. hintereinander; anfangs in schneller Folge; dann
gsamer, aber mit grösserer Stärke; denn kleinere
n begegnen sich in ihrem Laufe von fernher gegen
Oeffnung, und verbinden sich zu grösseren Massen,
welche das Oxygen mit gleichmäsig vermehrter
ft wirkt. —

Das Hydrogen führt selbst die hohe Temperatur
sich hervor, ohne welche der Angriff des Oxygens
ftlos seyn würde. Durch die neue Verbindung ver-
hrt sie sich bis zur dauernden Flamme. — Aber
sucht das Oxygen den Gegner selbst bis in die
teren Hölungen auf, welche seine mächtige Kraft
: eben gesprengt hat, — und man hört die Deto-
ion fürchterlich wiederhallend durch das Innere
Berges. — —

Dann ist auch sie ein Vorläufer der grossen Er-
einungen in der Eruption, welche sie ankündigt.
rch sie offenbart sich der zunehmende Drang der
lischen Stoffe in die Höhe hinauf, und Ruhe des
lkans, wenn diese gefährliche Kraft sich vermehrt,
drohende Stille in der Natur vor dem Gewitter. —

Das Hydrogen, kraftvoll, leicht und beweglich,
ngt auf allen Seiten durch die hindernde Lava her-
, und verfehlt durch diesen Ungestüm oft den Weg,

auf welchem die Lava an der Seite des Berges herabstürzt. Um so mächtiger steigt es dann aus dem grossen Krater herauf, wenn die Masse der Lava ihm nicht mehr zu widerstehen vermag. — Noch lange wird sich Neapel der Säule erinnern, welche 1779 nach dem Lavenausbruch mit erschrecklichem Knall über den Gipfel hervorstieg. Ihr blendendes Licht schien kein irdisches mehr, und die imposante Masse des Berges war gegen ihre Höhe vernichtet. —

Diese Detonationen und die darauf folgenden Flammen umhüllen eine der grössten vulkanischen Erscheinungen. Man ahndet sie nicht; — denn nur erst lange darauf äussert sie sich unmittelbar, nicht durch übertäubende Pracht und Majestät, wie jene Erscheinungen, sondern durch die Grösse ihrer Verwüstungen. — Es sind die vulkanischen Regen.

Das Hydrogen stürzt durth den Anfall des Oxygens mit ihm als Wasser in einem zehntausendmal engeren Raume zusammen. Die umgebende Luft fällt mit grosser Gewalt und weit hörbarem Knall diesem ihr geöffneten Abgrunde zu, und Wärme und Licht, die jene Stoffe luftförmig erhielten, steigen, von ihnen getrennt, einzeln als Flammen herauf. — Dieses glänzende Spiel würde sich unaufhörlich erneuern, und die Explosionen den Flammen als ununterbrochener Donner in ihrem Lauf folgen, wenn nicht sogleich die entwickelte Wärme das neuentstandene Wasser ergriffe, ehe es herabfällt, und ihn zu einem neuen elastisch-luftförmigen Stoff, dem Wasserdampf, bildete. — Das Resultat der fortdauern-

auernden Zersetzung des Hydrogens ist dann nicht
mehr Wasser, sondern unmittelbar Wasserdampf, der
en gleichen Raum einnimmt, als beyde gasförmi-
en Stoffe, aus denen er entsteht. — Die Detonation
ann sich daher nicht eher wieder erneuern, als bis
ie Flammensäule verschwindet und neues Hydro-
en sich entzündet.

Unglaublich ist die Menge von Wasserdampf,
elcher auf diese Art in die Atmosphäre heraufsteigt.
ie höheren Regionen entziehen ihm den Wärme-
off, mit ihm die elastische Form, und er fällt als
egen wieder herab. Leichte Berechnungen, welche
ugenscheinlich die Wahrheit noch nicht erreichen,
ben für diese Regen eine Menge, welche bey wei-
m die Regen übertrifft, die selbst in Tropenkli-
aten herabfallen. — Wie sehr muss die Geschwin-
gkeit des Hydrogens in einer Säule, welche Sturm-
nde nicht beugen, die Geschwindigkeit dieser
inde selbst übertreffen! Sey sie 60 Fuss in der
kunde, und die Oeffnung, aus der sich die Säule
hob, von 40 Fuss Durchmesser, dann hätte sie wäh-
nd einer halbstündigen Existenz 7262000 Pfund
asser liefern können, wenn, nach Fourcroys
d Seguins Versuchen, 0,786 Pfund Wasser aus
582 Kubikzoll Hydrogen entstehen. Der hohen
ule von 1779 folgten grosse Platzregen wenige
unden darauf, und die Asche, welche mit den
ammen von 1794 heraufstieg, fiel als feuchter
hlamm auf den Boden zurück. — — Aber, um
esen Strom von Hydrogen in Wasserdampf zu ver-

wandeln, muſs ſich mit ihm mehr als die Hälfte ſeiner Stärke, Oxygengas verbinden; die Atmoſphäre erneuert die Menge, welche durch die neue Verbindung verſchwindet, und es entſteht ein Strom von allen Punkten gegen die Mitte der flammenden Säule. Jener Strom in der Höhe reiſst auch dieſen mit ſich hinauf; der mechaniſch mit der Atmoſphäre gemengte Waſſerdampf tritt in den kälteren Luftſchichten hervor, und vermehrt die Menge des fallenden Regens. — Bey jeder Eruption ſahe man die Wolken gegen die Säule gezogen, und oft verhüllen ſie die glänzende Erſcheinung durchaus. — — Dieſe Regen fallen nur in der Gegend herab, über die ſie entſtanden, und wenige Meilen entfernt ſind es nur leichte Tropfen, welche nie die Stärke ſelbſt gewöhnlicher Landregen erreichen. — —

Der ganze Lavaſtrom iſt gewöhnlich in dichte, ſchwarze Wolken gehüllt, die ſeinem Laufe folgen, und ähnliche Wolken begleiten die Flammen bis zu anſehnlicher Höhe hinauf. — Leichte Winde entführen ſie über das Meer, und in der Entfernung verſchwinden ſie in der Luft. — Ihrer Erhebung ſind in der Atmoſphäre beſtimmte Gränzen geſetzt. Die Flammen ſteigen unglaublich hoch über dieſe Gränze hinauf — aber der Rauch breitet ſich hier zum feſten, dichten Gewölk, das dem Treiben der Winde gehorcht. — Es iſt nicht Aſche, die, von der Erhebungsurſache entfernt, ſogleich wieder auf den Boden zurückfällt. — Der Rauch verſchwindet wie der Rauch der Kamine, und nie ſahe man ihn fallen. —

'oher nimmt denn eine unverbrennliche Substanz, ie die erkaltete Lava, die Fähigkeit, eine so unheure Menge flüchtiger Stoffe aus ihrem Innern ı entbinden? Sie bedeckt zu schnell die Vegetation, e sie zerstört, und erlaubt ihr dadurch den Oxydingsprozeſs und daher auch die Verflüchtigung nicht. uch würde der Rauch, verdankte er der verwüsteten ultur seine Entstehung, sich nicht als concretes, unterbrochenes Gewölk heben, sondern an hinternander liegenden Punkten den Strom in einzelnen äulen durchbrechen. Und aus dem Schlund des ulkans steigt schon dieser finstere Nebel in gleicher ichte hervor, als über dem Lavastrom selbst. — — eber einen flammenden Wald wäre dieses schwarze ewölk kein unerwartetes Phänomen, — aber über er unverbrennlichen, felsenbildenden, Jahrtausende urch unzerstörbaren Lava? Die Aehnlichkeit mit em Rauche, der sich aus verbrennlichen Substanzen atwickelt, ist so auffallend, daſs bis jetzt noch niemand gewagt hat, die Gleichheit beyder Phänomene ı Zweifel zu ziehen. —

Während diese Erscheinungen sich mit fast unerfolgbarer Schnelle fortdrängen, stockt nach wenig tunden die Lava über der aufgebrochenen Spalte, nd hört auf, über den Abhang zu strömen. Und lammen, Asche und Rauch vermindern sich plötzich — und wenige Zeit nach dem Stillstand der ava schweben nur noch leichte Wolken über dem)rt, der ein neuer Vulkan zu seyn schien. — Jene nächtigen Stoffe haben einen andern Ausweg gefunden, aus dem sie freyer, aber ohne Lava hervordringen. — Diese gänzliche Unthätigkeit der Ausbruchsöffnung, sobald die Lava aufhört zu fliessen, ist ein durchaus allen Eruptionen gemeinschaftliches Phänomen. Die Ursache ist also beständig, und muss aus der Lava entspringen; denn nur der Lavenausbruch allein ist eben so beständig, als diese Erscheinung. — Die Lava ist den ausbrechenden Dämpfen ein Hindernifs, das mit ihrem Ausströmen verschwindet. Stiege sie während der Eruption mit den Dämpfen herauf, warum würde sie zu steigen aufhören, wenn sich die Seitenöffnung des Berges schliesst, da die Kraft der Dämpfe sich dann sogar noch zu vermehren scheint. — Und warum dann diese beständige ephemerische Dauer des Seitenvulkans? — Warum die Ruhe des grossen Kraters während dem Ausbruch der Lava? Und warum dieser Ausbruch immer in der Tiefe am Berge? wirkte nicht auf ihn Druck von oben herab! — —

8.

Afchenausbruch.

ift unglaublich, mit welcher Gewalt die gefan-
en Dämpfe alles vor fich wegftofsen, fobald fie
Druck zu überwinden vermögen, der ihnen den
weg durch den grofsen Krater verfchliefst. Noch
die Lava nicht aufgehört aus der Spalte zu fliefsen,
fich fchon düftere Wolken von der Spitze des Ber-
erheben und fich in grofser Höhe, als ein dichtes
völk, über die ganze Gegend verbreiten. — Was
Lava verheert, ift unwiederbringlich verlohren; —
in die verwüftete Fläche ift wie ein fchwarzes Band
r den Boden lang, aber nicht breit. — Vor der
he hingegen fichern nicht Thäler, oder Berge und
Te. Ihre zernichtenden Wirkungen äufsern fich
s um den Berg weit in die Ebene fort, und nicht
befchränkte Flächen allein. — Die Zerftörungen
Phänomene des Lavenausbruchs empfinden nur
ige; — die Erfcheinungen, welche den Sturz der
henwolken begleiten, find allen auf gleiche Weife
lerblich. —

Tage lang bricht oft die Afche mit gleicher Hef-
eit aus; alles umher ift durch fie verfinftert, und
iefer Nacht erwartet man das Ende des nicht mehr
baren Schaufpiels, Sie fällt unaufhörlich zu Bo-
, als Steintrümmer auf dem Abhang des Berges,

als ein graues Pulver, an Zartheit dem feinsten Mehle vergleichbar, in Meilenentfernung. So sehr hat die Kraft, welche den innern Kern des Vesuvs aus dem grossen Krater hervorschleudert, ihn an einander zu reiben und zu zermalmen gewusst.

Solche Wirkungen können wir nur von Wasserdämpfen erwarten, durch Wärme und Druck zu einer Elasticität gehoben, wie sie über der Oberfläche vielleicht noch nie gesehen wurde. Hydrogen ist es nicht. Es würde sich in der ersten Berührung mit der Atmosphäre entzünden; — aber Flammen sind bey Aschenausbrüchen nur selten, und sie scheinen von diesen unabhängig zu seyn. In der merkwürdigen Eruption von 1779 stieg die hohe, glänzende Säule unendlich weit über die Aschenwolken hinaus. — — Will man die Erhebung dieser Wolken einer andern unbekannten Luftart zuschreiben, warum würde sie ihre Natur so wenig verrathen? warum würde sie den Sinnen der übrigen Körperwelt so versteckt seyn? Eine so ungeheure Menge, als zu solchen Aschenausbrüchen gehört! Aber Wasserdämpfe haben nie in den Eruptionsphänomenen gefehlt. Kein Gas ist leichter erzeugt, zu keinem die Substanz in ihrer vorigen Form leichter gefunden. Alle Phänomene nach den Ausbrüchen führen auf seine Erzeugung in grosser Menge zurück: die Wolken, die Nebel, die Regen; und vielleicht giebt es kein Gas, was seine ungeheure Expansivkraft so schnell wieder verliert. Denn die Asche hat durch sich selbst keine Kraft in die Höhe herauf; da sie sich nun in mäfsiger Höhe auf den Seiten verbreitet und meilenweit über das Land fällt, ist es nicht das Gas, das sie erhob, welches hier schon seinen Drang in die Höhe verliert, und durch andere Ursachen seitwärts gestossen, nun auch die Asche vor sich wegstöst? — —

Schön und erhaben ist die **Piniengestalt** der Asche, ehe sie sich vom Berge weg über den Abhang verbreitet. Die Pinie, der stolze Baum des wärmern Italiens, dessen Laub, von wenigen Zweigen in gleicher Höhe getragen, über dem dünnen Stamm hoch in die Luft schwebt! — Fast keiner Eruption fehlte diese düstere, hehre Gestalt; und wie richtig beschrieb sie nicht schon Plinius; wie gut entwickelte er ihre Ursachen! — Die Asche ist nicht bloss leidend, wenn die Dämpfe sie herauftreiben; sie widersteht der ungewohnten Bewegung. Die Schwere treibt sie wieder herab. Ihr Flug wird gleichförmig vermindert. Endlich wird die früher gestiegene Asche von der späteren erreicht, und sie bilden über dem Schlund ein dichtes Gewölk, weil die immerfort aufsteigende Kraft ihr Herabfallen hindert. Aber nun ist auch den Dämpfen das Heraufsteigen durch die dichte Masse gehemmt. Sie können nur auf den Seiten ausweichen; sie reissen das Gewölk mit sich fort. Der hohe Stamm breitet in der Luft ein schwarzes Dach aus. Bald vermögen die Dämpfe, aus dem Mittelpunkt über grössere Räume verbreitet, nicht mehr die Wolken zu tragen. Die schweren Rapilli fallen als Steinregen zu Boden; die leichtere Asche wird noch weit über Länder und Meere entführt. —

Nicht genug, dafs die Asche häufig feucht wie ein Teig herabfällt; sie ist zugleich der Vorbote der mächtigen Wolkenbrüche um den Vulkan: Regen, die noch bey weitem diejenigen übertreffen, welche die Flammen erzeugen. Sie fehlen den Aschenausbrüchen nie, und ihre Verwüstungen sind nicht weniger grofs. — Der Wasserdampf aus dem Innern des Berges, die Ursache des Ausbruchs, verliert in der Höhe seine elastische Form, und fällt als Wasser zurück. Fehlt uns auch der Maasstab, die Menge des Dampfes zu übersehen, welche viele Tage lang solche Aschenwolken auf so grofse Höhen zu erheben vermag, so fühlen wir doch eben deshalb, wenn ich nicht irre, dafs uns hierdurch auch noch gröfsere Ströme aus den Wolken herab begreiflich seyn würden. Es ist der täglich erneuerte Kreislauf in der Natur, nur in unendlich vergröfsertem Maafsstabe. Du Carla's scharfsinnige Betrachtungen *), die er durch so viele und so fleifsig gesammelte Thatsachen unterstützt, seine Berechnungen werden uns jetzt nicht mehr täuschen. Sie konnten wohl eine Zeitlang durch ihr überraschendes Resultat blenden; aber sie halten eine strenge Prüfung nicht aus. Durch die Verdünnung über dem Vulkan, sagt er, entsteht ein aufsteigender Luftstrom; die umgebende Luft stürzt in die Räume der aufwärts sich hebenden Massen. Sie erreicht in grofser Höhe die kälteren Schichten der Atmosphäre, und das in ihr aufgelöste Wasser fällt als

*) Journal de Physique XX, 117.

-gen herab. Dieser Strom soll sich mit 24 Fuſs Ge-
-schwindigkeit heben, und dadurch sollen in der Mi-
-nute zwey Zoll Regenhöhe entstehen. — Aber, die
-Säule über dem Vulkan ist in der That nicht verdünnt;
-sie wird von dem Gas ausgefüllt, das aus dem Vulkan
-hervorbricht; es entsteht durch das Aufsteigen kein
-leerer Raum, oder vielmehr die umgebende Luft
-zieht die Säule nicht in die Höhe, sondern die im-
-merfort aus dem Innern aufsteigenden Dämpfe. Die
-Luft wird höchstens nur mechanisch an den Seiten
-in die Höhe gerissen.

Andere haben in der Elektricität, die in so grosser
-Menge bey den Aschenausbrüchen entbunden wird,
-die Ursache der Regen gesucht. Unzählige Blitze fah-
-ren aus den schwarzen Wolken hervor, bald von oben
-nach unten, bald aufwärts, am häufigsten vom äusse-
-ren Umfange gegen die Mitte. — Es scheint fast, man
-habe sich, wie so häufig in der Meteorologie, und vor-
-züglich in der Lehre von den Gewittern, in Hinsicht
-auf Ursach und Wirkung getäuscht. — Daſs eine An-
-häufung von Elektricität Waſser aus der Gasform her-
-vortreten laſse, ist durch keine Versuche erwiesen.
-Wohl aber, daſs im Gegentheil Elektricität entwickelt
-werde, wenn das Waſser diese Gasform annimmt oder
-verliert. Wenn also durch den Dampf aus dem In-
-nern so dicke Wolken sich über dem Vulkan bilden,
-soll es uns wundern, die schnell hervortretende Elek-
-tricität durch Blitze nach allen Seiten sich ausbreiten
-zu sehen? Auch führt dahin die Entstehung, der
-Lauf dieser Blitze. Fast nie hat man sie aus dem Kra-

ter hervorsteigen sehen, was doch wohl seyn musste, wenn die freye Elektricität selbst aus dem Vulkan hervorstiege. Im Gegentheil, man sahe sie nur in der Höhe, dort, wo die Wolken sich bilden, und vom äusseren Umfang gegen die Mitte, das ist, von den Punkten weg, wo die Veränderung der Gasform des Wassers am schnellsten, am kräftigsten ist, gegen Orte hin, wo sie weniger wirkt, wo daher weniger Elektricität aufgehäuft ist. — Die Asche führt diese Elektricität bis in weit entlegene Gegenden. Man fand sie stets positiv elektrisch und mit nicht gewöhnlicher Intensität. — So muss es auch seyn; denn Saussures Versuche haben erwiesen, dass bey der Dampfbildung des Wassers negative Elektricität erzeugt wird, positive daher bey der Wasserbildung aus Dampf *); dass hingegen durch eine Zerlegung des Wassers in seine Bestandtheile, positive, daher durch seine Zusammensetzung negative Elektricität erzeugt werde.

Der Meynung, als könne diese Elektricität durch das heftige Reiben der Asche in der Luft sich entwikkeln, stehen wieder Saussures Versuche im Wege **).

Wäre die Asche nicht feucht, so würden ihre Folgen weniger zerstörend seyn. Sie würde sich den Bäumen weniger anhängen, und weniger die Zweige umgeben, und sie nicht durch diese Umhüllung ersticken. Ganze Wälder gehen dadurch zu Grunde: wahrscheinlich eine Folge der gehemmten Respiration. Auf ähnliche Art liess der Arzt George Bell in kurzer

*) *Saussure* Voyages §. 823. **) Voyages §. 785.

Zeit viele Pflanzen verdorren, indem er ihnen durch künstliche Umgebungen alle äusere Verbindung mit der Atmosphäre entzog *). — Dieser Wirkung ganz entgegengesetzt scheint die grosse Triebkraft der Asche, durch welche nach den Ausbrüchen in weniger Zeit neue Blüthen auf den Bäumen mit ungewöhnlicher Schnelle neue Früchte hervorrufen. Wodurch? Etwa durch einen Säureantheil?

Wir wundern uns nicht, diese Asche von der Farbe der Lavamassen zu sehen, aus denen sie entstand, schwarz in grössern Stücken, grau als feines Pulver. Aber höchst merkwürdig ist es, dass man von je her eine weisse Asche für den letzten Akt des Phänomens hielt, und sich darin selten oder niemals betrog. So war es im Jahre 1794; so bey den Ausbrüchen von 1760 und 1767; und so scheint es auch in den ältesten Ausbrüchen gewesen zu seyn. Denn die tieferen Aschen über Herculanum sind grau; die oberen über Pompeji hingegen sind weisse, leichte Bimsteine. — Ist vielleicht dieser letzte Satz, in längerer Berührung mit dem Feuerquell, stärker oxydirt worden, als die schwärzeren, früher ausbrechenden Aschen? — —

*) Bibl. Britan. Sc. et Arts IX, 78.

9.

Mofetten.

Der Vulkan scheint wieder gänzlich beruhigt, wenn so grosse Massen von Dämpfen und Aschen aus dem Innern hervorgestossen sind. Leichte, weisse Wolken erheben sich noch von Zeit zu Zeit aus dem grossen Krater; Säulen von Wasserdampf, wie man sie fast zu jeder Zeit sieht, und die keine neue Erscheinung vorbereiten; auch das Getöse nicht in der Nähe des Berges. Die Seiten des eingesunkenen Kraters fallen durch eigene Schwere zusammen, und erschüttern zuweilen den Abhang bis zu bewohnten Orten herunter.

Aber ein heimlicher Feind ist um so furchtbarer, weil man ihn am wenigsten vermuthet. Und ist er an einer Stelle entdeckt, so flieht er plötzlich zu einer andern fort, weit von der ersten entfernt, und auf nicht zu verfolgenden Wegen. Monate lang nach den Ausbrüchen steigen die Quellen von Mofetten am ganzen Umfang des Berges herauf; in Kellern, auf Feldern, in Gärten, zwischen den Reben; aus der Mitte der unfruchtbaren Rapilli, wie aus der herrlichsten Dammerde und in den dichtesten Wäldern. Nicht etwa bloss in der Nähe des Lavenstroms; oft sehr weit von dem Mittelpunkt der Verwüstung. Schon oft glaubte mancher Besitzer seine Weingärten für Mofetten verschont, weil schon viel-

ächt ein völliger Monat ſeit dem Ausbruch ver-
oſſen war; und den folgenden Tag fand er zu ſei-
em Verderben einen See von tödtender Luft über die
älfte des Gartens verbreitet, und eine Quelle wochen-
ng ſtrömen. — Schon oft trieb ruhig der Bauer ſei-
en Eſel vom Markt aus der Stadt auf dem ſtets
chern Wege nach ſeinem Dorfe zurück, als plötzch das Thier umfällt und erſtickt, und ihn zur
hnellen Flucht zwingt. — Die Vögel liegen todt
m ſolche Orte her, und die Pflanzen verdorren. —

Man ſahe noch nie eine Eruption ohne dieſe
rſcheinung; es iſt ein Geſetz aller Ausbrüche: das
tzte dieſer groſsen Phänomene, das ruhigſte, aber
elleicht auch das furchtbarſte. Denn durch nichts
: die Erſcheinung vorher verkündet, und von
rer Gegenwart belehren erſt ihre verderblichen
'irkungen.

Solcher Mofetten brechen vielleicht unzählige
ı gleicher Zeit aus. Nach der Eruption von 1767
ırte Tata allein von ſieben und vierzig Orten, die
ı tödtend bekannt waren. Nach der von 1794 fand
an in den Wäldern um den Veſuv eine unglaubliche
enge von Haſen, von Rebhühnern und Faſanen
tödtet; und die Fiſche im Meere bey Reſina,
ırch die Mofetten vom Boden vertrieben, liefen auf
r Oberfläche freywillig in die Netze der Fiſcher *).
lbſt in Caſtell' a mare erſtickten Menſchen,
ıch einige Monate nach dem Ausbruch, durch

*) *Hamilton* in Phil. Trans.

diese tödtende Luft. — Und sie war es auch, die den leicht reizbaren Plinius hinwegnahm; um so leichter, da er durch das Hinfallen auf den Boden sich völlig in die erstickende Atmosphäre versenkte. Vielleicht rettete seine Begleiter nur der aufrechte Stand. — Auch noch jetzt schleichen die Mofetten auf dem Boden fort, und erheben sich nicht. Lichter verlöschen ein bis zwey Fuss hoch vom Grunde; nur 1767 vier Fuss hoch über einem ungemein heftigem Quell in der Nähe von Torre del Greco, der ununterbrochen vom October bis zum März 1768 hervorstieg *). — Und doch verdorren nicht nur allein die niedern, ganz von der Luft umgebenen Pflanzen, sondern auch weit darüber hervorragende Bäume **), durch die Wirkung der Mofetten auf die Wurzeln. Ist es durch Entziehung des Sauerstoffs, den vielleicht die Wurzeln aus der Dammerde abscheiden, oder saugen sie unmittelbar den schädlichen Bestandtheil in sich? Warum aber dann die sonderbare Ausnahme dieser Regel bey Oliven- und Birnbäumen? ***)

Breislack hat unmittelbar durch Versuche erwiesen, dass auch diese Mofetten grösstentheils kohlensaures Gas sind. Sie verbinden sich mit dem Wasser, geben ihm die Natur einer Säure, röthen Lackmustinktur, und schlagen das Kalkwasser nieder. Also auch durch sie werden wir auf den im Innern

*) *Bottis*, 105. **) *Tata Lettera a Barbieri*, 25.

***) *Breislack Relaz.* 22 der Uebersetzung.

es Vulkans wirkenden Kohlenstoff geführt; denn wer mag noch die Mofetten von den Substanzen herleiten, welche der Lavenstrom verbrannt hat, oder aus diesem Strom selbst, wenn man sie, viele Meilen von ihm entfernt, hervorbrechen sieht, und lange nachdem die Lava schon völlig erkaltet ist! — Selten und nur in geringer Zahl erscheinen sie auf der Seite gegen Ottajano und Somma; aber häufig und stark auf der mittäglichen und Abendseite des Vesuvs, bey Castell a Mare, Torre dell' Anunziata, Bosco Reale, bey Torre del Greco und Resina, und weit im Meere hinein; aber weit weniger gegen Neapel hin. Und in Neapel selbst, doch nicht weiter als Castell a Mare vom Berge, hat man diese tödtlichen Dünste noch niemals nach grofsen Ausbrüchen wirksam gesehn. Auf der mittäglichen Seite kehren sogar diese mephitischen Quellen nach jedem Ausbruch an denselben Orten zurück. So bey Pompeji im Tempel der Isis *). Das ist ein sehr merkwürdiges Phänomen. Wenn die Mofetten eine unmittelbare Wirkung aus dem Heerde des Vulkans sind, so bezeichnen die Orte ihres Hervorsteigens den Weg, auf welchem wir dem unbekannten Quell dieser grofsen Erscheinungen nachforschen sollen. — —

*) *Tata Relazion.* 37.

die wir durch so viele Erscheinungen der Eruptionen geführt werden, zerlegt, und das Hydrogen bleibt frey, gasförmig und wirkend zurück. — Vielleicht kommt auch die Lava nur langsam und tropfenweise in Fluss, und wird nur erst in der Länge der Zeit den entwickelten Dämpfen ein Hinderniss, aus dem Krater des Vulkans ohne Geräusch in die Höhe zu steigen.

Dann aber sammeln sich die Dämpfe hinter der Lava; sie stossen sie vor sich weg, erheben sie zum offenen Schlunde hinaus, und treiben sie über den Rand des Kraters herunter. Sie kann hier, ungeachtet vom Heerde entfernt, nicht leicht erkalten; denn das Hydrogen dringt in einzelnen Säulen herauf, entzündet sich, und bringt die festwerdende Masse auf das neue in Fluss. Aber, sobald diese den Rand des Kraters erreicht, ist sie völlig nur von eigenen Kräften abhängig. Kein Flammen-, kein Aschenausbruch, keine Gewalt der abfliessenden Lava. Es ist kein Beyspiel, dass ein Ueberfliessen des Kraters jemals grosse Verwüstungen hervorgebracht habe. Die Dämpfe im Innern hingegen verdichten sich, je mehr sie Lava erheben; sie erschüttern den Berg und das Land, und zersprengen endlich den Abhang. (Erdbeben.) Die Lava fliesst aus der Oeffnung, durch den Druck der ganzen Masse, die den Krater erfüllt, vom Rande bis zu dieser Oeffnung herunter. (Lavenausbruch.) — Alle, vielleicht so viele Jahre lang gesammelten Dämpfe steigen zum wiedergeöffneten Krater hervor, und führen die Wände, zertrümmert, als Asche mit sich herauf. (Aschenausbruch.) Auf diese Art gehen daher alle Erscheinungen in natürlicher Folge aus der Entbindung von Wasserdämpfen in der Nähe des vulkanischen Heerdes vorher. Nur die Mofetten nicht. Sollen wir sie uns von den Erscheinungen aus dem Berge unabhängig vorstellen? müssen wir sie unmittelbar vom Verbrennungsquell aufgestiegen glauben? Aber warum erscheinen sie denn immer nur nach den Ausbrüchen, nie vorher? Hindern vielleicht die noch nicht ausgebrochenen Dämpfe ihr Aufsteigen? — —

Ohne erhobene Lava ist also keine Eruption in ihrer Vollständigkeit möglich. Die Dämpfe gehen, wenn sie fehlt, frey zum grossen Krater hervor. Sie verdichten und sammeln sich nicht. Daher, keine Ursache zu Aschenausbrüchen. Und das Hydrogen steigt vielleicht wenige Zeit, nachdem es erzeugt ist, als leuchtendes, unschädliches Phänomen in die Höhe.

Deswegen kann die Intensität des vulkanischen Feuers doch noch sich immer gleich seyn; und Vulkane, deren Verwüstungen nie gross waren, können einen grösseren Zerstörungsquell im Innern verbergen, als solche, die halbe Provinzen verheerten. Stromboli hat noch nie Lavenströme gesehn; aber aus Stromboli haben auch Dämpfe und Flammen noch nie zu steigen aufgehört. Der Vesuv hingegen hat sich durch seine Verwüstungen einen beträchtlichen Umfang errungen. Wer aber möchte entscheiden, in welchem von beyden Vulkanen die unbekannte vulkanische Kraft am wirksamsten sey.

Dafs der Sitz des vulkanischen Heerdes im Vesuv selbst wohl schwerlich seyn könne, ist einleuchtend. Im Conus nicht; — weil man schon oft die ganze innere Hölung des Conus gesehn hat; — und in der unteren Hälfte des Berges nicht, weil die Lavenströme, welche sich von je her über den Abhang ergossen, wahrscheinlich den grösten Theil des Innern ausfüllen würden. Auch ist der ganze Conus selbst nur ausgeworfen, aus dem Innern heraufgebracht. Daher mufs die Hebungsursach, das vulkanische Feuer, auch ungleich tiefer liegen, und also wahrscheinlich weit unter dem Fuſse des Berges. Warum aber unmittelbar darunter? Dazu ist keine nothwendige Ursache. Denn es ist doch möglich, dafs die Dämpfe in einiger Entfernung vom Entstehungsort zufällig einen leichteren Ausweg fanden, als unmittelbar darüber: einen Weg, den sie sich dann immer offen erhielten. Und dürfen wir den Mofetten trauen, so müssen wir uns ehe gegen das Meer wenden, und diesen Sitz vielleicht unter dem Meere selbst suchen; um so mehr, da uns die Bergölquelle im Neapolitanischen Golf hinreichend beweist, dafs vulkanische Wirkungen sich auch noch wirklich unter dem Grunde des Meeres zu äufsern vermögen. Denn diese Quelle steigt fast allemal stärker und heftiger nach grofsen Ausbrüchen*)

*) *Breislack Topografia fisica della Campania.* Die Quelle ist etwa eine Italienische Meile im Meere, unfern des Kastells *Pietra bianca*, Südseite des Vesuvs. Das Bergöl bildet runde Flecken auf der Oberfläche des Wassers, und riecht stark und in weiter Entfernung.

Was den Vulkan unterhält, ist also nicht immer leich auch die Ursache der vulkanischen Ausbrüche. im Heerde vorgeht, ist vielleicht sehr verschieden dem, was unter dem Boden des Kraters wirkt. Eruptionen sind Folge einiger neuen Bedingungen, zu den Wirkungen des Feuerquells treten; und es töglich und denkbar, wenn auch nicht wahrschein-r dafs diese Wirkungen, auch bey den heftigsten ›tionen, sich durchaus nicht verändern. Wir en daher nie vergessen, bey der Betrachtung vul-scher Erscheinungen die Eruptionen von der un-elbaren Wirkung der vulkanischen Ursache zu ien. Jene könnten wir den äufsern, diese den ern Vulkan nennen. Denn jene erheben die e, und verbreiten sich über die Ebene durch La-tröme und Aschenausbrüche; diese sind tief im rn verborgen, und dem Forschungsgeist fast völ-ntrückt. Und vielleicht ist die Theorie des äufsern ans bis zu den kleinsten Erscheinungen entwik-ehe wir auch nur eine höhere Spur von der Ur-e des innern Vulkans entdeckt haben. — Wozu en auch die scharfsinnigsten Meynungen über die che dieser Feuerwerkstatt, so lange unsere Erfah-g noch bis dahin nicht hat durchdringen kön-? — Wir haben kein Mittel, die Wahrheit dieser orien zu prüfen. Denn wir kennen von den Er-inungen im Innern nur so wenig, dafs zu ihrer inbaren Erklärung sich mit gleichem Recht eine ige Ursachen angeben lassen. Wir wissen nichts ır, als dafs dort ein nie aufhörender Feuerquell ſey, der Laven ſchmilzt und Dämpfe erzeugt. — Selbſt die befriedigendſte dieſer Theorien, die Wernerſche, der Steinkohlenentzündung, muſs um ſo behutſamer angewandt werden, je einnehmender ſie iſt. Denn vergebens ſuchen wir am Veſuv und in der ganzen Gegend umher die Orte, wo dieſe Steinkohlenflötze könnten gelagert ſeyn. — Unter dem Grunde des Meeres? Es iſt möglich; aber noch ſind keine Erſcheinungen gefunden, welche die wirkliche Exiſtenz dieſer Flötze verbürgen. — Die Bergölquelle wohl ſchwerlich; denn das Bergöl iſt hier, wie im Elſaſs und Jura, in Gebirgsarten häufig, die mit den Steinkohlen wenig gemein haben.

Und wie, wenn es bewieſen wäre, daſs die vulkaniſchen Phänomene primitive Gebirgsarten durchbrächen? *)

11.

Eruptionsgeſchichte.

Man hat in der That eine zu kleine Vorſtellung von dieſen Erſcheinungen, wenn man die Eruptionen von meteorologiſchen Phänomenen abhängig glaubt. Was ſind die Veränderungen im Druck der Luft, in Temperatur, in Miſchung der Atmoſphäre, gegen die Kraft und die Temperatur der Dämpfe im Innern! — Auch ſahe man Ausbrüche von gleicher Stärke bey den

*) *Dolomieu Raport. Journal de Phyſ.* 1798. 414.

ngleichartigsten äusseren Umständen; und in der Geschichte der Eruptionen ist nicht eine Spur, dass Winter oder Sommer, die trockene oder die nasse Jahreszeit auch nur den entferntesten Einfluss auf das Erscheinen oder die Dauer der Eruptionen gehabt habe. Die folgende, aus dem Gabinetto Vesuviano (§. 12.) des vortrefflichen, unglücklichen Duca della Torre entlehnte Verzeichniss der vesuvischen Ausbrüche ist noch in vielen andern Rücksichten für die Kenntniss der vulkanischen Phänomene des Vesuvs wichtig. —

1) 24. August 79. Alle vorhergegangene Eruptionen kannte man nur aus entfernten Traditionen. Die Eruption ist durch ihren grossen Aschenausbruch merkwürdig, der 90 Fuss hoch Herculanum bedeckte, und das Meer auf eine Viertelmeile weit von den Küsten zurücktrieb. Denn so weit liegt jetzt die ehemalige Seestadt Pompeji vom Meer. Von Lava bey diesem Ausbruch redet man nicht. Aber wer hätte sie auch beobachten wollen? — *)

*) Wer würde wohl glauben, wenn wir es nicht aus den Nachrichten wüssten, dass einerley Aschenausbruch beyde Städte bedeckt hat! So unähnlich sind sich die bedeckenden Massen. Ueber Herculanum ist es wie ein Tuff; gelblichbraun, weich, aber von starkem Zusammenhalt, erdig im Bruch. Und doch ganz mit kleinen Poren durchzogen. Darin eine grosse Menge wallnussgrosser, aschgrauer, sehr poröser und zerreiblicher runder Stücke, von durcheinander laufend fasrigem Bruch, die man für Bim-

2) Im Jahre 203. Ein grosser Ausbruch. Die Asche soll Constantinopel erreicht haben.

3) 6. November 472.

4) Im Jahre 512.

5) Im März 685.

6) Im Jahre 993.

7) Im Februar 1036. Der Berg öffnete sich an der Seite, und aus der Oeffnung floss Lava ins Meer. Es ist das erstemal, dass der Lava erwähnt wird.

8) Im Jahre 1049. Auch bey diesem Ausbruch redet man von bituminösem Feuer, das flüssig das Meer erreichte und erhärtete.

9) 29. May 1138.

10) . . . 1139.

11) . . . 1306. Die Lava erreichte das Meer.

---

steine halten könnte, wären sie nur weniger zerreiblich. Dann noch in der Masse viele Augite, die wahrscheinlich im Vulkan nicht, wie die Lava zermalmt wurden. Wenig Glimmerblättchen und wenige, sehr kleine Krystalle von Feldspath. Auch Lavenstücke nicht selten; porös, mit Leuciten erfüllt. Jene Bimsteine sind doch noch häufiger. — So die ganzen neunzig Fuss hoch. In Pompeji hingegen sind es weisse, locker übereinander liegende Bimsteine, wallnussgross, mit wenig grossen, aber mit einer unendlichen Menge von kleinen Poren. Doch sind sie schwimmend. Kleine, glasige Feldspathkrystalle sind ihnen nicht selten eingemengt. — Darunter sieben Fuss hoch der schwärzlichgraue, feine Thonsand, der in die kleinsten Oeffnungen eindrang, und wie Wasser die engsten Gefässe erfüllte. —

12) . . . . 1500. Die Nachrichten von dieſem Ausbruch ſind ſehr unbeſtimmt.

Aus den Monticellen di Vinto behauptet Sorrentino S. 89.

13) 16. December 1631. Einer der gröſsten Ausbrüche. Die Aſche lag ſelbſt in Neapel faſt einen Fuſs hoch. Lava brach auf allen Seiten hervor, und erreichte das Meer.

14) Im Julius 1660. Die Lava erhob ſich ruhig bis zum Gipfel, und floſs auf den Seiten ab. Dann Rauch und Aſche. Daher doch auch wahrſcheinlich ein Seitenausbruch.

15) 12. Auguſt 1682.

16) 12. März 1694. Vier Jahre hatten die Erſcheinungen auf dem Gipfel gedauert. Am Ende erſt Aſche und Rauch. Daher dann erſt ein wahrer Ausbruch. —

17) 1. July 1701. Die Lava floſs gegen Boſco herunter;

18) 20. May 1704. Dadurch hörte der Drang der Lava in der Höhe nicht auf. Sie floſs häufig über den Rand des Kraters, bis zum

19) 14. Auguſt 1708, wo Aſche und Rauch die Folge dieſer Erſcheinungen beendigten.

20) 15. Februar 1712. Die Lava floſs von oben weg gegen Torre del Greco. — Zwanzig Tage vorher Aſche und Rauch.

21) 6. Juny 1717. Der Berg öffnete ſich auf der Seite gegen den Somma, und Lava floſs im

Atrio di Cavallo, und bis 1728 von Zeit zu Zeit über den Rand des Kraters herunter. —

22) 27. Februar 1730. Lava nach Bosco. Ueberfliessen bis 1733.

23) 15. May 1733. Einer der grössten Ausbrüche. Lava aus einer Oeffnung tief am Conus, bey Torre del Greco bis an das Meer.

24) 25. October 1751. Die Oeffnung gegen den Atrio. Lava nach Bosco herunter.

25) 2. December 1754. Zwey Oeffnungen. Lava gegen Ottajano und Bosco.

26) 29. März 1759. Vom Conus.

27) 23. December 1760. Aus zehn, tief am Abhang herunter liegenden Oeffnungen, nach Torre dell' Anunziata bis in die Nähe des Meeres.

28) 28. März 1766. Oeffnung am Conus gegen Ottajano herunter.

29) 10. October 1767. Die Oeffnung im Atrio, und ein groser Lavastrom auf der nördlichen Seite des Berges gegen Portici hin.

30) 1. May 1771. 600 Palmen unter dem Gipfel im Atrio.

31) 8. August 1779. Oeffnung in der Mitte am Conus. Durch die hohen Flammensäulen merkwürdig.

32) . . . 1785. Lava am Salvatore vorbey, im Fosse grande.

33) September 1790. Aus mehreren Oeffnungen am Conus.

34) 22. März 1792.

35) 15. Juny 1794. Lava über Torre del Greco weg, und weit ins Meer hinein.

Im September 1804, nach zehnjähriger völliger Ruhe, ein lebhaftes Ueberfliefsen auf der Seite gegen das Meer, und Flammenentwikkelung. —

In allen Monaten, zu jeder Jahreszeit ſind daher Ausbrüche geweſen. Es iſt die Aeuſserung einer Kraft, die völlig unabhängig von denen auf der Oberfläche wirkenden zu ſeyn ſcheint. Sie gehört nicht zu unſerer phyſiſchen Welt.

Merkwürdig iſt es, wie ſeit dem groſsen Ausbruch von 1632 der Vulkan ſich mit neuer Thätigkeit ſcheint entzündet zu haben. Seitdem nur wenig Jahre Stillſtand zwiſchen den Ausbrüchen. Und ſeit 1760 haben die vulkaniſchen Phänomene faſt nie aufgehört, bis zur tiefen, zehnjährigen Ruhe nach der Eruption von 1794, einer Epoche in der Geſchichte des Veſuvs. — Wer doch beweiſen könnte, daſs ſeit der Zeit dieſer gröſseren Wirkſamkeit andere Vulkane in der Nähe ruhiger geworden, oder erloſchen ſind!

12.

Lava.

Was ist Lava? — Sollte man glauben, dass man eine solche Frage noch zu beantworten hat? — Und doch ist es so. — Der Artist in Neapel verarbeitet die Masse der Ströme und weisse körnige Kalksteine vom Abhang des Vesuvs, und nennt diese weisse, jene schwarze Lava. Der Antiquar redet von der Lava, die Herculanum bedeckt; eine lockere Masse, die niemals geflossen hat. Der Physiker sammelt am Vesuv und am Somma alle feste Produkte, und nennt sie Laven von verschiedener Natur. — Der sorgfältige Breislack glaubt die Gesteine von Sorrent und von Monte Verdo in der Nähe von Rom zu den Laven zählen zu müssen. Was ist nun der Charakter der Lava? — Es ist eine mineralogisch-einfache Substanz, sagt der genauer bestimmende Mineralog. Was nicht durch die Kennzeichen bezeichnet ist, welche dieser Substanz zukommen, wird mit Unrecht Lava genannt. Sie soll, ihnen zufolge, schwarz seyn, unvollkommen muschelig oder uneben im Bruch; halbhart. Das sind freylich Kennzeichen, die man im Allgemeinen an der Masse fast aller vesuvischen Ströme bemerkt; aber wie wenig am Lavenstrom der Solfatara! Und wenn nun vom Vesuv ein Strom herabkäme, von einer Masse, nach dem Erkalten splittrig im Bruch, weich, spröde und weiss; oder vollkommen muschelig, glänzend, von scharfkantigen Bruchstücken und hart: würde es dann nicht mehr Lava seyn? Man würde es umsonst den Beobachtern der vesuvischen Phänomene zurufen. — Das vom Vulkan herabfliessende, festwerdende Feuer ist Lava, würden sie sagen. Und wenn auch Kalkstein flüssig vom Berge herabkäme, so wäre es doch Lava. Die Natur der Masse entscheidet er nicht. — Und sie würden sich mit Grund auf die Gewohnheit berufen, von je her seitdem man Vulkane untersuchte. Es ist also kein mineralogischer (oryctognostischer) Begriff, vielmehr eine geologische Bestimmung. Und deswegen ist es unmöglich, eine gemeinschaftliche Charakteristik der Massen zu finden, aus welchen die Laven bestehen. Es wäre, als verlangte man eine allgemeine äussere Beschreibung der Substanz, welche die Gänge ausfüllt.

Aber auch die Geognosie erschöpft ihren Gegenstand nicht, wenn sie nur die feurig-flüssigen Ströme aus dem Vulkan als Lava betrachtet. Auch die Schichten im Innern des Conus sind Lava; auch die Stücke, die Blöcke am Rande des Kraters sind Lava. Alles ist Lava, was im Vulkan fliesst, und durch seine Flüssigkeit neue Lagerstäten einnimmt. Also nicht Kalkstein, nicht Tuff und Asche von Herculanum; nicht Wacke von Sorrent oder Monte Verde. Lavenströme sind die fliessenden Massen von der Höhe gegen den Fuss des Vulkans. — Lavenschichten die, welche sich im Berge aufeinanderhäuften. Lavenstücke die ausgeworfenen und abgerissenen Stücke von Schichten und Strömen. Das Unterscheidende der Lava liegt also durchaus nicht in der Substanz. Und damit kommt gröfstentheils der Sprachgebrauch überein.

Es giebt ausser diesen Lagerungsbestimmungen noch andere Verhältnisse, welche allen Lavenströmen gemein zu seyn scheinen, und deren Ursache, sonderbar genug, noch in ein tiefes Dunkel gehüllt ist. Man sollte nicht glauben, dass irgend etwas von einer Masse könnte unbekannt seyn, die man so oft untersucht hat, und die der Untersuchung so nahe zu liegen scheint. — Es ist für alle Lavenströme ein Gesetz, auf ihrer Oberfläche schlackenförmig porös; dichter in der Mitte; völlig dicht in den untern Theilen zu seyn. Sehr irrig glaubt man häufig, dass die Porosität, das Blasige zur Natur der Lava gehöre, und ihr unumgänglich wesentlich sey. Und eben so falsch ist die Meynung, dass ein Strom aus dichten, ein anderer aus blasigen Substanzen bestehe. Alle Ströme sind dicht in den unteren Theilen, so völlig dicht, dass auch die stärkste Loupe darin nicht mehr Poren entdeckt. Alle Ströme sind blasig nahe der Oberfläche, und so sehr, dass man nur mit Mühe und nur an wenigen Stellen die Krystalle erkennt, welche diese Lava umwickelt. — Die Blasen sind gröfstentheils alle in die Länge gezogen, und diese Länge ist genau in der Richtung des Stroms *). Das beweist die un-

*) Eine wichtige Beobachtung für Auffindung und Verfolgung der Lavenströme, über deren Priorität sich Spallanzani und Dolomieu streiten.

eiche Geschwindigkeit, mit welcher der Strom sich wegte. Der schneller fliessende untere Theil riss s Gas in der Blase mit fort; die obere Hälfte blieb ı langsamer fliessenden oberen Theile zurück. — r Mangel der Blasen je näher am Boden des Stroms Folge des Drucks der ganzen darauf liegenden Masse. as sich entwickelnde Gas wird sogleich in die Höhe trieben, und bleibt erst dort stehn, wo die Visco-ät dieser Lava dem Druck das Gleichgewicht hält. — ber, woher überhaupt Blasen? Aus den verflüch-ẓten Substanzen, über welche die Lava wegläuft? as ist nicht wohl glaublich. Das Blasige würde nicht gleichmäsig in der Lava vertheilt seyn. An man-en Orten, und vorzüglich, wenn sie über ältere wen wegfliesst, müsste sie völlig dicht seyn bis oben nauf; an andern, wo sie leicht verdampfbare Sub-nzen berührt hat, blasig durchaus. Aber, das ist nicht. Bey Torre del Greco über dem reich-ẓebaueten Lande hat sie eben das Ansehn, eben die rm im Durchschnitt, als in der Einöde der Vall' ll Inferno unter dem Conus. Das Gas, welches Blasen erfüllt, entwickelt sich also aus der Masse Lava selbst, und dadurch wird es uns wichtig. — as kann sich aus der Lava entwickeln? Ist es koh-saures, ist es ein anderes Gas? — Der Herzog lla Torre versichert, jede Lava verbreite einen erträglichen Geruch, von jedem übeln Geruch, der n andern Substanzen bekannt ist, verschieden *).

*) *Gabinetto Vesuviano*, S. 12. *Esala immensa quan-*

Warum haben wir doch über diese Gasentbindung noch durchaus keine Versuche?

Die Lava erhärtet schnell. Da, wo sie die Oberfläche berührt, ist sie bald mit einer festen Rinde bedeckt. Die, wenige Zoll tiefer, noch fliessende Masse zerstört diese Rinde und zerbricht sie in Stücke, die jetzt wie Eisschollen sich übereinander wegschieben, und, durch das Zusammenstossen weit hörbar, wie Porcellanscherben klingen. Aber die tiefere Lava bleibt viele Tage lang fliessend, und erkaltet nur erst nach mehreren Wochen. Dass sie jedoch Jahre zu ihrer Erkältung bedürfe, ist eine oft wiederhohlte, aber nie hinreichend genug bewiesene Thatsache. Wochen, selbst Monate sind noch innerhalb den Grenzen, die für die Erkältungszeit von andern, der Lava ähnlichen Substanzen bekannt sind, wenn sie, wie diese, vierzig Fuss hoch von einer Temperatur, die Kupfer schmilzt, bis zur mittleren Temperatur der Atmosphäre des Orts herabsteigen soll. Schlackenströme aus Eisenhohöfen, Colosse, wie die englischen und einige der schlesischen sind, würden bey gleicher Höhe und Masse und Druck wahrscheinlich eben so weit, vielleicht noch weiter fortfliessen, und sie würden nicht schneller erkalten. — Es ist wahr, dass diese Schlacken einen Erwärmungsquell mit sich fortreissen, die brennenden Kohlenstücken, mit denen sie gemengt

tità di fumo e di vapore e sparge un puzzo, dissimile a tutti i malvagi odori, da noi conosciuti.

nengt ſind. Aber, wunderbar genug, er fehlt auch en Laven nicht. Aus der Mitte der Lava, aus Spalen im Strom hat man nicht ſelten Flammen hervorteigen ſehen; aus der Maſſe ſelbſt, nicht etwa von umwickelten Bäumen oder andern Subſtanzen, die nicht Tage lang gebrannt haben würden *). Das iſt doch wahrſcheinlich unmittelbar ein Theil der Subſtanz, die den innern Vulkan unterhält. Aber man hat nur die Wirkung geſehn, die brennende Maſſe doch nie. —

*) Breislack Relazione 1794. 54. *Tre giorni dopo l'eruzione ſi oſſervò nell corrente in poca diſtanza dell mare una piccola fenditura, che corriſpondea ad una cavita orizontale. Eſſendoſi fatto ſlargare queſta fenditura, in modo che ſi poteſſe con diſtinzione oſſervarne l'interno, ſi vidde una ſpecie di piccola galeria di 8 in 9 palmi di lunghezza, che ſembrava un forno, ſulle di cui interne parti, ſi ripiegavano delle fiamme. Nell' mezzo della cavita v'erano delle ſtalattiti di lava, alcune verticali, altre inclinati, le quali ardendo con fiamme vivaci, riſvegliavano l'idea delle legne poſte in un forno. Il di 22 duravano ancora le fiamme nell' interno di queſta cavita, nonoſtante l'acceſſo più libero dell' aria, per la bocca, reſa più grande. — Ardono dunque le lave a guiſa de corpi combuſtibili. —*

13.

Laven des Vesuvs.

Wenn wir alles, was Lava ist, am Vesuv un- scheidend aufzählen wollen; so dürfen uns nicht einzelne Verschiedenheiten der Masse oder ein Unterschied in Menge, Grösse oder der Gemengtheile. Wir würden uns dann auch ein Labirynth wagen, aus dem wir uns nicht so vielleicht gar nicht wieder herauswickeln kön- Die Lagerstäte der Massen, ihre Form, ihr Verhält- zu den umgebenden, bestimmt die Verschieden- der Lava. — In Hinsicht der Form sind es Strö- oder Schichten und Stücke. Die letztem insofern sie durch die neue Lagerstäte einen eig- geognostischen Charakter behaupten. Also nicht zufällig von bekannten Strömen und Schichten ab- rissenen Massen, sondern solche, die durch allgem- über den ganzen Vulkan wirkende Kräfte auf den hang geworfen sind; fast auf ähnliche Art, als die um Granitfelsen herliegenden Trümmer in einem geognostischen System nicht besonders aufführen wir- den; aber wohl die über das flache Land, fern den ursprünglichen Felsen zerstreueten Blöcke, oder solche, die auf fremdartigem Boden, wie auf dem Jura, jetzt einheimisch scheinen. — Dadurch erhalten wir eine schöne Progression in den unmittelbaren nischen Produkten, von den weitausgedehntesten lassen bis zum feinsten Staubkorn. Erst Schichten, nn Ströme, dann Stücke, Rapilli, Asche und Staub. lles ursprünglich Lava, alles vor der Veränderung n Vulkan fließend.

Jeder Strom, jede Schicht ist sich durch ihre ganze sdehnung in ihrer Zusammensetzung gleich. Nahe n Ausbruchsöffnungen der Ströme erkennen wir in nen noch immer dieselbe Natur, wie unten am Vorbirge, das sie ins Meer hinein bilden. Wir können o die Ströme noch durch mehr als ihre Form, den e und die Zeit ihres Vorkommens bestimmen; wir nnen ihre Zusammensetzung beschreiben, und sie durch in unsern Systemen noch näher bezeichnen. ver nach dieser Zusammensetzung sollen wir sie cht ordnen. Wenn uns geognostische Principien n dahin geleitet haben, warum sie plötzlich verlassen, n eine mineralogische (oryctognostische) Ansicht im stem einzuführen, die uns den schönen Gesichtsnkt verrückt, der aus der Altersfolge der Gebirgsten hervorgeht! Sollten wir die Substanz bey der stimmung der vesuvischen Laven zum Führer wähn, so würden wir sogleich den fruchtbaren Unterhied von Schichten und Strömen und Stücken verren; denn er ist nicht von der Masse abhängig. ber, reihen wir sie nach ihren Altersverhältnissen, entwickelt sich dadurch auch hier, wie bey der lge der allgemein verbreiteten Gebirgsarten, so nche neue geognostische Ansicht, welche durch ne andere Reihung vielleicht erst schwer und später entdeckt worden wäre. Die Schichten müssen wir also, wie immer, nach der Folge ihres Aufeinander-liegens, die Ströme nach der Zeit ihres Erscheinens aufführen; und wo uns, bey letzteren, die Zeitrechnung verläßt, nach einer geographischen Ordnung. — Die Classification, wenn sie sich mit vulkanischen Gebirgsarten beschäftigt, erhält überhaupt das Eigenthümliche, dass sie nicht mehr, wie bisher, allgemein über die Erde verbreitete Massen aufzählt, sondern solche, die auf kleine Räume verbreitet, auch nur lokalen Ursachen ihre Entstehung verdanken. Daher darf sie auch nicht die Produkte mehrerer Vulkane vergleichen; sie muss diese von **jedem** Vulkan besonders aufführen. — Der Granit des Nordcap ist vom Granit des **Cap Horn** nicht verschieden; denn der Ort bestimmt die Natur dieser Gebirgsart nicht, sondern das Verhältniss zu den Massen, welche ihr vorhergehen oder ihr folgen. — Aber eine Lava vom Vesuv, vom Aetna, vom Hekla, erhält dadurch eben ihre Bedeutung, dass sie eine Lava vom Vesuv, vom Aetna, vom Hekla ist. Verbinden wir vielleicht ähnliche Ströme verschiedener Vulkane, so hat uns auf das neue ihre Zusammensetzung, die Natur ihrer Masse geleitet, was doch nicht seyn soll; — denn noch einmal, was Lava ist, lernen wir nicht durch die Natur der sie bildenden Masse. —

Das hat niemand von allen, die den Vesuv und seine Produkte beschrieben, so sehr gefühlt, als der scharfsinnige **Breislack**, der einzige Geognost am Vesuv. Er hat nicht die Ströme von 1760 und 1794 s gleich angesehen, weil sie aus einer gleichen Masse stehen. Er hat nicht Stücke vom Conus mit Strömen am Fuss durch einander geworfen; er hat nicht urch mineralogische (oryctognostische) Betrachtungen die geognostische Ansicht verdrängt, aber wohl e erstere gebraucht, um die letztere noch höher zu eben. Die vesuvischen Laven kennen wir in der hat nur durch ihn, und wenn auch die Kenntniss cht vollständig ist, so hat er doch seinen Nachfolgern nur einige Lücken auszufüllen gelassen. —

Auch Breislack hat bey Aufführung dieser Ströme ne geographische Ordnung befolgt; gewiss die leichteste für die Uebersicht, wenn, so wie hier, die Zeit vieler Ströme unbekannt ist. Er nennt die folgenden, von Massa, an der Nordwestseite des Vesuvs, da sich von ihm der Somma trennt, bis Mauro gen Südosten.

1) Ueber dem Fosse grande. In großer Ausdehnung sichtbar. Eine graue Hauptmasse mit wenig Augit. Aber durchaus und so sehr mit kleinen Leuciten erfüllt, dass die ganze Masse nur eine Anhäufung von Leuciten zu seyn scheint.

2) Lavenstrom von 1767. Die Hauptmasse dicht, matt, grobsplittrig; aber selten ist sie zu sehen. Bis zu den feinsten Punkten liegen darin durchsichtige, glänzende Leucitkörner in ganz unendlicher Zahl; dann bis zu einer Größe, welche die Krystallform erkennen läßt, aber kaum größer. Und diese Leucite finden sich bis

in die äuſserſten Zacken der ſchaumigen Oberfläche des Stroms. — Dunkel lauchgrüne Augite ſparſam dazwiſchen, häufig mit angelaufenen, metalliſchen Farben; alle in der Gröſse faſt gleich, die zwey- oder dreymal die der gröſsten Leucite übertrifft. Die ganz kleinen, dem Auge entgehenden Leucite halten Breislack und andere für Stücke von gröſseren Kryſtallen; vielleicht mit Recht. Aber die gröſseren ſind zuverläſſig vollſtändig; das Achteck, Profil der Leucitpyramide, iſt häufig unverkennbar. — Wären die Leucite noch kleiner, und ſie ſind es wohl, ſelbſt noch in dieſem Strom; denn das Mikroſkopiſche beſtimmt die Gränze ihrer Kleinheit nicht: ſo würden ſie ſich in der Maſſe der Lava ſo ſehr verlieren, daſs ſie mit ihr ein Ganzes ausmachen, in ihr neue Kennzeichen hervorbringen würden. — So kommen wir dahin, für einfach zu halten, was in der That ein Gemenge von mehreren Foſſilien iſt. Das ſollte uns aufmerkſam machen, in andern ſcheinbar dichten Geſteinen es zu verſuchen, die Foſſilien, aus denen ſie vielleicht zuſammengeſetzt ſind, mechaniſch zu trennen.

5) Lavenſtrom von 1771. Ueber dem vorigen weg. Die Maſſe graulichſchwarz. Viel ſchwärzer als jene, wahrſcheinlich, weil ſie weniger mit Leuciten gemengt iſt. Doch iſt ſie noch daran ſehr reich; aber Kryſtalle bis zu zwey und drey Linien Durchmeſſer. — Wenig Augit. —

4) Eine ältere Lava, grau, mit sehr vielem Leucit und vielem Augit.

5) Alte Lava bey Cremano. — Die Masse scheint feinkörnig. Darin sehr viel glänzende Feldspatkrystalle, entweder in Rhomboïden, oder in vielseitigen Säulen mit vier Flächen zugespitzt. Mit wenigem Augit, und wahrscheinlich ohne Leucit. Ein Strom, funfzehn bis zwanzig Fuss hoch; einer der merkwürdigsten Ströme am Vesuv, wo der Feldspath in den Laven so selten ist.

6) Lavenstrom von 1037. Nach scharfsinnigen Zusammenstellungen des Ingenieur Lavega. Seine bekannte Ausdehnung ist beträchtlich; von S. Maria de Pugliano an, unter dem Pallast von Portici weg, bis zum Fort del Granatello ins Meer. Das setzt auch seine Natur als Strom ausser allem Zweifel. Die Masse soll eine unendliche Menge sehr kleiner Augitkrystalle (Hornblende?) enthalten, bis in die äussersten Spitzen der Lava; dann Leucit in einzelnen Krystallen und in kleinen, derben Massen; und Glimmer hin und wieder, in Parthien versammelt, nicht einzeln in der Masse der Lava; an den Rändern wahrscheinlich durch die Glut roth gefärbt. Durch das Ganze kleine, sehr lebhaft glänzende Feldspathkrystalle. — Ein sehr ausgezeichnetes Gemenge. —

7) Lava bey den Häusern Riario und Calende. Augit wenig und in Bruchstücken; Feldspat von zwey bis drey Linien in den Hölun-

gen, und Leucit zwar nicht in der Maſſe, aber doch als Kryſtallgruppen von ſechs bis zwölf Linien Durchmeſſer. Zuweilen ein Augitkryſtall in dieſen Leuciten. — Auch ein Strom, der ſich in Stücken leicht durch ſeine Zuſammenſetzung erkennen läſst.

8) Lava della Scala, unter dem Garten der Favorita weg. Neapels Pflaſterſtein. Sie ſcheint körnig, iſt nur aſchgrau, und enthält viel Augit, wenig Leucit. Wahrſcheinlich iſt ſie durchaus mit Leucitmaſſe gemengt, und daher das Körnige und die hellere Farbe. Der Strom iſt in den Brüchen am Meer etwa zwanzig Fuſs, und iſt vermuthlich einer von denen, welche 1631 ſo viele Orte zerſtörten.

9) Lava von Calaſtro. Die Farbe dunkeler. Häufig Augit in der Maſſe; aber, wie es ſcheint, wenig Leucit.

10) Lava von 1794. Hellgraulichſchwarz; völlig matt; uneben von feinem Korn, nicht ſelten in ſplittrig übergehend; hart in geringem Grade und ſpröde. Leucite ſind gar nicht darin; aber häufig Augit: dunkel lauchgrün, auch wohl olivengrün, wenig glänzend, kleinmuſchelig im Bruch. Alle Kryſtalle faſt von gleicher Gröſse, ungefähr die der Feldſpathkryſtalle im Hornſteinporphyr. Hin und wieder ein ſchwarzes Glimmerblättchen. Häufig ſind in der Maſſe Flecke von hellerer Farbe; werden die von einer Hölung durchſchnitten, ſo iſt die innere Wand der Hö-

lung drusig, so weit sie den Fleck berührt. Die Natur dieser Krystalle ist unmittelbar nicht zu bestimmen; eben so wenig die feinen, grünen, zum Theil nadelförmigen Krystalle, die Breislack Olivin nennt. —

11) Lava von 1737. Sie wird am Ende splittrig im Bruch, enthält viel Augit und einige wenige Leucite.

12) Lava am Meyerhof von Scherini, unweit des Meeres. Ausser dem Augit soll sie Olivin enthalten. —

13) Lava 494 Toisen südlich vom Thurm von Bassano. Sehr schwarz, dicht und schwer; mit vielem Augit und einigen Glimmerblättchen.

14) Lava von 1760. Fast gänzlich der von 1794 gleich. Die Masse heller von Farbe; schwärzlichgrau, uneben von feinem Korn. — Wie jene durchaus ohne Leucit, aber häufig mit Augitkrystallen; alle von beynahe einerley Gröſse. Ein langer Strom, zehn bis sechzehn Palmen hoch; im untern Theile 2941 Fuſs breit. —

15) Lava unter den Batterien von Ancino und Calcarella. Heller, als die vom Thurm von Bassano, mit wenigem Augit und einigen Glimmerblättchen.

16) Lava, nur wenige Schritte von der vorigen entfernt. Sehr dicht, fast splittrig im Bruch. Mit vielen kleinen Leuciten und einigen Augitstücken, auch Glimmerblättchen.

17) Lava unter dem Palazzo publico von Torre dell' Anunziata. Feinkörnige Masse mit vielem Augit und Olivin (?), und in den Hölungen mit kleinen Feldspathen und Octaëdern von magnetischem Eisenstein; auch durch die Substanz glänzende Fäden von Feldspath (?). —

18) Lava von 1751 nach Bosco Reale. Aschgrau; mit gleichem Reichthum von Leucit und Augit.

19) Lava von 1751 nach Mauro. Der vorigen ganz ähnlich; aber die Masse fast schwarz. —

Das sind die Ströme, welche sich am äusseren Umfange des Berges mit Gewissheit von einander unterscheiden lassen. Höher hinauf sind sie theils zu sehr von Aschen, theils ein Strom durch den andern bedeckt. Man erkennt sie nicht mehr. Ihre wahre Natur als Ströme ist bey den meisten nicht zu verkennen; auch bey denen nicht, welche man durchaus keinen von den bekannten Ausbrüchen zuschreiben kann. Ihre Länge bey der geringen Breite beweist hinlänglich dafür, und ihr Herabkommen von höheren Orten gegen das Ufer des Meeres. Zwischen den Strömen ist kein festes Gestein. Eine nicht vulkanische Gebirgsart wäre nicht weiter verbreitet, und sie würde in so kurzen Entfernungen nicht so mannigfaltig abwechseln. Berühmte Naturforscher haben geglaubt, die Lava von 1631 sey wirklich ein Theil des innern Kerns vom Vesuv, ehe sie mit den näheren Lagerungsverhältnissen dieſer Lava bekannt waren *). Aber ein Blick auf Breislack's ſehr genaue und richtige Charte des Veſuvs zeigt, wie die Richtung dieſer Maſſen von der anderer bekannten veſuviſchen Ströme nicht unterſchieden iſt; und auch in der Zuſammenſetzung liegt durchaus nichts, was ſich der Natur einer Lava widerſetzt. Was dieſen Strom bildet, findet ſich auf das neue theils in der Lava von 1737, theils in dem Strom von 1767.

Dieſe Lavenſtröme werden zuweilen unkenntlich, weil jede folgende Eruption die Ströme der vorigen durch die groſse Menge der ausgeworfenen Aſchen verdeckt. Dadurch iſt es dann unmöglich, ſie bis zu ihrer Quelle zu verfolgen. Aber, durch dieſe Aſchen kehrt die Fruchtbarkeit auf die dürre Lavadecke zurück. Pflanzen ſproſſen freudig in der lockern, treibenden Erde, und in wenigen Jahren iſt durch neue Weingärten alle Spur der darunter gefloſſenen Lava verwiſcht. Fünf Jahre nach dem groſsen Ausbruch von 1794 (1799) war ſchon an vielen Orten der Strom mit grünen Kräutern bedeckt, da, wo auf ihm die Aſche nur mäſsig hoch lag. — Es iſt ein Vorurtheil, daſs ſich die Lava in weniger Zeit durch die eigene Verwitterung zum fruchtbaren Boden verändere. Wo keine Aſche hinkommt, iſt ſie ſeit Jahrhunderten noch eben ſo wüſte, als zur

*) Nähere Beſtimmung dieſer Maſſe als eine eigene Gebirgsart der Trappformation. Grauſtein Bergmänniſch Journal. Esmarck Reiſe durch Ungarn, Anmerk. 6.

Zeit der Eruption ſelbſt. Der Strom von Arſo auf Iſchia iſt nur mit wenigen Mooſen bedeckt, ungeachtet er doch ſchon ſeit fünfhundert Jahren der atmoſphäriſchen Einwirkung ausgeſetzt iſt. Die Lava von 1660 an Catania's Mauern vorbey, weit von den Aſchenausbrüchen des Aetna entfernt, erinnert vielleicht noch ſehr lange durch ihre Oede und Wildniſs an die Schrecken, die ſie erregte. Dagegen wird man am Veſuv den Lauf der groſsen Lava von 1794 wahrſcheinlich in weniger Zeit nur mit Mühe aufſinden. Am kleineren Umfang näher zuſammengedrängt werden die Ströme hier eher von der ausbrechenden Aſche erreicht. —

Durch genaue Aufmerkſamkeit auf alle Kennzeichen und Gemengtheile der Lava iſt es daher leicht, wie auch ſchon Breislack's Verzeichniſs erweiſt, jeden Strom ſchon durch ſeine Subſtanz zu erkennen. Die Bedingungen, unter welchen die Lava vor dem Ausbruch ſich im Vulkan fand, ſind zu mannigfaltig, als daſs man ſie je gleich zu zwey verſchiedenen Zeiten erwarten könnte. Das Produkt, das von ihnen abhängig iſt, die Lava, muſs daher auch verſchieden ſeyn. Selbſt die zwey, ſich vielleicht unter allen am ähnlichſten Ströme, die von 1760 und 1794, zeichnen ſich ſchon von einander durch die verſchiedene Intenſität der Farbe ihrer Grundmaſſe aus. Wie viel kleinere Unterſchiede würde man nicht durch andere Kennzeichen, durch Natur und Frequenz der Gemengtheile finden, ungeachtet doch in demſelben Strom eine wunderbare Gleichförmigkeit in allen dieſen Verhältnissen herrscht? Also auch mineralogische Verhältnisse würden am Vulkan eine besondere Aufzeichnung aller Ströme verlangen. — Die Mineralogie (Oryctognosie) findet sich aber dabey in einiger Verlegenheit. Die Grundmasse der Ströme ist in ihren Kennzeichen so abwechselnd, dass man sie mit keiner allgemeinen Beschreibung umfassen kann. Farbe, Bruch, Härte und Schwere bezeichnen die Substanz der Ströme südlich vom Thurm von Bassano (n. 15.) von 1760, und 1794 als Basalt; aber wie sehr sind davon die meisten der Massen von den Strömen verschieden, welche Leucite enthalten! — Es sind alles Gemenge. — Und daher ihre immer wechselnde Form, je nachdem ein Gemengtheil hinzutritt oder verschwindet. Ein wahres einfaches Gestein ist als Grundmasse der Lava wahrscheinlich nirgends am Vesuv. — Vielleicht gelingt es uns einst, die kleinen mit einander verbundenen Theilchen zu sondern, und jedes Fossil besonders zu nennen. Aber so lange wir bis dahin nicht gekommen sind, wird es immer nützlich seyn, unter dem allgemeinen (geognostischen) Namen von Lava diese Gemenge nach ihren Kennzeichen zu beschreiben, aber sie aus den mineralogischen Systemen, als einfache Substanz, ganz zu verweisen. —

14.

Vesuv.

Der Vesuv gehört zu den Apenninen nicht mehr. Es ist von allen Seiten recht auffallend, wie er frey, unabhängig, isolirt auf der wassergleichen Ebene steht. Ein eigenes Gebirge für sich, durch alle Verhältnisse von dem blauen Gürtel getrennt, der sich in Meilenentfernung hinter ihm fortzieht. Es ist auch nicht die entfernteste Aehnlichkeit zwischen den Gebirgsarten des Apennins und irgend einem der vesuvischen Gesteine. Am äusseren Umfange sehen wir nur Laven oder Aschen: Produkte der Eruptionen. Inwendig an den steilen Abstürzen des Somma, Schichten über einander von solchen Substanzen, und solche Gemenge, wie sie als Lavenströme nicht selten sind. – Den festen, nichtvulkanischen Kern suchen wir an diesem Gebirge vergebens. Denn es ist kein Grund da, die Schichten des Somma nicht auch für Produkte der vulkanischen Wirkungen zu halten. Solche Massen hat man noch niemals in nichtvulkanischen Gebirgen gesehen. Und solche Schichten in geringer Ausdehnung auf dem Gipfel des isolirten Kegelgebirges, und keine ähnliche auf andern Bergen, selbst der entfernteren Gegend, das weist eher auf eine lokalwirkende Ursache hin, wie eine vulkanische ist, als auf allgemeine, welche die Gebirgsarten über große Räume verbreiten. —

Wenn aber alles am Berge vulkanisch ist, so muss er sich, ungeachtet seiner 3600 Fuss, durch eigene Kraft von der Fläche bis zu dieser Höhe heraufgearbeitet haben. Das scheint bey dem ersten Anblick auffallend, unglaublich; um so mehr, da wir wohl wissen, und noch beobachten können, wie die Produkte der bekannten Ausbrüche den Umfang des Berges beträchtlich, jedoch seine Höhe fast gar nicht vermehrt haben. — Aber, so war es nicht immer. Der Vulkan stand anfangs, eine Insel im Meer. — Das ist fast mehr als Vermuthung. Der Tuff, welcher die Ebene rings um den Berg und gegen das Gebirge hin bedeckt, enthält nicht selten Versteinerungen von Korallen und Muscheln, wie sie jetzt noch im Golf von Neapel sich aufhalten *).

Er ist also im Meere entstanden, und das beweist auch seine gleichförmige Vertheilung über einen so grossen Raum. Eine Fläche, die sich doch auch jetzt noch nur wenige Fusse über die Meeresfläche erhebt. Denken wir uns die Tuffbedeckung entfernt, — und der ganze Vesuv ist ringsum vom Meere umgeben. Durch die Eruption von 79 erhob sich bey Portici das Land mehr als neunzig Fuss hoch, also auch der nahe Meergrund, der auf ansehnlicher Weite über die Oberfläche hervortreten musste. Auch die unteren Häuser von Pompeji beweisen durch ihre Bauart ihre

*) *Breislack* I, 126.

ten ſollen, da alle jene Foſſilien, auſser Nephelin und Veſuvian, auf Lagern im Glimmerſchiefer nicht ſelten ſind. — Und der Glimmer widerſteht doch ſonſt mehr, wie andere Foſſilien, den vulkaniſchen Kräften. Selbſt in der Lava von 1794 iſt er nicht ſelten vollkommen erkennbar, wenn auch oft tombackbraun, halbmetalliſch, ſtatt ſeines natürlichen Dunkelſchwarz. — Deswegen iſt es nicht wahrſcheinlich, daſs der innere Vulkan dieſe Stücke unmittelbar von ihrer erſten Lagerſtäte losreiſst. Vielleicht waren ſie irgendwo zwiſchen zwey Gebirgsarten von verſchiedener Formation aufgehäuft. Aber zwiſchen welchen? — Auf jeden Fall wäre es übereilt, die Stücke für Beweiſe zu halten, daſs der Sitz des vulkaniſchen Heerdes nothwendig in der Gebirgsart ſeyn müſſe, zu welcher jene urſprünglich gehörten.

Der Foſſe grande iſt wahrſcheinlich nicht der einzige Ort, an welchem dieſe ſonderbaren Produkte vorkommen; aber es iſt faſt der einzige, mit Gewiſsheit bekannte. — Wie viele Aufſchlüſſe über die Theorie der vulkaniſchen Wirkungen könnten wir nicht erwarten, wäre nur die Aufmerkſamkeit der Naturforſcher, denen es erlaubt iſt, den Vulkan zu unterſuchen, nicht bloſs auf den Krater und ſeine Umgebungen gerichtet! — —

15.

Posiliptuff.

.uch die Hügelreihe, welche das prächtige Neapel ngiebt, ist durch die weite Ebene ganz von den enninen getrennt. Doch läſst das Zuſammenhän- nde ihres Laufs auf Meilenlänge ganz andere als ſuviſche Produkte erwarten. Und wirklich erin- rn uns zwar noch immer die Felſen vom Poſi- p, von San Elmo oder von Capo di Monte vulkaniſche Wirkungen; aber den Veſuv ver- ſsen wir vielleicht ganz, ſähen wir ihn nicht von eſen Höhen uns ſtets gegenüber. Kaum eins von n vielen Foſſilien, von den Gemengen, den La- n, den Aſchen, die am Veſuv auf jedem Schritt wechſeln, finden ſich in Neapels Umgebungen wie- r. Das Magdalenenflüſschen ſcheint nicht oſs die Gränze des Vordringens der veſuviſchen ven gegen Neapel hin zu beſtimmen, ſondern ch zwey gänzlich verſchiedene vulkaniſche Gebiete trennen. —

Wohin ſollen wir eine Gebirgsart rechnen, die ne Unterbrechung die lange Reihe vom ſteilen rgebirge des Poſilips bis nach Capo di Chino . äuſserſten Ende der Stadt bildet; vielleicht noch it in der Ebene gegen Averſa fortſetzt, und vom er des Meeres ſo viele hundert Fuſs bis zum hohen

Caſtel von San Elmo heraufſteigt! und dann noch immer zuſammenhängend ſich über den gröſseren Theil der phlegräiſchen Felder verbreitet, dort die Falerner Hügel (Monte Barbaro) bildet und die noch über San Elmo ſteigende Höhe der Camaldulenſer! — Solche Maſſen werden wir doch nicht mehr der Wirkung einzelner Ausbrüche zuſchreiben. Denn aus dieſen Bergen, aus dem Poſilip allein lieſsen ſich viele Veſuve aufbauen. — Und auch den vereinten Ausbrüchen mehrerer Vulkane nicht und denen im Laufe vieler Jahrhunderte; denn dagegen ſtreitet die groſse Gleichförmigkeit dieſer Gebirgsart. Am Monte Barbaro iſt ſie wenig verſchieden vom Geſtein unter San Elmo; und an den Felſen von Capo di Monte, der Poſilipgrotte, den des Vorgebirges im Meer iſt die völlig gleiche Natur nicht zu verkennen. Doch iſt die Maſſe mit Foſſilien erfüllt, die wir nur von vulkaniſchen Ausbrüchen gewohnt ſind; und in der groſsen Reihe allgemein verbreiteter Gebirgsarten ordnet ſich dies ganze Geſtein nicht.

Die Hauptmaſſe iſt faſt überall blaſs ſtrohgelb oder gelblichweiſs, ganz matt, erdig im Bruch, ſehr weich bis zum Zerreiblichen, aber ſpröde und leicht. Die helle Farbe zeichnet ſie ſehr aus. Schon von ſehr weit leuchtet das Geſtein, wenn es nicht von Lorbeeren, Cypreſſen, Pinien oder Feigen bedeckt iſt. Das unterſcheidet dieſe Hügel ſo ſehr vom Veſuv. An ihnen ruft nichts mehr die Schwärze zurück, die wir, durch veſuviſche Produkte verführt, faſt als zu vulkaniſchen Geſteinen unumgänglich nothwendig glauben. — In der weiſsen Hauptmaſſe liegen, äuſserſt gehäuft, liniengroſse Stücke von weiſsem, feinfaſrigem Bimſtein, und von ſchwarzer, poröſer Lava, eben im Bruch, wenigglänzend; daher den veſuviſchen Laven nicht ähnlich; aber deutliche Kryſtalle und andere Foſſilien enthält das Geſtein vielleicht gar nicht oder doch ſelten *). — Das iſt der Tuff bey Neapel; das Geſtein der Poſilipreihe, der Poſiliptuff. Faſt in nichts dem Tuff der römiſchen Hügel ähnlich, als nur in der Leichtigkeit und Lockerheit der Maſſe, und in der Abweſenheit friſcher, unveränderter Foſſilien darin. — Wie leicht er zerſtörbar iſt, zeigen die vielen Grottenhäuſer, welche ſich die Lazzaroni am Meerufer in dieſe Felſen gehölt haben, und die weitläuftigen Catacomben an der öſtlichen Seite der Stadt, und die Poſilipgrotte ſelbſt. Die Bimſteine geben wahrſcheinlich dem Ganzen Zuſammenhang genug, um als feſte Gewölbe Jahrhunderte ſich zu erhalten.

Die ſchwarzen Stücke werden an vielen Orten häufiger und gröſser, und dadurch auch leichter zu erkennen. So unter San Elmo auf dem Wege von Pizzi-Falcone hinauf, und ſo jenſeit der Poſilip-

*) Wenn Ferber (S. 147.) von Leuciten im Neapolitaniſchen Tuff redet, ſo unterſcheidet er die verſchiedenen Arten des Tuffs nicht genau. Der bey Neapel enthält niemals Leucite, aber wohl der Tuff von den Aſchenausbrüchen des Veſuvs.

grotte. Dann scheint das Fossil ein Mittel zwischen Pechstein und Obsidian; immer graulichschwarz; entweder kleinmuschelig, wenigglänzend, sehr spröde, leicht zersprengbar und hart; kleine weisse, glasige Feldspathe darin, und wenige längliche Glimmerblättchen. Oder es ist auch wohl unvollkommen grossmuschelig, wie der Asphalt; daher es Nichtunterrichtete auch schon häufig für Pech oder für Steinkohle angesehen haben. Sehr oft sind diese Stücke in feinen, durcheinander laufenden Fasern zerrissen, welche Feldspathkrystalle umgeben, wie der schwarze Bimstein im Tuff des Nasonischen Grabmals bey Rom. Die Fasern verlaufen sich unmerklich in die feste Substanz. Ob wohl der Bimstein auf Procida und an den Küsten des Meeres aus diesem Fossile entstand?

Zwischen dem Lago d'Agnano und der Solfatara und noch an anderen Orten liegt ganz oben über dem Tuff eine reine Schicht kleiner Bimsteine ohne Bindemittel, und in der Mitte des Tuff an der Meerseite auf dem Wege nach Pouzzol, eine Schicht von dichten Kalksteinen, durch kleinkörnigen Kalkspath als Sinter verbunden, mit Stücken von jenem Pechstein durcheinander. Die Schicht ist vom Tuff gar nicht scharf getrennt; die Kalksteingeschiebe verlieren sich allmählig.

Und doch sollen wir an eine Entstehung dieses Tuffs durch unmittelbare Auswerfung aus einer Menge verschiedener Kratere glauben. Von einer so gleichförmig vertheilten, von einer so gleichförmig zusammengeſetzten Gebirgsart, die mit Schichten abwechſelt, von denen wir unmöglich uns vorſtellen können, daſs ihnen durch vulkaniſche Kräfte ihre Lagerſtäte in der Mitte des Tuffs angewieſen ſeyn kann! — Vulkaniſche Auswürfe ſind doch ſonſt nur auf ſehr beſchränkte Räume zuſammenhängend und feſt; nahe dem Krater ſind es locker über einander rollende Stücke, Rapilli. Aber dergleichen ſehen wir auch hier weder am Fuſse, noch auf dem Gipfel der Hügel, noch am Rande oder im Grunde der vermeintlichen Kratere. — Und was iſt es denn Wunder, die Berge in ſo ſchönem Halbkreiſe die Chiaja umgeben, oder ein halbes Oval bey Capo di Monte, einen Kreisbogen bey Capo di Chino bilden zu ſehen? Die Höhe muſs doch endlich nothwendig gegen die tiefe Ebene des Meeres abfallen. Wenn jede Biegung dieſes Abfalls der Reſt eines Kraters ſeyn ſoll, warum ſuchen wir dieſe nicht auch bey Gaeta, oder Amalfi, oder Salerno, wo ſolche halbkreisförmige Umgebungen vielleicht noch häufiger ſind? — Man wende nicht ein, daſs dort keine vulkaniſchen Geſteine in den Bergen vorkommen. Unmittelbare Auswurfsprodukte ſind auch in den Höhen bey Neapel nicht. Solchen Tuff und in ſolcher Lagerung hat man noch nie als Folge vom Ausbruch irgend eines Vulkans geſehn. — Wenn doch auch die Höhen, welche die geglaubten Kratere umſchlieſsen, auf der äuſsern Seite wieder abfielen! was man doch als faſt unumgänglich nothwendig erwartet. Aber, wenn wir bey Capo di Monte oder Capo di Chino den Rand des Berges erreichen, ſo breitet ſich gleich die unabſehbare Ebene bis Capua aus, und wir ſteigen kaum einige Fuſs wieder herunter. —

Mag doch die Maſſe des Poſiliptuffs, mögen die Bimſteine, die Pechſteine darin, den Vulkanen ihre Entſtehung verdanken; hierher kamen ſie durch keine vulkaniſche Kraft. — So gleichförmig, in ſolchen fortſetzenden Reihen vertheilt ſie nur Waſſer. Vielleicht führten die Wellen, was die Vulkane ins Meer warfen, gegen das Land, und vermengten ſie hier mit den Kalkſteinen, die ſie von den Apenniniſchen Bergen losriſſen. Reine Bimſteine, die leichteſten Maſſen, lagerten ſich oben als neueſte Schicht über die Tuffmaſſen weg. Durch ungleichförmige Wirkung ſolcher Wellen am Lande entſteht leicht ein ins Meer weit eindringendes Vorgebirge, wie der Poſilip iſt; aber nicht durch vulkaniſche Ausbrüche, welche ſich aus einem Mittelpunkt über kleine Räume, und daher ihre Produkte kreisförmig umher, nicht in Reihen verbreiten. Freylich würde aus dieſer Entſtehung durch Anſchwemmung folgen, daſs vielleicht weit entlegene Vulkane, welche die angeſchwemmten Stücke auswarfen, gewirkt haben, ehe das Meer ſich von der Ebene von Capua in ſein jetziges Bette zurückzog. Darin liegt auch nichts Widerſprechendes; denn faſt überall, in der ganzen Halbinſel Italiens werden wir durch die Erſcheinungen der aufgeſchwemmten Gebirge auf ein beharrliches höheres Niveau des Meeres geführt, noch lange nach der Bildung der neueſten Gebirgsarten, — ein Buſen, der die Ebenen der Lombardey bedeckte und den Fuſs der Savoy'ſchen Alpen beſpühlte. —

Eine ſonderbare Erſcheinung im Tuff ſind die Hölungen auf der Oberfläche der Felſen, über die ein hervorſpringendes Netz ſcheint weggezogen zu ſeyn; genau, wie man es bey alten Mauern ſieht, die aus Tuffſteinen gebauet ſind. Der lockere Tuff wird durch die Länge der Zeit fortgeführt; nur der feſtere bindende Kalk bleibt zurück, und umgiebt die leeren Hölungen. Was iſt aber die feſtere, zurückbleibende Maſſe in den Felſen? Und entſtehen überhaupt dieſe Löcher durch die Verwitterung? Faſt ſollte man daran zweifeln; denn gewöhnlich iſt das ganze Netz von einer andern, gröſseren Hölung umſchloſſen, die, in Bouteillenform, oben ſehr breit, unten ſpitz zuläuft. Ebenfalls wie an den Tuffelſen unweit des Zuſammenfluſſes der Tiber und des Teverone bey Rom, wo dieſe Hölungen doch ſchon im feſten Felſen präexiſtirten, und nicht erſt auf der Oberfläche durch Verwitterung hervorgebracht wurden. — Unter dem Caſtell von San Elmo ſind dieſe Löcher und dieſe Netze ſehr häufig; und in unglaublicher Menge finden ſie ſich am ſteilen Abhang der Felſen auf dem Wege vom Poſilip nach Pouzzol.

Der Tuff des öden, wüſten und ſteilen Cap Miſen iſt etwas vom Poſiliptuff verſchieden. Die bindende Maſſe iſt hier offenbar kleine Bimſteine ſelbſt. — Ein grobkörnig Conglomerat von Bimſteinen, aſchgraue und weiſse durch einander, häufig vom ſchönſten Seidenglanz. Drinnen liegen gröſsere Stücke, theils blasig und braun, wie die, welche den Monte Nuovo umgeben, oder feinkörnig und hart, mit glasigen Feldspathkrystallen, wie an der Solfatara. In den Bimsteinen selbst sind Feldspathe nur selten. — Das sind Felsen, viele hundert Fuss hoch, nackt und bloss in das Meer, und ohne Treppen unersteiglich. Und gegen Procida ist es eine ungeheure, völlig senkrechte Mauer. —

16.

Phlegräiſche Felder.

Von der Mitte der Bai von Bajä aus, zwiſchen dem oſilip und dem Cap Miſen, erſcheint die Sol- ıtara über Pouzzol mit einem weiſsen, hell- uchtenden Kranz; ein breiter Berg, der auch ſchon on hier aus die innere Hölung verräth. Oben, nahe n Gipfel, tritt ein dunkleres Band aus dem Berge ervor, und zieht ſich am Abhang bis an das Ufer des leeres, und noch im Meere hinein: ein Vorgebirge, ie das der Lava von 1794 bey Torre del Greco. Das and iſt in der ganzen Erſtreckung ſcharf von der hel- ren Maſſe an den Seiten geſchieden. Das iſt ein avenſtrom, faſt noch ſchöner und deutlicher, als n Veſuv. —

Wenn wir aus der Poſilipgrotte hervor den Weg ıch Pouzzol verfolgen, ſo wird uns lange die Stadt ırch dies Vorgebirge verdeckt. Es ſind groſse Felſen nkrecht ins Meer. Das einzige feſte Geſtein zwi- hen allen den blendenden Hügelreihen von weiſsem, ckerem Tuff. — Der Weg geht etwa 600 Schritt ng darüber hin, dann iſt das Geſtein wieder ver- hwunden. Wir können ſchon von weitem recht utlich erkennen, wie es auf dem Tuff liegt, und e die ganze Maſſe von oben in ſanfter Neigung herabkommt. — Können wir dann noch an ihrer Natur als Lavenſtrom zweifeln? Sind nicht dies alles Verhältniſſe der Ströme am Veſuv? — Und nun, welche Maſſe! — Sie iſt aſch - oder blaſs rauchgrau, nie ſchwarz. Durchaus feinkörnig, ſtarkſchimmernd, an den Kanten durchſcheinend, ſehr ſpröde, halbhart. Eine Feldſpathhauptmaſſe. Darin ungemein häufig beträchtliche, mehrere Zoll lange Feldſpathkryſtalle, grünlich und gelblichgrau, glänzend von Glasglanz, blätterig im Bruch und dünnſtängelich, nach einer Menge feiner Riſſe durch die gröſsere Ausdehnung der Kryſtalle. Die Kryſtallform immer ſehr vollkommen; ſechsſeitige Säulen mit zwey ſehr breiten Seitenflächen und ungleicher Zuſchärfung. — Neben dieſen Feldſpathen dünne, kleine, längliche Hornblendekryſtalle, und häufig dunkelſchwarze, ſehr kleine, runde, metalliſchglänzende Magneteiſen - Steinpunkte. Durch ſie iſt die ganze Maſſe immer ſehr wirkſam auf den Magnet. Alſo ein Feldſpathporphyr, ein Geſtein, dem man nimmermehr ein vulkaniſches Flieſsen hätte zuſchreiben mögen, wenn nicht alle Lagerungsverhältniſſe ſo unmittelbar, beynahe ſo unwiderleglich darauf hinwieſen! Wie ſollen wir uns die Erhaltung ſo groſser, ſo ſchöner Feldſpathkryſtalle, und in dieſer Menge in einer feurig - flüſſigen Maſſe vorſtellen?

Aber, wenn es nun Thatſache iſt! — So müſſen wir von der Zeit über die Möglichkeit Belehrung und Aufſchlüſſe erwarten. Es fehlt uns eine Beobachtungsreihe, zu deren Aufſuchung uns dieſer ſcheinbare Widerspruch zwischen dem Wirklichen und dem Möglichen aufruft. —

Merkwürdig ist der veränderte Glanz des Feldspathes. Sein ihn sonst so auszeichnender Perlmutterglanz ist verschwunden; aber die Stärke des Glanzes ist dieselbe geblieben. So sehen wir den Feldspath im Granit nie, und nur selten im Porphyr, und auch dann doch nur in kleinen Krystallen. Merkwürdig sind auch die Risse durch die Länge aller Krystalle. Dadurch verschwindet endlich der blätterige Bruch, weil die Gestalt der Bruchstücke durch die Risse, und nicht mehr vom Durchgang der Blätter bestimmt wird. Das giebt dem Feldspath überhaupt ein fremdes Ansehn; und vielleicht würde man an seiner wahren Natur zweifeln, wäre nicht die Krystallform so vollkommen und so ganz nur dem Feldspath eigen. — So ist auch der Feldspath in den Laven des Aetna, für die er bekanntlich eben so auszeichnend ist, als der Leucit für die des Vesuvs.

Der ganze Strom ruht unmittelbar auf einer gegen vier Fuss mächtigen Schicht eckiger Stücke von eben dieser Masse; dann folgt der Tuff, das allgemeine Gestein dieser Hügel. Am Meere ist das Ganze vielleicht gegen 80 Fuss hoch, aber wahrscheinlich nicht die Hälfte höher hinauf. —

Wie so ganz anders ist doch der Krater der furchtbar-traurigen Solfatara, als eine Hügelumgebung bey Capo di Monte oder am Posilip. Hier ist es eine wirkliche tiefe Einsenkung in das Innere des Berges, nicht das blosse Abfallen einer höheren Ebene gegen die tiefere. Die Solfatara hat ihre äufsere wie ihre innere Abfälle. Sie ist fast ganz von denen sie umgebenden Bergen getrennt. Und wie verschieden die Produkte, aus denen ihre Ränder aufgeführt sind! Nicht mehr ein zusammenhängender, gleichförmig gebildeter Tuff, sondern Blöcke und Stücke von jener Lava von aller Gröfse und Form, mit Tuffmassen durch einander, ohne Ordnung, ohne Regelmäfsigkeit oder Bestimmtheit. Hier überzeugen wir uns leichter, dafs solche Massen wohl ausgeworfen seyn können; hier ruft nichts allgemeine Kräfte zurück. Und diese Zusammensetzung ist auf den Wirkungskreis der Solfatara beschränkt; jenseits des Berges ist nichts ähnliches mehr. —

Breislack's schöne Beschreibung und seine kühnen Versuche lassen uns einen Blick in den Bau des Innern der Kratere werfen. Es ist nicht eine unermefsliche Hölung unter dem Berge, sondern eine Sammlung von Hölen über einander, durch Wände und Gewölbe von Lava geschieden. So wird es auch leichter begreiflich, wie die Massen auf der Oberfläche sich über der Leere erhalten. Der Krater im Vesuv ist wahrscheinlich nicht anders gebauet. Die erhobene Lava, wenn sie nach den Ausbrüchen zurücksinkt, umschliefst noch manchen See von gasförmigen Flüssigkeiten. Sie erkaltet, und wird nun als Gewölbe durch sich selbst oder durch das Anhängen an die Ränder gehalten. —

Es ist wahrscheinlich, dafs der Tuff noch unter der Solfatara fortsetzt. Das wird man aber nicht als einen

einen Beweis der Entstehung des Tuffs durch unmittelbares Auswerfen anführen. Denn warum soll die Solfatara die Tuffbedeckung nicht haben durchbrechen können? —

Was von den vielen Kesselumgebungen in den phlegräischen Feldern, die selten Krateren ähnlich sind, Reste aller Vulkane seyn mögen, was nicht? ist noch ein Gegenstand der Erforschung. Aber zuverlässig hat man auch hier der vermeintlichen Kratere zu viele gesucht. Der Lago d'Agnano, Quarto, Pianura, Soccavo erinnern eben so wenig an vulkanische Wirkungen, als Capo di Monte und der Posilip. Eine blosse Hügelumgebung ist nicht hinlänglich, die Kraternatur der umschlossenen Gegend zu erweisen. Denn könnte es nicht auch eine Einstürzung seyn? Und sehr viele von den geglaubten Krateren sind kaum zur Hälfte umgeben.

Doch verlangen die Laven in dieser merkwürdigen Gegend nothwendig Vulkane in der Nähe, wenn nur ihre Lage genauer bestimmt wäre. —

Wer könnte an der Lavennatur des sonderbaren Piperno zweifeln? Es ist eine Masse, eben so wenig ausgedehnt in der Breite, als die Lava der Solfatara, und nur 25 Fuss hoch. Aber in der Länge ohne bekannte Gränzen, und eben so auffallend, wie jene Lava, zwischen den weichen Tuffmassen gelagert. — Noch sonderbarer ist sie in der Zusammensetzung. An den Pallästen von Neapel, die aus diesem Gestein erbauet sind, wie deutlich am Pallast Gravina zu

Monte Oliveto fahren grosse Flammen horizontal, parallel über die Façade weg. Der Grund des Steins ist aschgrau; die Flammen sind fast schwarz, mehrere Fuss lang. Man möchte sie gemahlt glauben. Aber so ist das Ganze, selbst auch im Kleinen. Die aschgraue Hauptmasse im Bruch uneben von feinem Korn, ohne Glanz, spröde, weich. Die Flecke immer länglich, fast eben im Bruch und hart. Sie fangen spitz an, erweitern sich, und fallen wieder in eine Spitze ab; von allen Grössen; vom halben Zoll lang und zwey Linien dick, bis zu mehreren Fuss Länge und Stärke; immer parallel, flächenweis auf einander. Beyde, die Grundmasse und die Flammen, werden von kleinen, länglichen Poren zerrissen, aber weit mehr die letzteren, so sehr, dass sie oft Drusen zu seyn scheinen. Denn ihre innere Oberfläche ist mit einer Krystallhaut bedeckt, und zuweilen wird die Hölung von spiessigen, wenigglänzenden, schwarzen Metallnadeln durchzogen. — Merkwürdig ist es, dass die Poren der Hauptmasse sich nach der Figur des schwarzen Streifes richten, und seiner äussern Form folgen, und dass im Ganzen die Richtung aller länglichen Poren mit dem Laufe der Flammen übereinkommt. Kleine glasige Feldspathkrystalle, fast die einzigen Gemengtheile, sind in der Grundmasse und in den Streifen gleich häufig. — Es ist schwer, sich den Grund einer so sonderbaren Bildung zu denken. Und doch ist sie dieser Gegend nicht ausschliessend eigen. Sie findet sich auch bey dem kleinen See von Campagnuolo zwischen Palestrina und Rom.

Nicht weit von der Solfatara steht der Monte Nuovo; wieder eine ganz eigene, für sich stehende Erscheinung in den phlegräischen Feldern. Er fällt schon von weitem auf, nicht durch das Wilde und Rauhe, wie es einem solchen Berge zukommt, sondern durch das lebhafte Grün des ganzen Abhanges, das sonderbar gegen die weissen Massen des Monte Gauro abstechend ist. Der Krater eröffnet sich nur, wenn man den Rand beynahe erreicht hat. Felsmassen sind nirgends zu sehen. Alles eine Anhäufung von locker über einander liegenden eckigen Stücken, nur höchstens einen Fuss gross. Aber die Masse dieser Stücke ist fest, nicht Tuff, schwärzlichgrau, matt; sehr grobsplitterig, etwas an den Kanten durchscheinend, nicht sehr spröde, halbhart. Sie enthält viele, sehr längliche, rhomboïdalblätterige Feldspathkrystalle; Poren und Löcher nur selten, und fast nur in der äusserśten Kleinheit. Aber merkwürdig ist es, dass auch hier alle Krystalle mit ihrer längeren Dimension nach einer Richtung hin liegen. — Der Berg ist 480 Fuss hoch, der obere Umfang des Kraters 1600 Schritt, seine Tiefe 200 Fuss *). Mit Recht eifert de Luc gegen die, welche ihn plötzlich erhoben glauben, und ihn mit Santorin vergleichen. Er ist in einer Nacht ausgeworfen, aber nicht herausgehoben. Und deswegen fehlen die festen Massen an seinem Abhange.

---

*) *G. A. de Luc, Journal de Physique Frimaire an* VIII. 431.

80 Fuſs Durchmeſſer eröffnet. Fürchterlich, wie die gröſsten Sturmwinde, heulten daraus die Dampfſtöſse hervor; mit ihnen ſtiegen pfeilſchnell prachtvolle Säulen von glühenden Steinen. Aber ehe ſie den Boden mit Feuer bedeckten, trieben ſchon neue Stöſse wieder neue Wolken und Schlacken bis über die Gränzen des Berges. Lava floſs heftig über den Abhang des kleinen Kegels herunter gegen die Ränder des gröſseren Kraters, und füllte mit einem Feuermeer nach und nach den wenigen Raum vom Boden bis zur äuſseren Schärfe des Randes. — Doch, nur erst vierzehn Tage darauf war dieſer Raum völlig ausgefüllt; erſt am 29ſten Auguſt, Abends gegen 5 Uhr, erſchien die glühende Lava oben am Berge. Sie riſs einen Theil des Randes mit fort, und floſs nun ſchnell am Abhange herunter; ein feuriger Bach, der ſich unaufhaltſam in vielen Armen über reiche Weinfelder verbreitete. — Langſam, auf der tieferen Fläche mit 1300 bis 1600 Fuſs Breite, oft 24, ja bis 30 Fuſs hoch. — Erſt am 15ten September, 17 Tage nach dem Ausbruche, ſtockte der Strom, nachdem er weit über den Hügel der Camaldulenſer bey Torre della Nunziata vorgerückt war. — Die Erſcheinungen im Krater änderten ſich nur wenig durch dieſen Lauf der Lava. Dämpfe und Rauch folgten ſich in ununterbrochenen Stöſsen, aber Flammen ſahe man nicht, und kein Aſchenausbruch folgte dem Abfließen. Es war keine Seitenöffnung des Berges, und der Krater leerte ſich nicht.

Schneller floſs wieder die Lava am 22sten November. Schon am folgenden Tage hatte ſie, bis auf den

Feldern von Torre del Greco, mehr als eine halbe teutſche Meile durchlaufen. Man erwartete ſie am Ufer des Meeres; aber an demſelben Tage verſiegte der Quell von oben. Die Lava blieb stehen. Der gewaltige Stoſs der Dämpfe, welcher eine ſolche Lavamaſſe über den Berg herabtreiben konnte, war vielleicht zu heftig, um gleichmäſsig zu dauern, oder ſich ſogleich zu erneuern. —

*) Wir waren am Rande des Kraters acht Monate darauf. Statt des Abgrundes vor uns ſahen wir, überraſcht, den Boden des Kraters ſtuffenweiſe ſich weit über dieſen Rand ſelbſt herausheben. Ein verwirrtes Chaos von Kegeln und Thälern dazwiſchen. Wie Meereswellen im Sturm erſtarrt und verſteinert; und der Anblick von oben, wie auf einem Relief von Schweizergebirgen. Faſt in der Mitte ſteht ein Kegel über die andern hervor, 220 Fuſs über dem unteren Rande. Weiterhin einer der regelmäſsigſten kleinen Kratere, etwa 50 Fuſs weit, 40 Fuſs tief. Zwiſchen beiden öffnete ſich 1804 die Lava den Weg. Noch ſieht man ihren Lauf gegen die Vertiefung, die ſie ſich am Rande ausriſs, und durch welche ſie vom Krater abfloſs. Ungeheure Felsblöcke, in wunderbaren Formen gehäuft, bezeichnen den Ort des Ausriſſes und die Gröſse der Kraft, welche die Lava in ſolche Blöcke zertheilte. —

Jetzt erinnerten uns nur mehrere Spalten über den Boden weg, an das innere Feuer unter den Füſsen.

---

*) Gröſstentheils aus einem Briefe an Prof. Pictet. *Bibliothéque Britannique*. Nr. 238. Nov. 1805.

Dämpfe stiegen daraus hervor und grosse Wärme; aber die kleinen Kratere waren in die gröſste Ruhe versunken. — Endlich, tief im nordöstlichen Winkel, dort, wo sogleich darüber die nordliche Felswand des Kraters 400 Fuſs heraufsteigt, erreichen wir den thätigen Schlund. Wir sehen in einer Vertiefung einen 90 Fuſs hohen Kegel von schwarzen Schlacken; eine grosse Oeffnung von der Spitze herunter. Ein leichtes Beben des Bodens hält uns gefesselt, gleich darauf ein Zischen; dann plötzlich ein prächtiger Ausbruch von glühenden Steinen, wie tausend Racketen neben einander, höher als der Berg selbst. Mit einem furchtbaren Geräusch, als öffneten sich zugleich die Ventile einer ganzen Sammlung von Feuermaschinen. Die Schlacken fallen, wie Thränen, über den Abhang des Kegels, und bedecken ihn mit einer feurigen Schicht. In wenig Sekunden ist das Feuer erlöscht; tiefe Stille folgt der grossen Bewegung. — Zwey oder drey Minuten darauf neues Beben, neuer Ausbruch von Dämpfen und von Schlacken senkrecht hinauf. — Dichte und schwarze Dampfwolken begleiten den Ausbruch. Sie erreichen uns oft; aber sie beschweren uns nicht. Gewiſs waren es gröſstentheils nur Wasserdämpfe; aber fast zu gleicher Zeit war uns allen der sehr bestimmte Geruch von verdampfendem Bergöhl auffallend. Wahrscheinlich dringen auch saure Dämpfe hervor. Blaue Farben wurden geröthet; Stahl und Eisen schnell mit Rost überdeckt. — —

Wir standen, in Betrachtung dieses grossen Schauspiels verlohren, auf einer Spalte, deren Richtung durch warme Dämpfe bis über den Gipfel eines neuen Kegels bezeichnet war, gegen die Westseite hin. Wir stiegen etwa 80 Fuss hinauf, und fanden dort die Spalte 3 bis 4 Fuss geöffnet. Unerträgliche Hitze treibt uns zurück. Die Wände sind beynahe drey Zoll stark mit einer dicken Salzrinde bedeckt. Wir sammeln das Salz, und entdecken zu unserm Erstaunen, nach Krystallisation und Geschmack, dass es salzsaure Soda, Küchensalz ist. So beweist uns hier die Natur mit der grössten Evidenz die so lange und so hartnäckig bestrittene Sublimation des Kochsalzes! — Schwefel ist fast nirgends. Der gelbe Ueberzug über den Boden an einigen Stellen des Kraters entsteht nicht von Schwefel; es sind grösstentheils oxydirte metallische Substanzen. — In den grossen Blöcken selbst, am Anfange des Stroms vom Kegel herunter, sahen wir in der dichten, schwarzen, basaltartigen Hauptmasse, häufige Glimmerkrystalle, fast unversehrt. Viele kleine Leucite, theils wirklich erkennbar, theils mikroskopisch, und Augit, auch in diesem, wie in fast allen vesuvischen Strömen, von fast gleicher Grösse der Krystalle und in gleicher Menge. — Der Strom hat sich hier in der Mitte ein Gewölbe gebildet; einen verdeckten Kanal. Die Oberfläche war schon erkaltet, als die untere Hälfte noch floss; jene vermogte diesem unteren Theile nicht zu folgen, als aus Mangel an Masse seine Hitze abnahm. Es blieb ein leerer Raum zwischen beiden; ein hohler Kanal in der Länge des Stroms. In diesen Höhlungen sahen wir fast überall prächtige Anschüsse von smaragdgrünem, salzsaurem

Kupfer, und dann noch, als Fuſs lange Maſſen von glänzendem Eiſenglimmer, theils auf dem Boden, theils an den Wänden und von der Decke herabhängend. Auch eine Subſtanz, die wir dieſer Sublimationsfähigkeit nicht zugetrauet hätten. Aber ſie tritt in jeder Höhlung der Lava deutlich hervor, ſo lange dieſe noch im Zuſtande des Glühens verharret; nur ſahe man ſie in ſo koloſſalen Formen noch nicht, als in dieſem merkwürdigen Gewölbe der Lava von 1804.

So war der Krater vor dem Ausbruche. Der Kegel um den auswerfenden Schlund vergröſserte ſich nach und nach, und die Schlackenausbrüche ſelbſt ſchienen häufiger und furchtbarer zu werden. — —

Gegen Abend, am 12ten Auguſt, erblicken wir, vom Poſilip her, ſtatt einer auswerfenden Oeffnung zwey; eine neue, näher dem Rande. Ihre Ausbrüche ſind faſt ununterbrochen. Wir erwarten von dort her neue Erſcheinungen am Berge. Aber das Feuer beruhigt ſich wieder. Plötzlich, gegen 9 Uhr des Abends, bricht ein Feuerſtrom aus, und fährt, wie ein Hauch, am ſteilen Abhange des Kegels herunter; in wenig Minuten hat er Weingärten erreicht. Wir werfen uns in ein Boot; wir treiben die Ruderer. Aber kaum können wir vor der Lava die groſse Straſse jenſeits Torre del Greco erreichen. Nur eine Viertelſtunde jenſeits der Stadt. Eben hat ſie die Mauer erreicht, die an der Straſse hinläuft. Sie häuft ſich hinter der Mauer, und ſtürzt ſie endlich mit groſsem Lärm nieder. Nun verbreitet ſie ſich langſam, und bedroht den ſchönen Pallaſt des Cardinal - Erzbiſchofs von Neapel. Aber auch die jenseitige Mauer weicht ihrer Gewalt; — und sie eilt auf diesem Wege dem Meere zu. Um 2½ Uhr erreicht sie das Meer; fünf Stunden nach dem Ausbruch. In drey Stunden hatte sie den Weg bis zur Strasse von Torre del Greco durchlaufen. So schnell sahe man noch nie am Vesuv einen Strom. Die Lava von 1794, die schnellste bis dahin bekannte, weit weniger lang, brauchte sechs Stunden zu ihrem Lauf bis zum Meer. — Ein unbegreiflicher Anblick, der rothglühende Strom, vom steilen Abhange herunter, und völlig zwey Stunden lang. Weisse, glänzende Flammen brechen überall stossweise und blendend hervor, wie Blitze. Es ist das Feuer der entzündeten Bäume und Reben. Ein dichter und schwarzer Rauch hebt sich darüber in wirbelnden Wolken, und schwebt über der ganzen Länge hin. Wenige hundert Fuss in die Höhe bildet er eine schwarze, scharfbegränzte Wolke; sonderbar abstechend gegen die Heiterkeit des übrigen Himmels, an welchem eben der Mond in grösster Pracht glänzte. Wie durch eine unbekannte Macht schien die schwere Wolke über dem Strome erhalten. Ueber dem Meere breitet sie sich aus, und verschwindet. —

Noch vor Tagesanbruch erreichten wir den Krater. Wie sehr war nicht jetzt alles geändert! Die Lava hatte den Rand an demselben Orte, an welchem die Lava des vorigen Jahres aus dem Krater sich herabgestürzt hatte, tief weggeführt. Eine lange Kluft, ein Kanal mehr als 50 Fuss tief und mehrere hundert Fuss breit. Hier, aus dem Rande selbst, am

Wahrscheinlich sind diese Gänge durch Erdstöße bewirkte Spalten des Kegels, welche mit Lava gefüllt wurden, als der Boden des Kraters bis zum Gipfel heraufstieg; — eine Erscheinung, die nicht wenig die Meinung unterstützt, daſs der Somma einst Theil der Kraterumgebung des Vulkans war. —

Saussure bestimmte die Höhe des Vesuvs 1773 zu 3659 Par. Fuſs; Shuckburgh 1776, 3692 Par. Fuſs; Poli 1793, zu 3640 Fuſs. — Die groſse Eruption 1794 hat also die höhere Seite mehr als 150 Fuſs, die tiefere hingegen volle 600 Fuſs niedergerissen. Eine ungeheure Wirkung; fast die Hälfte der ganzen Höhe des Kegels. Die Spitze des Somma ist jetzt fast in gleicher Höhe mit dem obern Rande des Vesuvs, und das ist vollkommen übereinstimmend mit Shuckburghs Angabe von 3504 Par. Fuſs Höhe für Somma. — —

Anhang.

Anhang.

Mineralogische Briefe

aus Auvergne,

an

Herrn

Geh. Ober-Bergrath Karsten,

von

Leopold von Buch.

Erſte Abtheilung.

1.

Clermont, den 15ten April 1802.

So ſind wir denn nun in der Gegend, von der rankreichs Naturforſcher ſo viel geredet, auf die ſie as immer verwieſen, und die ſie uns noch niemals eſchrieben haben. Wirklich müſſen wir etwas Sonerbares, Auſserordentliches erwarten. Denn was ir vom Gebirge über Thiers herab ſahen, und auf er Ebene von Thiers bis hierher, gleicht ſo wenig en Gebirgen bey Genf und Lyon, und an den Ufern er Loire, daſs wir uns faſt in eine neue Natur veretzt glauben. Es iſt mir nicht möglich, Ihnen einen egriff von der Pracht des Anblicks zu geben, von en Höhen bey Thiers auf das jenſeitige Gebirge und uf das breite, lebendige Thal, die Limagne. — Die Kegel ſteigen über die fortlaufende Bergreihe herauf, wie in Rom die Menge der Kuppeln über die Stadt, und wie dort die Peterskuppel um ſich her alle andere vernichtet, ſo drückt hier der Puy de Dome alle Kegel tief unter ſeine Höhe herab. — Wir haben den Koloſs, ſeit unſern erſten Eintritt in Auvergne, nicht wieder aus den Augen verloren, und ſelbſt noch hier,

P 2

wo uns das Gebirge, auf dem er ruht, die Hälfte seiner Höhe verdeckt, sehen wir fast mit Erstaunen zu ihm hinauf. Seinen Gipfel umgeben jetzt noch grosse Schneemassen — und doch sind die Bäume im Thale mit frischem, fröhlichem Laube bedeckt — die kleineren Kegel scheinen wie seine Diener um ihn geordnet; sie laufen in gerader Richtung von ihm, wie von einem Mittelpunkt aus, und in weiter Entfernung treten die Köpfe noch anderer hinter den ersteren hervor. Ihre Reihe scheint endlos zu seyn. — Wir bemerkten sehr gut den schöngeformten Sarcouy, den flach abgeschnittenen Pariou, den gewaltigen Louchardière, und so viele andere, die auch von ferne her nicht mit einander zusammenhängen. Von solchen Kegeln sahen wir keine Spur auf den zwey kleinen Gebirgen, die wir, von Lyon her, überstiegen. Zwischen der Rhone und Loire sind die Berge nicht über 2000 Fuss hoch, und sie laufen in Wellenlinien hinter einander fort, wie der schöne dickschieferige Gneiss, aus dem sie bestehen. Gegen Fours, an der Loire, wohin das Gebirge abfällt, und zu einem weiten, zwey Meilen breiten, flachen Thale Raum lässt, tritt weisser, kleinkörniger Granit unter diesem Gneisse hervor, wie in der Stadt Lyon selbst. Aber gegenüber besteht der ganze Gebirgsarm, der Forez von Auvergne trennt, auf seiner östlichen Seite aus rothem, feldspathreichem Hornsteinporphyr - eine Porphyrmasse, die von Mont Brison bis tief unter Roanne gleichförmig diesen Strich Frankreichs auf viele Quadratmeilen Weite bedeckt. — In dieser

Ebene, zwischen dem Porphyr und dem Granit, sahen wir nur einen Basaltberg, den einzigen dieser Gegend — aber nicht in Form eines Kegels, wie bey Clermont. Der Mont Uzore erhebt sich auf zwey Stunden Länge wie ein scharfer Damm, aus der wassergleichen Fläche zwischen Boën, Mont Brison und Fours; auf seiner Höhe ist kaum für einen Fussteig Raum, und nur in seiner Mitte allein, von welcher zwey Arme von Osten nach Westen herablaufen, hat man ein Schloss erbauen können, dessen Ruinen die Ebenen in weitem Umkreise beherrschen. Der Berg ist gegen 800 Fuss hoch und durchaus in kleine, sechs- und siebenseitige Säulen zersprungen. Diese zertrennen sich wieder in ähnliche kleinere Säulen, und deswegen erkennt man nur mit Mühe die Natur des Basalts, aus dem sie bestehen. Er ist nicht völlig dicht; er scheint im Sonnenlichte aus vielen glänzenden Punkten zusammengesetzt, fast wie der von Landeshuth *). Olivin ist ihm in grossen Körnern eingemengt, und noch häufiger kleine, längliche Krystalle; kleinmuschlich im Bruche, die Augit zu seyn scheinen. Dann noch häufig kleine, weisse Punkte von Kalkspath und fasrigem Zeolith. Diesem langgezogenen Berge zu den Füssen liegt noch ein kleinerer, der Mont Vernon, von nur wenig über hundert Fuss Höhe, aber völlig einem Meiler ähnlich. Wollten wir diese isolirten Basaltmassen zu irgend einer basaltischen Niederlage zurückführen, so würden wir

*) In Schlesien.

wahrscheinlich müssen bis zu den Bergen von Velay heraufgehen, mehr als fünf Meilen von diesem entfernt.

Die Ebene, auf welcher sie stehen, ist nur mit Granitsand bedeckt, und mit Geschieben von Porphyrschiefer und dichtem Basalt, die von der Loire aus dem Velay herabgeführt sind. Aber die Ebene zwischen Thiers und Clermont verbindet beyde Gebirgszüge, die Auvergne einschliessen, durch eine Formation von Kalkstein, die keiner der jetzt bekannten Gebirgsart gleicht. Der Allier hat sich in ihr sein Bette gegraben, und die blendende Weisse der Hügel läfst sie auch in grosser Ferne erkennen. Der Kalkstein ist hellgelblichweiss, feinerdig im Bruche, und so weich, dass er häufig Eindrücke des Fingernagels annimmt. Er ist mit grossen Flammen und Nieren von blauem Feuerstein und Hornstein durchzogen, und fast immer liegt in der Mitte der weissen eine dunkel gefärbte, mit Bitumen erfüllte Schicht, aus welcher die Wärme der Sonne das Erdpech hervorzieht, welches dann am Gestein in grossen schwarzen Tropfen herabhängt. In der Schicht selbst scheint es den Kalkstein in kleine, dem Roggenstein ähnliche, Körner zu trennen. Diese mit Erdpech erfüllten Schichten durchtrümmern Quarz und Chalcedon, die darin oft in prächtigen Drusen angeschossen sind. Die kleinen blauen Krystalle laufen aus einem Mittelpunkt aus, und liegen, wie die Blätter einer Rose, über einander. Schwarzes Erdpech dient ihnen zur Unterlage; andere Tropfen von

Bitumen drängen sich zwischen dieselben, und bedecken das Ganze *).

Wir haben diese sonderbare Kalksteinformation bis vor den Thoren von Clermont verfolgt; sie liegt nicht tief unter der schwarzen Dammerde, hebt sich aber in der Nähe der Stadt nur selten zur Höhe kleiner Hügel herauf. Können wir sie einer der Formationen in der Reihe der Flötzgebirgsarten anschliesen? Oder ist sie local? nur allein auf das Thal der Limagne eingeschränkt? und gehört sie deswegen zu den partiellen Formationen, wie Travertino und Nagelfluh? —

2.

Clermont, den 17ten April.

Wie am Vesuv steige ich am Lavastrom von Graveneyre hinauf. Grosse Blöcke von Lava liegen hier wild unter einander; ihre Oberfläche ist mit Rapilli, mit kleinen Schlackentrümmern bedeckt, und kaum drängen sich zwischen ihnen durch, einige Achren oder Weinstöcke herauf. Unbeschreiblich ist diese Verwüstung, am Fuse des Berges mitten zwischen reichen Weingärten und Kornfeldern, in denen, auser den Gränzen des Stroms, von Felsen keine Spur ist. — Wir folgen seiner Richtung in die Höhe hinauf; er wird schmäler und höher; die schwarzen Felsblöcke

*) Diese Chalcedondrusen von Pont du Chateau sind schon seit langer Zeit eine Zierde der französischen Sammlungen.

häufen sich, zuletzt liegen sie in ungeheuren Massen übereinander. Dort kam der Strom aus dem Berge hervor, vierhundert Fuss unter dem Gipfel. Weiter am steilen Kegel hinauf finden sich solche Felsen, solche Blöcke nicht mehr; es sind nur schwarze und rothe Schlackenstücke in mannichfaltig gewundenen Formen. Der ganze Kegel bis zum Gipfel hinauf ist aus solchen Stücken gebildet, und der Gipfel selbst, eine Ebene, scheint nur eine ungeheure Schlakkenhalde zu seyn. — Er hängt auf seiner hintern, westlichen Seite mit dem Gebirge zusammen, welches Clermont umgiebt. Ich gehe nur hundert Schritt tiefer, um diese Verbindung zu erreichen, und ich sehe keine Schlacken mehr, als nur hin und wieder auf dem beackerten Felde zerstreut. Hingegen tritt an mehreren Orten Granit in Blöcken hervor, weisser kleinkörniger Granit, sehr feldspathreich, mit schwarzen Glimmerblättchen und Turmalinkrystallen. — Aber gegen Norden zurück stürzt sich der von hier aus fast gar nicht erhobene Vulkan mit äusserster Steilheit gegen Royat. Dort haben Regengüsse das Innere entblösst, die schwarzen bemoosten Stücke herabgeführt, — und rothe Schlackenstreifen wie Flammen fahren vom Gipfel in die Tiefe herab. — So soll ein Lavastrom seyn; aus Schlacken ist sein Vulkan gebildet, und von höhern Orten läuft er am Abhange des Berges bis in die Ebene fort. — Auch gegen Royat hin bricht in ähnlicher Tiefe unter dem Kegel ein solcher Strom aus. Ich verfolge ihn von oben wie einen schwarzen Damm über den Abhang bis in das Thal von Royat. Alle diese Ströme und diese Blöcke sind auf der Oberfläche porös, durchlöchert wie Schwämme, in der Tiefe werden sie nach und nach dichter, ganz unten sind sie völlig ohne erkennbare Poren, genau wie in den Strömen des Vesuvs. — Zwey Strafsen durchschneiden den östlichen Strom; sie heben sich etwa vierzig Fuss in die Höhe, laufen zwischen den zu den Seiten aufgehäuften schwarzen Blöcken gegen vierhundert Schritt fort, und senken sich dann wieder aus der Wildniss in die reichen bebaueten Felder hinab. Ein Arm dieses östlichen Strome wendet sich gegen Clermont selbst, und endigt sich in der Form eines steil abgeschnittenen Vorgebirges bei dem Landhause Loradoux; ein anderer Arm, der grösere, hört in gleicher Form auf, zwischen Beaumont und Aubières, eine und eine halbe Stunde von dem ersten Entstehen. Hier stürzt sich der schwarze Fels in dünnen Schaalen über einander, als triebe die untere stockende Masse die obere noch fliessende in die Höhe, die sich dann über sie wegstürtzt; und die langgezogenen Poren folgen der Richtung der Schaalen. Aber gegen Royat fällt der Strom mit noch grösserer Steilheit herab; er füllt das Thal zwischen den Granitbergen, und erstarret erst am Ausgange des Thals; ein Vorgebirge von mehr als hundert Fuss Höhe. — Das lebendige Dorf Royat versteckt sich hinter der gewaltigen Mauer, und kaum finden die Gewässer des Thals in einer engen Spalte den Ablauf. — Auch in Hinsicht des Inneren dürfen sich diese Massen mit des Vesuvs Laven vergleichen. In allen drey Strömen ist ihre Natur völlig dieselbe, sie enthalten sogar dieselben Gemengtheile. Aber es ist nicht Basalt, dazu fehlt der Grundmasse der Zusammenhalt, die Zähigkeit, die den Basalt so sehr charakterisirt. Die Lava ist spröde, von scharfkantigen Bruchstücken, graulich schwarz, und scheint in der Sonne eine Zusammenhäufung von sehr feinen, nadelförmigen, glänzenden Krystallen. — Schwärzlichgrüner Augit (*pyroxène*) ist ihr häufig eingemengt, vorzüglich in den nicht porösen Stücken aus der Tiefe des Stroms, und seltner ganz kleine Körner von durchsichtigem Olivin. Und in der untern Hälfte des Stroms bey Beaumont eine weisse stalactitförmige Materie, die in den grösseren Poren sehr häufig nur die Flächen der Höhlung bedeckt; wahrscheinlich ist sie durch Infiltration nach dem Herabsturz der Lava entstanden. Wundern Sie sich nicht, dass drey so mächtige Ströme zu gleicher Zeit sich sollten hervorgedrängt haben. Ihr gleichzeitiges Entstehen ist durch ihren sonst gemeinschaftlichen Anfang nicht allein an demselben Vulkan, sondern sogar an einerley Stelle erwiesen, und durch die ganz gleichförmige Masse, aus der sie bestehen. In der Eruption des Vesuvs von 1794 stürzten zwey Lavaströme zu gleicher Zeit von entgegengesetzten Seiten des Berges, und doch hatte der westliche, der Torre del Greco vergrub, fast die Länge einer deutschen Meile. Auch diese Ströme sind sich völlig in ihrer Natur gleich. Ich sehe die drey Ströme von Graveneyre und ihren Vulkan hier aus den Fenftern des Wirthshaufes. Der Berg ift gegen neunhundert Fufs über der Stadt, er fcheint auch von hier aus kegelförmig, und fällt durch feine äufsere Form auf; denn man fieht feine hintere Verbindung mit den Granitbergen nicht. Aber von einem Krater ift auf ihm nicht eine Spur. Die kleine Ebene des Gipfels verfchwindet in der Anficht von unten herauf, und der Kegel fcheint fich in eine ftumpfe Spitze zu endigen. Zwifchen den Strömen von Royat und Beaumont fehen wir von hier aus noch einen anderen felfigen Kegel, etwa auf dem Viertheil der Höhe des Berges. Es ift der Puy de Montaudoux. Er gleicht dem Graveneyre in nichts, als in der äufseren Form, denn er ift nicht aus Schlacken gebildet, fondern aus grofsen mächtigen Säulen, von wahrem graulich fchwarz fchimmernden Basalt, von fehr ftarkem Zufammenhalt. Seine anfehnlichen, fchwärzlichgrün glänzenden Olivinkryftalle zeichnen ihn überdies auf den erften Blick aus. Die Luft verändert die graue Farbe des Olivins in fchwarz, ohne dem Glanze der Kryftalle zu fchaden, und diefe fchwarzen mufchlich glänzenden Körner find in jedem Stücke am Fufse des Kegels auffallend. — Die bafaltifchen Säulen ftehen auf einem Conglomerat aus eckigen Bafaltftücken und Quarzkörnern gebildet, die eine graulichweifse zerreibliche thonartige Hauptmaffe verbindet. Kugeln von Bafalt von der Gröfse eines Eies bis zu einem Fufs im Durchmeffer liegen eingewickelt darin. Unter diesem Conglomerat erscheint ein strohgelber, feinkörniger Sandstein, in welchem Quarzkörner durch eine Kalkmasse verbunden sind, ein Sandstein, der häufig die Hügel um Clermont bedeckt, und vielleicht von der Formation des erdigen Kalksteins von Pont de Chateau ist. Diesen Basalt hat noch keiner der Naturforscher, die Clermont besuchten, zu den Strömen von Graveneyre gerechnet; man sah ihn immer als eine Lava von weit ältern Ursprunge an, als einen Strom, der vor dem Vulkan von Graveneyre geflossen, und nicht mehr bis zu seinem Ursprunge hinauf zu führen sey. Aber man ging weiter, und behauptete, der ganze Vulkan von Graveneyre habe diesen ältern Strom zertheilt, und seine obere Hälfte finde sich über jenem Berge auf dem Puy de Charade. Das ist nur Meinung. — Der Puy de Charade hängt auf seiner östlichen Seite mit dem Puy de Graveneyre zusammen. Es ist ein, wenig über die Gebirgsfläche erhabener, flacher Granitberg, und nur auf der abgerundeten Kuppe scheint über ihn eine Decke von einer ungeheuren Menge Basaltkugeln gezogen, von einer sehr regelmäſsigen Form, wie Bomben, concentrisch schaalig, und zuweilen von mehreren Fuſs im Durchmesser. Aber sie enthalten keinen schwarzen Olivin, wie der Basalt des kleinen Puy de Montaudoux. — Gegen das Vorwerk Charade, nur wenige hundert Schritt vom Berge herab, haben sich diese Kugeln schon wieder verloren; sie liegen auf dem Berge nicht einmal sechzig Fuſs hoch. Eine solche Lagerung ist wohl auffallend und sonderbar, aber sie streitet deswegen um so mehr gegen eine ehemalige Verbindung dieser Kugeln mit den mächtigen Basaltsäulen des tief darunter liegenden Puy de Montaudoux.

3.

Puy de Dome.

Clermont liegt so nahe am Fuss des Gebirges, dass wir schon in der Vorstadt selbst anfangen, den Berg zu ersteigen. Es ist ein Gebirge, dass durch ganz Auvergne fortläuft, das sich in Rouergue von den Cevennen trennt, und sich erst weit unter Riom in den Ebenen des Bourbonnois verliert. Die Strasse drängt sich in mehreren Windungen an diesen Bergen hinauf. In ihrem oberen Theile ist sie gänzlich im Granit ausgebrochen; in einem kleinkörnigen Granit, der aus fast gleicher Menge Feldspath, Quarz, und braunen und silberweissen kleinen Glimmerkrystallen zusammengesetzt ist. Es ist der Granit des ganzen Gebirges; denn auf der Höhe, dort wo die Berge sich wieder in eine weite Gebirgsebene ausdehnen, ist er kaum von wenigen Zollen Dammerde bedeckt, und fast immer noch von derselben Structur, wie tiefer herunter gegen Clermont. Die erste Gebirgserhebung liegt etwas über neunhundert Fuss über der Stadt. Von hier erst übersehen wir die ganze Kolossalgestalt des Puy de Dome von seinem ersten Ansteigen bis zum

Gipfel hinauf. Gegen Süd-Osten fällt er tief und mit grosser Steilheit hinab; aber gegenüber auf der nördlichen Seite hängen sich ihm kleinere Kegel an, die mit breitem Gipfel bis zum Puy de Pariou fortlaufen. — Dem Puy de Pariou! dem auffallendsten, dem wunderbarsten aller dieser merkwürdigen Berge. Denken Sie sich mein Erstaunen, als ich den Kegel auf zwey Drittheil seiner Höhe abgeschnitten, und auf dem Gipfel die Oeffnung eines ungeheuren Kraters erblickte; so deutlich, so schön, als der Vesuv ihn nur aufweisen kann. Wir eilen über die Fläche, die sich eine Stunde lang sanft zu ihm heraufhebt; — plötzlich stellt sich uns ein Lavastrom entgegen, noch rauher und wilder, als die Ströme von Gravenoyre. Wir sehen ihn sich in ein Thal (Vallon de Gressinier) von den Granitbergen herabstürzen, dort seine Breite verlieren und sich auf dem engeingeschlossenen Boden anhäufen. Wir hatten den letzten Theil des Berges über Basalte bestiegen, dem gewaltige Olivinkörner eingemengt sind; eine Decke, wie auf Puy de Charade; aber wie sehr ist davon die Masse dieser Lava verschieden! — Alle Stücke, alle Blöcke auf der Oberfläche des Stroms sind porös und durchlöchert, und man erkennt in ihnen die Grundmasse nicht. Tiefer herab lösen sich festere Stücke los, in ihnen sehen wir ein schwärzlichgraues, mattes, sehr sprödes Gestein, das sehr kleine, weisse Feldspathkrystalle umgiebt, mit natürlichem Perlmutterglanz, und nur einige wenige und sehr kleine Krystalle von Augit. Eine solche Masse bildet keine Basaltberge. Auch ist davon hier keine Spur. Es ist ein sechshundert Fuss breiter Damm über dem Boden, ein Gletscher aus Lavablöcken gebildet. Er führet uns ohne Unterbrechung höher hinauf gegen den Puy de Pariou. Bald wird er breiter, wo der Boden sanfter geneigt ist, bald schmäler und höher, und die Blöcke darauf wilder und grösser, wenn die Fläche steiler aufsteigt. Zu den Seiten sehen wir den Boden tief mit schwarzem Aschensande bedeckt; ja weiterhin wechseln braune und schwarze Rapilli und Asche in Schichten mehrere Male über einander. Kein Halm, kein Blatt wächst auf der öden trockenen Fläche. Endlich am Fusse des Berges häufen sich die Blöcke des Stroms zu der Höhe eines eigenen freistehenden Hügels, sie breiten sich hier nach allen Richtungen aus, und vereinigen sich erst tiefer hinab; von hier aus sind nun feste Blöcke klein, und nur sparsam über den Abhang des Kegels zerstreut; der ganze Berg ist wie der Graveneyre aus rothen, auf die sonderbarste Art gezogenen und gewundenen Schlacken gebildet. Locker liegen sie auf einander ohne Verbindung, als nur durch die Wurzeln der wenigen Pflanzen, die sie bedecken. — Und nun, da wir über die Schlakken die Höhe des Berges erreichen, sehen wir uns am Rande des grössten, des schönsten Kraters aller erloschenen Vulkane. Ein ungeheurer Trichter, regelmässig und vollkommen, als wär er auf einer Form gedreht worden. In der Tiefe ist eine Ebene, auf welcher die Pflanzen etwas freudiger wachsen.

Einzelne gröſsere Schlackenſtücke liegen umher, doch aber ſo wenig, daſs ſie ſich in der allgemeinen Anſicht verlieren. Der Boden dieſes Kraters iſt 230 Fuſs unter dem oberen Rande, ſein äuſserer Umfang von 700 Schritt; es iſt zugleich der äuſsere Umfang des Berges. Der Kegel ſelbſt hebt ſich 600 Fuſs über die Fläche, 2433 Fuſs über Clermont, 3553 Fuſs über das Meer.

Es iſt das allgemeine Modell der Phänomene und der Verwüſtungen eines Vulkans, denn ſo offenbar liegen nicht Aetna und Veſuv vor uns. Hier überſehen wir mit einem Blicke, wie der Lavaſtrom ſich den Ausweg am Fuſse des Vulkans eröffnet, wie er mit rauher Oberfläche ſich den tiefern Punkten zuſtürzt, wie der Kegel darüber von unzuſammenhängenden Schlacken aufgehäuft iſt, den ſich der Vulkan aus einem groſsen Krater in der Mitte aufwarf. Das ſchlieſsen wir auch am Veſuv, aber wir ſehen es nicht immer wie am Puy de Pariou.

Die Maſſe der Schlacken, wenn man ſie zwiſchen den Löchern erkennt, iſt nicht immer die der Lava des Stroms; zwar umhüllt ſie auch kleine Feldſpathkryſtalle, aber ſie haben ihren natürlichen Perlmutterglanz nicht erhalten, wie in der Lava; ihr blättriger Bruch iſt verſchwunden, ihr Glanz zu Glasglanz verändert. Auch geben die Poren in dieſen Stücken ein vortreffliches Mittel, um zu erkennen, was dem Strom angehört und was den Auswürflingen am Conus. In jenem ſind dieſe Löcher ſtets parallel unter ſich und gleichlaufend mit der Richtung des Stroms ſelbſt,

selbst, und so bestimmt gleichlaufend, dass man aus ihnen allein diese Richtung zu erkennen vermag; eine Beobachtung, welche Spallanzani und Dolomieu mit Recht für eine der wichtigsten zur Kenntniss vulkanischer Produkte hielten, denn sie giebt die Evidenz eines Stroms, wenn die Lagerungsverhältnisse darauf nicht hindeuten. In den Schlacken hingegen und in den lockeren Stücken des Kegels gehen die Poren nach allen Richtungen aus, zum wenigsten sind sie durch die Form und die Grösse der Schlacken bestimmt. Die Gesetze ihrer Bildung gehen über das einzelne Stück nicht heraus. Sie folgen der Oberfläche desselben, sie sind länger und grösser am Rande, kleiner und runder gegen die Mitte. So macht gewissermaassen jede Schlacke ein Ganzes für sich, jedes Stück aus dem Strom nur den Theil eines Ganzen.

Die Bergreihe, welche den Puy de Pariou mit dem Puy de Dome verbindet, wird der kleine Puy de Dome genannt. Immer sind es nur Schlacken und Aschen, bis zum Fuss des grössern hin. Hügel und Thäler von 60 bis 100 Fuss Höhe wechseln hier in kurzen Entfernungen. Aber solche schreckliche Oede, solche Verwüstung giebt es selbst am Vesuv nicht. Die kleinen Rapilli rollen wie Glas übereinander. So trocken, so wüst und so todt sah ich noch nie eine Gegend. An den Schlackenhügeln hängen noch hie und da Schneemassen, von denen sich kleine Bäche herabstürzen. Aber sie erreichen die Tiefe nicht, sie fallen nur 20 Schritt, dann sind sie verschwunden, — als solle auch nicht einmal diese Spur von Leben hier

ändert. Zwischen dem Feldspath liegen eine Menge schwarzer und brauner Glimmerblättchen zerstreut, völlig wie man sie im Granit findet; und an vielen Orten des Berges, vorzüglich am östlichen und westlichen Fuss, gesellt sich zu diesem Glimmer noch Hornblende.

Die ganze Masse des Berges ist durchaus von diesem Gestein, und dort, wo es sich in freistehenden Felsen zeigt, hat es völlig das Aeussere des Granits, eben die häufige Zerklüftung, eben die Zertrennung in grosse Rhomboïden, ohne doch dabei eine bestimmte Richtung und Neigung von Schichten zu offenbaren. Es ist eine eigene Gebirgsart, denn sie ist in ihrem Innern durchaus vom Granit verschieden, mit welchem wir sie doch nur allein vergleichen könnten. Lassen Sie sie uns dann auch als eine für sich bestehende Gebirgsart betrachten, und erlauben Sie mir, dass ich sie Ihnen Domit nennen darf, bis man sie mit einem schicklichern Namen belegt haben wird. — In den Klüften dieses Gesteins hat man häufig ausserordentlich schöne Drusen von Eisenglimmer gefunden; von Krystallen, zollgross, welche die ganze innere Oberfläche der Klüfte bedecken. Auch jetzt darf man fast nur eine der ausgedehnteren Spalten untersuchen, um sie im Innern ganz mit Eisenglimmer überzogen zu finden.

4.

Clermont, den 24ſten April.

Jedesmal, wenn wir am Gebirge und gegen die Reihe der Puy's hinaufſtiegen, fiel uns der Sarcouy durch ſeine ſonderbare und merkwürdige äuſsere Geſtalt auf. Ich kann ihn nicht beſſer, als mit einer Glocke vergleichen, ſo ſchön und regelmäſsig iſt er auf ſeiner Höhe gewölbt. Wir mögen den Berg von allen Seiten umgehen, nirgends ſehen wir auf ſeinem Abhange auch nur die kleinſte Erhöhung, durch welche die Richtigkeit ſeines äuſseren Umriſſes geſtört werden könnte. Wir haben ihn erſtiegen. Seine flache und regelmäſsige Wölbung iſt ſo täuſchend, daſs wir ſchon von der Mitte an glaubten, nicht tief unter dem Gipfel zu ſeyn. Deſſen ungeachtet ſahen wir das Geſtein, aus dem er beſteht, häufig am Abhange hervortreten, und an einigen Orten, vorzüglich auf der Weſtſeite, in ziemlich anſehnlichen Maſſen. Es iſt Domit. Seine Grundmaſſe iſt völlig der auf dem Puy de Dome ähnlich, auch umwickelt ſie ähnliche glaſige Feldſpathkryſtalle, nur ſind ſie etwas kleiner, als dort. Aber Glimmer- oder Hornblendekryſtalle enthält ſie hier nicht, oder doch äuſserſt ſparſam.

Die Gebirgsart hebt ſich in deutlichen Schichten am Berge herauf, und dieſe Schichten folgen faſt genau ſeiner äuſseren Form. Gegen Weſten ſteigen ſie auf, oſtwärts fallen ſie wieder herab, und eben ſo auf der Süd- und Nordſeite. Dieſe Form iſt alſo nicht zufällig; ſie wird durch die Schichten beſtimmt, und nicht durch äussere Umstände, wie bey den Schlackenkegeln und den Bergen primitiver Gebirgsarten. An mehreren Orten sehen wir Höhlen in den Berg hineingehen, und man sagt uns, dass von einigen das Ende unbekannt sey. Aber noch mehr ziehen uns zwey Schichten auf der mehr entblössten Westseite an, die von reinem Schwefel zu seyn scheinen; denn ihre Farbe ist brennend schwefelgelb. Auch würden wir zum wenigsten geglaubt haben, der Domit sey durch Schwefel gefärbt, hätte uns nicht Herr le Coq in Clermont bewiesen, dass diese Stücke auch nicht ein Atom Schwefel enthalten. Aber er zeigte uns zugleich, wie eine Menge von Stücken aus diesen Schichten durch Reibung einen starken Geruch von salpetersauren Dämpfen aushauchen; und er versichert uns, dass durch salpetersaure Dämpfe jedem Domitstück solche gelbe Farbe mitgetheilt werde. Eine schwache Wärme zerstört diese Farbe, und der Rückstand ist weiss, wie die Gebirgsart der übrigen Schichten. Es ist ein merkwürdiges Phänomen, die Einwirkung saurer Dämpfe auf diese Gebirgsart. *)

---

*) Herr Vauquelin hat späterhin das merkwürdige Gestein der zwey gelbgefärbten Schichten des Sarcouy chemisch zerlegt. *Annales du Musée, Tom. VI.* 98. Die Stücke waren citrongelb, etwas porös und leicht, und hatten noch einen bestimmten Geruch nach Scheidewasser oder oxydirter Salzsäure erhalten. Gepulvert im Wasser zerrührt wird davon Lackmustinktur geröthet. Nach dem Kochen mit sechsmal so viel Wasser fällte salpetersaures Silber weisse Flocken aus dem Extract, die am

Auf der östlichen Seite wird der Sarcouy durch einen Schlackenberg, wie durch einen Gürtel umgeben; doch erreicht er nur die Hälfte seiner Höhe, und ist durch ein tiefes Thal von ihm geschieden. Die Schlacken dieser umgebenden Reihe sind, wie am Fuſse des Puy de Dome, locker auf einander gehäuft, und sie verrathen bey jedem Schritte Feuer und Brand. Und doch zeigt davon der so wenig entfernte Sarcouy auch nicht eine Spur! Gegenüber auf der Westseite trennt ihn ein neuer Kegel vom Puy de Pariou; auch dieser ist aus Schlacken und Asche zusammen gesetzt, und auf seinem Gipfel senkt sich ein 100 Fuſs breiter Krater gegen 60 Fuſs in die Tiefe. — So sind alle kegelförmige Puy's dieser Kette; sie steigen .. 5 bis 600 Fuſs in die Höhe, und selten sind sie oben

Lichte sich schwarz färbten. Durch starkes Glühen verliert das Gestein die gelbe Farbe, und verliert 0,06 an Gewicht. Destillirt entwickelt sich kein Gas, aber das Wasser der Vorlage wird merklich sauer, der Rückstand ist röthlich, und hat 0,05 an Gewicht verloren. Im Gewölbe der Retorte hatte sich ein leichtes Sublimat angesetzt, von stechendem Geschmack, wie Salmiak. Aus der einen Hälfte, im Wasser aufgelöst, entwickelte kaustisches Kali, Ammoniak. Aus der andern Hälfte fällte salpetersaures Silber, Hornsilber. Daher war es in der That Salmiak. Nach der Zerlegung auf gewöhnlichem Wege enthielt das Gestein

Kieselerde	91.
Eisen, Thonerde, Kalkerde . .	2,5.
Salzsäure, thierische Substanz, Wasser	5,5.

Freye Salzsäure in solchem Gestein, Ammoniak und thierische Substanzen!!

ohne deutliche Spuren eines Kraters, aus welchem die lockeren Stücke ausgeworfen sind, aus denen sie bestehen: denn festes Gestein ist nirgends zwischen den Schlacken.

Kaum traten wir auf unserm Rückwege nach Clermont ausser der Richtung der Puy's, so sahen wir unter der Asche, einige hundert Schritt vom Fusse des Sarcouy, den unveränderten Granit hervorstehen, ohne Spur irgend eines andern bekannten, nichtvulkanischen Gesteins, und dieser Granit setzt ununterbrochen fort bis an den Fuss des Gebirges; nur wird er auf dem Abhange gegen Nohanent dem Gneiss ähnlich, der schwarze Glimmer häuft sich, und zertheilt Feldspath und Quarz in sichtbare Schiefern. — Bey Nohanent im Thale sahen wir das Ende des Stromes vom Pariou. Er stürzt sich, wie Wasser, vom Gebirge in den Vallon de Gressignier herab, und folgt dann dem Grunde des Thales zwischen den Granitbergen; er wendet sich mit diesem in fast rechtem Winkel bey Durtol, und bleibt in entsetzlichen Felsmassen vor Nohanent stehen; eine gewaltige Mauer durch die Breite des Thales. Was auf seiner Oberfläche angebauet ist, steht auf künstlichem Boden; denn selbst in diesem vegetationsreichen, fruchtbaren Thale, wächst nur Moos auf den Blöcken, und durch Verwitterung ist auf ihnen noch kein tragbarer Boden entstanden.

Ich wendete mich auf unserm Rückwege noch oft nach dem Sarcouy um. Er sieht völlig einer Blase auf einer viscösen Flüssigkeit ähnlich. — Aber sollte es denn auch so ungereimt seyn, ihn wirklich für eine Blase zu halten? Deutet nicht darauf seine Form, deutet nicht die Richtung seiner Schichten darauf hin? Ich lerne aus dem vortrefflichen Werke: Montlozier *Essay sur les Volcans d'Auvergne*, dass, in der ganzen Länge der Puy's, Kegel aus Domit mit Schlackenkegeln, mit Vulkanen, abwechseln; und schon jetzt haben wir gesehen, dass diese Abwechselung nicht wie die zweier Gebirgsarten ist, die aus weit von einander entfernten Formationen sich zufällig in Nachbarschaft finden. Die Domit-Berge sind oft an Auswurfskegeln angehängt, noch öfter auf solche Art von Schlackenhügeln umgeben, dass man nicht selten glauben mögte, sie erhöben sich aus der Mitte eines ungeheuern Kraters. — Beide, Auswurfs- und Domit-Kegel, sind die einzigen Erhöhungen über der Granitfläche, und der Domit nur in dieser Kegelform, nicht auch als weiterstreckter Berg oder als Schicht über dem Granit. — Auch ist es durchaus das einzige fremdartige Gestein dieser Höhe. Keine Trappgebirgsart, kein einziges Lager einer Flötzgebirgsart, die doch unten in der Limagne so häufig sind. — Es ist zwischen beiden Arten von Kegeln eine Verbindung, die auch bey dem flüchtigsten Ueberblick einleuchtend und auffallend wird — nicht etwa, als sey der Domit (Trapp-Porphyr) die Lagerstätte des vulkanischen Feuers. Das widerlegt uns Pariou und der Puy de Caume und Puy des Gouttes. Sobald wir nur den Fuss ihres steilen Kegels erreicht haben, so erscheint auch schon Granit,

Wären diese Vulkane aus Domitkegeln hervorgebrochen, so könnten nicht, wie jetzt, ihre Auswürfe bey weitem den Inhalt der Berge übersteigen, von denen wir voraussetzen, dass sie jene genährt haben. — Nein, es ist fast unmöglich, beiden eine gleichzeitige Entstehung zu verweigern.

Ich finde dafür sogar in Montlozier's Werke *) noch einige nähere, wenn gleich nicht stärkere

*) Seite 64. Die ganze Stelle möge hier stehen, da Montlozier's Werk in Deutschland sehr wenig bekannt ist: *Le petit Cliersou renferme deux ou trois cavernes assez spatieuses, pour que les pâtres et leurs troupeaux puissent s'y mettre à l'abri dans les temps d'orage. Les cavernes, qui furent autrefois des carrières, sont composées d'une roche, dont le grain et la nature sont absolument les mêmes, que celle du Puy de Dome; mais au lieu d'être isolé comme lui, ce Puy est adossé à l'ouest contre une montagne volcanique, appellée le Puy de l'Aumone. Il n'existe entre deux qu'un col très étroit, qui les sépare. Le col, quoique assez élevé, pour que les deux montagnes ne paroissent assises que sur la même base, est cependant assez sensible pour lui conserver sa calotte sphérique bien connoissable et bien detachée. — Tout près du petit Cliersou, tirant au Nord, on trouve le grand Cliersou, dont la base se confond avec celle des deux montagnes précédentes; mais sa tige ronde et lisse est parfaitement dégagée et detachée, et la calotte sphérique qui le recouvre est, on ne peut pas plus, régulière. C'est dans toutes le parties latérales de cette calotte et presque à tous les aspects, qu'il se trouve des cavernes et des excavations considérables, dont quelques unes sont évasées, comme celles du petit Cliersou: dans d'autres au contraire on ne peut pénétrer qu'en rampant et se traînant contre terre. Cette position pénible ne dure pas long-*

ründe. Er ſah in den weitläuftigen Höhlen des lierſon, eines Domitkegels auf der Weſtſeite des uy de Dome, ſchwarze Schlacken in der Maſſe des omits eingewachſen, und gänzlich von ihr umgeben. Vie kann aber eine Schlacke, im Innern des Berges, urch die Maſſe des Geſteins dringen, wenn ſich dieses Geſtein nicht zur Zeit der vulkaniſchen Phänomene rzeugte?

Führen uns dieſe Erſcheinungen nicht unmittelar zu dem Reſultat: Alle Domitkegel ſind durch

---

temps. On parvient bientôt à découvrir des galeries vaſtes et ſpacieuſes, que les hommes ont creuſés autrefois dans le roc, pour y tailler des ſarcophages, qu'on rétrouve aujourd'hui en quantité autour de la ville de Clermont. Le naturaliſte va s'y enſévelir avec joie, pour y étudier l'origine de la formation de ces montagnes. Quel eſt alors ſon étonnement, de trouver dans ce rocher différentes incruſtations d'une pierre ſemblable, mais beaucoup plus denſe, que celle du rocher en même temps qu'il y apperçoit des ſcories et des laves ſpongieuſes!

Un tel fait devient un trait déciſif qui détermine ſur l'origine d'une ſemblable pierre. Elle doit s'être trouvée dans un état de moleſſe propre à ſe laiſſer pénétrer par ces matières étrangères et adventives. Curieux de fortifier et d'augmenter une pareille découverte, je fis faire des fouilles près de la ſommité du grand Clierſou, du côté du midi; mais je ne fus pas peu ſurpris d'y trouver environ à un pied de profondeur de groſſes maſſes de pierre ponce, que je n'ai trouvé nulle part auſſi pure et auſſi bien caractériſée, excepté au Puy de la Vache. Un rapprochement auſſi ſingulier dans deux montagnes auſſi diſparates annonce bien, qu'elle n'ont été, l'une comme l'autre, qu'une production volcanique, opérée par des voies différentes. —

die innere vulkanische Kraft in die Höhe gehoben? Daher ihre kuppelartige Form; daher die Neigung ihrer Schichten dem Fall des äusseren Abhanges gemäss; daher die Höhlen des Innern; daher ihre Lage zwischen Schlackenkegeln, die Ausbrüchen ihre Entstehung verdanken; daher endlich der Mangel eines Kraters auf dem Gipfel der Domitberge, und das Aneinanderhangen und Fortgesetzte ihres Gesteins, denn sie sind nicht ausgeworfen, sondern aus dem Grunde erhoben. Und ein so weiches Gestein, das sich eben deswegen weniger in grosse Felsblöcke zertrennt, ist solcher Erhebung eher fähig, als Granit, Kalkstein, Basalt, oder irgend eine andere, mehr zusammenhängende Gebirgsart.

5.

Clermont, den 25sten April.

Die Kegel gehen vom Puy de Dome weg, zu beiden Seiten, in einer gleichlaufenden, doppelten Reihe aus, wie in Peru die Vulkane der Anden. Aber das Thal zwischen den Puy's ist dem von Quito nicht ähnlich. Es scheint eine Verwünschung auf dieser Gegend zu ruhen. Schlackenfelder und unabsehliche Flächen von finsterem Haidekraut sind die einzigen, traurigen Gegenstände umher. Die hin und wieder zerstreuten Schafheerden finden hier nur kümmerlich ihre Nahrung, und von allen Seiten stehen die Kegel in drohenden Formen und erschrecken noch jetzt durch den Anblick ihrer Verwüstungen. Dem

Pariou gegenüber hebt sich der hohe Puy de Caume, von dessen Fuss weg ein mächtiger Lavastrom sich nach Pont Gibaud herabstürzt. Ihm folgen eine Menge unbenannter Kegel bis unter Riom hinab, unter denen sich der grosse Puy de Louchardière besonders auszeichnet. Gegenüber stehen in gleicher Reihe der Pariou, der Sarcouy, der Puy des gouttes, der Puy de la Chopine, de Chaumont, de la Nugère, alle in einer gleichen Richtung gegen Nordosten. — Wir waren auf dem Puy de la Chopine, auf welchem man im Mittelpunkte dieser Kegel sie alle mit einem Blick übersieht. Der Berg war uns, wegen seiner steilen, fast senkrechten, ungeheuern Felswände, merkwürdig; ein Phänomen, das für ihn einzig ist, und ihn deswegen, bey seiner beträchtlichen Höhe, um so mehr auszeichnet. Auch waren wir nicht wenig verwundert, als wir Granit an dieser südwestlichen Seite entdeckten, noch mehr, als wir den Granit bis zum Gipfel des Kegels anhalten und nur in der Mitte durch ein mächtiges Lager von klein- und langkörniger Hornblende und röthlich-weissem Feldspath unterbrochen sahen. Der Berg ist gegen 800 Fuss über der Fläche, doch an absoluter Höhe etwas niedriger, als Pariou. Sein Gipfel ist nur etwa 20 Fuss breit, aber gegen 200 Fuss lang. Ungeachtet dieser geringen Ausdehnung ist doch gegen Norden auf dieser Höhe Domit anstehend. Beide Gebirgsarten scheiden sich auf einem isolirt stehenden Berge, und genau auf der grössten Höhe desselben. So sah man noch nie zwey Gebirgsarten einander sich

noch für Granit erkennen dürfen. Der
gänzlich verschwunden; er ist so sehr d
endliche Menge kleiner Risse zertheilt
einem feinkörnigen Gestein wird, und
seine äusseren Kennzeichen versteckt; de
hat noch seinen Perlmutterglanz erhal
Glimmer ist ganz unverändert. Aber
menge ist fast immer mit einer solchen M
glimmerblättchen durchdrungen, d
gar zwischen den Blättern des Feldspath
haben. Diesen Gesteinen folgt bald dara
und setzt ununterbrochen fort bis an den
ges, so dass dieser Berg gänzlich zwische
Domit getheilt ist. Sein Abhang nach N
steil, aber nicht felsig, wie dort, wo de
vorkommt. Eine so überraschende Ersche
uns unwillkührlich die Frage ab: kann
mit durch eine Veränderung des Granit
Nicht durch Schmelzung, aber warum
Einwirkung gasförmiger Säuren? oder
von Dämpfen? Der Quarz und der Feld

des Granits auf, und die Theile des neuen Gesteins sind dann nur schwach unter einander verbunden. Ein Theil des Feldspaths erhält seine Form, verliert aber seinen Perlmutterglanz und den blätterigen Bruch. Glimmer und Hornblende widerstehen der Einwirkung gänzlich. — Wie auffallend ist es nicht, daſs der Domit die Bestandtheile des Granits enthält, der diesen Bergen zur Grundlage dient! Wie viel auffallender ist es nicht, daſs wir im Domit des Puy de la Chopine, statt Glimmerblättchen, fast nur Hornblendekrystalle sehen, und daſs eben auch hier sich an dem nehmlichen Berge ein so mächtiges Lager von Hornblende im Granit findet! Noch mehr, wir fanden Domit-Stücke auf diesem Berge mit Titansäulen, die im Granit so häufig sind. Und wie könnten zwey Gebirgsarten auf solchem Berge mit einander wechseln, wenn nicht eine aus der andern entstände? — Auch ist es dann begreiflich, warum die Granitseite so felsig und steil, der Domitabhang flacher und felsloser ist. Der widerstehende Granit hebt sich nur, wo unmittelbar darunter die treibende Kraft wirkt, und reiſst die groſsen Felsmassen loſs. Der weiche Domit hingegen zieht das nachbarliche Gestein mit in die Höhe, und bildet eine Kuppel über dem Boden.

Wir wuſsten uns am Fuſse des Puy de la Chopine nicht sehr vom Ursprunge des groſsen Lavastroms von Volvic entfernt. Auch entdeckten wir ihn bald von einem kleinen Puy in der Mitte des vulkanischen Thals; denn, ungeachtet er nach einer Richtung hinabgeht, die uns von hier durch vorliegende Kegel verdeckt war, ſo breitet er ſich doch ſo ſehr bey ſeinem Urſprunge aus, daſs wir ihn ſchon von ſehr weit hinter den Kegeln, wie eine ſcharf begränzte ſchwarze Decke, hervortreten ſahen. Wir eilten ihm zu, an dem Puy de Chaumont, einem hohen Schlackenberge vorbei, und ſtiegen dann am Puy de la Nugère, den Vulkan von Volvic hinauf. Ein Berg nur wenige hundert Fuſs hoch. Unten an ſeinem Fuſse gneiſsähnlicher Granit anſtehend und Hornblendelager darinnen; bald darauf aber betreten wir aſchgrauen Domit, mit vielem glaſigen Feldſpath und ſehr ſchönen länglichen Hornblendkryſtallen. Das Geſtein iſt ſchwerer als am Sarcouy, auch erkennen wir im Sonnenlichte leicht eine Menge Eiſenkörner darin. — Nur wenig Schritt weiter hinauf wird die Grundmaſſe leberbraun, dann nelkenbraun und ſehr dunkel, und verhältniſsmäſsig dieſer Farbenänderung verlieren ſich darin die eingemengten Kryſtalle. Die des Feldſpaths werden öfters ſo klein, daſs ſie ſich in der Maſſe verlieren, und ſich von ihr nicht mehr unterſcheiden, und der Feldſpath iſt gelblich gefärbt. Noch höher, faſt auf dem Gipfel des Berges iſt die Maſſe ſchwärzlichgrau und durch eine unendliche Menge kleiner Poren zertheilt; Feldſpath und Hornblende ſind nur ſparſam darin. Es ſind nicht zufällig auf dem Abhange herunterliegende Stücke, es iſt anſtehendes, das Innere conſtituirende Geſtein. Auf der Höhe endlich ſehen wir nur unzuſammenhängende Stücke, eine ſchwarze ſchwammige

mige Masse, in welcher wir nur mit Mühe die noch darin vorkommenden glasigen Feldspathe erkennen, und Hornblendepunkte nur in der Sonne. Ueber solche Stücke wahrer Schlacken steigen wir in den Krater herunter, und sehen dort grosse Schlackenblöcke angehäuft und in der Tiefe fast anstehend. Nun ist aller Unterschied mit den anderen Vulkanen dieser Reihe verschwunden. Nur die äussere Rinde besteht aus Domitschichten, der innere Kern ist ein Schlackenberg, und ein allmähliger Uebergang verbindet sie beide. So wird aus dem Domit, so entsteht aus dem Granit eine vulkanische Schlacke. — Der Krater ist ungeheuer gross, aber er ist nicht vollkommen; gegen Norden fehlt eine Seite, dort ist er offen. Weiter hinaus stellt sich eine mächtige Schlackenhalde vor die Oeffnung, und nur erst von ihrem Fuss weg verbreitet sich die Lava. Ein ähnlicher Strom entsteht am Fusse eines noch weiter entlegenen Kegels von Schlacken; sie verbinden sich beyde in seiner Nähe, und bedecken die ganze Ebene umher. Wir umfassen kaum seine Breite von der Höhe des Puy de la Nugère herab. Es ist ein Blick auf das Höllenthal (*Valle dell' Inferno*) am Vesuv, in welches sich seit Jahrtausenden Laven über Laven ergossen. Eine Granithöhe zertheilt den Strom in zwey Arme, sie vereinigen sich wieder am Fusse des Hügels, dann erreichen sie das Thal, das sich, wie eine Kluft am Gebirge, bis in die Ebene von Riom herabzieht. Die Lava stürzt sich hinein, der Strom wird nun ganz schmal zwischen den eng zusammenstehenden Felsen, aber bis zum Ausgange des Thals. Dort verbreitet er sich dann um so mehr weit über die Ebene weg, und endigt sich nur erst weniger als eine Viertelmeile vor Riom. Ihm sind fast noch mehr als dem Strom von Pariou die Kennzeichen des Fortfliefsens eingedrückt, denn in jedem Theile seiner Erstreckung ist die Bestimmung seiner Richtung und Ausdehnung durch den Abfall des Bodens offenbar. Er ist breit in der Ebene, schmal und hoch angehäuft, wo er eingeengt war, noch schmaler, aber weniger hoch, wenn der schnelle Abfall des Grundes ihn zum Abfliefsen zwang.

Die Lava gleicht in ihren Kennzeichen noch immer den Schlacken auf dem Rande, oder im Innern des Kraters. Noch sehen wir in der dichten schwärzlichgrauen Hauptmasse Reste von glasigem Feldspath und sehr kleine Hornblendkrystalle, immer noch die Gemengtheile des Domits am Abhange des Berges, nur stets weniger erkennbar und in einer schwärzeren Hauptmasse. — In den oberen Theilen ist aber die Lava wie alle Ströme porös, und dann sind durchaus keine eingewickelten Krystalle jener Fossilien darin; dafür eine so grofse Menge Blättchen von Eisenglimmer, dafs sie die innere Oberfläche der Höhlungen in deutlichen Drusen erfüllen, und dafs durch sie die ganze Masse der Lava im Sonnenlicht metallisch glänzt. Und die Lava ist um so schwärzer, jemehr sie Eisenglimmer enthält, heller, wenn dieser fehlt, so dafs solche Stücke fast unwidersprechlich erweisen: die schwarze Farbe dieser Lava ſey überhaupt nur Folge des Eiſens, das ihr eingemengt iſt.

Und ſo führen uns die Phänomene dieſes Berges zu dem unerwarteten Reſultat: die Lava von Volvic ſey Domit in Fluſs. Denn der Uebergang von graulichweiſsem Domit bis zur ſchwarzen Lava im Strom iſt unterbrochen, und ſo ſehr, daſs wir die letzten Glieder der Reihe nie für geſloſſen anſehn würden, fänden ſie ſich nicht in der Mitte des Stroms. Der Eiſenglimmer durchdringt den Domit wie den Granit des Puy de la Chopine, ſeine Anhäufung vertreibt Feldſpath und Hornblende, und endlich iſt die durch ihn gefärbte Maſſe in Fluſs. — Domit iſt aber aus dem Granit entſtanden, daher iſt der Granit die erſte Maſſe, aus welcher ſich die Lava von Volvic gebildet hat. Der Granit iſt durch eine Reihe verſchiedenartiger Operationen zu Lava verändert! Und der Sitz dieſer Vulkane iſt daher im Granit ſelbſt.

R 2

Zweyte Abtheilung.

6.

Der Zufall hatte uns nach dem Puy de Barme geführt, südwärts vom Puy de Dome und nicht weit von der Straſse nach Rochefort. Seine Form verrieth einen Krater. Wir stiegen hinauf und fanden ihn wirklich; Er ist weniger auffallend, als der Krater auf dem Puy de Pariou, denn seine Ränder sind von äuſserst ungleicher Höhe; die westliche Umgebung steht vielleicht mehr als hundert Fuſs unter der östlichen, und auch der innere Abhang geht nicht so regelmäſsig trichterförmig hinab, wie dort. Auch bestehen nur allein diese Ränder aus rothen sehr aufgeblasenen Schlacken; dagegen sahen wir auf der untern Hälfte des Hügels, vorzüglich gegen Mittag, weiſsen Domit. — Der kleine Vulkan gleicht daher mehr dem Puy de la Nugère, als dem Puy de Pariou. Nordwärts bricht an seinem Fuſse eine Lava hervor, aber wir verfolgten ihren Lauf nur mit Mühe, denn sie ist sehr mit Moos, Heydekraut und kleinem Buschwerk bedeckt. Sie nimmt ihren Weg gegen Allagnat, und verbreitet sich dort auf der Fläche. Ihre Maſse ist weniger spröde, als die der Laven bei Clermont; sie ist feinkörnig, und scheint von hornblendartiger Natur zu seyn. Wenige, sehr kleine, glasige Feldspath- und einige undeutliche Hornblendkrystalle sind ihr eingemengt.

Gröſsere Verhältniſſe ſind dem Mont Jughat
ıgedrückt, den wir von hier aus zuerſt in ſeiner
erkwürdigen und auffallenden Form ſahen. — Ein
nz iſolirter Kegel auf einer faſt ſöhligen Grundfläche,
f allen Seiten von niederen Kegeln umgeben. Man
ht ſchon von weitem in ſeinen Krater hinein, und
e ſchwarze Farbe des Berges verrieth ihn uns ſchon
ıge, ehe wir ihn erreichten, als eine neue, als eine
r gröſsten Schlackenhalden dieſer vulkaniſchen Kette.

Der Krater iſt ſehr regelmäſsig in ſeinem Umriſſe,
enn gleich nur 150 Fuſs tief. Seine Ränder ſind faſt
ırchaus von gleicher Höhe, ſein Umfang von mehr
800 Schritt. Wir ſuchten an ſeinem Fuſse die Lava,
e von einem ſolchen Vulkan, wie wir glaubten,
thwendig ſich herabſtürzen müſſe; auch ſahen wir
wirklich, aber nicht unmittelbar von dieſem Kegel
eg. — Es iſt ein ungeheurer Strom. — Er bricht aus
vey mit einander verbundenen Kratern hervor, von
nen er ſcheint die eine Hälfte bis auf die Tiefe fort-
riſſen zu haben. Jetzt umgeben die Reſte der beyden
egel (Puy de la Vache und Puy de las Solas)
it ſchroffen Abhängen das ſchwarze Lavameer im
albkreiſe, und ſchwarze und rothe Schlackenſtreifen
hren abwechſelnd bis zu ihrem Gipfel hinauf. Oben
nd dieſe mit weiſsen Bimsſteinen vermengt.

Die ganze Lavamaſſe ſtürzt ſich aus dieſen Höhlen
ıit ungeheurer Breite gegen den Kegel von Vicha-
el. Dieſer zwingt ſie ihre Richtung zu ändern, und
un fällt ſie zwiſchen beiden Kegelreihen von Norden
egen Mittag hinab. Einzelne kleine Ströme trennen

ſich vom Hauptſtrom, gehen näher gegen die Kegel heran, verbinden ſich aber bald wieder mit der groſsen Maſſe, und umſchlieſsen auf dieſe Art Vertiefungen von 40 oder 60 Fuſs Höhe, die noch jetzt kleine Seen bilden. — Nach anderthalbſtündigem Lauf erreicht ſie das Thal von Aydat, das ſich zwiſchen engen Granitfelſen von der Höhe bis St. Amand, in der Ebene der Limagne, herabzieht. Auf das neue iſt ſie genöthigt, dem Laufe zu folgen, den ihr das Thal vorſchreibt; ſie häuft ſich, und wendet ſich im rechten Winkel, um, wie vorher der Bach, ſich im engen Grunde des Thals gegen die Ebene zu ſtürzen. — Aber nun hat ſie für den Bach den Abfluſs gehemmt, ſie bildet einen Damm vor das Thal. Der Bach tritt in die Höhe bis zur Oberfläche der Lava. Seine Waſſer ſammeln ſich im Thale hinauf, es entſteht ein See; — der ſchöne fiſchreiche See von Aydat. — Sonderbar und dem erſten Anblick unerklärlich ſind an ſeinem Ende die Menge felſiger Inſeln, kleine Gruppen von 20 bis 30 Schritt Umfang, nur ein Buſch, nur einige Kräuter darauf. Andere ſind mit wenigen Schritten zu umgehen, andere bloſs zackige Blöcke aus dem Grunde herauf. — Es ſind die Unebenheiten des Lavaſtroms, die tieferen Punkte ſind mit Waſſer bedeckt, die höhern ſteigen über die Oberfläche herauf. Eine Verwandelung des vorigen Thals, deren Spuren ſo deutlich, ſo ſprechend ſind, daſs wir faſt glauben möchten, ſie ſey erſt eben jetzt vor unſeren Augen geſchehen. —

Von hier ſetzt der Strom ohne Hinderniſs ſeinen Weg in der engen Umgebung fort unter St. Amand bis nach Talande hinab. Wilde Verwüstung begleitet ihn von den Puy's bis in dieses schöne Klima; und sogar auch die Strassen von St. Amand, einer Stadt auf dem Strome gebauet, erinnern durch ihre Oede und Schwärze an den ehemaligen Brand des Grundes, auf welchem sie ruhen. — Aber welche Fülle der Vegetation plötzlich, da wo der Lavastrom stockt! welcher Reichthum von Bäumen, welche frische, lebhafte Farbe der unzähligen Pappeln und Eichen, der Fruchtbäume und Wiesen, zwischen denen sich die Häuser von Talande gänzlich verstekken! — Das bewirken die unzähligen Quellen, die aus der Lava wie Springbrunnen hervorstürzen. Herrliche Wässer; sie breiten sich in Kanälen durch das ganze Thal aus; und alles Leben, das oberhalb des Stroms aus dem Thale gewichen zu seyn scheint, ist hier doppelt versammelt. —

Und so ist es allenthalben, wo Lavaströme sich endigen. So sahen wir es zu Royat, bey Nohanent, bey Blanzat, bey St. Genert und Volvic, und so bey Pont Gibaud und Massayes, und an allen Orten, welche Lavaströme begrenzen.

Es scheint fast ein Widerspruch, wenn so reiche Wässer aus einem Feuerstrome hervorbrechen. Eben so sehr erstaunen wir, diese Quellen von allen Seiten her und mit ungewohnter Stärke aus dem festen Felsen uns entgegenkommen zu sehen; aber möchten wir nicht noch mehr erstaunen, wenn uns Phänomene des noch wirkenden Aetna den ganzen Zusammenhang dieser merkwürdigen Erscheinung entwickeln?

Er entſpringt aus dem allmähligen Stocken der Lava, und aus ihrem, nur nach und nach aufhörenden Flieſsen. Die Oberfläche des Stroms erkaltet ſchnell; unter der harten Decke flieſst aber die Lava noch fort. Vermindert ſich der Druck und die Maſſe von oben, ſo ſinkt auch die Lava, aber die erſtarrte Rinde vermag nicht zu folgen. Sie erhält ſich, und bildet eine Art von Gewölbe über den unteren Theilen des Stroms; die Wäſſer, die Quellen in den Thälern, welche die Lava durchflieſst, dringen ſeitwärts in dieſe Kanäle ein, weil ſie im tiefſten Punkte des Thals liegen. Sie verbinden ſich darinnen zu Bächen, zu kleinen Strömen ſogar, die aber nicht eher erſcheinen, als am Ende der Lava, wo auch dieſe Kanäle aufhören. — So beſchrieb Dolomieu vor mehr als zwanzig Jahren das Phänomen, als am Aetna gewöhnlich, ohne zu ahnden, wie ſchön es ſich auch in den Vulkanen von Auvergne wieder auffinde — (Dol. Ponza Inſeln.) Es iſt vielleicht die längſte Lava von denen, welche von den Vulkanen bey Clermont herabkommen. Sie durchläuft einen Weg von beynahe vier Stunden; mehr als anderthalb Stunden von den Kratern bis zum See von Aydat, und zwey Stunden von Aydat bis nach Talande.

Oberhalb des Sees endigt ſich noch ein anderer Lavaſtrom, ein kleiner, der vom Fuſse des Puy de l'Enfant, des letzten Kegels der vulkaniſchen Kette weg, ſich zu verbreiten ſcheint. Er iſt merkwürdig wegen der Natur der ihn bildenden Maſſe. Es iſt ſchwarzer Baſalt, im Sonnenlicht feinkörnig, von vielen eingemengten kleinen länglichen Kryſtallen, und von der Zähigkeit der deutſchen Baſalte, mit wenigem ſchwarzen Augit und grünem Olivin und einigen grauen Blättchen, die Feldſpath zu ſeyn ſcheinen. Die Lava iſt bis in anſehnlicher Tiefe blaſig und porös; ſie hat aber auch ſonſt oberhalb St. Julien alle Verhältniſſe anderer Laven der Gegend, dieſelbe Lagerung wie ein Band über die tieferen Punkte des Bodens, und den Parallellismus der länglichen Poren mit der Richtung des Stroms. — — —

7.

Faſt jeder vulkaniſche Kegel dieſer Kette von einigem Umfang, und deſſen Krater groſs genug iſt, um von der Zeit nicht völlig verwiſcht zu ſeyn, iſt mit der Ebene durch eine Lava verbunden, die am Fuſse des Berges ausbricht, und jede hat ihre Eigenheiten, einen beſtimmten, nur ihr zukommenden Charakter. Manche dieſer Ströme ſind klein, wie am Puy de Barme, oder wie der, welcher ſich von dem Vulkan von Chaumont oder Jumes bis nach Blanzat in die Ebene herabzieht. Aber einige andere mögen vielleicht ſelbſt den Laven von Volvic und Aydat den Rang in Hinſicht der Gröſse ihrer Verwüſtungen beſtreiten. So die Lavenſtröme von Puy de Caume gegen Pont Gibaud hin. Ihre Wirkungen ſind noch ſonderbarer, allein eben ſo deutlich als bey Aydat. Monlozier hat ſie uns mit groſser Genauigkeit in ſeinem Buch über die

Vulkane von Auvergne beschrieben, und ich gebe Ihnen um so lieber einen Auszug aus seiner Erzählung, da ich sie selbst nicht gesehen habe. —

Nahe am Ursprung breitet sich der Strom beynahe auf eine Stunde weit aus; weiter hin aber theilt er sich in zwey Arme, von denen die Richtung des Hauptarms gegen Südwest geht, dann plötzlich in seinem Lauf durch einen Basaltberg gehemmt, wendet er sich gegen Nordwest, gegen Pont Gibaud hin, und endigt sich unter der Stadt in dem Bett der Sioule. Der andere Arm stürzt sich Südwestwärts gegen Ceyssat, dann in das Thal der Sioule hinein. Die Lava füllt das Thal aus, und folgt seiner Richtung, fast im rechten Winkel gegen die vorige, bis gegen Massayes, wo sie erstarrt. Nun hat sie auch hier, wie bey Aydat, dem Ablauf der Sioule einen Damm vorgesetzt. Der kleine Fluss steigt zum See auf, und vielleicht lief er dann wieder im alten Bett fort, als er die Höhe des Lavastroms erreicht hatte. Aber mit gleicher Leichtigkeit durchbrachen die gefangenen Wässer den schwachen Rücken, welcher die beyden Thäler von Monges und der Sioule von einander schied, und der See leerte sich durch die neue, noch jetzt enge Oeffnung und weiterhin durch das Thal von Monges. Es blieb nur der kleine lang gedehnte Teich von Füng. Aber auch die Sioule selbst verband sich nun durch den neuen Kanal mit dem Fluss von Monges, und erreichte ihr altes Bett nicht eher wieder, als einige Stunden unterhalb zwischen Pont Gibaud und Massayes. — So ist

ch. — Der Teich von Füng läuft nun in entgegen-
'etzter Richtung durch die neue Sioule ab, und er
gt das merkwürdige Phänomen einer allmählig
nehmenden Tiefe gegen seinen Anfang hinauf.
nn dorthin war einst der Abfall des Thals vor der
kunft der Lava. Am Ausfluss des Sees ist er
r sechs Fuss, nahe der Lava, auf der gegenüber-
henden Seite, zwanzig bis fünf und zwanzig Fuss
f. — — —

So haben die Laven hier Flüsse aus ihren Betten
chleudert, und sie, sich neue Thäler zu graben,
iöthigt.

Das trockene, spröde Ansehen ist freylich beynahe
alle diese Laven charakteristisch, aber es giebt doch
h so wesentliche Verschiedenheiten in ihrer Sub-
iz, dass sie zu Auffindung nur eine mässige Uebung
l nur die erste Bekanntschaft mit diesen Vulkanen
ordern. — Und dann finden wir, dass kaum zwey
ome gleiche Gemengtheile in der gleichen Grund-
sse enthalten, und dass es daher leicht ist, an ein-
zen Stücken zu bestimmen, welcher Lava und wel-
m Vulkan sie gehören. — Ich kann Ihnen nur die
rakteristik von den wenigen Strömen aufführen,
ich selbst sahe; aber sie scheinen mir hinlänglich,
aus ihnen auf eine Allgemeinheit dieser Regel
schliessen.

In Volvic muss die helle Farbe der dort so häufig
Fenster und Thürpfosten verarbeiteten Bruchstücke
fallen. Durch nähere Betrachtung wird unsere
fmerksamkeit noch mehr durch die Drusen von

8.

Sollten Sie es wohl glauben, dass doch bey alledem der Vesuv und Aetna noch so sehr von den Vulkanen bey Clermont verschieden sind, dass wir sie manchmal für Vulkane von ganz verschiedener Natur ansehen möchten!

Jene Vulkane sind Gruppen; es sind Kegelgebirge, deren Gipfel weit über die kleineren Kegel am Abhange hervorragt. Dieser Gipfel und der grosse Krater sind eins, und die kleineren Vulkane sind um ihn wie Trabanten geordnet. — Nicht so die Puy's. In langer Reihe von Süden nach Norden sind alle 60 bis 70 Kegel isolirte selbstständige Massen, keiner als Haupt unter ihnen, dem die übrigen, wie bei jenen Vulkanen, Unterthan wären; ihre Lage in einer regelmässigen Folge ist nur ihr einziges äusserlich sichtbares Band. —

Und dann, welcher Unterschied in der Masse dieser Vulkane selbst.

Der Aetna ist Vulkan vom Fuss bis zum Gipfel hinauf, 10400 Fuss hoch. Der kleine Vesuv ist es noch in 3600 Fuss Höhe, sein Umfang ist von einigen Meilen, der des Kraters auf dem Gipfel von 5076 Fuss. — Vergleichen Sie damit die Dimensionen des grössten der Vulkane bey Clermont, des Puy de Pariou. Seine Höhe ist nur 600 Fuss, sein grösster Umfang höchstens von einer halben Stunde, der Umkreis seines Kraters von 700 Schritt. — Sollten wir nicht fast glauben, diese Kegel seyen nur die Essen eines ihnen gemein-

gemeinschaftlichen gröſseren Vulkans, tief unten im Inneren des Bodens? Dieselbe und nur eine Ursache hätte dann auf sie alle gewirkt, aber der Oberfläche zu nahe brach sie bald hier aus bald dort, und begnügte sich nicht an einem Ausgang allein, wie in unseren noch thätigen Vulkanen. Aber warum in einer bestimmten Richtung? — — Jene Vulkane haben sich durch unzählige Lavaströme und durch fortwährende Ausbrüche so gewaltige Höhen, einen solchen Umfang errungen; aber hier bey Clermont sahen wir noch nie auch nur zwey verschiedene Lavaströme von demselben Vulkan. Jeder Kegel scheint hier dem von ihm abgehenden Strome wesentlich anzugehören, und da doch ein Strom nicht ausbrechen wird, ohne von Schlackenausbrüchen begleitet zu seyn: so überzeugen wir uns fast mit Gewiſsheit, daſs jeder dieser Vulkane selbst zur Zeit des Lavenausbruchs entstand; daſs ein jeder also nichts anders ist, als was die Bocche nuove sind über die Lava von 1794, oder die Viuli über dem Strom von 1530 am Vesuv; als der groſse Monte Rosso über der Lava von 1661 am Aetna. — —

Wo ist aber dann der Vesuv oder der Aetna selbst, dem diese untergeordneten Kegel gehorchen? — Wir sehen nahe bey Clermont einen solchen Punkt, einen solchen Vulkan nicht. — Sollte es wohl der Montdor seyn? Das ungeheure Kegelgebirge, dessen Gipfel sich noch 2000 Fuſs über dem Puy de Dome erhebt! — Aber der Montdor, fünf deutsche Meilen von hier! — freylich, das ist sehr viel.

Aber bedenken Sie, dafs auch eine Reihe v
zig Vulkanen in zwey Meilen Länge hinter
ein Phänomen ist, dafs bey weitem die al
Jahrhundert sich folgende Kraftäufserung eines
oder Vesuv übersteigt. Liegt doch der M
genau in der Richtung der Puy's, und hört die
doch gerade dort auf, wo der Fufs des Mont
zuerst aus der Gebirgsebene emporhebt!

Ein Lavastrom mufs von höhern Punkte
stürzen, das beweisen die Erfahrungen an den
schen Vulkanen; und wenn wir einen Vulka
wie Gravenoyre, so grofs, so verwüstend i
Wirkungen, und doch auf dem Gipfel über d
nit nur wie hingehaucht, so sehen wir uns sc
selbst nach den höhern Schlünden um, von de
diese Masse aus dem Granit hervorgeprefst w
Und wenn bey ihm auch Pariou, der hoc
Gravenoyre wegsteht, diese drückende Säu
borgen hätte, wer trieb denn die Lava von
hervor? Doch ich verliere mich in Vermuth
Nichts mehr davon. — — —

9.

Ich habe Ihnen bisher nur von einem Ba
dem Puy de Montaudoux, geredet, und
Clermont von Basaltbergen auf allen Seiten
ben, und so sehr, dafs uns, wohin wir auch
stets andere und sonderbare Formen auffallen
— An der Seite der Côte de Prudelle stie

t täglich hinauf, um die Kette der Puy's zu errei-en. Es ist ein scharfer, felsiger Damm, der hoch er Clermont zu schweben scheint, denn von un-n hinauf schienen uns die schwarzen, wohl 60 Fuss hen Säulen nur unsicher auf der steil aufsteigenden äche der Granitberge zu ruhen, und der Damm hört plötzlich mit einem so steilen, senkrechten Ab-rze auf, daſs wir von unten nicht begriffen, wie ese Felsen sich so kühn in der Luft herauswagen nnten. Sie stehen 910 Fuſs über Clermont, und e begreifen, wie sehr ihr Anblick auf einer solchen öhe auffallen muſs.

Wir stiegen von Chamallure aus hinauf; denn ir wünschten genau die Grenzlinie zwischen dem anit und diesem Basalt zu finden. Auch ward uns s nicht sehr schwer. Der Granit ist immer, wie in en Bergen dieser Gegend, sehr kleinkörnig, und aus eicher Menge weiſsen Feldspath, Quarz und brau-n, oft silberweiſsen Glimmer gebildet. Nicht selten d die Glimmerblättchen zu sechsseitigen Säulen ver-mmelt. — Dieser Granit wird mürbe wie Sand, da er sich dem Basalt nähert. Dann folgt eine Schicht unner, kleinmuschliger Bolus, etwa ½ Fuſs hoch; eine Quarzkrystalle sind darin nicht zu verkennen, d weiſse Flecke, offenbar Reste von Feldspath, auch d silberweiſse Glimmerblättchen nicht selten, und ine Fragmente von Basalt. Der Bolus ist überdies r sehr mit Granitsand gemengt, vorzüglich in den tern Theilen der Schicht. — Diese Masse umgiebt ne Menge unförmlicher, aber getrennter Basalt-

S 2

ſtücke, faſt knollig, wie der Feuerſtein in der Kreide, nur von ungleich rauherer Oberfläche. Daneben viele aber nur kleine Kugeln von Baſalt. —

Er iſt graulichſchwarz und durchaus porös; wir erkannten doch noch hin und wieder Olivin darinnen, und ſchöner gelber und brauner muſchliger Bol füllte die Menge Riſſe und Spalten in dieſen Stücken. Dann folgt der feſte Baſalt in Tafeln zerſpalten, die jede einige Zoll hoch ſchichtweiſe über einander bis zur Höhe hinauf liegen. Wie ſehr erſtaunten wir aber, oben auf dem Damme ſelbſt alle Tafeln noch in den ſchönſten, regelmäſsigſten Säulen zerſpalten zu ſehen, und durchaus durch die ganze Länge des Berges Säulen meiſtens ſechsſeitig und bis zu drey Fuſs im Durchmeſſer. Durch die Tafeln ſind ſie gewiſſermaſsen gegliedert; und um die Analogie mit dem Irrländiſchen Rieſenwege vollſtändig zu machen, ſo ſind ſie auf den untern Flächen convex, auf den oberen concav. Von der nördlichen Seite des Dammes tritt dieſe Säulenreihe ſchön von Ferne hervor, und wie Rieſen ſtehen die mächtigen Prismen neben einander geordnet. So ſetzen ſie fort, viele hundert Schritt lang, und verlieren ſich, faſt unmittelbar, unter der Lava von Pariou; denn nur ein kleines Thal ſcheidet ſie von dieſer Lava, die jedoch bald auf einem entgegengeſetzten Wege vom Gebirge herabſtürzt. — Der Baſalt iſt ſchwarz, ſtarkſchimmernd, uneben von feinem Korne, mit vielen Augitkryſtallen, aber nur mit wenigen und kleinen Olivinkörnern.

Sie ſehen, daſs dieſe merkwürdige Höhe noch

nicht völlig unſern Baſaltbergen gleicht. Wohl in Abſicht der Maſſe, aber wenig in Hinſicht der Lagerung, denn ſie iſt nur Berg gegen Clermont hin, aber auf der andern Seite erreicht ſie noch nicht einmal völlig die Höhe der Gebirgebene, die Grundfläche der Puy's. Es iſt kein iſolirter, freyſtehender Kegel, wie faſt durchaus in Deutſchland. Und dann, was iſt 60 Fuſs Höhe gegen die Maſſe deutſcher Baſaltberge? — —

Der Côte de Prudelle ähnlich, aber in ungleich gröſseren Verhältniſſen, iſt der lange Berg de la Serre, zwiſchen St. Amand und Chanonat. Auch er fängt in der Höhe der Gebirgsebene an, das iſt etwas über 900 Fuſs über Clermont. Und auch er iſt ein ſchmaler, ſteiler, faſt ſenkrechter Damm über den ſchroffen Abhang der tiefen Thäler zur Seite. Aber der Berg iſt beinahe eine Meile lang, und endigt ſich erſt unter dem Städtchen le Creſt. Von ſeinem Anfange aus ſinkt die Säulenreihe beſtändig etwas tiefer herab, und unter dem Creſt berührt ſie wirklich die Ebene der Limagne. Der Baſalt dieſer Säulen iſt körnig und faſt durchaus ohne Olivin. Nur ſelten ſahen wir ihn dicht. Unten in der Ebene ſchienen uns die Säulen auf einer niedrigen Schicht unförmlicher Kugeln zu ruhen. — Das iſt ein Baſaltberg von der Länge einer deutſchen Meile und von nicht 800 Schritt Breite! — —

Im Mont Rognon und im Puy Giroud finden wir leichter unſere Baſaltberge wieder. Von Clermont aus ſehen wir nur jenen, denn der Puy Giroud iſt durch ihn verdeckt. Aber es iſt auch faſt

geführt ist. Aber er unterscheidet diese Ströme gar sehr von denen, die von den Puy's herabkommen, und die meisten französischen Geognosten sind ihm darinnen gefolgt. — Diese Ströme sind ihm die neuern, jene die älteren. Ihr Unterscheidungscharakter liegt darinnen, dass sich die ersteren bis zum Vulkan, bis zu ihrem Ursprung verfolgen lassen, dass bey den letzteren hingegen fast immer dieser Ursprung, ja oft auch die Richtung des Stroms in Dunkel verhüllt ist. Er unterstützt seine Sätze mit Gründen, in welchen der beobachtende und kritisch forschende Geist nicht zu verkennen ist. Ob wir auch seiner Meinung beytreten sollen, oder ob die Theorie deutscher Basaltberge sich auch auf die hiesigen anwenden lasse, darüber suchen wir Belehrung am Montdor! — — — —

Montdor.

1.

Montdor les Bains, 2. May 1802.

Eine solche alpinische Aussicht, wie von hier auf die Spitzen und die Felsen des Montdor, giebt es vielleicht in ganz Frankreich bis in die Pyrenäen nicht wieder. Wir sehen sie schon mehrere Tage vor uns, und noch haben wir uns nicht an den Anblick gewöhnt. — Auch war er so wenig zu vermuthen. Immer hatten wir den Montdor nur als ein Gebirge gesehen, das von allen Seiten flach in die Höhe steigt, und auf welchem der Gipfel nur eine flach abgerundete Kuppel zu seyn schien. So von Thiers weg, und so vom Gipfel des Puy de Dome. Es ist, als sähe man die Harzer Gebirge in der Entfernung, oder die Euganeen. — Und von Orcival hatten wir uns so sanft über mannigfaltige Basalte erhoben, dass uns die Einöde, die Wildniss der Berge eher an ihre Höhe erinnerte, als die Beschwerlichkeit der Ersteigung. — Wir glaubten einen grossen Wald vor uns fast zu berühren, als wir plötzlich, tief unten, zwischen uns und dem Walde, das Thal Montdor wie eine Spalte zwischen den Bergen erblickten, und die grünen Wiesen darin

Felsblöcke 700 Fuſs herab, bis in den Grund des Thales. — An dieſem Waſſer hinauf iſt es leicht, die Geſteine dieſer Felſen zu erkennen, und ſogar ihre Folge über einander zu beſtimmen. — Es ſind Porphyre. In einzelnen Stücken, von der Lagerſtätte entfernt, wäre darüber kein Zweifel. Eine Hauptmaſſe, die eine Menge ſehr ſchöner Kryſtälle umgiebt. — Aber wir hatten ſeit zu kurzer Zeit die Puy's bey Clermont verlaſſen, um hier nicht faſt völlig das Geſtein des Puy de Dome und Puy de la Chopine wieder zu erkennen. — Eine matte, im Sonnenlicht höchst feinkörnige Hauptmaſſe. Halbhart. In den untern Schichten ſchwärzlichgrau. Darin eine überaus groſse Menge von Feldſpathkryſtallen; alle durchaus glänzend, aber immer von Glasglanz, und faſt ſtets durch feine Querſprünge nach der Länge zertheilt; dann noch einige Glimmerblättchen, und viele ſehr kleine dunkelgrüne Kryſtalle, deren Natur hier in der feſten Maſſe ſchwer zu beſtimmen iſt. Höher hinauf, bey dem Waſſerfalle ſelbſt, wird die Hauptmaſſe aſchgrau, und die Feldſpathkryſtalle ſind von mittlerer Gröſse. Jene wird nach und nach von dem Waſſer erweicht und fortgeführt; nur die Feldſpathe bleiben in der, nur lockern Maſſe zurück. Deswegen ſammelt man leicht eine Menge dieſer Kryſtalle hinter dem weit vorſpringenden Bogen des lautdonnernden Falles. Von eben der Zwillingsform, wie die Kryſtalle im Granit bey Ellenbogen. Etwas tiefer ſehen wir eine ſonderbare Schicht darunter. Es ſcheint ein Conglomerat. Dieſelbe Hauptmaſſe, aber von geringerem Zuſammenhalt. Darin viele kugelrunde Stücke von einer graulichſchwarzen, ſehr blaſigen Maſſe, welche viele glaſige Feldſpathe, ſehr kleine Hornblendekryſtallen, und eine ſehr groſse Menge kleiner Eiſenglimmerblättchen umgiebt. Es ſind Kugeln von Nuſsgröſse bis zum halben Fuſs Durchmeſſer. — Noch höher hinauf wird die Hauptmaſſe dieſes Geſteins völlig graulichweiſs, und die Feldſpathkryſtalle haben darin ihren blätterigen Bruch gänzlich verloren; er iſt kleinmuſchelig geworden. Eine groſse Menge kleiner, dunkellauchgrüner Kryſtalle, ſtehen aus der Maſſe hervor, und mit der Loupe erkennen wir bald ſechsſeitige Säulen mit zwey breiteren Seitenflächen und einer ſchief aufgeſetzten Zuſchärfung; die Kryſtalliſation des Augits. Glimmer und Eiſenglimmerblättchen ſind nur ſparſam darin.

Alle dieſe Geſteine folgen in Schichten über einander, die von den Bergen des Circus her ſich ſanft gegen die Ebene neigen. Mit ihnen haben wir die tauſend Fuſs vom Thale herauf erſtiegen. — Wir gehen noch eine halbe Stunde weiter gegen ein Vorgebirge, das den Circus von dieſer Seite umgiebt, le Rocher des Couſins. Die Oberfläche iſt mit einem Geſtein bedeckt, das ſich weit unter den Wieſen auf dieſer Höhe ausbreitet, und auch noch die ganze obere Koppe des Felſens bildet; ein Geſtein, wie man es unten im Thale durchaus nie findet. Baſalt iſt es nicht; dazu iſt es zu ſpröde, im Innern zu matt. Es gleicht den Laven bey Clermont. Seine Farbe iſt dunkel ſchwärzlichgrau, und das

Säulen von mufchligem, nicht blättrigem Bruch liegen dazwifchen, fie find zuverläfsig nicht Hornblende, aber wahrfcheinlich Augit; ihre Kleinheit verbietet die Auffüchung durchaus entfcheidender Kennzeichen. — Von dem Felfen hat fich eine grofse Maffe gegen den Abgrund geftürzt; aber ein hervorftehender Grat des fteilen Abhanges hat fie einige hundert Fufs unter dem Gipfel erhalten. An ihr fehen wir deutlich die fchöne Säulenzerfpaltung des Ganzen. Parallele fünffeitige Säulen nebeneinander, wie am fchönften Bafaltberge. Und fo ift der Kegel des Montdor ein Berg, 600 Fufs über der letzten Höhe des Gebirges umher, 2784 Fufs über das tiefe Thal Montdor, 5812 Fufs über das Meer. — Es ift uns doch unbegreiflich, wie ein Porphyrgebirge, und ein Porphyrgebirge von diefer Natur zu einer folchen Höhe auffteigen könne. In den Euganeen wechfeln auch bafaltifche Porphyre mit Bafalten felbft; aber in Kegeln neben einander oder in 4 oder 500 Fufs Höhe. Aber hier zieht fich, von der Höhe der Porphyrkuppe des Montdor, eine bafaltifche Decke gegen die Fläche, und nur in der Tiefe gegen Prival und gegen Sauzet und Vernet wird diefe Decke zu Bergen zertheilt! Noch weniger gleicht das den böhmifchen Bergen, und eben fo wenig den Puy's oder einem Vulkan, einem Aetna oder Pic de Teyde. — —

2.

2.

Montdor les Bains, 5. Mai 1802.

Wir haben im Thale und im Circus überall asalte gesucht, und keine gefunden, aber wir wa- m über die Höhe des Gebirges nach la Tour d'Au- ergne, und wir haben auf der Höhe nichts als asalte gesehen. Das ist merkwürdig, — und ver- pricht uns doch einen Weg zur Theorie dieser Berge. - Alles was unten vorkommt am Fuſse der Felſen, t äuſserſt mannichfaltig, es ſind zum Theil ſehr chöne Gemenge, aber alles Abänderungen von Por- hyr. Bald iſt die Grundmaſſe ganz dunkel- chwärzlichgrau, und gleicht dem Baſalt, aber lärte, Schwere, Bruch und Zuſammenhalt ſind wie- er in beyden gänzlich verſchieden. Feldſpath iſt nur venig darinnen, mehr grüne muſchlige (Augit-) rryſtalle, und viele ſehr kleine Blättchen von Eiſen- limmer. Weiterhin ſind in der wieder lichteren Iauptmaſſe der Feldſpathkryſtalle ſo viele, daſs ſie eynahe dieſe verdrängen. Dann wieder die hell ſchgraue Porphyrmaſſe, faſt ohne Gemengtheile. Die Bäche führen ſie aus den kleineren Umgebungen uf den Boden des Circus zuſammen, denn auch hier ind es Schichten übereinander, nicht einzelne Ver- chiedenheiten in einer Schicht. —

Aber dieſe Schichten ſind nicht überall deutlich, ınd einige Scheidungen zwiſchen den Thälern möch- en wir für bloſse Wände halten, ſo dünn und ſo chroff heben ſie ſich in die Höhe. — Es wäre un-

T

möglich, die Felsenreihe zu übersteigen, welche zwischen den tiefen Kesseln, vallée de l'Enfer und vallée de la Cour sich hinzieht, ohne die Geröllkegel von oben. Auf der Höhe ist es ein Grat, auf dessen Schärfe man sich kaum zu erhalten vermag, und so läuft er fort, zu des Montdors Gipfel hinauf. Und das sind keine Thäler im Grunde! La vallée de l'Enfer ist so enge und tief, dass sie noch jetzt hoch mit Schnee bedeckt war. Wir sahen deswegen nicht die Lagerstätte des schönen gediegenen Schwefels, der hier nicht selten in der Masse des Porphyrs vorkommt; la vallée de la Cour hingegen hat keinen Ausgang. Der Scheidungsgrat wendet sich am Ende des Thals; ihm kommt von gegenüber ein ähnlicher entgegen, und sie würden völlig zusammenstossen, wenn nicht ein enger Gang von nur 20 Fuss Breite den Wässern den freyen Ablauf erlaubte. Doch haben sich beyde Arme, ehe sie sich an dieser Kluft enden, beträchtlich erniedrigt. In der Oeffnung selbst sollte man glauben vor einer künstlichen Mauer zu stehen, und von beyden Seiten ganz gleich. Das ganze Gestein ist in dünnen vier- und fünfseitigen Säulen zersprungen; sie liegen flachsöhlig übereinander und mit ihren Köpfen gegen die Oeffnung gekehrt: eine Lage, die ihnen eine täuschende Aehnlichkeit mit dem opus reticulatum der altrömischen Baukunst giebt. Am Rande sind diese Säulen von andern umgeben, die auf dem Boden auf jenen flach rechtwinklich liegen, nach und nach sich erheben, und jene Säulen oben wie Gewölbſteine verſchlieſsen. Eine äuſserſt künſtliche Anordnung, die unſere ganze Aufmerkſamkeit auf das ſie umgebende Thal richtet; denn ſie beweiſt, daſs dieſe korreſpondirenden Aerme nicht Ueberreſte von höheren oder von ihrer Lagerſtäte entfernt ſind, ſondern an dieſem Ort ſelbſt die Urſach zu ſolcher ſonderbaren Formbildung fanden. — Aber das Thal ſagt uns nur wenig hierüber. Es hebt ſich um vieles ſanfter gegen den Montdorgipfel, als die wilde Vallée de l'Enfer, aber doch merklich. Und im Grunde und an den Abhängen haben wir nichts anders, als jene Porphyre, geſehen.

Ganz andere Produkte fanden wir auf unſerm Wege nach la Tour d'Auvergne. Wir ſtiegen die ſteile ſüdliche Thalumgebung herauf, gegen einen runden, über die obere Höhe frey hervorſtehenden Kegel, der ſeiner beſondern Form wegen ſchon aus groſser Ferne auffällt, le Dome du Capucin. Unmittelbar an ſeinem Fuſs erreichen wir eine Schicht von Baſalt; nicht die obere, über die letzte Fläche der Montdorberge verbreitete, aber vielleicht von dieſer einen Arm, der ſich am Capucin vorbey gegen das Thal neigt. Die untere Hälfte iſt in dünnen Tafeln zerſpalten, nur einige Linien ſtark und nicht ſehr voneinander getrennt; ſie folgen der Neigung der ganzen Schicht. Höher hinauf werden die Scheidungsklüfte der Tafeln zu groſsen, langgezogenen Poren; alle unter ſich parallel und alle mit gleicher Neigung. — Das ſind freylich Lavenverhältniſſe. Die Ströme von Clermont, ehe ſie im untern Theile ganz dicht wer-

Säulen, in grosser Höhe neben einander gereihet, hervortreten, welche durch die ungeheure Grösse des Werks jeden Gedanken an künstlicher Mitwirkung wieder zerstören. — Auf allen Seiten stehen solche gegliederte Felsen über die Fläche; sanfte Hügelreihen, die auf der Oberfläche keine Spur von Felsen verriethen, endigen in den sonderbarsten Gestalten, und immer vom Fuss bis zum Gipfel; oft an einem Felsen in mehreren Gruppen versammlet.

Immer sind noch glasige Feldspathe diesen Basalten eingemengt; aber nur sehr wenige und kleine Krystalle. Der Basalt ist schwärzlichgrau und schwer; auf der Höhe durchaus mit feinen Poren durchzogen; dicht am Fuss der Berge. Auch Augite sind nicht häufig darin; aber oft erkennen wir magnetische Eisensteinkörner. Diese Basalte sind den nordischen durchaus gleich; nur in Gemengtheilen verschieden. — Aber vergebens suchen wir in dieser Gegend die Porphyre des Circus oder des Thales Montdor. Sie erscheinen nicht, wo nicht die Thaleinschneidung so tief ist, als jenseits bey l'Eglise Neuve, oder wie bey den Bädern Montdor. —

3.

Clermont, 7ten May.

Wenn die Schichten, dachten wir, sich gegen die Fläche herabsenken, und das Thal Montdor sie durchschneidet, so müssen, im Verfolg des Thales, immer neuere Schichten über die älteren erscheinen; und die ganze Construction dieses Gebirges muss durch eine

Unterſuchung im Thale herunter beſtimmt werden können. Deswegen gingen wir mit groſser Aufmerkſamkeit gegen Murat le quaire und gegen St. Sauves, dorthin, wo die Berge auf den Seiten ausweichen und die Geſteine des Montdor ſich verlieren. Ich werde Ihnen nach der Folge die vornehmſten Schichten aufzeichnen, die wir auf dieſem Wege geſehen haben; ſie mögen nun zu einem Reſultat führen, oder es noch mehr entfernen.

Unter Querail ſcheint ſich das Thal zu ſchlieſsen. Das groſse Thal Prentigarde kommt von ſeitwärts herab, und ſeine hohe und ſteile Umgebung ſtellt ſich dem ferneren Fortgange des Thales Montdor entgegen. Es windet ſich in Krümmungen durch dieſe Felſen, und die Dordogne ſtürzt in Fällen herab. — Im Eingange der Engen ſind ſich die Montdor-Porphyre noch immer gleich; aber eine kleine Viertelmeile hinab folgt ein Conglomerat aus eckigen und runden Stücken dieſer Porphyre gebildet, und ſogar auch aus einigen Stücken von Granit und von gemeiner Hornblende. Und doch giebt es überall in dieſer Provinz keinen Berg und keinen Fels aus dieſen Gebirgsarten, der auch nur die Höhe des Thales Montdor erreichte. — Gleich darauf werden wir durch eine Wand der prächtigſten Säulen überraſcht. Fünfſeitig, einen halben Fuſs ſtark, ſtehen ſie im Halbkreiſe um einen gemeinſchaftlichen Mittelpunkt her. So ſchön hatten wir hier noch nicht Baſaltſäulen geſehen. Es war auch kein Baſalt, ſondern ausgezeichneter Porphyrſchiefer; die Grundmaſſe (*pettoſilex* der Franzoſen) dun-

kel rauchgrau; kleinſplitterich im Bruche; mit vielen,
in der Maſſe ſich verlierenden kleinen Feldſpathkryſtallen, und mit einigen Eiſenglanzkörnern. — Da
iſt kein Berg, ſondern nur ein einzelnes, mächtige
Lager; unmittelbar auf jenem Conglomerat. Und un
mittelbar darauf, mit ſtarker Neigung im Thale hi
unter, liegt ein Geſtein, das ihm ſelbſt wenig gleich
Faſt hätten wir geglaubt, Talkſchiefer zu ſehe
denn es iſt ſtarkſchimmernd, von ausgezeichnet
Fettglanz, hell graulichweiſs, ſchiefrig u
ſehr weich. Eingewickelt liegen darin kleine Fel
ſpathkryſtalle von natürlichem Perlmutte
nicht von Glasglanz, und einige wenige Eiſengl
körner. Die innere Oberfläche der häufigen K
und Riſſe iſt durchaus mit Eiſenglimmerkryſtallen
deckt. — Aber auch dies Geſtein iſt nur ein L
deſſen Mächtigkeit ſich nicht über vierzig Schritt
erſtreckt. — Dann folgt einer der ſchönſten Porph
dieſer Gegend. Man könnte ihn leicht in einze
Stücken für primitiven Porphyr anſehen. Die Gr
maſſe iſt aſchgrau, nur wenig ſchimmernd,
hart. Darin eine Menge ſehr kleiner Feldſpathk
ſtalle von einem Mittel zwiſchen Perlmutter-
Glasglanz; viele ſechsſeitige ſchwarze Glim
blättchen, und noch häufig genug einige läng
ſchwarze Hornblendekryſtalle. Aber die
Abweſenheit des Quarzes in dieſem Geſtein, d
Kryſtalle ſo ſehr charakteriſtiſch für den Urpor
ſind, verrathen auch leicht einzelne Stücke, a
einer neueren Formation gehörig. Es iſt genau

Gebirgsart des Monte Ortone bey Padua und einiger anderen Berge, die dort in Kegeln mit dem Baſalt abwechſeln, nicht in Lagern über einander, wie hier. — Bald hernach erreichen wir eine mächtige Baſaltſchicht, mit eben der Neigung, wie die übrigen Schichten, und eben ſo fortſetzend vom Fuſse des Thales bis zur Höhe der Berge. Das Aeuſsere unterſcheidet ihn durchaus nicht von jenen Geſteinen. Er iſt ſehr ſchwarz, von unebenem Bruche, ſchwer, höchſt feinkörnig im Sonnenlicht; dann auch voller ſichtbaren magnetiſchen Eiſenſteinkörner. Mit wenig eingemengtem Olivin, ganz ohne Augit, und nur ſelten mit einem glänzenden Blättchen, das Feldſpath zu ſeyn ſcheint. — Und ſogleich darauf wieder ein Geſtein, das des Contraſtes wegen ſcheint auf ihn gelagert zu ſeyn; wieder ein Porphyr, von einer gelblichweiſsen, trockenen und zerreiblichen Hauptmaſſe; mit vielen ſehr kleinen, ſchwarzen Glimmerblättchen; mit vielem Eiſenglimmer, einigen Hornblende- und Feldſpathkryſtallen, und mit eingewickelten kleinen, eckigen Stücken von poröſem Baſalt. Dies Geſtein (dem Traſs von Andernach ähnlich) ſetzt weit fort, und mit ihm erreichen wir das Ende dieſer Schichtenfolge. Die Berge öffnen, das Thal erweitert ſich, und bald hernach erſcheint auch unten im Thale der Granit, auf welchem Murat gebauet iſt. — Nun ſehen wir in der Entfernung die letzte Schicht dieſer Reihe, wie ſie von den hohen Bergen über das Thal Prentigarde herabkommt. Es iſt die ſäulenförmige, groſse, mächtige Baſaltſchicht, wie wir ſie auf unſerm

Wege nach la Tour sahen. Aber hier, weit mehr geneigt, ist sie unterbrochen; die Pfeilerreihe hört in Zwischenräumen auf, und bildet freystehende, langgezogene, felsige Berge. Es ist auch sogar schon von unten recht deutlich, wie diese Zwischenräume kürzer, die Berge noch länger sind, je höher der Basalt am Berge hinaufliegt; wie diese Berge gegen die Ebene hinab immer kürzer, schroffer und kegelförmiger werden, und die Zwischenräume, welche sie trennen, ausgedehnter und grösser. Die geneigte Ebene auf ihrer Höhe ist genau an allen Bergen in Correspondenz; eine Linie, welche den unteren Kegel mit der höchsten Basaltreihe verbindet, berührt die Platteformen aller zwischenliegenden Berge, was uns recht einleuchtend auf ihren ehemaligen Zusammenhang hinweist. — Aber die Neigung dieser oberen Flächen ist die der Schichten, welche wir im Thale verfolgten. Dadurch reihen sich also diese Basaltberge jener Schichtenfolge an, und bilden, wie um den Gipfel des Montdor, das oberste und neueste Gestein dieses ganzen Gebirges.

Aus dem Zuge der Basaltberge von oben herunter sahen wir schon, dass sie über Murat weglaufen mussten, und dass wahrscheinlich das alte Schloss von Murat auf einem Basaltfelsen stehe. Er ist nicht hoch, und unmittelbar auf dem Granit gelagert; denn der Granit ist schon einige Zeit vorher, auch in der Höhe von Murat, unter den Montdor-Porphyren erschienen. Er ist immer noch dem Granit ähnlich, der bey Clermont an den grossen Felsen von Royat vorkommt. Sehr kleinkörnig; aus doppeltem Feldıth. Theils iſt er gelblichweiſs, höchſtens durch-ıeinend; theils graulichweiſs, halbdurchſichtig, glän-nd. Aus der Hälfte weniger Quarz, aber etwas mehr immer, in getrennten, aber in Gruppen verſam-elten Blättchen. — Unter dem Baſaltfelſen liegt auf eſem Granit eine mächtige Schicht von einer weiſ-n, thonartigen Hauptmaſſe, welche alle Ge-engtheile des Granits umwickelt. — Dann folgt eine hicht unförmlicher, knolliger, ſehr poröſer Ba-ltſtücke, wie an der Côte de Prudelle oder un-r dem Berge la Serre bey le Creſt. Hier iſt ſie doch ır einen halben Fuſs hoch. Dann ¾ Fuſs ſtark eine :hicht Kugeln, vollkommen rund, von welchen e Verwitterung concentriſche Schalen ablöſt. Immer ır eine Kugel in der Höhe der Schicht. — Dann ıdlich der dichte Baſalt in Tafeln über einander, s zur Höhe von 50 bis 60 Fuſs. Alſo auch hier die ugeln im Grunde, faſt unmittelbar über dem Granit; :r dichte Baſalt darüber, und dann, wenn der Berg ɔch genug iſt, der körnige, und immer mehr, je ɔher der Felſen aufſteigt. An dieſem Hügel ſehen ir freylich noch den körnigen Baſalt nicht, aber wohl ı anderen Bergen unter Murat, die neun Reihen ɔn Baſaltbergen beenden. Unter ihnen zeichne ich ınen vorzüglich den Felſen aus, unter dem Vorwerk hez Chaborie. So ſchön habe ich noch nie einen aſaltberg geſehen. Die Säulen ſtehen zweyhundert uſs hoch, wie Orgelpfeifen neben einander; gleich-ıufend, nur einen halben Fuſs ſtark. Ein ſonderba-ər, überraſchender Anblick! — Es iſt gegen die Seite

umgebenden Thäler, wenig geneigten Ostabhang, bis zur Croix Morand hinauf; oft in schönen Säulen zerspalten, und recht hervorstechend in seinen Kennzeichen. — Ein Bach, von Cacadogne her, stürzt sich über eine, hundert Fuss hohe Basaltwand, la Cascade du Querail; ein schöner und malerischer Fall. Dort sahen wir, bis oben hin, die Säulen in mehreren Gruppen versammlet. Der Basalt, der sie bildet, ist graulichschwarz, sehr dicht, schwer, mit vielen glänzenden Pünktchen und häufigem eingemengten Olivin und Augit. Es ist der unterste Theil dieser Basaltbedeckung; wir sehen unten am Bach sogleich jenes Conglomerat, das auch gegen Murat herunter ihm zur Grundlage diente. Aber je mehr wir im Thale herauf gehen, um so poröser wird der Basalt; endlich gleicht er den Stücken, die wir auf Cacadogne fanden; und der Puy Morand, ein kegelförmiger Berg über dem Joch, ist durchaus mit getrennten und so löcherigen Stücken bedeckt, dass wir einen Schlackenberg zu sehen glaubten. —

Durch das Joch von la Croix Morand sind der Montdor-Gipfel und die hohen Berge auf der Westseite von Prentigarde mit einander verbunden; auf dieser Seite würde man die grosse Trennung durch das tiefe Thal nicht vermuthen. Aber die Berge fallen auch mit äusserster Schroffheit herab, fast wie im Circus selbst. Vom Grunde des Thales Prentigarde folgen sich die Schichten an dem steilen Westabhange, wie über dem Thale der Bäder, und auf dieser Seite erscheint Basalt nur erst in der grössten Höhe auf dem

Gipfel des Abhanges. — Im Montdor-Thale sind beide Seiten senkrechte Wände, und offenbaren die Folge der Gesteine von unten bis zum Basalt. In Prentigarde erscheint nur die eine Seite mit diesen Verhältnissen. Eine so merkwürdige Thatsache, dass wir doch auch von ihr Aufschlüsse über die Bildung des Montdor zu erwarten berechtigt wären.

4.

Clermont.

Wie ist es doch nur möglich, dass man eine so grosse, eine so zusammengesetzte Masse, als der Montdor, einen Vulkan nennen kann? Wo wäre denn der Krater? wo die Auswurfskegel, die Laven? Die ungeheure Circusumgebung ist einem Krater nicht ähnlich, dazu ist sie in zu viel kleinere Kessel getheilt. — Und geht doch von ihrem Fuss weg ein grosses Thal durch die ganze Breite der Berge des Montdor! Und sind doch diese Berge regelmässig aus Schichten über einander zusammen gesetzt! Wirklich scheint diese Regelmässigkeit der Lagerung am ganzen Gebirge, und so gut auf der Seite der Limagne, als nach la Tour oder gegen Rochefort hin, alle Gedanken von vulkanischer Entstehung zu unterdrücken. Am Vesuv gehen Laven von verschiedener Natur, wie Bänder, vom Kegel bis zum Fusse des Berges. Hier aber ist eine äussere Basaltbedeckung fast durchaus über den ganzen äusseren Umfang und wie eine letzte Schicht über die mannigfaltigen Porphyre gelagert. Eine Sammlung der Montdor-Gesteine erinnert weit mehr an die gröſsten, allgemeinsten und ruhigsten Formationen des Erdbodens, an die der Urgebirgsarten, als an solche, die zwischen Dampf und Flammen entstanden!

Doch konnten wir nicht die Erscheinungen an den Puy's über Volvic vergessen. Dort stürzen von den Kegeln unzubezweifelnde Laven, und dort sagt uns die höchste Wahrscheinlichkeit, daſs diese Kegel sich theils durch Auswürfe, theils durch Aufblähung erhoben. — Ist nun aber ein solcher Kegel nicht, wie eine Copie des Montdor? Lassen Sie uns zum Puy de la Nugère zurückkehren. Der Fuſs des Berges ist Porphyr; von der lokalen Formation, die der Nahme Domit näher bezeichnen sollte. Dieser Porphyr unterscheidet sich doch von denen am Montdor durch nichts anders, als durch die gröſsere Kleinheit der darin eingewickelten Feldspathkrystalle. Weder die Grundmasse, noch die Gemengtheile selbst, sind wesentlich von einander verschieden; auch ändert er dort sein äuſseres Ansehen so häufig, als am Montdor. Und über alle weg flieſsen die Laven, die obere Basaltbedeckung des Montdor. Das sind Erscheinungen, welche doch wohl die Uebertragung einer Analogie in die Theorie des Montdor rechtfertigen können. Der Vulkanist würde Ihnen bemerklich machen, wie doch der Basalt gar nicht wie eine Flötzgebirgsart über den Montdor weggelagert sey, sondern von höheren Punkten nach tieferen herab; und nicht wie eine Decke über die ganze Fläche, am Fuſse so gut wie auf dem Gebirge; und nicht, wie etwa der Kalkstein von Pont du Chateau und alle neuere

Flötz-

Flötzgebirgsarten, nur in der Tiefe der Limagne, nicht auf der Höhe des Gebirges; daſs überall keine höheren Kegel die Säulenreihen vom Gipfel gegen die Ebene unterbrechen; — daſs dieſe Erſcheinungen ſich alſo einem Fortflieſsen des Baſalts nicht widerſetzen; — daſs Richtung und Lage der Poren in den Baſalten ſie ſogar unmittelbar unterſtützen; — daſs endlich die Natur des Baſalts ſich, den neueren Erfahrungen zufolge, vollkommen mit dem Flieſsen verträgt. —

Aber die Puy's ſind 600 Fuſs hohe Kegel über der Fläche, und der Montdor erhebt ſich 5000 Fuſs hoch! Welches Verhältniſs! Jene Laven ſind Bänder, welche ſich in die Thäler hinabſtürzen, und durch jeden Hügel in ihrem Fortlauf geſtört werden. Die Baſalte hingegen achten der tiefſten Thäler nicht; die Baſaltreihe ſchreitet darüber hin, als wäre das Thal nicht. — Auswurfskegel, Krater, Schlacken, Rapilli, alles was einen Vulkan zum Vulkan macht, fehlt am Montdor; ſtatt deſſen ſehen wir ihn aus Schichten von kryſtallerfüllten Maſſen gebildet. —

Gewiſs, auch würde der Vulkaniſt nur einige Erſcheinungen der Puy's auf den Montdor anwenden wollen. Ein Puy de Pariou, ein Puy de la Nugère iſt er nicht, ein Veſuv iſt er nie geweſen. Aber wäre es nicht möglich, ſich ihn als einen groſsen Vulkan zu denken, der ſich nicht mit einzelnen Eruptionen befaſste, und daher nicht, wie ein kleiner Vulkan oder wie der Veſuv, durch mehrfache Ausbrüche Schlacken und Rapilli an ſeinem Abhang aufhäufte? Und was hindert uns, den Montdor-Porphyren eine ähnliche

Entstehung aus dem Granit zuzuschreiben, als denen des Sarooux und des Puy de la Chopine? Was hindert uns, die ganze Montdor - Masse durch eben diese Veränderungsursache in die Höhe gehoben zu denken, und daher die Neigung der Schichten vom Mittelpunkt der Erhebung zu leiten? Warum sollten wir uns nicht einen Krater zwischen dem Berge Cacadogne und dem Rocher des Cousins vorstellen dürfen? in diesem Kessel, dessen Rand noch jetzt Schlacken umgeben, und über dessen äusserem Umfange gegen la Croix Morand noch wirklich ein Schlackenhügel steht? — Könnte nicht der ganze Circus eine Einstürzung seyn, durch welche dieser Krater verwischt ist? Solche Einstürzung ist, nach vorhergegangener Erhebung des Berges, um so eher begreiflich. In der That lassen sich auch Abstürze, wie die scharfen, senkrechten Grate, welche den Circus umgeben, kaum auf eine andere Weise entstanden denken. — Denn gewöhnliche Thäler haben nicht senkrechte Abhänge. Sind sie durch Neigung der Schichten auf einer Seite, und daraus folgender Erhebung auf der andern entstanden, wie fast immer in den Alpen, so endigen sie sich doch nie auf eine so merkwürdige und auffallende Art. — Der Vulkanist könnte zu diesen noch viele kleine Erscheinungen setzen, die eine Erhebung des ganzen Montdor-Gebirges unterstützen. — Er könnte die Insel Santorin nennen, die nicht, wie der Monte Nuovo bey Pouzzol, durch Auswurf entstand und aus Schlacken aufgehäuft ist, sondern in die Höhe gehoben ward, genau wie wir uns die Erhebung des Sarcouy vorstellen, und die aus einem, den Montdor-Gesteinen ganz ähnlichen Porphyr, mit spröder Hauptmasse, und grossen, glasigen Feldspathkrystallen zusammengesetzt ist. Er könnte am Montdor selbst noch eine Menge kleinere Thatsachen aufzählen, die alle zu demselben Ziel zu leiten scheinen, wäre es nicht zu weitläuftig, und erforderte es nicht eine weit mehr ins Detail gehende Beschreibung der Gegend. — Welcher anderen Ursach, frägt er z. B., soll man die Granit- und Hornblendegeschiebe im Conglomerat an der Dordogne, zwischen Querail und Murat le Quaire zuschreiben? Es ist Thatsache, dass in der ganzen Provinz nirgends ein höherer Granitberg steht, von dem sie hätten herabgeführt werden können. Einzig nur die Berge jenseits St. Ambert, die vom Montdort durch das, fünf Meilen breite Thal der Limagne, geschieden sind. Sie von dort herzuholen; einzelne kleine Stücke in einer, mit andern Porphyren bedeckten Schicht, wäre zum wenigsten eben so schwierig, als sie ausgeworfen zu glauben. — Und dass solche Conglomerate nicht immer Anschwemmungen ihre Entstehung verdanken, sagt uns der Vesuv. Jene Massen von feinkörnigem Marmor sind bey der Capelle des Einsiedlers, mit allen Hornblende- und Granatgesteinen, und Leuciten und Laven und Vesuvianen, am steilen Abhang des Berges in Conglomeratschichten gelagert; und in mehreren deutlichen Schichten über einander, deren Fuss jetzt die Lava von 1785 bedeckt. Sie wurden doch nur durch fortgesetzte Auswürfe des Berges gebildet. Aehnliche, nur im kleineren Maſsſtabe, ſehen wir noch jetzt von der Eruption von 1794, oberhalb Torre del Greco.

Der Vulkaniſt bleibt hierbey nicht ſtehen. Er hat noch eine Menge Analogien, die für ſeine Meinungen ſprechen. War nicht in den Maſſen des Puy de la Nugère der Feldſpath immer ſeltener, immer in kleineren Stücken, je mehr ſie der Lava ſich näherten? War nicht in der Lava ſelbſt Feldſpath und Hornblende kaum noch zu erkennen? — Eben ſo am Montdor. — In den Baſalten wenig Spuren der ungeheuren Menge Feldſpathkryſtalle, welche die Porphyre erfüllen; und immer weniger in den Geſteinen, je mehr ſie die baſaltiſche Natur annehmen. Das iſt eine zu wichtige Uebereinſtimmung bey ſo viel anderen ähnlichen Umſtänden, um nicht eine beſondere Aufmerkſamkeit zu verdienen. Sie zeigt auf eine ähnliche Form hin, bey unverhältniſsmäſsig mehr Gröſse.

Eben dieſe Gröſse iſt es, welche der Annahme ſolcher Ideen ſich widerſetzt. Denn unſere jetzigen Vulkane, und ſelbſt die erloſchenen bey Clermont, ſtehen ſo weit mit ihrer Kraftäuſserung hinter derjenigen zurück, die einen Montdor zu erheben im Stande iſt, daſs wir umſonſt bey jenen den Maſsſtab ſuchen, ſie uns begreiflich zu machen.

Vielleicht, wenn wir auf die einzelnen Vulkankegel achten, oder nur auf Wirkungen bey einzelnen Eruptionen? Aber iſt nicht die ſonderbare Lage der Puys in einer doppelten, beſtimmten Reihe hinter einander, ein offenbarer Beweis einer gleichen Kraft, die auf ſie alle gewirkt hat? Und iſt es nicht wahrſcheinlich, daſs dieſe, in ſo viel einzelne Kegel vertheilte Kraft, wohl im Stande geweſen wäre, einen neuen Montdor zu bilden, wenn ſie hätte vereint auf einen Punkt wirken können?

Die Gröſse dieſer Kraft macht es eben begreiflich, wie ſie ſo viel Granitſchichten hat durchdringen und ſie zu Porphyren verändern mögen; und wie eine ſo groſse Maſſe hat zum Fluſs gebracht werden können, als erforderlich iſt, um den ganzen äuſseren Montdor-Umfang mit Baſalt zu bedecken. — Daſs Thäler die Baſaltreihen unterbrechen, deutet nur auf die Exiſtenz des Phänomens vor Entſtehung der Thäler; die Lagerung des Baſalts hingegen, über alle jüngere Flötzgebirgsarten der Limagne weg, z. B. zwiſchen Iſſoire und Clermont, über den Kalkſtein von Pont du Chateau, führt die Erſcheinungen wieder in die jüngeren Zeiten, nach der Beendigung aller Formationsreihen, zurück. —

Es iſt doch unmöglich an eine particulare Formation, an ein Fortflieſsen des Baſalts zu glauben, wenn man mit ſeinen Verhältniſſen in Deutſchland bekannt iſt! Wenn man weiſs, wie ſo viele Gebirgsarten dort des Baſaltes weſentliche Begleiter ſind; wie ſie mit ihm zu einem groſsen, allgemeinen Ganzen gehören, deren Entſtehung mit vulkaniſchen Ideen gar nicht vereinbar iſt; eine eigene, von allen übrigen unterſchiedene Steinkohlenformation, die nur allein mit dem Baſalt vorkommt, die gänzlich von baſaltiſchen Gebirgsarten umſchloſſen iſt; oft ſogar eine eigene Formation von Kalkſtein!

Ist es die Schuld des Geognosten in Auvergne, dass solche Gründe über ihn nichts vermögen, ungeachtet er sie doch nicht widerlegt? Soll es ihm denn nicht erlaubt seyn, die Retorsion zu gebrauchen? — Es ist möglich, dass auf euren Basalten die Principien nicht anwendbar sind, die so offenbar durch die Erscheinungen an den Puy's und am Montdor hervorgehen. Aber wir sehen auch durchaus an den unsrigen nur wenig von den Lagerungsverhältnissen eurer Basalte. Wollt ihr, dass wir unsere Ueberzeugung den Gründen verschliessen sollen, welche der Erklärung der Phänomene unserer Berge Grösse, Consequenz und Einfachheit geben, den Verhältnissen zu gefallen, die wir doch hier nicht bemerken? Soll uns die Natur vergebens die Analogien zwischen den neueren Vulkanen bey Clermont und dem älteren Montdor so nahe gerückt haben?

Und kann man von ihnen verlangen, setzt der fremde Beobachter hinzu, dass sie ihre Basalte, ihre Porphyre für Flötzgebirgsarten ansehen, da sie sich doch so wenig der Reihe der übrigen Flötzgebirgsarten anschliessen lassen? Sie stehen isolirt auf dem Granit; nirgends um die Puy's oder rings um den Montdor erscheint eine andere primitive, noch weniger eine spätere Gebirgsart. Sie treten daher ganz aus der Reihe der Formationen heraus, und deuten schon dadurch auf eine, für sie besonders wirkende Entstehungsursache. — Wie schwer ist es, nach völlig beendigter Progression von den älteren Urgesteinen, vom krystallisirten Granit bis in die angeschwemmten neueren Kalksteine und Sandsteine, an eine, nur auf einen Augenblick zurückkehrende, allgemeine Bildung krystallisirter Gesteine zu glauben! Wie sehr scheint dadurch nicht die grosse Ordnung in der Folge der Gebirgsarten zerstört! — —

So stehen wir bestürzt und verlegen über die Resultate, zu der uns die Ansicht des Montdor nöthigt. — Ist der Porphyr am Puy de Dome, am Sarcouy, am Puy de la Nugère aus dem Granit entstanden, so mögen auch wohl die Schichten des Montdor der Veränderung (nicht der Schmelzung) des Granits ihre Entstehung verdanken, und der Basalt könnte von diesen Gesteinen ein geflossenes Produkt seyn. — Aber auch die eifrigsten Vulkanisten sollten es nicht wagen, dies Resultat als ein allgemeines zu betrachten, und es auf deutsche Basalte anwenden zu wollen. Stehen die Meinungen im Widerspruch, so müssen neue Beobachtungen den Widerspruch lösen.

Höhenmessungen

mit dem Barometer,

auf einer Reise durch Auvergne.

(Nach correspondirenden Beobachtungen des Prof. Maurice zu Genf.)

		Ueber die Meeres-Fläche. Par. Fufs
1802.		
4. Apr.	*Lyon*	445
	Nach Shuckburgh	420
	Nach de Luc, (Rhone-Ufer) . .	504
	In der Ebene, am Fufs des Gebirges. Aber nicht des Jura, fondern des Bourgogner Granithügels. Die weftlichen Ufer der Saone gehören noch zu diefem Gebirge. Auch liegt die Terraffe von Fourvière (noch in der Stadt) mehr als 500 Fufs über dem Fluffe. — Die Abwechfelungen des Gneifses und Granits unter dem Fort St. Jean, bey welchem diefer endlich der höher liegende ift, auf welche Sauffure (I. §. 604) vorzüglich aufmerkfam machte, gehören zu den fo häufigen Oscillationen zweier Gebirgsarten, dort, wo eine die andere zu verdrängen fucht. Die Richtung der Schichten ift h. 2. 3., ihr Fallen 80 Grad gegen Nordweft. Der kleinkörnige Granit von Fourvière und auf dem Quai de Flandres an der Saone hinab ift alfo in der That der darunter liegende; und eine Linie in der Richtung h. 2. 3. vom Fort St. Jean über das Departement von Lyon gezogen, würde ziemlich genau die Scheidung des Granits und des Gneifses bezeichnen; jener nur füdwärts, diefer hingegen nordwärts der Linie zu fuchen feyn.	
5. Apr.	*Petit St. Jean*, ein Wirthshaus am Fufs der Gneifsberge, eine Stunde von Lyon . .	633

1802.	Ueber die Meer. Fl. Par. Fuſs.
Apr. 1. h. p.m. *St. Bonnet* . . . . Auf der Höhe des Gebirges, an deſſen Fuſs Gratieux liegt. Die Berge ſind nur wenig Fuſs höher. Der Gneiſs dieſer Berge iſt ſo ſehr wellenförmig ſchiefrig, daſs die abwechſelnd ſchwarzen Glimmer- und weiſsen Feldſpathſtreifen wie Schlangenlinien über den Abhang hinlaufen.	2247
— — *Courſieux* . . . . In einem engen Thale unter St. Bonnet, deſſen ſchroffe Abhänge mit Weinbergen beſetzt ſind. — Schwarzer Hornblendeſchiefer folgt dem Gneiſse in der Hälfte der Höhe zwiſchen St. Bonnet und Courſieux, und ſetzt ununterbrochen fort das liebliche Thal der Brevenne herauf bis faſt nach St. Foy.	1028
6. Apr. 6. h. a.m. *St. Foy d'Argentière* . . . . Oben im Thal der Brevenne. L'Argentière iſt ein prächtiges Kloſter auf dem Hügel, von grünen Wieſen getragen. — Ein wichtiger Steinkohlenbau im Süden des Thales wird mit Lebhaftigkeit betrieben. Die Steinkohlen von St. Etienne dringen von Süden aus bis hierher vor. Die Nordabhänge des Thales nach Fenouil hinauf ſind Porphyr, rother Hornſtein (Feldſpath)-Porphyr, mit Gängen von Chalcedon und ſehr häufig, wie unmittelbar bey dem Schloſſe Fenouil, von ſchaligem Schwerſpath. — Granit bey St. Barthelemy, eine Stunde von Fenouil, unmittelbar nach dem Porphyr.	1381
— — 6. h. p.m. *St. Martin* . . . . Unweit St. Barthelemy. Mit einer ſanften Neigung gegen das Thal der Loire. Der kleinkörnige Granit in runden, welligen Hügeln, iſt durchaus alleinherrſchend geworden. Felſen bildet er nur am Ausgang gegen die Ebene; das Schloſs Saitendouzy liegt auf ſolchem Felſen über dem Bach.	1686
7. Apr. *Feurs* . . . . { 953 / 932 } . . . . An der Loire; in der Mitte der groſsen, flachen, geſteinloſen Ebene. Von fünf Stunden Breite und vielleicht zehn Stunden Länge. Es iſt ein alter Seeboden. Der Durchbruch iſt bey St. Prieſt la Roche, und ſo offenbar, daſs die Bewohner dieſes Dokument der Natur für ein Kunſtwerk halten. Sie ſchreiben es den Römern zu. In der Mitte der Fläche, (man ſieht es an den Ufern der Loire,)	944

		Ueber d. Meer. Fl. Par. Fuſs.
	wechseln blaue Mergelschichten mit Sandstein, in welchem alle Bestandtheile des Granits noch zu erkennen sind; Anschwemmungsgesteine, als noch die Felsen bey St. Priest geschlossen waren.	
1802. 15. Apr.	*St. Germain le Val*	1164
	Am Fuſse des kleinen Gebirgsarms, der von Boën nach St. Priest hinläuft. Unten ist es noch Granit. Dann folgt sogleich Porphyr, in viele Meilen Ausdehnung bis unter Roanne, und auch im Gebirge hinauf.	
— —	*St. Just en Chevalet*	2010
	Im Porphirgebirge hinauf. Auch der höchste Punkt der Straſse ist noch Porphyr, 2775 Fuſs über das Meer. Der höchste Punkt dieses Gebirges, das Forez und Auvergne scheidet, ist oberhalb St. Ambert und nicht über 5600 Fuſs der Brockenhöhe.	
— —	*Thiers*	1098
	Wunderbare Stadt; über eine finstere Kluft hangend, senkt sie sich an der letzten Gebirgsstuffe in die Fläche hinunter. Die oberen Straſsen beherrschen die Aussicht über die ganze, reiche Limagne, und über die Kegel, die Kette der Puy's, sechs Meilen von hier, jenseits der Fläche.	
— —	*Clermont*	1120
	Fast in gleicher Höhe mit Genf. Eine Bestimmung aus vielen Beobachtungen. Cassini setzt die Stadt fast 300 Fuſs höher. — Die Ufer der Allier bey Pont du Chateau sind noch 200 Fuſs tiefer.	
20. Apr.	*Côte de Prudelle*	2029
	Es ist die Höhe der ersten Granitberge, die Clermont umgeben. Aber die Côte de Prudelle ist oben mit Basaltpfeilern bedeckt.	
— —	11. a. m. *Puy de Pariou*, der schönste Vulkan in der Kette	3569
	der Boden des Kraters	3349
	Tiefe des Kraters 220 Fuſs.	
— —	1. p. m. *Puy de Dome*-Gipfel	4414
	Nach de Lambres Bestimmung 1794	4550
27. Apr.	8. a. m. *Orcine* auf der Granitfläche, welche den Fuſs der Puy's bildet	2318
— —	9. a. m. *Puy de Barme*, dem letzten Vulkan in der Kette, westlich gegen Rochefort . . .	3271
— —	2. p. m. *Orcival*, am Fuſse des Montdor, wo die ersten zusammenhängenden Basaltbedeckungen anfangen	2072
— —	*Montdor les Bains*	3044
	Der Hauptort des Thales Montdor, das tief in den Bergen eingesenkt ist. Die Abhänge sind	

		Ueber die Meer. Fl. Par. Fuss.
	Felsenmauern, und der Boden ist mit Ruinen von oben bedeckt, durch welche die Dordogne sich schäumend durchwindet. — Mit Recht ist aber der Ort, seiner trefflichen warmen Bäder wegen, berühmt, und im Sommer häufig besucht. —	
1802.		
). Apr.	11. a. m. *Chateau Murat le Quaire*	3139
	Der Montdor hört hier auf. Der Granit tritt wieder hervor. Das Thal öffnet sich; es wird zum Hügelland, auf welchem hier und da Kuppen von basaltischen Prismen emporsteigen. —	
— —	2. p. m. *Ufer der Dordogne*, unfern des Granitfelsens zwischen Murat und St. Sauves	2210
	Murat liegt beynahe tausend Fuss über der Dordogne. Wenige Meilen tiefer tritt dieser Fluss ganz aus dem Gebirge heraus.	
. May.	8. a. m. *Cascade der Dogne* bey Montdor les Bains. Oben	4070
	Unten	3828
	Höhe der Cascade 242 Fuss.	
	Die Dogne stürzt von der Felsenmauer, die das Thal umgiebt, tausend Fuss über dem Grund des Thals. Auch sieht man den prächtigen Bogen von sehr weit im Thale. Unten wirft sich die Dogne auf die, von des Montdor Gipfel kommende Dore, und reisst sie, nun vereint, als Dordogne gegen die Ebene herab. —	
— —	9½. a. m. *Rocher des Cousins*	5216
	Die Berge steigen schnell gegen den Gipfel des Montdor. Aber das Thal folgt ihnen nur wenig. Es sind ungeheure Abstürze vom Rocher des Cousins bis im Grunde des Thales.	
— —	10½. a. m. *Cacadogne*. Andere Spitze über das Thal, dem Gipfel noch näher	5320
— —	12. a. m. *Montdor* - Gipfel	5655
	Nach de Lambre geometrischer Messung 1794	5812
	Zwischen ihm, dem atlantischen Meere an der Westküste von Frankreich und dem Meere von Holland und Jütland, giebt es keinen höheren Berg. Die Schneekoppe in Schlesien ist 800 Fuss tiefer, und eben so viel die Gipfel des Jura. Aber in den Alpen erreichen schon die Pässe am Fusse der Berge grössere Höhen. Und im Alpencharakter ist am Montdor nur allein der Abgrund vom Gipfel im Thal Montdor, und der Circus, den die Montdorberge im Anfange des Thales umschliessen. —	

1802.	Ueber die Meer. Fl. Par. Fch.
15. May. 4 p. m. *La Montagne* . . . . Der Fufsweg von Pont Bonvoifin nach Chambery. Er windet fich mühfam um die Felfen bis auf die Höhe. Es ift nur ein Grat. Die Höhe ift nicht 40 Schritt breit. Die Schichten ftürzen fich mächtig gegen Chambery und die Alpenkette zu. In einer Stunde ift vom Berge, Chambery bequem zu erreichen.	2686
Chambery . . . . Im Thale zwifchen dem Jura und der zweyten Kalkkette. Faft nirgends, felbft bey Genf nicht, ift es fchmaler. Aber doch noch meilenweit.	821
Genf	1128

Zufatz zum Auffatz von Rom.

Genaue Beftimmungen der Höhe der römifchen Hügel von Calandrelli, in *Cal.* und *Conti Opusculi aftronom. e fifici Roma* 1803. Nach vielen Barometerbeobachtungen fteht das Barometer auf der Specola des Collegio Romano 176 Par. Fufs über Fiumicino am Meere. Von hier aus find die Höhen durch Winkelbeobachtungen gemeffen.

	Par. Fufs über das Meer.
Piano della Chiefa di S. Aleffandrio. *Aventin* . . .	146
S. Pietro Montorio. *Gianiculo*	185
Höchfter Punkt des Janiculums	297
Porticus des Pantheon. (Barometerbeob.)	43
Hof des päpftlichen Pallafts. *Quirinal*	148
Chiefa S. Maria delle Angeli. *Diocletians Bäder* . .	170
S. Giovanni in Laterano. *Celio*	158
S. Maria d'Ara Coeli. *Höhe des Capitols*	151
S. Pietro in *Vaticano*	95
Höchfter Punkt des *Vatican* über der Münze . . .	240
S. Trinita. *Pincio*	150
S. Maria Maggiore. *Esquilino*	177
S. Lorenzo in Panisperna. *Viminal*	160
S. Bonaventuri. *Palatin*	160
Villa Madama (Mellini.) *Monte Mario*	410

Mittlerer Durchfchnitt der Tiber 2505 Quadratfufs. Mittlere Gefchwindigkeit 1 Fufs in der Sekunde. Daher Maffe, die dem Meere zuflieſst, im Mittel täglich 216,432,000 Kubikfufs.

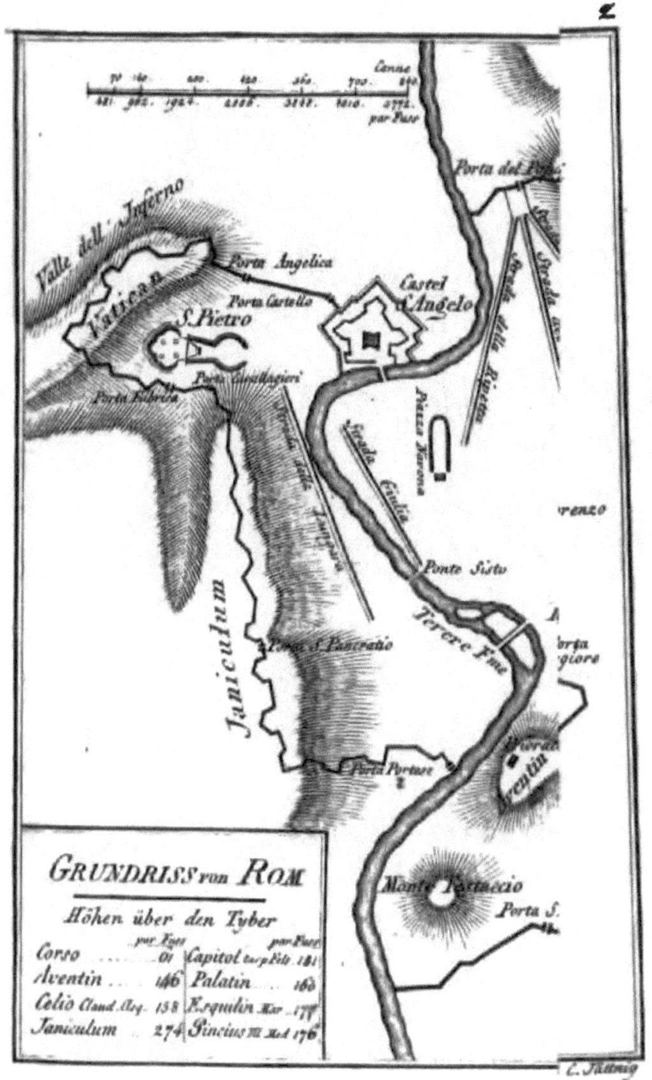

Canne
par Fuss
Porta del Popolo
Valle dell' Inferno
Vatican
Porta Angelica
Porta Castello
Castel S. Angelo
S. Pietro
Porta Cavalleggieri
Porta Fabrica
Strada della Ripetta
Piazza Navona
Strada Giulia
Strada della Lungara
Ponte Sisto
Tevere Fiume
Porta S. Pancratio
Janiculum
Porta Portese
Aventin
Monte Testaccio
GRUNDRISS von ROM
Höhen über den Tyber
Corso
Aventin
Celio
Janiculum
Capitol
Palatin
Esquilin
Pincius

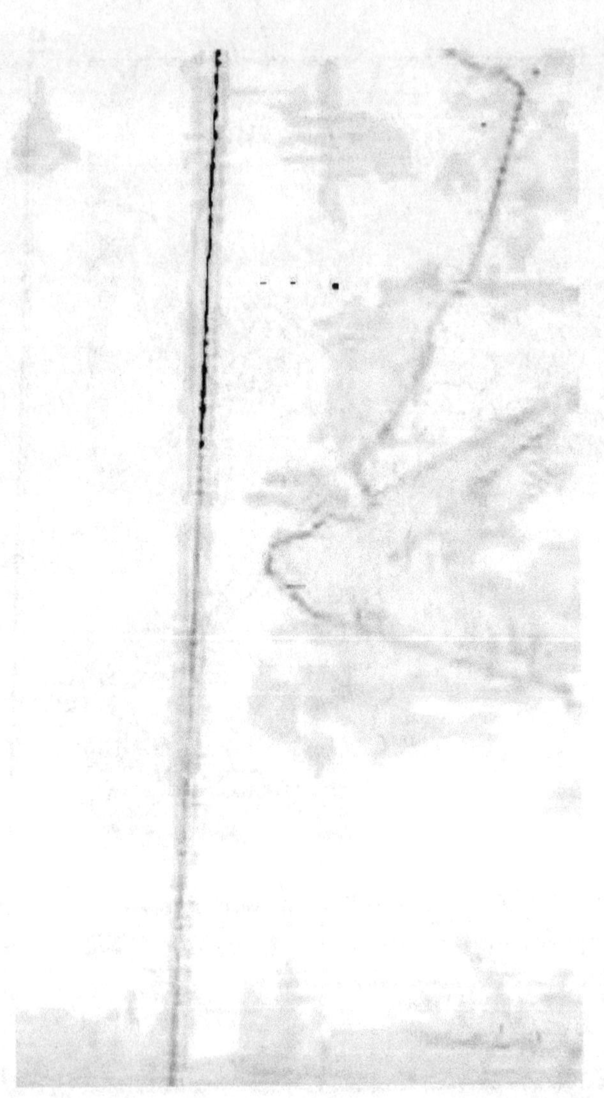

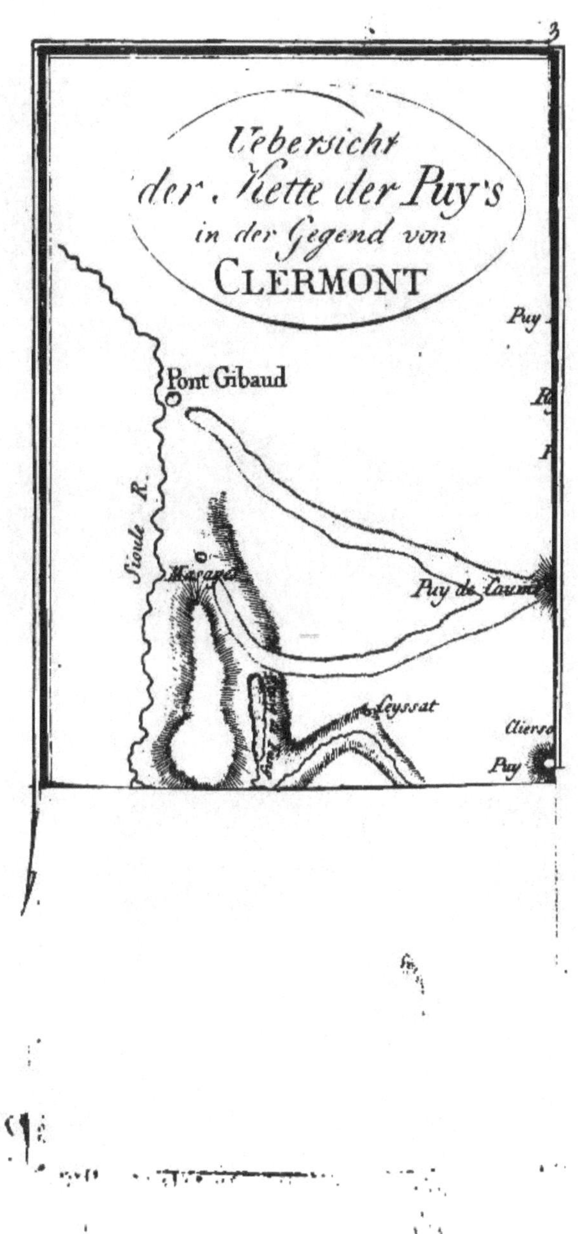
Uebersicht
der Kette der Puy's
in der Gegend von
CLERMONT
Pont Gibaud
Sioule R.
Puy de Coume
Leyssat
Puy

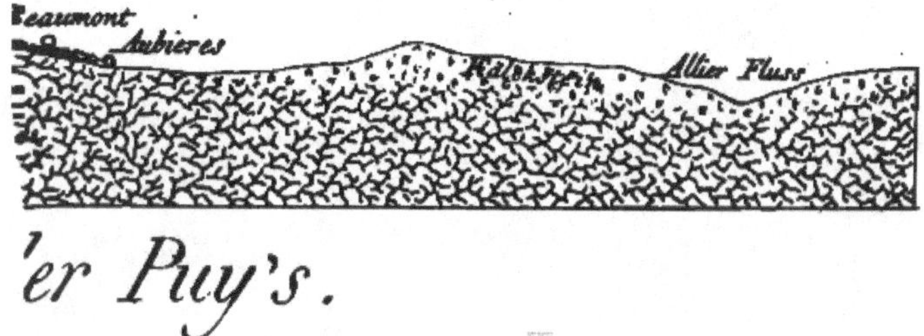
Beaumont
Aubieres
Allier Fluss

Montdor gipfel
Cacadogne

Zeitfracht Medien GmbH
Ferdinand-Jühlke-Straße 7
99095 Erfurt, Deutschland
produktsicherheit@kolibri360.de